"十二五"普通高等教育本科国家级规划教材

普通高等教育"十一五"国家级规划教材

中国石油和化学工业优秀出版物奖·教材一等奖

化学工艺学

第三版

刘晓勤　主编

化学工业出版社

·北京·

内 容 简 介

《化学工艺学》（第三版）以典型化工产品生产工艺为主线，介绍每个典型产品所涉及的化工过程。本书共9章，包括概论、合成气、合成气衍生产品、无机大宗化学品、石油炼制、烃类裂解及裂解气分离、烯烃为原料的化学品、芳烃为原料的化学品、绿色化学化工概论。每一章均根据其特点侧重介绍了有关基础理论和生产方法，如分析和讨论生产工艺中的工艺路线、反应原理、影响因素、工艺条件，流程的组织，主要设备的结构特点等内容。同时，对技术经济指标、能量回收利用、副产物的回收利用及废物处理，近年来的新工艺、新技术和新方法等也做了一定的介绍和论述。

《化学工艺学》（第三版）可作为普通高等学校化工类专业的教材，也可供相关的科技人员参考。

图书在版编目（CIP）数据

化学工艺学/刘晓勤主编. —3版. —北京：化学工业出版社，2021.6(2024.2重印)
“十二五”普通高等教育本科国家级规划教材
ISBN 978-7-122-38968-8

Ⅰ.①化… Ⅱ.①刘… Ⅲ.①化工过程-工艺学-高等学校-教材 Ⅳ.①TQ02

中国版本图书馆CIP数据核字（2021）第071284号

责任编辑：徐雅妮 任睿婷　　装帧设计：关 飞
责任校对：王 静

出版发行：化学工业出版社（北京市东城区青年湖南街13号 邮政编码100011）
印　　刷：北京云浩印刷有限责任公司
装　　订：三河市振勇印装有限公司
787mm×1092mm 1/16 印张16¼ 字数421千字 2024年2月北京第3版第4次印刷

购书咨询：010-64518888　　售后服务：010-64518899
网　　址：http：//www.cip.com.cn
凡购买本书，如有缺损质量问题，本社销售中心负责调换。

定　　价：49.00元

前　言

“化学工艺学”是化学工程与工艺专业的主要必修课程，在工程教育课程体系中对培养解决复杂化学工程问题的能力起重要的支撑作用。本教材正是选择了代表性的化工产品，运用化工过程的基本原理，从产品的生产原理、流程组织、关键设备、工艺条件、能量消耗以及化工生产中的设备材质、安全生产、“三废”治理等方面分析单元过程的筛选及工艺过程的综合。以期做到理论知识与生产实际紧密结合，为化工过程的研究、开发与设计提供理论基础。

《化学工艺学》第一版、第二版自出版以来，已在全国众多高校使用。为了更好地满足专业教学的需要和反映化学工业的最新发展，对本书的第二版进行了修订。

《化学工艺学》（第三版）对第二版的内容作了部分删除、补充和修改，更新了数据，增加了相关工艺与设备的开发、设计和工艺优化等最新成果。删除了部分目前工业上已不再使用的工艺，增加、修改的内容涉及煤气化、低温甲醇洗涤、费-托合成、常减压蒸馏、催化裂化、催化重整、烃类裂解、乙二醇与烃类原料氯化、乙苯和苯乙烯等生产技术与工艺，增加了煤基甲醇制烯烃工艺技术，更新了石油化工生产的相关数据。

《化学工艺学》（第三版）由刘晓勤教授担任主编。第1章由刘晓勤修订；第2～4章由刘业飞修订；第5、6章由亓士超修订；第7、8章由林陵修订；第9章由孙林兵修订。

限于编者水平及科技发展更新迅速，书中不当之处敬请读者批评指正。

编者

2021年1月

第一版前言

本书以典型化工产品生产工艺为主线，介绍了每个典型产品所涉及的化工过程。虽然化工产品的种类繁多，生产方法各异，但就其生产过程中的每个单元而论，又有许多共性。通过学习典型产品，可强化学生的化工工程意识，运用所学基础理论与知识分析产品生产过程，培养理论联系实际的能力。由于这些工艺过程具有典型性，掌握基本化工工艺过程，就可以较容易地熟悉其他化工工艺过程。

本书各章虽然是相互独立的，但在每一章均根据其特点侧重介绍了有关基础理论和生产方法，如分析和讨论生产工艺中工艺路线、反应原理、影响因素，工艺条件的确定，流程的组织，主要设备的结构特点等内容。同时，对技术经济指标、能量回收利用、副产物的回收利用及废物处理，近年来的新工艺、新技术和新方法等也做了一定的介绍和论述。这对其他各章亦有参考作用，且避免了某些基础理论的重复。

本书由南京工业大学化学化工学院的教师编写。其中，第 1、9 章由刘晓勤编写；第 2 章由范益群编写；第 3 章由李卫星编写；第 4 章由陈日志编写；第 5、6 章由吕效平编写；第 7、8 章由林陵编写。刘晓勤教授担任本书主编。

鉴于本门课程的教学时数有限，任课教师可有针对性地选择书中部分内容讲授，其余内容可供学生自学。

在本书撰写过程中，得到了南京工业大学化学工程与工艺国家特色专业和化学工程与工艺专业国家优秀教学团队的建设经费资助，在此表示感谢。

限于编者水平及资料掌握的局限性，书中不当之处敬请读者批评指正。

编者

2009 年 10 月

第二版前言

《化学工艺学》(第二版) 是“十二五”普通高等教育本科国家级规划教材，作为普通高等教育“十一五”国家级规划教材，2010 年 5 月出版，历经 5 年 3 次印刷，已在全国 30 余所兄弟院校使用，曾获 2012 年度中国石油与化学工业优秀教材一等奖。为了更好适应有关专业教学的需要和反映近年来化学工业领域的新成果，对本书第一版进行了修订。

《化学工艺学》(第二版) 在修订过程中保持了第一版的体系和风格，对第一版的内容作了部分删除、补充和修改。补充介绍了部分现代煤化工技术、强化反应过程的苯乙烯生产技术，在绿色化学化工概论中增加了绿色化工过程应用实例等。

《化学工艺学》(第二版) 由刘晓勤教授担任主编。第 1 章由刘晓勤编写；第 2 章由范益群编写；第 3 章由李卫星编写；第 4 章由陈日志编写；第 5、6 章由吕效平编写；第 7、8 章由林陵编写；第 9 章由孙林兵编写。

限于编者水平及科技发展更新迅速，书中不当之处敬请读者批评指正。

编者

2015 年 12 月

目　录

第1章　概论　/1

第2章　合成气　/20

第3章　合成气衍生产品　/42

第 4 章 无机大宗化学品 / 90

第 5 章 石油炼制 / 114

第 6 章 烃类裂解及裂解气分离 / 132

第 7 章 烯烃为原料的化学品 / 161

第8章 芳烃为原料的化学品 /202

第9章 绿色化学化工概论 /232

参考文献 /249

第1章 概论

1.1 化学工业的分类及特征 >>>

化学工业在国民经济中占有重要的地位，它与许多部门有密切的关系。化学工业既为农业、轻工业、重工业和国防工业等提供生产原料，也为人民生活提供化工产品。化学工业的发展水平在一定程度上可以反映出一个国家的工业水平和科学技术水平。

1.1.1 化学工业的分类

化学工业是一个范围很广的行业，但有些化工生产，因其经济管理体制和生产的特殊性，已分属其他工业部门，诸如硅酸盐、冶金、纤维素化学和食品化学工业等。

目前，我国化学工业的分类方法主要按产品和原料来分类。

化学工业按产品的物质组成可分为有机化工（碳氢化合物及其衍生物）和无机化工（非碳氢化合物）两大类，而一般是综合考虑产品的性质、用途和生产量（吨位）分为如下几类：

① 无机化学工业　包括合成氨、无机酸、碱、盐和无机化学肥料；

② 基本有机化学工业　包括合成醇、有机酸、醛、酯、酮以及烷烃、烯烃、芳烃系列产品；

③ 高分子化学工业　包括合成树脂、合成纤维、合成橡胶；

④ 精细化学工业　包括制备试剂、催化剂、助剂、添加剂、活性剂、染料、颜料、香料、涂料、农药、医药等；

⑤ 生物化学工业　包括制备有机酸、生物农药、饲料蛋白、抗生素、维生素、疫苗等。

化学工业按原料的性质和来源可分为如下几类：

① 石油化工　以石油和天然气为原料的化学工业；

② 煤化工　通过煤的气化、干馏和生产的电石为原料的化学工业；

③ 生物化工　采用农、林等生物资源以及非生物资源，通过发酵、水解、酶催化进行生产的化学工业；

④ 矿产化工　以化学矿为原料的化学工业；

⑤ 海洋化工　从海水中提炼产品的化学工业。

化学工业还可按产品用途分为医药、农药、肥料、染料、涂料生产等。

在各类化工生产中，无机和基本有机化工产品是其他化工生产的原料，这些产品的量（吨位）较大，其生产工艺过程和单元操作一般也具有典型性。因此，掌握这些工艺过程对熟悉其他化工生产工艺过程具有重要作用。

1.1.2　化学工业的特征

现代化学工业一般表现出如下的特征：

① 化学工艺方法和设备更新快，产品日新月异，是一个技术密集型的工业；

② 多数化学工业，特别是基本化学工业，无论原料和动力，都要消耗能量，是一个能源密集型的工业；

③ 化工过程往往是易燃、易爆、有毒、有腐蚀的过程，生产条件控制严格，是一个连续性和自动化程度较高的工业；

④ 为提高经济效益，综合利用资源和能源，基本化学工业均向大型化方向发展；

⑤ 化工生产是易产生废气、废水、废渣的过程，为防止污染环境，治理“三废”是化工生产中不可忽视的问题，而治理“三废”的同时，有时又可得到有价值的副产品；

⑥ 化工生产是有利于能量综合利用的过程，以节能为主要内容的技术改造是降低生产能耗、提高经济效益的重要途径。

随着人类生活和生产的不断发展，出现了市场竞争激烈、自然资源和能源减少、环境污染加剧等问题，化学工业同样面临着这些问题的挑战，节能减排、提高效率，要走可持续发展的道路，更需依赖于科学的不断进步和高端技术的发展。

1.2　化工原料、产品及其工艺 >>>

化学工业最基本的原料是煤、石油、天然气、化学矿以及农林副产物和海洋资源等，目前，世界上85%左右的能源与化学工业均建立在石油、天然气和煤炭资源的基础上，石油炼制、石油化工、天然气化工、煤化工等在国民经济中占有极为重要的地位。

由于化工生产有不同的加工深度以及化学反应的可逆性，除最基本的原料（或称起始原料）外，化工原料与产品往往是相对的，有些原料与产品也是可以互换的。

化工生产完成由原料到产品的转化要通过化工工艺来实现。化工工艺即化工生产技术，指将原料物质经过化学反应转变为产品的方法和过程，其中包括实现这种转变的全部化学和物理措施。

对化工工艺的研究、开发和工业化措施，需要应用化学和物理等基础科学理论、化学工程原理和方法、相关工程学的知识和技术，通过分析和综合，进行实践才能获得成功。下面对以石油、天然气、煤等为原料的化工工艺过程进行简单介绍。

1.2.1　石油及其加工工艺

石油是重要的化工原料，石油化学工业在国民经济中占有重要的地位。在我国，随着大庆、胜利、辽河、华北和中原等油田的相继开发，以及炼油和石油化学工业的发展，化学工业的原料路线和产品结构发生了极大的变化，促进了国民经济的发展。但总体来讲，我国是一个贫油国家，石油产量不能满足国内消费的需求，每年需要进口大量原油，对外依存度已在70%以上。

从油田开采出来的石油称为原油，原油是一种褐黄色或黑色的黏稠液体，具有特殊气味，原油的化学组成非常复杂，主要有碳和氢两种元素所组成的各种烃类，并含有少量的氮、氧、硫化合物。烃类化合物分为烷烃、环烷烃和芳香烃。原油按其组成大体可分为石蜡基、中间基和环烷基三大类。石蜡基原油含较多的石蜡，烷烃含量超过50%，密度小，凝固点高，含硫及胶质较少，大庆原油属于此类。环烷基原油含有较多的环烷烃和芳香烃，密度较大，凝固点低，含硫及胶质较多，沥青亦较多。中间基原油的性质介于前两类之间。表 1-1 列出了我国主要原油的一般性质。

表 1-1　我国主要原油的一般性质

项目	原油名称					
	大庆原油	大港原油	胜利原油（孤岛）	任丘原油	中原原油	新疆原油
相对密度(d_4^{20})	0.8601	0.8826	0.9460	0.8837	0.8466	0.8708
黏度(50℃)/mPa·s	23.85	17.37	—	57.1	10.32	30.66
凝固点/℃	31	28	−2	36	33	−15
w(蜡)/%	25.76	15.39	7.0	22.8	19.7	—
w(沥青质)/%	0.12	13.14	7.8	2.5	—	—
w(胶质)/%	7.96		32.9	23.2	9.5	11.3
w(残炭)/%	2.99	3.2	6.6	6.7	3.8	3.31
酸值/[mg(KOH)/g]	0.014	—	—	—	—	—
w(灰分)/%	0.0027	0.018	—	0.0097	—	—
闪点(开口)/℃	34	<42	—	70		5(闭口)
w(硫)/%	—	0.12	2.06	0.31	0.52	0.09
w(氮)/%	0.13	0.23	0.52	0.38	0.17	0.26
原油种类	低硫石蜡基	低硫环烷中间基	含硫环烷中间基	低硫石蜡基	含硫石蜡基	低硫中间基

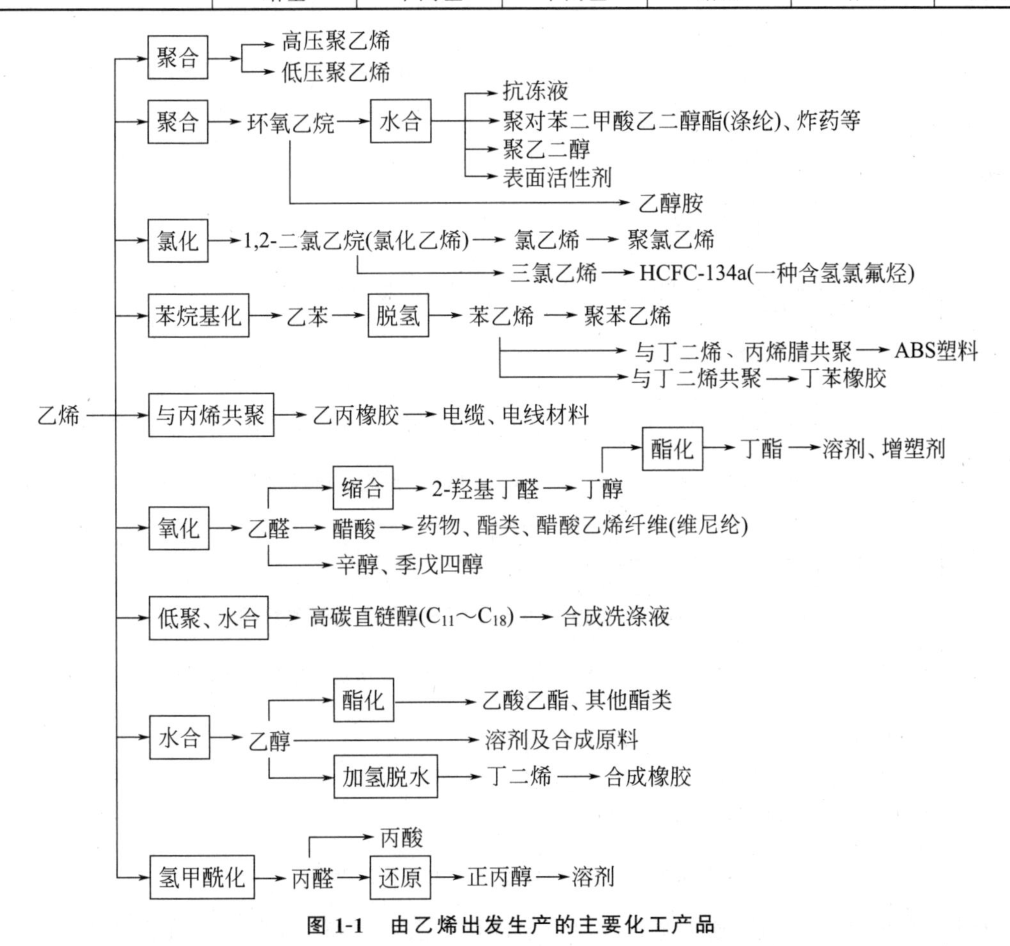

图 1-1　由乙烯出发生产的主要化工产品

石油的类别不同，采用的加工方法亦不相同。以石油为原料加工出来的产品甚多，按其主要性质和用途可分为燃料油（汽油、煤油、柴油）、润滑油、石蜡、沥青、石油焦以及基本化工产品六大类。基本化工产品为烯烃（乙烯和丙烯）、芳烃（苯、甲苯、二甲苯）、液化石油气和合成气等。以这些物质为原料进一步加工，可以制得各种各样的化工产品和日用产品。

石油经热裂解生成重要的有机化工原料如“三烯”（乙烯、丙烯、丁二烯）、“三苯”（苯、甲苯、二甲苯）等。图 1-1、图 1-2 列举了由重要的有机基础原料出发制备的基本有机化工产品及其深加工产品。

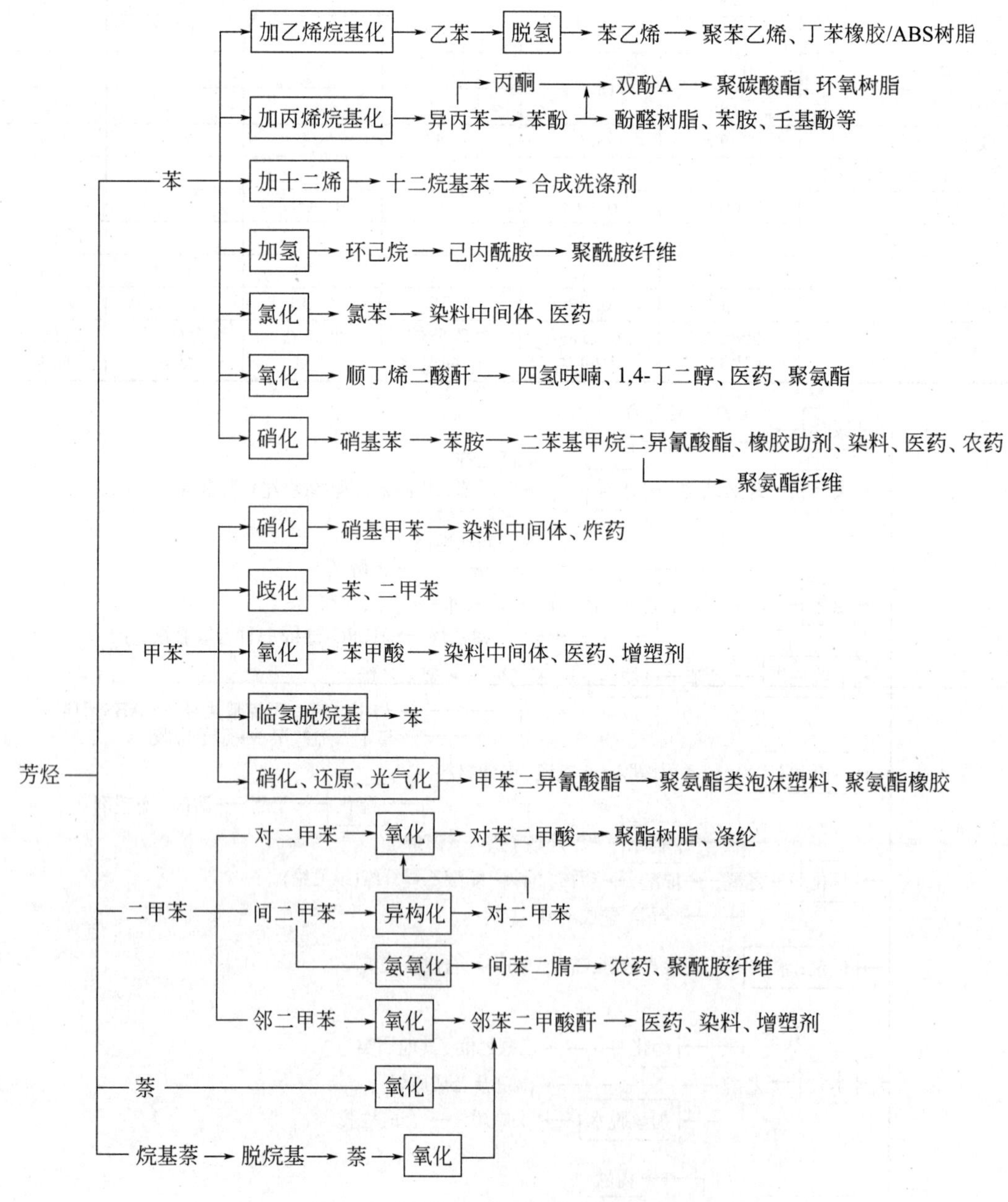

图 1-2　由芳烃出发生产的主要化工产品

为了充分利用宝贵的石油资源，要对石油进行一次加工和二次加工，在生产出汽油、喷气燃料、柴油、锅炉燃油和液化气的同时，制取各类化工原料。

原油的常压蒸馏和减压蒸馏过程通常称为石油的一次加工，常减压蒸馏馏分油的进一步化学加工过程称为石油的二次加工。蒸馏是一种利用液体混合物中各组分挥发度的差别（沸点不同）进行分离的方法，是一种没有化学反应的传质、传热物理过程。

石油的二次加工工艺主要包括重整、催化裂化、催化加氢裂化和烃类热裂解这四种化学加工方法。图1-3示出了由石油为原料加工制得产品的主要途径。

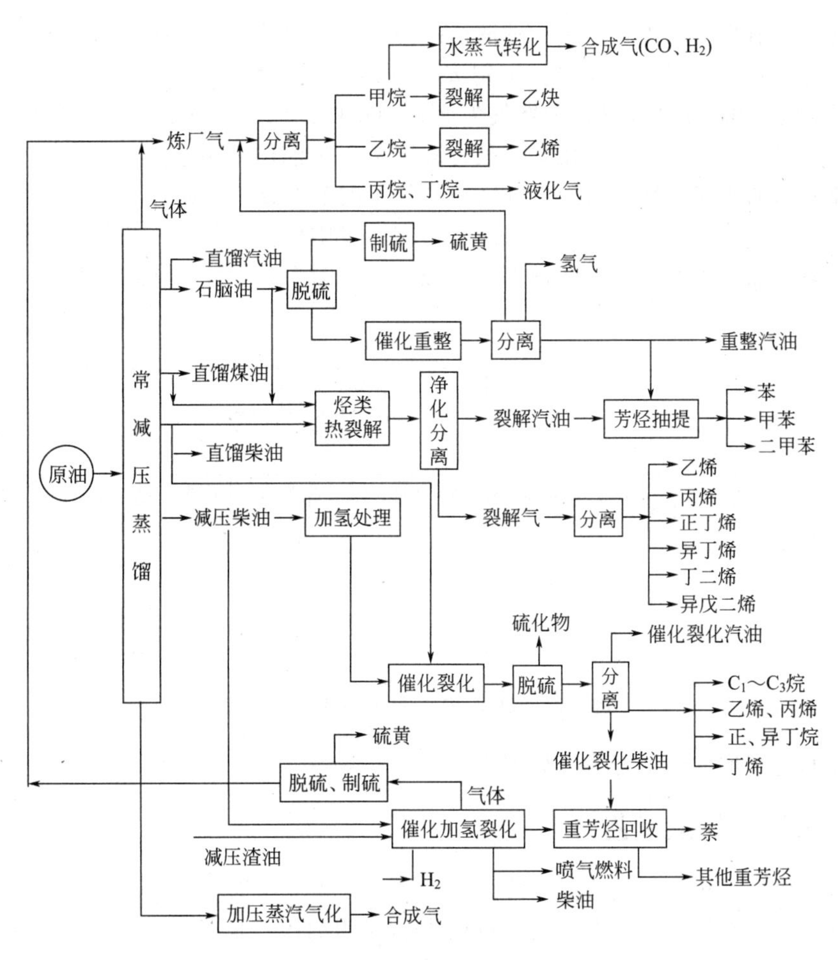

图1-3 由石油获取产品的加工途径

1.2.2 天然气及其加工工艺

天然气是埋藏在不同深度地层中的气体，大多数气田的天然气是可燃的，主要成分是气态烃类（以甲烷为主），还含有少量的二氧化碳、氮气和硫化物等杂质。天然气的来源可分为伴生气和非伴生气。伴生气伴随石油共生，通称为油田气；非伴生气为单独的气田资源，纯气田的天然气主要成分是甲烷。天然气有干气和湿气以及贫气和富气之分。一般每$1m^3$气体中C_5以上重质烃含量低于$13.5cm^3$（液体）的为干气，高于此值为湿气；含C_3以上烃类超过$94cm^3$（液体）的为富气，低于此值为贫气，表1-2列出了几种气田的天然气组成。

表 1-2 几种气田的天然气组成

产地	组成(体积分数)/%									
	CH_4	C_2H_6	C_3H_8	C_4H_{10}	C_5H_{12}	H_2S /(mg/kg)	CO	CO_2	H_2	N_2
四川	93.01	0.8	0.2	0.05	—	20～40	0.02	0.4	0.02	5.5
胜利	92.07	3.1	2.32	0.86	0.1	—	—	0.68	—	0.84
辽河	90.78	3.27	1.46	0.93	0.78	20	—	0.5	0.28	1.5

天然气的热值高、污染少，是一种清洁能源，在能源结构中的比例逐年提高。它同时又是石油化工的重要原料资源。我国化工用天然气约占天然气总产量的 22%，合成氨总产能的 20%、甲醇总产能的 32%是以天然气为原料制得的。天然气作为化工原料时，主要是制取合成气，并进一步加工成各种化工产品；湿天然气和油田气中 C_2 以上的组分是用于裂解制取乙烯和丙烯的重要原料。用天然气为原料加工的基本化工产品，其成本一般较低。

天然气井、油田、煤层中产生的天然气不宜直接用作化工原料，还需脱除有害组分，并将各组分分离，然后才能将所得各种组分合理利用。图 1-4 示出了通常的天然气初步加工处理工艺流程。

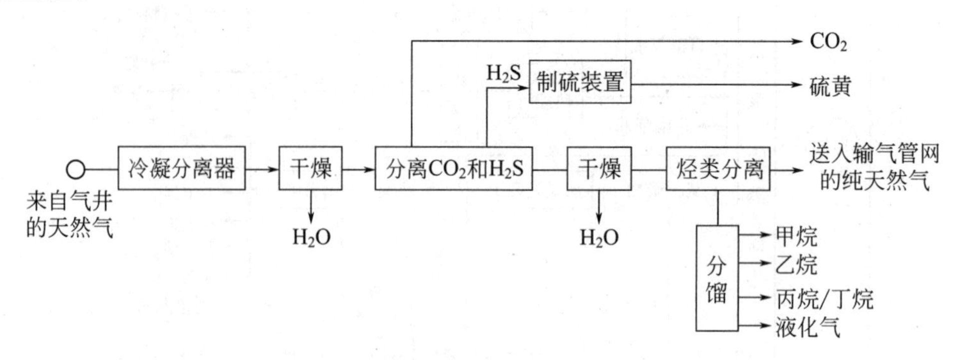

图 1-4 天然气初步加工处理工艺流程

天然气的化学加工的主要途径如图 1-5 所示。

1.2.3 煤及其加工工艺

以煤为原料生产化工产品的历史悠久，中国是世界上煤炭资源丰富的国家之一，煤炭储量远大于石油、天然气储量。据估计，目前中国探明的煤炭储量约为 17385.83 亿吨，占世界总量的 13.2%。

基于中国油气匮乏、煤炭相对丰富的资源禀赋特点，中国煤化学工业将有所发展。特别是新型煤化工，依靠技术创新，可实现石油和天然气资源的补充及部分替代。2009～2010 年间，国内新型煤化工示范装置陆续建成或试车成功，开始先后进入商业化运行或长周期稳定运行。我国现代煤化工在核心技术工程化、关键设备国产化以及大型示范项目建设等方面取得了举世瞩目的成就。我国煤直接液化、间接液化制油以及煤制甲醇转烯烃等多项煤化工核心技术水平已位居世界领先地位，总体煤化工技术水平进入世界先进行列。但在工艺技术成熟度、水资源消耗、二氧化碳排放、环境承载力和能源效率等方面仍然有进一步提升的空间。

煤的品种很多，其结构也很复杂。煤的主要成分是碳、氢和氧，并含有少量的氮、硫、磷等。各种煤所含的碳、氢、氧元素组成列于表 1-3。

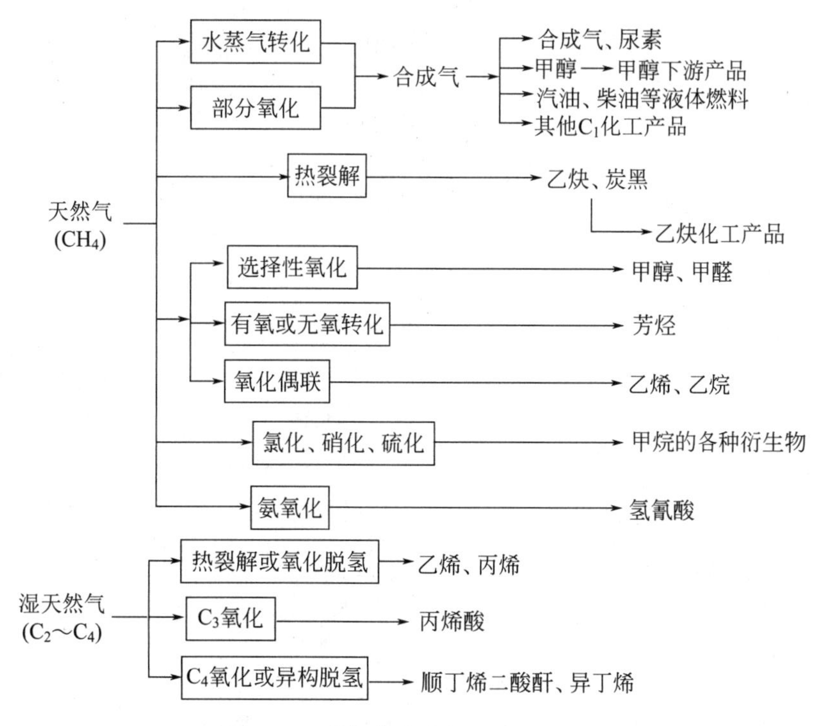

图 1-5 天然气的化学加工的主要途径

表 1-3 不同煤的主要元素组成

煤的种类	C(质量分数)/%	H(质量分数)/%	O(质量分数)/%
泥煤	60～70	5～6	25～35
褐煤	70～80	5～6	15～25
烟煤	80～90	4～5	5～15
无烟煤	90～98	1～3	1～3

从表1-3中的数据看出，煤中的碳含量由泥煤至无烟煤逐渐增大，而产地不同，各种元素的含量略有不同。作为化工原料，要求煤中的碳含量高，而硫含量低。碳含量为84%的煤称为标准煤，各种煤与标准煤可以按碳含量进行折算。

煤的分子结构随煤化程度的加深而愈来愈复杂。但都以芳核结构为主，还具有烷基侧链和含氧、含氮、含硫基团。近似组成为（$C_{135}H_{97}O_9NS$）。图1-6示出了某些煤种的基本结构单元。由于煤中含有大量的芳核结构，以它为原料来制取芳烃、稠环和杂环等类化合物(如苯类、酚类、喹啉、吡啶、咔唑等)，要比石油方便。目前世界上由煤得到的苯约占苯总产量的25%，萘约占萘总产量的85%，蒽、萉、芘占其总产量的90%以上，咔唑、喹啉均占100%，炭黑占其总产量的25%。

在煤化工范畴内的煤加工过程主要有煤的干馏、气化、液化等。

煤的干馏是在隔绝空气的条件下加热煤，使其分解生成焦炭、煤焦油、粗苯和焦炉气的过程，也称为煤的热解或热分解。

煤干馏过程又分为高温干馏和低温干馏。煤在炼焦炉中隔绝空气加热到1000℃左右，经过干馏的一系列阶段，最终得到焦炭，该过程称为高温干馏或高温炼焦或简称炼焦。煤在终温500～700℃下进行的干馏过程，产生半焦、低温焦油和煤气等产物称为低温干馏。

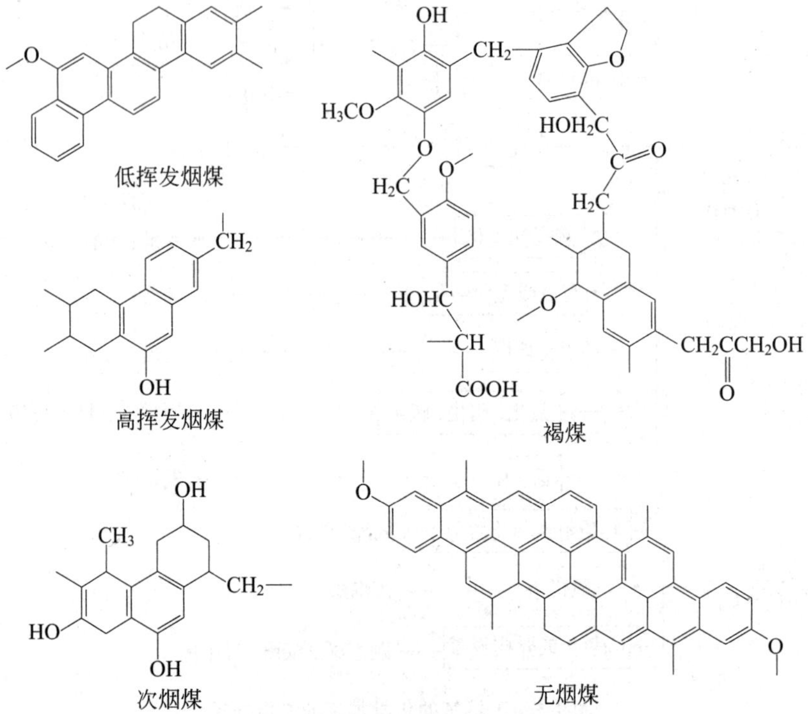

图 1-6 不同类型煤的基本结构单元示意图

煤的气化过程是一个热化学过程，它是以煤或煤焦（半焦）为原料，以氧气（空气、富氧或纯氧）、水蒸气或氢气等作为气化剂（或称气化介质），在高温（900～1300℃）通过化学反应把煤或煤焦中的可燃部分转化为气体的过程。气化时所得到的气体称为煤气，其有效部分包括一氧化碳、氢气和甲烷等。

煤通过化学加工转化为液体燃料的过程称为煤的液化。煤液化分为直接加氢液化和间接液化两类。煤直接加氢液化是在高压（10～20MPa）、高温（420～480℃）和催化剂作用下转化成液态烃的过程；若将煤预先制成合成气，然后在催化剂的作用下使合成气转化成烃类燃料、含氧化合物燃料的过程，则称为煤的间接液化。

煤的加工利用主要途径及产品示于图 1-7。

1.2.4 化学矿及其加工工艺

固体化学矿的种类很多，大多数化学矿是以化合物的形态存在，且含有多种元素。通常按某种元素在矿石中含量的高低分为高品位矿和低品位矿，低品位矿必须通过选矿富集才能作为原料。化学矿主要用于制取金属和无机盐类产品。

化学矿主要用于生产无机化合物和冶炼金属，其矿物资源的开采和选矿称为矿山行业，在我国属于化工行业之一。化学矿山的产品繁多，仅举主要矿物产品如下：

① 盐矿 NaCl 的总称，包括岩盐、海盐或湖盐等，用于制造纯碱、烧碱、盐酸和氯乙烯等；

② 硫矿 硫黄（S）、硫铁矿（FeS_2）等，用于生产硫酸和硫黄；

③ 磷矿 氟磷灰石[$Ca_5F(PO_4)_3$]、氯磷灰石[$Ca_5Cl(PO_4)_3$]，用于生产磷肥、磷酸及磷酸盐等；

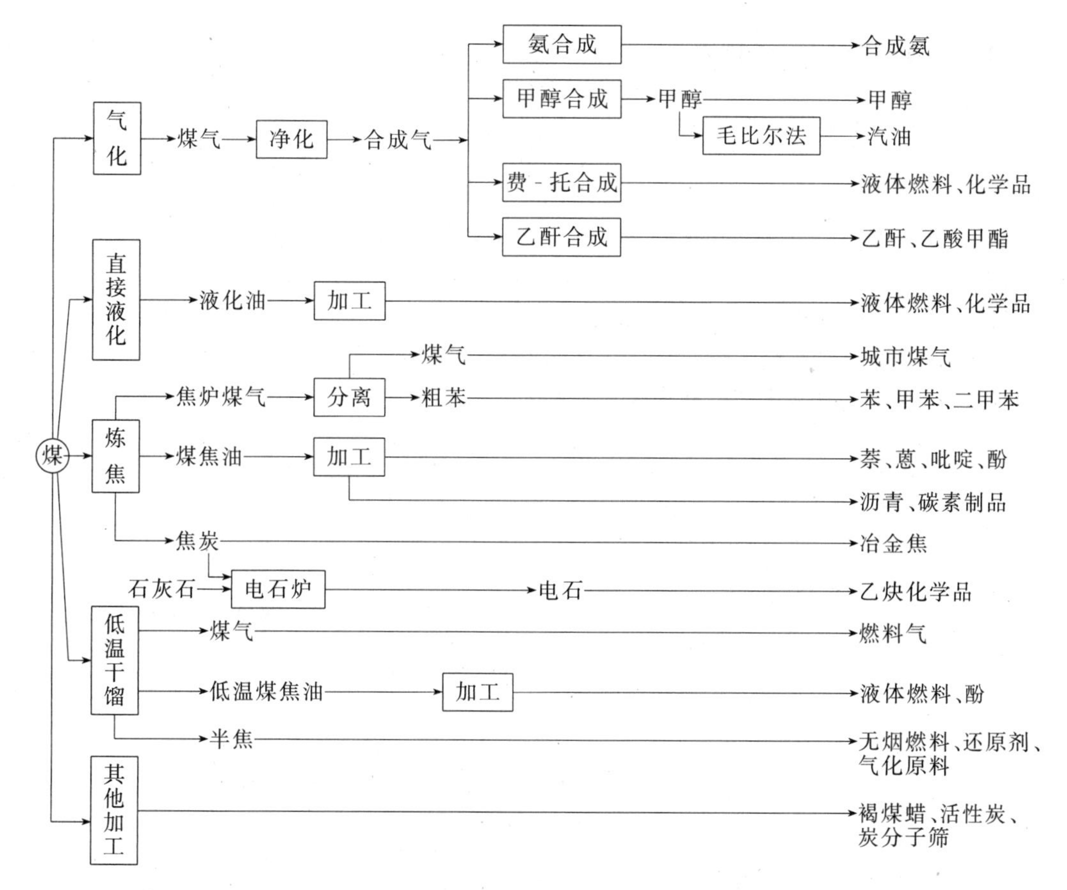

图 1-7 煤的加工利用主要途径及产品

④ 钾盐矿　钾石盐（KCl 和 NaCl 混合物）、光卤石（$KCl \cdot MgCl_2 \cdot 6H_2O$）、钾盐镁矾（$KCl \cdot MgSO_4 \cdot 3H_2O$）；

⑤ 铝土矿　水硬铝石（$\alpha\text{-}Al_2O_3 \cdot H_2O$）和三水铝石（$Al_2O_3 \cdot 3H_2O$）的混合物；

⑥ 硼矿　硼砂矿（$Na_2O \cdot 2B_2O_3 \cdot 10H_2O$）、硼镁石（$2MgO \cdot B_2O_3 \cdot H_2O$）等；

⑦ 锰矿　锰矿（β 和 γMnO_2）、菱锰矿（$MnCO_3$）等；

⑧ 钛矿　金红石（TiO_2）、钛铁矿（$FeTiO_3$）等；

⑨ 锌矿　闪锌矿（ZnS）、菱锌矿（$ZnCO_3$）；

⑩ 钡矿　重晶石（$BaSO_4$）、毒重石（$BaCO_3$）等；

⑪ 天然沸石　斜发沸石、丝光沸石、毛沸石（化学组成均为 $Na_2O \cdot Al_2O_3 \cdot nSiO_2 \cdot xH_2O$）等；

⑫ 硅藻土（含 83%～89% $SiO_2 \cdot nH_2O$）、膨润土[$(Mg,Ca)O \cdot Al_2O_3 \cdot 5SiO_2 \cdot nH_2O$]，可作吸附剂和催化剂载体。

此外，还有铬铁矿（$FeCr_2O_4$）、赤铁矿（Fe_3O_4）、黄铁矿（$CuFeS_2$）、方铅矿（PbS）、镍黄铁矿[$(Fe,Ni)_9S_8$]、辉钼矿（MoS_2）、天青石（$SrSO_4$）、铌铁矿[$(Fe,Mn)(Nb,Ta)_2O_5$]等，是冶炼各种金属的原料。铜、铁、镍、锰、锌等也是各类催化剂的活性组分。

化学矿的加工方法主要有热化学加工（煅烧、焙烧等）、浸取分离、萃取分离、提取分离和电化学等。除热化学加工外，其他各种加工方法是用水或溶剂把所需的金属化合物提取出来，这些方法通称为湿法冶金。图 1-8 简单介绍了主要矿物质的加工工艺。

1.2.5 生物质的加工工艺

农、林、牧、副、渔业的产品及其废弃物（壳、芯、秆、糠、渣）等农副产品的化工利用由来已久。一是直接提取其中固有的化学成分；二是利用化学或生物化学的方法将其分解为基础化工产品或中间品。农副产品的化学加工，涉及萃取、微生物水解、酶水解、化学水解、裂解、催化加氢、皂化、气化等一系列生产工艺和操作。下面举几个利用生物质生产化学品的例子。

(1) 糠醛和糠醇的生产 农副产品废渣的水解是工业生产的一条途径。糠醛主要用于生产糠醇树脂、糠醛树脂、顺丁烯二酸酐、四氢呋喃、黏结剂、医药产品、合成纤维、杀虫剂等。其生产过程是（以玉米芯、棉籽壳为原料）

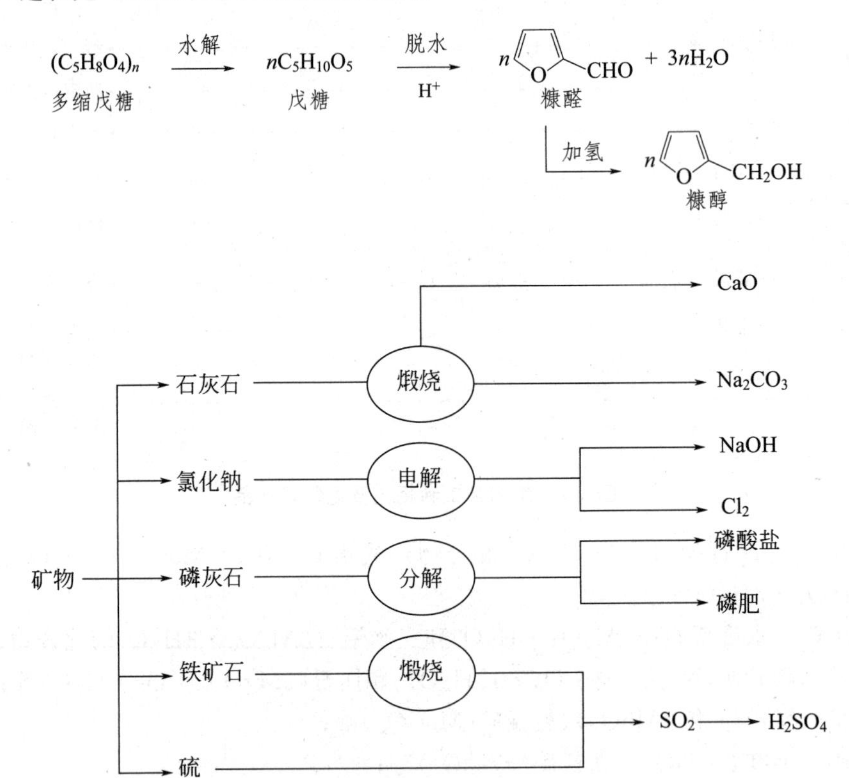

图 1-8 主要矿物质的加工工艺

(2) 乙醇的生产 虽然工业生产乙醇是用乙烯水合法，但用农产品生产乙醇仍是重要方法之一。含淀粉的谷类、薯类、植物果实经蒸煮糊化，加水冷却至 60℃，加入淀粉酶使淀粉依次水解为麦芽糖和葡萄糖，再加入酵母使之发酵则转变成乙醇（食用酒精）。

$$\underset{\text{淀粉}}{2(C_6H_{10}O_5)_n} \xrightarrow[\text{淀粉酶}]{nH_2O} \underset{\text{麦芽糖}}{nC_{12}H_{22}O_{11}} \xrightarrow[\text{淀粉酶}]{nH_2O} \underset{\text{葡萄糖}}{2nC_6H_{12}O_6}$$

$$C_6H_{12}O_6 \xrightarrow{\text{酵母}} 2CH_3CH_2OH + 2CO_2$$

1.3 化工工艺计算 >>>

物料衡算和热量衡算是化学工艺计算的重要基础，通过物料衡算、热量衡算，计算生产过程的原料消耗指标、热负荷和产品产率等，为设计和选择反应器和其他设备的尺寸、类型及台数提供定量依据；可以核查生产过程中各物料量及有关数据是否正常，是否泄漏，热量回收、利用水平和热损失的大小，从而查找出生产上的薄弱环节和瓶颈部位，为改善操作和进行系统的最优化提供依据。化工生产中绝大多数过程为连续式操作，处于稳定状态的流动过程，物料不断地流进和流出系统。系统中各点的参数如温度、压力、浓度和流量等不随时间而变化，系统中没有积累。

1.3.1　物料衡算

物料衡算系统可以是一个工厂、一套装置或一台设备等，一般包括生产过程的原料、材料消耗定额计算，化学反应程度和平衡组成计算，中间产品和产品产率计算，选择性及副产物、生产过程排出物的计算等。物料衡算的依据是质量守恒定律

进入系统的物料量＝离开系统的物料量＋系统内物料积累量

对于稳定的连续流动系统过程，无物料的积累，再若过程中无物料的损失，则输入的总物料量$\sum G_F$等于输出的总物料量$\sum G_E$，即

$$\sum G_F = \sum G_E \tag{1-1}$$

在进行物料衡算时，必须选择某一物料的数量作为计算的依据，称为物料衡算的基准。基准的物料可以不同于每小时或每批的实际物料量，而是为计算方便来选定。作为基准的物料，既可以选用原料，也可以选用产品；既可以选用总物料，也可以选用某一个组分，这种组分往往选用不发生变化的惰性物料。基准物料的常用单位为 kg、m^3 或 kmol；对于发生复杂化学反应的过程，最好选用元素的物质的量（kmol）。在一个系统中进行各设备的物料衡算时，应采用同一个基准，以避免发生计算错误。

1.3.1.1　物理变化过程

当体系只发生物理变化时，除了建立总物料衡算式之外，还可以按每一种组分分别建立该组分的物料衡算式。如图 1-9 所示，湿气体在冷却塔内冷却冷凝时，该物料可看作由干气和水蒸气两种组分组成，故可建立如下三个物料衡算式：

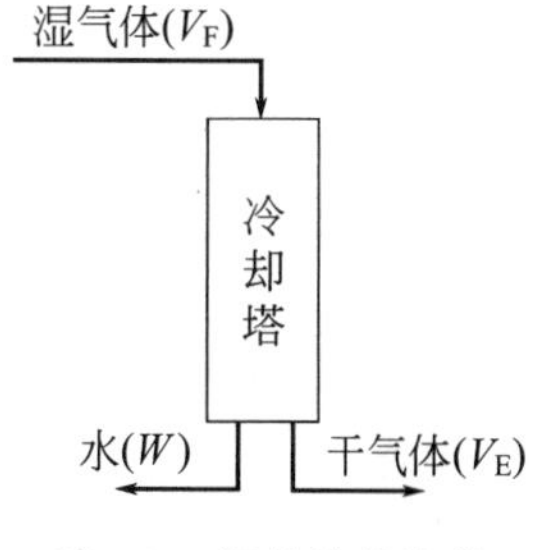

图 1-9　气体冷却冷凝

总物料衡算式　　$V_F = V_E + W$

干气体的物料衡算式　　$V_{gF} = V_{gE}$

水的物料衡算式　　$V_{WF} = V_{WE} + W$

因为干气体量与水和水蒸气量之和等于湿空气总量，故上述三个物料衡算式并不是完全独立的，其中的一个物料衡算式可以从另外两个组合得到。就是说，对于由两种组分组成的体系，衡算式总数为三个，而独立的物料衡算式只有两个。由此可以得到，独立的物料衡算式数与组分数是相等的，物料衡算式的总数比组分数多一个。

【例 1-1】 苯、甲苯、二甲苯混合物采用由两个精馏塔组成的单元操作设备进行分离，得到三种物流，各为一种物质的富集液，系统流程如图 1-10 所示。已知料液流率为 1000mol/h，其组成为苯 20%，甲苯 30%，其余为二甲苯（均为摩尔分数）。在第一个精馏塔的釜底液中含苯 2.5%和甲苯 35%，然后进入第二个精馏塔分离，塔顶得到含苯 8%和甲苯 72%的溜出液，试计算各个精馏塔得到的馏出液、釜底液及其组成。

解　在系统流程图上，标明各流股物料量，mol/h；其中 x_{3B}、x_{3T}、x_{3x} 分别表示流股 3 中苯、甲苯和二甲苯的组成。

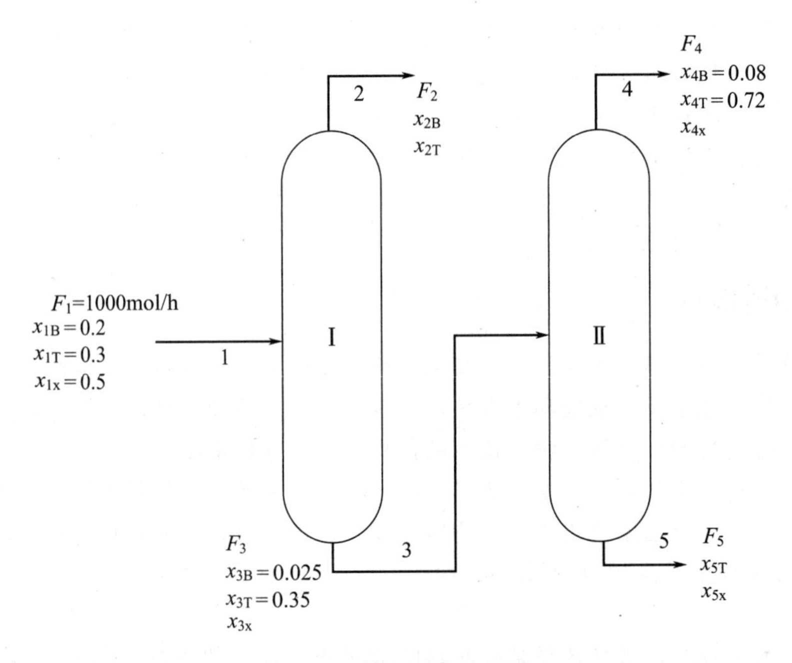

图 1-10 ［例 1-1］流程图

该精馏过程可列出三组衡算方程，每组选出三个独立方程。

（1）塔Ⅰ

总物料 $$1000=F_2+F_3 \tag{1}$$

苯 $$1000\times0.2=F_2x_{2B}+0.025F_3 \tag{2}$$

甲苯 $$1000\times0.3=F_2(1-x_{2B})+0.35F_3 \tag{3}$$

（2）塔Ⅱ

总物料 $$F_3=F_4+F_5 \tag{4}$$

苯 $$0.025F_3=0.08F_4 \tag{5}$$

甲苯 $$0.35F_3=0.72F_4+F_5x_{5T} \tag{6}$$

（3）整个过程

总物料 $$1000=F_2+F_4+F_5 \tag{7}$$

苯 $$1000\times0.2=F_2x_{2B}+0.08F_4 \tag{8}$$

甲苯 $$1000\times0.3=F_2(1-x_{2B})+0.72F_4+F_5x_{5T} \tag{9}$$

以上 9 个方程式中只有 6 个是独立的，所以由塔Ⅰ和塔Ⅱ的物料平衡式联立，或者由总平衡方程式与任一单元的物料平衡式联立，均可求解得到本题所需结果。由塔Ⅰ和塔Ⅱ的物料平衡式联立所得结果列于表 1-4 中。

表 1-4 ［例 1-1］求解结果

组分	流股									
	1		2		3		4		5	
	流量/(mol/h)	组成	流量/(mol/h)	组成	流量/(mol/h)	组成	流量/(mol/h)	组成	流量/(mol/h)	组成
苯	200	0.20	180	0.90	20	0.025	20	0.08		
甲苯	300	0.30	20	0.10	280	0.35	180	0.72	100.1	0.182
二甲苯	500	0.50			500	0.625	50	0.20	449.9	0.818
合计	1000	1.00	200	1.00	800	1.00	250	1.00	550	1.00

1.3.1.2　化学变化过程

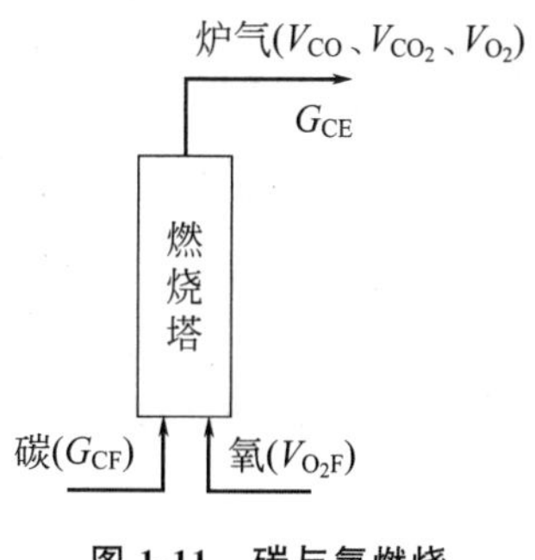

图 1-11　碳与氧燃烧

对于发生化学反应的过程，建立物料衡算式的方法与物理变化过程有所不同。现以碳与氧燃烧生成一氧化碳和二氧化碳的反应过程为例，说明如何建立物料衡算方程式。如图 1-11 所示，进入设备的物料为碳和氧，离开设备的物料为碳、氧、一氧化碳和二氧化碳。显然，这个过程不能按照上述物理变化过程那样列出这四种组分的物料衡算式。对于化学反应过程，同一种元素的物质的量（mol）是不变的，故可以按元素的物质的量列出物料衡算式。

各种元素的物料衡算式如下

碳　$$G_{CF}=V_{CO}+V_{CO_2}+G_{CE}$$

氧　$$V_{O_2F}=0.5V_{CO}+V_{CO_2}+V_{O_2}$$

总物料衡算式（按元素的物质的量计）

$$G_{CF}+2V_{O_2F}=2V_{CO}+3V_{CO_2}+2V_{O_2}+G_{CE}$$

这三个物料衡算式并不是完全独立的，独立的衡算式只有两个。这就是说，独立的物料衡算式数与参加反应的元素种类数相等。发生化学反应的物料组分数一般都比独立的物料衡算式数多，如图 1-11 的反应过程，参加反应的组分有四种，但只有两种元素。为了进行物料衡算，尚需考虑发生的独立反应。在此过程中，发生如下两个独立反应

$$C+O_2 = CO_2 \qquad C+0.5O_2 = CO$$

根据这两个独立反应转化的程度，就可以确定某些组分之间的定量关系。在碳与氧燃烧的过程中，有两种元素和两个独立的反应，两者之和正好等于体系的组分数。这种关系不是偶然的，对所有发生化学反应的过程，都存在着组分数 N 等于元素总数 M 与独立反应数 R 之和的关系，即 $N=M+R$。

进行化学过程的物料衡算时，常常应用转化率、产率、选择性等概念，现作如下说明。

转化率　是对某一组分来说的。反应所消耗的物料量与投入反应的物料量之比值称为该组分的转化率，一般以分率来表示，若用符号 X_A 表示 A 组分的转化率，则得

$$X_A=\frac{\text{反应消耗 A 组分的量}}{\text{投入反应 A 组分的量}} \tag{1-2}$$

产率（或收率）　是指主产物的实际收得量与按投入原料计算的理论产量之比值。用分率或百分率来表示，若用符号 Y 来表示产率，则得

$$Y=\frac{\text{主产物实际收得量}}{\text{按投入原料计算的理论产量}} \tag{1-3}$$

或

$$Y=\frac{\text{主产物收得量折算成原料量}}{\text{原料投料量}} \tag{1-4}$$

选择性　是表示各种主、副产物中，主产物所占的分率或百分率。用符号 S 表示，则得

$$S=\frac{\text{主产物收得量折算成原料量}}{\text{反应掉的原料量}} \tag{1-5}$$

相对于同一反应而言，转化率、产率与选择性之间存在如下关系

$$Y=XS \tag{1-6}$$

【例 1-2】　用邻二甲苯气相催化氧化生产邻苯二甲酸酐（苯酐）。邻二甲苯投料量 205kg/h，空气（标准状态）4500m³/h。反应器出口物料组成（摩尔分数）如表 1-5 所示。

表 1-5 ［例 1-2］反应器出口物料组成

组分	苯酐	顺酐	邻二甲苯	氧气	氮气	其他	合计
摩尔分数/%	0.65	0.04	0.03	16.58	78	4.70	100

试计算邻二甲苯转化率、苯酐收率及反应选择性。

解 画出物料流程图（图 1-12）：

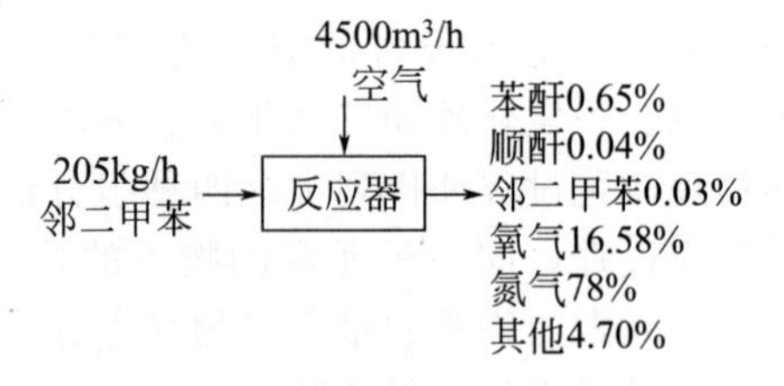

图 1-12 ［例 1-2］流程图

主反应式

$$C_6H_4(CH_3)_2 + 3O_2 \longrightarrow C_6H_4(CO)_2O + 3H_2O$$

其中 $M_{苯酐}=148.11$，$M_{邻二甲苯}=106.17$。

因尾气中含有大量的惰性组分 N_2，故选择 N_2 作为物料衡算的联系物。计算反应器出口物料的总流量

$$\frac{\frac{4500}{22.4}\times 79.2\%}{78\%}=204(\text{kmol/h})$$

反应器出口物料中苯酐和邻二甲苯的流量

苯酐 $204\times 0.65\%=1.326(\text{kmol/h})$

邻二甲苯 $204\times 0.03\%\times 106.17=6.50(\text{kg/h})$

所以

邻二甲苯的转化率

$$X=\frac{205-6.50}{205}\times 100\%=96.83\%$$

苯酐收率

$$Y=\frac{1.326}{\frac{205}{106.17}}\times 100\%=68.67\%$$

反应选择性

$$S=\frac{Y}{X}=\frac{68.67\%}{96.83\%}\times 100\%=70.92\%$$

在实际的化工生产过程中，某些参加化学反应的反应物往往超过化学计量值，就过量反应物而言，化学反应不完全。对这些过程进行物料衡算时，需要了解以下几个概念：

限制反应物 是以最小化学计量存在的反应物。

过量反应物 是化学计量超过限制反应物的反应物。

假如某反应中限制反应物的物质的量为 n_s，过量反应物的物质的量为 n，则该反应的局部过量（%）为 $\frac{n-n_s}{n_s}\times 100\%$。

【例 1-3】 丙烯、氨和氧气反应生成丙烯腈。原料中以摩尔分数计含 10% 丙烯、12% 氨、78% 空气。试确定哪个反应物是限制反应物，其他反应物过量多少。以限制反应物转化率为 30% 计算，1kmol 氨可生产多少丙烯腈？

解 主反应式： $C_3H_6+NH_3+1.5O_2 \longrightarrow CH_2=CHCN+3H_2O$

以 100kmol 原料为基准，进入反应器物料组成：10kmol C_3H_6、12kmol NH_3、78kmol 空气；产出物料组成：$CH_2=CHCN$、H_2O、C_3H_6、NH_3、O_2、N_2。

进料摩尔比 $n(NH_3)/n(C_3H_6)=12/10=1.2$；$n(O_2)/n(C_3H_6)=(78\times0.21)/10=1.64$

NH_3 和 O_2 的进料摩尔比都大于其化学计量比，所以 C_3H_6 是限制反应物。

根据主反应式，C_3H_6、NH_3、O_2 的理论化学计量比为 1∶1∶1.5。

所以

$$NH_3\ 过量=[(12-10\times1)/(10\times1)]\times100\%=20\%$$

$$O_2\ 过量=[(16.4-10\times1.5)/(10\times1.5)]\times100\%=9.33\%$$

若 C_3H_6 转化率为 30%，则 C_3H_6 实际反应量为 3kmol，$CH_2=CHCN$ 的相应生成量为 3kmol，则 1kmol NH_3 可生产 $CH_2=CHCN$ 的量为 $3/12=0.25$(kmol)。

化工生产工艺流程有循环过程和非循环过程（序列过程）。对于序列过程，其物料衡算可以从第一个单元开始，依次进行各单元设备的计算。但因化学反应不完全，往往将未引起反应的物料经分离后循环使用，使之成为循环过程。对于简单的循环回路，多采用确定的循环比进行过程的物料量计算；而复杂的循环回路，常用迭代法进行物料量的计算，用此法求解时，必须给定切割的物料量，此处是在循环回路中输入物流数最少而输出物流数最多。如图 1-13 所示，该工艺过程是由复杂的循环回路组成的。如果给定了分流器 6 排放量占其输入量的比例，此过程可在混合器 4 与闪蒸器 5 之间切割，然后赋予节点 5 初值进行整个过程的迭代，直到节点 12 与节点 5 的物料量相等（或近似相等）为止。

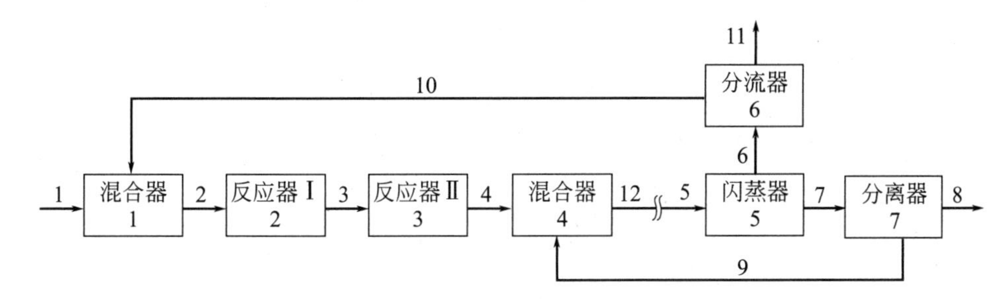

图 1-13 具有复杂循环回路的工艺过程

在带有循环物流的过程中，由于有些惰性组分或某些杂质没有分离掉，再循环中逐渐积累，会影响正常生产和正常操作。为了使循环系统中惰性组分保持在一定浓度范围内，需要将一部分循环气排放出去，这种排放称为弛放过程。

在连续弛放过程中，稳态的条件为

弛放时惰性气体排出量＝系统惰性气体进入量

弛放物流中任一组分的浓度与进行弛放那一点的循环物流浓度相同。因此，弛放物流的流率由式(1-7) 决定

料液流率×料液中惰性气体浓度＝弛放物流流率×指定循环流中惰性气体浓度 (1-7)

【例 1-4】 由氢气和氮气生产合成氨时，原料气中总含有一定数量的惰性气体，如氩和甲烷。为了防止循环氢、氮气中惰性气体的积累，因此应设置弛放装置，如图 1-14 所示。

假定原料气的组成（摩尔分数）N_2 24.75%，H_2 74.25%，惰性气体 1.00%。N_2 的单程转化率为 25%，循环物料中惰性气体为 12.5%，NH_3 3.75%(摩尔分数)，试计算各股物流的流率和组成、N_2 的总转化率。

解 基准：原料气 100mol/h

循环物流组成（以 I 代表惰性组分）：

因循环气和弛放气从同一节点分流，故循环物流组成与弛放气组成相同。已知：$x(\mathrm{I})=$

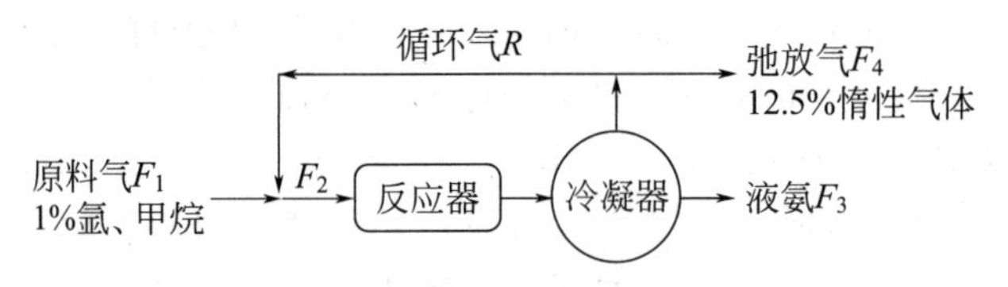

图 1-14 ［例 1-4］流程示意图

0.125，$x(NH_3)=0.0375$，$x(N_2)=(1-0.125-0.0375)/4=0.2094$，$x(H_2)=0.2094\times 3=0.6281$

弛放气流率 F_4 由惰性气体平衡求出

惰性气体平衡　　$100\times 0.01=0.125F_4 \Rightarrow F_4=8(\text{mol/h})$

循环物流流率 R 由 N_2 组分衡算求取

N_2 组分衡算

$$(0.2475F_1+0.2094R)\times(1-0.25)=(F_4+R)\times 0.2094 \Rightarrow R=322.58(\text{mol/h})$$

进反应器混合气的流率 F_2

$$F_2=R+F_1=322.58+100=422.58(\text{mol/h})$$

产品液氨的流率 F_3（由质量衡算得）

为简化计算，将惰性气体全部看作是 Ar，取相对分子质量为 40，则有

原料气质量流率　　$1\times 40+99\times\frac{3}{4}\times 2+99\times\frac{1}{4}\times 28=881.5(\text{g/h})$

弛放气质量流率

$$8\times 0.125\times 40+8\times 0.0375\times 17+8\times 0.2094\times 28+8\times 0.6281\times 2=102(\text{g/h})$$

液氨质量流率　　$881.5-102=779.5(\text{g/h})$

液氨摩尔流率 F_3　　$F_3=779.5/17=45.85(\text{mol/h})$

物料衡算结果汇总见表 1-6。

N_2 的总转化率：$(100\times 0.2475+322.58\times 0.2094)/100=0.923=92.3\%$

表 1-6　物料衡算结果

项目		原料气 F_1	循环气 R	混合气 F_2	驰放气 F_4	液氨 F_3
摩尔流率/(mol/h)		100	322.58	422.58	8	45.85
物流组成（摩尔分数）	N_2	0.2475	0.2094	0.2184	0.2094	0
	H_2	0.7425	0.6281	0.6552	0.6281	0
	I	0.01	0.125	0.0978	0.125	0
	NH_3	0	0.0375	0.0286	0.0375	1.00
合计		1.00	1.00	1.00	1.00	1.00

1.3.2 热量衡算

热量衡算是以热力学第一定律为基础的。根据物料衡算的结果，在给定物料的温度和相态条件下，由热量衡算求取过程热量的变化。热量衡算式可写为

输入的总热量＝输出的总热量＋积累的热量＋损失的热量

对于稳定的连续流动过程，无热量的积累，且不计入热量的损失时，输入的总热量$\sum Q_F$就等于输出的总热量$\sum Q_E$，即

$$\sum Q_F=\sum Q_E \tag{1-8}$$

因为热量是相对值，故在进行热量衡算时，应选定基准的温度和相态。基准温度可以任意选择，但一般选取 0℃或 25℃，因为在这两个温度下的热力学数据较多，易于查用。

反应体系能量衡算的方法按计算焓时的基准区分，主要有以下两种方法。

1.3.2.1 以反应热为基础的计算方法

第一种基准：如果已知标准反应热（$\Delta H_r^{\ominus}$），则可选 298K、101.3kPa 为反应物及产物的计算基准。对非反应物质也可选适当的温度为基准（如反应器的进口温度或平均比热容表示的参考温度）。为方便计算过程的焓变，将进出口流股中组分的流率 n_i 和焓 H_i 列成表，然后按式(1-9) 计算过程的 ΔH

$$\Delta H = \frac{n_{AR}\Delta H_r^{\ominus}}{\mu_A} + \sum(n_i H_i)_{输出} - \sum(n_i H_i)_{输入} \tag{1-9}$$

式中，下角标 A 为任意一种反应物或产物；n_{AR} 为过程中生成或消耗 A 物质的量（注意此数不一定是 A 在进料或产物中的物质的量），mol；μ_A 为 A 的化学计量系数。

n_{AR} 和 μ_A 均为正值。

如果过程中有多个反应，在式(1-9) 中要有每一个反应的 $n_{AR}\Delta H_r^{\ominus}/\mu_A$ 项。所以对于同时有多个反应的过程，这个基准不够简便。

1.3.2.2 以生成热为基础的计算方法

第二种基准：以组成反应物及产物的元素，在 25℃、101.3kPa 时的焓为零，非反应分子以任意适当的温度为基准。也要画一张填有所有流股组分 n_i 和 H_i 的表，只是在这张表中反应物或产物的 H_i 是每个物质 25℃的生成热与物质由 25℃变到进口状态或出口状态所需显热和潜热之和。过程的总焓变即为

$$\Delta H = \sum(n_i H_i)_{输出} - \sum(n_i H_i)_{输入} \tag{1-10}$$

所以第二种基准中的物质，是组成反应物和产物的、以自然形态存在的原子。

【例 1-5】 甲烷在连续式反应器中经空气氧化生产甲醛，副反应是甲烷完全氧化生成 CO_2 和 H_2O。

$$CH_4(气) + O_2 \longrightarrow HCHO(气) + H_2O(气)$$

$$CH_4(气) + 2O_2 \longrightarrow CO_2(气) + 2H_2O(气)$$

以 100mol 进反应器的甲烷为基准，物料流程如图 1-15 所示。

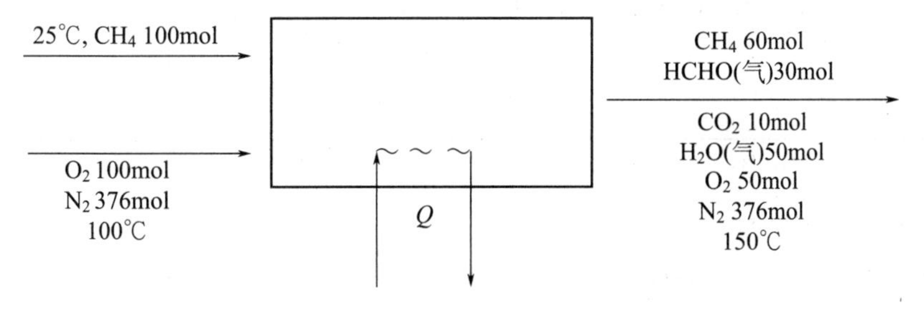

图 1-15 ［例 1-5］示意图

假定反应在足够低的压力下进行，气体可看作理想气体。甲烷于 25℃进反应器，空气于 100℃进反应器，如要保持出口产物为 150℃，需从反应器取走多少热量？

解 物料衡算基准：100mol 进料中的 CH_4。物料衡算结果见图 1-15。

能量衡算：取 25℃时生成各个反应物和产物的各种原子（即 C、O、H）为基准，非反应物质 N_2 也取 25℃为基准（因 25℃是气体平均摩尔热容的参考温度）。

(1) 各组分单位进料（25℃）的焓值

① 25℃下进料甲烷的焓　查手册得 CH_4 生成热 $\Delta H^{\ominus}_{f,CH_4}=-74.85kJ/mol$，因此

$$H_{进}(CH_4)=\Delta H^{\ominus}_{f,CH_4}=-74.85kJ/mol$$

② $H_{O_2,100℃}$　查手册得 $\overline{C}_p(100℃)=29.8J/(K\cdot mol)$

$$H_{进}(O_2)=\overline{C}_p(100℃)(100-25)=2235(J/mol)=2.235(kJ/mol)$$

③ $H_{N_2,100℃}$　查手册得 $\overline{C}_p(100℃)=29.16J/(K\cdot mol)$

$$H_{进}(N_2)=\overline{C}_p(100℃)(100-25)=2.187(kJ/mol)$$

（2）各组分单位出料的焓值

① $H_{O_2,150℃}$　查手册得 $\overline{C}_p(150℃)=30.06J/(K\cdot mol)$

$$H_{出}(O_2)=\overline{C}_p(150℃)(150-25)=3.758(kJ/mol)$$

② $H_{N_2,150℃}$　查手册得 $\overline{C}_p(150℃)=29.24J/(K\cdot mol)$

$$H_{出}(N_2)=\overline{C}_p(150℃)(150-25)=3.655(kJ/mol)$$

③ $H_{CH_4,150℃}$　查手册得 $\overline{C}_p(150℃)=39.2J/(K\cdot mol)$

$$H_{出}(CH_4)=\Delta H^{\ominus}_{f,CH_4}+\int_{25}^{150}C_p(CH_4)dT=-74.85+4.9=-69.95(kJ/mol)$$

④ $H_{HCHO,150℃}$　查手册得 $\Delta H^{\ominus}_{f,HCHO}=-115.90kJ/mol$，$\overline{C}_p(150℃)=9.12J/(K\cdot mol)$

$$H_{HCHO,150℃}=\Delta H^{\ominus}_{f,HCHO}+\overline{C}_p(150℃)(150-25)=-115.90+1.14=-114.76(kJ/mol)$$

⑤ $H_{CO_2,150℃}$　分别查得 $\Delta H^{\ominus}_{f,CO_2}=-393.5kJ/mol$ 及 $\overline{C}_p=39.52J/(K\cdot mol)$

$$H_{CO_2,150℃}=\Delta H^{\ominus}_{f,CO_2}+[\overline{C}_p(150℃)\times125]$$

得

$$H_{CO_2,150℃}=-393.5+4.94=-388.56(kJ/mol)$$

⑥ $H_{H_2O,150℃}$　分别查得 $\Delta H^{\ominus}_{f,H_2O}=-241.83kJ/mol$ 及 $\overline{C}_p=34.0J/(K\cdot mol)$

得　$H_{H_2O,150℃}=\Delta H^{\ominus}_{f,H_2O}+[\overline{C}_p(150℃)\times125]=-241.83+4.27=-237.56(kJ/mol)$

将以上结果填入表1-7中。

表1-7　物料进出口焓值

物料	$n_{进}$/mol	$H_{进}$/(kJ/mol)	$n_{出}$/mol	$H_{出}$/(kJ/mol)	物料	$n_{出}$/mol	$H_{出}$/(kJ/mol)
CH_4	100	−74.85	60	−69.95	HCHO	30	−114.76
O_2	100	2.235	50	3.758	CO_2	10	−388.56
N_2	376	2.187	376	3.655	H_2O	50	−237.56

注：参考态25℃，C，O，H，N。

由式(1-10)计算 ΔH

$$\begin{aligned}\Delta H&=\sum(n_iH_i)_{输出}-\sum(n_iH_i)_{输入}\\&=60\times(-69.95)+50\times3.758+376\times3.655+30\times(-114.76)+10\times(-388.56)\\&\quad+50\times(-237.56)-[100\times(-74.85)+100\times2.235+376\times2.187]\\&\approx-15400(kJ)\end{aligned}$$

当能量衡算不计动能变化时

$$Q=\Delta H\approx-15400kJ$$

本题的计算格式除了用上面的进出口焓值表以外，也可以用表1-8的形式表示计算焓变结果，可以把整个计算过程都表示出来，简单明了，便于检查核对。

表 1-8 列表计算过程的焓变

物质	$\Delta H_f^\ominus$ /(kJ/mol)	输入 CH_4(25℃);O_2;N_2(100℃)					输出(皆为 150℃)				
		n /mol	$n\Delta H_f^\ominus$ /kJ	$\overline{C}_p$/[kJ/(mol·℃)]	$n\overline{C}_p$ /(kJ/℃)	$n\overline{C}_p\Delta T$ /kJ	n /mol	$n\Delta H_f^\ominus$ /kJ	$\overline{C}_p$/[kJ/(mol·℃)]	$n\overline{C}_p$ /(kJ/℃)	$n\overline{C}_p\Delta T$ /kJ
CH_4	−74.85	100	−7485			0	60	−4491	0.0392	2.352	(294)
O_2		100		0.0298	2.980	223.5	50		0.03006	1.503	187.9
N_2		376		0.02916	10.964	822.3	376		0.02924	10.994	1374
HCHO	−115.90						30	−3477	0.00912	0.2736	34.2
CO_2	−393.5						10	−3935	0.03952	0.395	49.4
H_2O	−241.83						50	−12091.5	0.034	1.700	212.5
总输入=−7485+223.5+822.3 =−6439.2(kJ)							总输出=−(4491+3477+3935+12091.5) +(294+187.9+1374+34.2 +49.4+212.5) =−21842.5(kJ)				
总焓变=Q=−21842.5−(−6439.2)≈−15400(kJ)											

注：带括号的数值不是由平均摩尔热容计算的，而是用积分式 $n\int_{T_1}^{T_2} C_p \mathrm{d}T$ 计算。

第2章 合成气

合成气是重要的氨合成原料，也是有机合成的原料之一，在化学工业中有着重要作用。合成气指的是 CO 和 H_2 的混合气。合成气可以转化成液体和气体燃料、大宗化学品和高附加值的精细有机合成产品。制造合成气的原料很多，主要是一些含碳氢化合物的焦炭、无烟煤、天然气、石脑油、重油等。合成气的生产工艺主要随生产原料的不同而不同，合成气中 H_2 与 CO 的比值随原料和生产方法的不同而异。但无论采用何种流程，都可将生产方法归纳为以下两个主要步骤。

(1) 合成气的制取 即制备含有氢气和一氧化碳的气体混合物。现在工业上普遍采用焦炭、无烟煤、天然气、石脑油、重油等含碳氢化合物的原料与水蒸气、空气作用的气化方法制取。

(2) 合成气的净化 无论选择什么原料，制得的合成气中都含有硫化合物、二氧化碳等。因此，在合成气送去后续加工之前，必须将其中的杂质除去。

以天然气和煤炭为基础的合成气转化制备化工产品的研究广泛开展，将有更多 C_1 化工过程实现工业化，今后，合成气的应用前景将越来越宽广。

2.1 合成气的制取 >>>

现在工业上采用天然气、炼厂气、焦炉气、石脑油、重油、焦炭和煤作为生产合成气的原料。根据不同的原料，有不同的制气方法，气态和液态烃类主要采用蒸汽转化和部分氧化法，固体原料则主要采用气化法。

2.1.1 烃类蒸汽转化

气态和液态烃类（天然气、石脑油等）经脱硫后，在催化剂的作用下与水蒸气反应生成含氢气和一氧化碳的气体混合物，再经过净化处理后，作为氨合成的原料气。

在蒸汽转化过程中，烃类主要进行如下反应

$$C_nH_{2n+2}+\frac{n-1}{2}H_2O = \frac{3n+1}{4}CH_4+\frac{n-1}{4}CO_2 \tag{2-1}$$

$$C_nH_{2n}+\frac{n}{2}H_2O = \frac{3n}{4}CH_4+\frac{n}{4}CO_2 \tag{2-2}$$

反应中生成的甲烷最终与水蒸气进行转化反应。因此，不论气态还是液态烃类与水蒸气反应都需要经过甲烷蒸汽转化这一阶段。烃类的蒸汽转化可用甲烷蒸汽转化代表。

2.1.1.1 甲烷蒸汽转化反应

甲烷蒸汽转化反应主反应为

$$CH_4 + H_2O \rightleftharpoons CO + 3H_2 \qquad \Delta H^\ominus = 206.2\text{kJ/mol} \tag{2-3}$$

$$CO + H_2O \rightleftharpoons CO_2 + H_2 \qquad \Delta H^\ominus = -41.2\text{kJ/mol} \tag{2-4}$$

上述两反应均为可逆反应。式(2-3) 反应吸热，热效应随温度的增加而增大；式(2-4) 反应放热，热效应随温度的增加而减小。这两个反应平衡常数列于表 2-1。

表 2-1　式(2-3) 和式(2-4) 反应平衡常数

温度/℃	$K_{p_3}=\dfrac{p_{CO}p_{H_2}^3}{p_{CH_4}p_{H_2O}}$/(MPa)^2	$K_{p_4}=\dfrac{p_{CO_2}p_{H_2}}{p_{CO}p_{H_2O}}$	温度/℃	$K_{p_3}=\dfrac{p_{CO}p_{H_2}^3}{p_{CH_4}p_{H_2O}}$/(MPa)^2	$K_{p_4}=\dfrac{p_{CO_2}p_{H_2}}{p_{CO}p_{H_2O}}$
200	4.735×10^{-14}	2.279×10^{2}	650	2.756×10^{-2}	1.923
250	8.617×10^{-12}	8.651×10	700	1.246×10^{-1}	1.519
300	6.545×10^{-10}	3.922×10	750	4.877×10^{-1}	1.228
350	2.548×10^{-8}	2.034×10	800	1.687	1.015
400	5.882×10^{-7}	1.170×10	850	5.234	8.552×10^{-1}
450	8.942×10^{-6}	7.311	900	1.478×10	7.328×10^{-1}
500	9.689×10^{-5}	4.878	950	3.834×10	6.372×10^{-1}
550	7.944×10^{-4}	3.434	1000	9.233×10	5.750×10^{-1}
600	5.161×10^{-3}	2.527			

根据主反应的平衡常数，可以计算出平衡组成，若以 1mol 甲烷为基准，水碳比 (H_2O∶CH_4 摩尔比) 设为 m。按式(2-3) 转化了的甲烷为 x mol，按式(2-4) 变换了的一氧化碳为 y mol，各组分的平衡组成及分压列于表 2-2。

表 2-2　各组分的平衡组成及分压

组分	气体组成		平衡分压/MPa
	反应前	平衡时	
CH_4	1	$1-x$	$p_{CH_4}=\dfrac{1-x}{1+m+2x}p$
H_2O	m	$m-x-y$	$p_{H_2O}=\dfrac{m-x-y}{1+m+2x}p$
CO		$x-y$	$p_{CO}=\dfrac{x-y}{1+m+2x}p$
H_2		$3x+y$	$p_{H_2}=\dfrac{3x+y}{1+m+2x}p$
CO_2		y	$p_{CO_2}=\dfrac{y}{1+m+2x}p$
合计	$1+m$	$1+m+2x$	p

将表中各组分分压分别代入式(2-3) 和式(2-4) 的平衡常数表达式中，得

$$K_{p_3}=\frac{p_{CO}p_{H_2}^3}{p_{CH_4}p_{H_2O}}=\frac{(x-y)(3x+y)^3}{(1-x)(m-x-y)}\left(\frac{p}{1+m+2x}\right)^2 \tag{2-5}$$

$$K_{p_4}=\frac{p_{CO_2}p_{H_2}}{p_{CO}p_{H_2O}}=\frac{y(3x+y)}{(x-y)(m-x-y)} \tag{2-6}$$

温度、压力、水碳比对甲烷蒸汽转化反应平衡组成的影响因素如图 2-1 所示。从图中可以看出温度增加，甲烷平衡含量下降，反应温度每降低 10℃，甲烷平衡含量约增加 1.0%～1.3%；增加压力，甲烷平衡含量随之增大；增加水碳比，对甲烷转化有利。

在进行甲烷蒸汽转化反应的同时，可能会有析碳反应产生

$$CH_4 \rightleftharpoons 2H_2 + C \qquad \Delta H^\ominus = 74.9\text{kJ/mol} \tag{2-7}$$

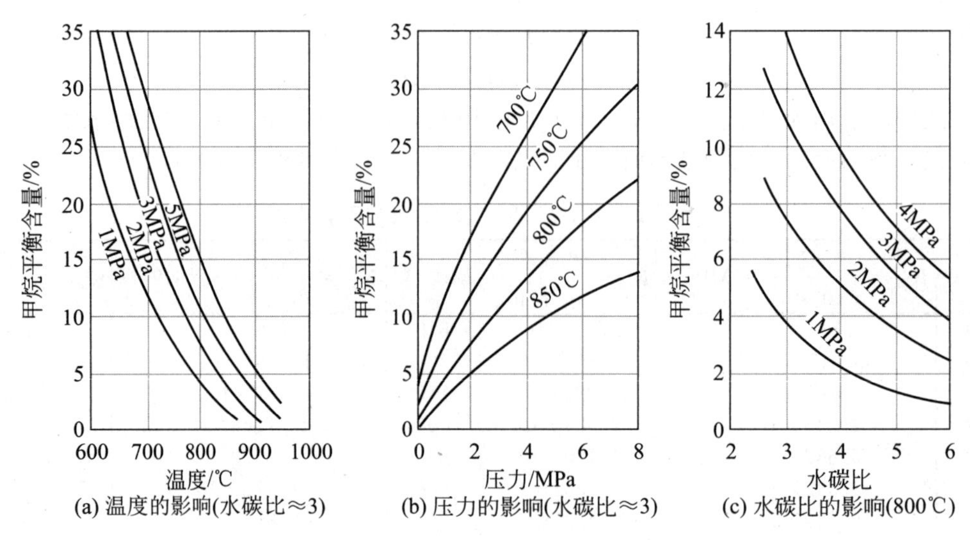

图 2-1 甲烷蒸汽转化反应平衡组成的影响因素

$$2CO \rightleftharpoons CO_2 + C \qquad \Delta H^{\ominus} = -172.5\text{kJ/mol} \tag{2-8}$$

$$CO + H_2 \rightleftharpoons H_2O + C \qquad \Delta H^{\ominus} = -131.5\text{kJ/mol} \tag{2-9}$$

若操作条件选择不当，会使析碳反应严重，析出的碳会覆盖在催化剂表面，使催化剂活性降低，调节蒸汽用量和选择适宜的温度、压力可以避免析碳反应的发生。

2.1.1.2 烃类蒸汽转化催化剂

烃类蒸汽转化在高温下进行反应是有利的，但即使在1000℃下它的反应速率也是很慢的，需采用催化剂来加快反应。对于烃类转化，镍是最有效的催化剂。为了使催化剂具有高活性，将活性组分镍制成细小的晶粒分散在耐高温的载体上。镍是以 NiO 状态存在的，含量以4%～30%为宜，并加入小于镍含量10%的 MgO、Cr_2O_3、Al_2O_3 等作助催化剂。这些助催化剂的作用是：改变催化剂的孔结构和催化剂的选择性，抑制催化剂在高温时的熔结，有的助催化剂用于抗析碳和调整载体的酸性。催化剂的载体常用 Al_2O_3、CaO、K_2O 等。

催化剂在使用前，须用氢气-水蒸气或甲烷-水蒸气在600～800℃下进行还原。催化剂的主要毒物是硫的各种化合物，通常要求原料气的总硫含量在0.5ppm(10^{-6}) 以下。砷、氯等对催化剂也有毒害。

2.1.1.3 二段转化过程

烃类蒸汽转化制取合成氨原料气的工业过程，大多采用二段转化工艺。首先在外加热的反应管中进行烃类的蒸汽转化反应，即一段转化；然后，高温的一段转化气进入二段转化炉并加入空气，利用反应热将甲烷转化反应进行到底。

二段转化时，在装有镍催化剂床层的上部，一段转化气与空气发生燃烧反应

$$H_2 + \frac{1}{2}O_2 = H_2O \qquad \Delta H^{\ominus} = -241.8\text{kJ/mol} \tag{2-10}$$

$$CO + \frac{1}{2}O_2 = CO_2 \qquad \Delta H^{\ominus} = -283.2\text{kJ/mol} \tag{2-11}$$

由于燃烧放出大量的热，温度升高，于是残余甲烷得以继续转化

$$CH_4 + H_2O = CO + 3H_2 \tag{2-3}$$

二段转化过程，使转化气中的甲烷从10%降至0.5%以下，同时又向系统补入氨合成所需要的氮气。由于对氢氮比有一定要求，因此加入的空气量基本一定，二段转化炉内燃烧反应放出的热量也一定。

典型的二段转化炉进出口气体的组成见表 2-3。

表 2-3　二段转化炉进出口气体的组成

组分	H_2	CO	CO_2	CH_4	N_2	Ar	合计
进口	69.0	10.12	10.33	9.68	0.87	—	100.0
出口	56.4	12.95	7.78	0.33	22.26	0.28	100.0

2.1.1.4　转化反应的工艺条件

从烃类蒸汽转化反应的化学平衡考虑，宜在低压下进行，但在实际生产中，为了考虑生产效率，转化反应多在加压条件下进行，压力为 1.4～4.0MPa。烃类蒸汽转化反应是体积增大的反应，压缩含烃原料气要比压缩转化气省功，且氨合成反应又要求在高压下进行，即原料气总是要加压的。提高转化操作压力，可以使每吨氨的总功耗减少。

一段转化炉出口温度是决定出口组成的主要因素。提高出口温度，可以降低残余甲烷含量。但提高温度对转化反应管的寿命影响很大，且由于二段转化所需热量完全由空气的燃烧供给，而空气量又受合成气的氢氮比所制约，因此一段炉的出口温度一般控制在 800℃左右。二段转化炉出口温度控制着原料气的质量，按压力、水碳比和残余甲烷含量小于 0.5%的要求，二段转化炉出口温度应为 900～1000℃。

水蒸气过量对转化反应有利，且可以防止析碳反应发生。但水蒸气配入量过大，除了经济上不合理外，既增加反应管系统阻力，又增加一段转化炉的热负荷。目前工业上水碳比一般控制在 3.5～4。

2.1.1.5　转化反应工艺流程及转化炉

连续蒸汽转化反应的工艺流程如图 2-2 所示。在天然气中配入 0.25%～0.55%的氢气，经转化炉的对流段加热至 380～400℃，进入钴钼加氢反应器和氧化锌脱硫罐脱硫。天然气脱硫后在 3.6MPa、380℃条件下配入水蒸气（水碳比约为 3.5），进入对流段加热到 480～

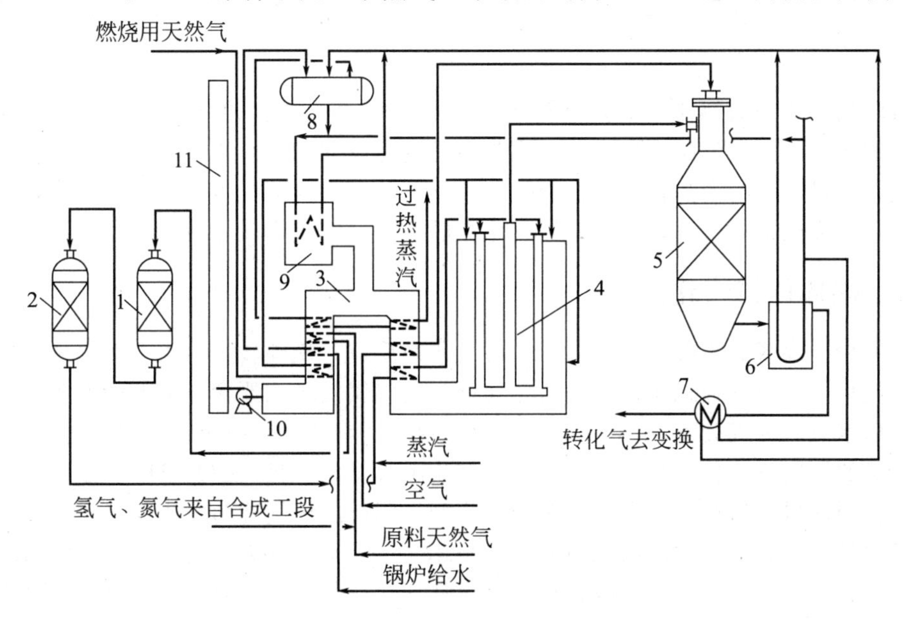

图 2-2　连续蒸汽转化反应工艺流程

1—钴钼加氢反应器；2—氧化锌脱硫罐；3—对流段；4—辐射段（一段炉）；5—二段转化炉；6—第一废热锅炉；7—第二废热锅炉；8—汽包；9—辅助锅炉；10—排风机；11—烟囱

500℃，然后送到转化炉的顶部，自上而下进入各装有镍催化剂的转化管进行转化反应。离开反应管底部的转化气温度为800～820℃，汇合于集气管，沿上升管上升，继续吸收一些热量，使温度升到850～860℃，与配入了少量蒸汽并预热到450℃的空气在二段炉顶部汇合，在顶部燃烧区燃烧后，进入二段炉催化剂床层继续反应，然后离开二段转化炉。

一段转化炉是烃类蒸汽转化法制氢的关键设备之一。它包括转化管与加热室的辐射段以及回收热量的对流段。转化炉型大致可分为顶部烧嘴炉和侧部烧嘴炉，其结构如图2-3所示。顶部烧嘴炉的辐射段为方箱型，炉顶有原料、燃料和空气总管。侧部烧嘴炉的辐射段为竖式箱型。烧嘴分成多排，水平安装在辐射室两侧炉壁上，调节轴向温度较为方便。一段转化炉的回收段是为了回收烟道气热量而设置的，主要由若干组加热盘管组成，分别预热原料气、高压蒸汽、工艺空气以及锅炉给水等工艺介质。转化炉管要承受高温、高压和气体腐蚀的苛刻条件，因而对材质要求极高。目前均采用含铬25%、镍20%的高合金钢离心浇铸管。

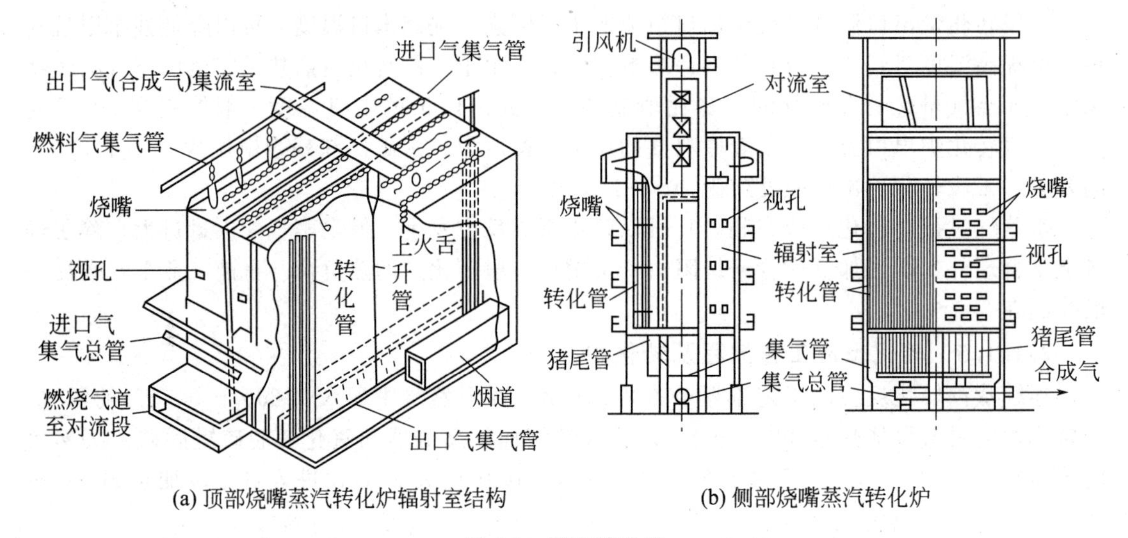

(a) 顶部烧嘴蒸汽转化炉辐射室结构　　(b) 侧部烧嘴蒸汽转化炉

图2-3　蒸汽转化炉

二段转化炉为一碳钢制圆筒，内衬耐火材料，炉内上部有转化气与空气充分混合的空间，催化剂床层的上层为耐高温的铬催化剂，下层是镍催化剂。

转化系统可回收的余热较多，控制一段转化炉的排烟温度，可以回收更多的热量；二段转化炉后设置废热锅炉，可以回收高温转化器的热量，产生高压蒸汽。

2.1.2　固体原料气化

固体原料（煤或焦炭等）在高温下，与气化剂反应，使碳转变为可燃性气体的过程称为固体原料气化，以空气为气化剂制得的煤气称为空气煤气，主要含有大量的氮和一定量的一氧化碳。以水蒸气为气化剂制得的煤气称为水煤气，氢气与一氧化碳含量可达85%以上。作为合成氨的原料气，要求气体中氢气与一氧化碳含量高，且（$CO+H_2$）∶N_2为3.1～3.2（摩尔比）。因此以适量空气和水蒸气作为气化剂，制得的煤气称为半水煤气。

煤气化是实现煤炭高效清洁利用的核心技术之一，煤气可应用于许多方面：合成化肥、甲醇、醋酸、烯烃、天然气及液体燃料等的原料气；石化加氢、煤直接液化、燃料电池等的氢气源；工业、民用以及先进整体气化联合循环发电等的燃气；直接还原炼铁的还原气等。

2.1.2.1　固体原料气化反应

固体原料的气化反应主要是碳与氧的反应和碳与蒸汽的反应。

以空气为气化剂时，碳与氧的反应为

$$C+O_2 \longrightarrow CO_2 \qquad \Delta H^{\ominus}=-394.1\text{kJ/mol} \tag{2-12}$$

$$C+\frac{1}{2}O_2 \longrightarrow CO \qquad \Delta H^{\ominus}=-110.6\text{kJ/mol} \tag{2-13}$$

$$C+CO_2 \rightleftharpoons 2CO \qquad \Delta H^{\ominus}=172.3\text{kJ/mol} \tag{2-14}$$

$$CO+\frac{1}{2}O_2 \longrightarrow CO_2 \qquad \Delta H^{\ominus}=-283.2\text{kJ/mol} \tag{2-11}$$

上述反应中，式(2-12)、式(2-13)、式(2-11) 所示为放热反应，在高温（700～1700℃）下为不可逆反应，式(2-14) 所示则是吸热可逆反应。表 2-4 为总压 0.1MPa，不同温度下空气煤气的平衡组成。

表 2-4　总压 0.1MPa 时空气煤气的平衡组成（体积分数）　　单位：%

温度/℃	CO_2	CO	N_2	$a=CO:(CO+CO_2)$
650	10.8	16.9	72.3	61.0
800	1.6	31.9	66.5	95.2
900	0.4	34.1	65.5	98.8
1000	0.2	34.4	65.4	99.4

表 2-4 可知，随着温度的升高，一氧化碳含量增加。高于 900℃时，二氧化碳含量甚低。因此碳与氧反应的主要产物是一氧化碳。

以水蒸气为气化剂时，碳与水蒸气的反应为

$$C+H_2O \longrightarrow CO+H_2 \qquad \Delta H^{\ominus}=131.4\text{kJ/mol} \tag{2-15}$$

$$C+2H_2O \longrightarrow CO_2+2H_2 \qquad \Delta H^{\ominus}=90.2\text{kJ/mol} \tag{2-16}$$

同时还发生下列反应

$$CO+H_2O \longrightarrow CO_2+H_2 \qquad \Delta H^{\ominus}=-41.2\text{kJ/mol} \tag{2-4}$$

$$C+2H_2 \longrightarrow CH_4 \qquad \Delta H^{\ominus}=-74.9\text{kJ/mol} \tag{2-17}$$

上述反应在不同温度、压力下的平衡组成示于图 2-4 和图 2-5。由图 2-4 可知，0.1MPa 下，当温度高于 900℃时，碳与水蒸气反应的平衡产物中，主要含有等量的氢和一氧化碳，其他组分含量则接近于零。这说明高温下进行碳与水蒸气反应，水蒸气分解率高。比较图 2-4 和图 2-5 可见，在相同的温度下，压力升高，气体中水蒸气、二氧化碳及甲烷平衡含量会增加。

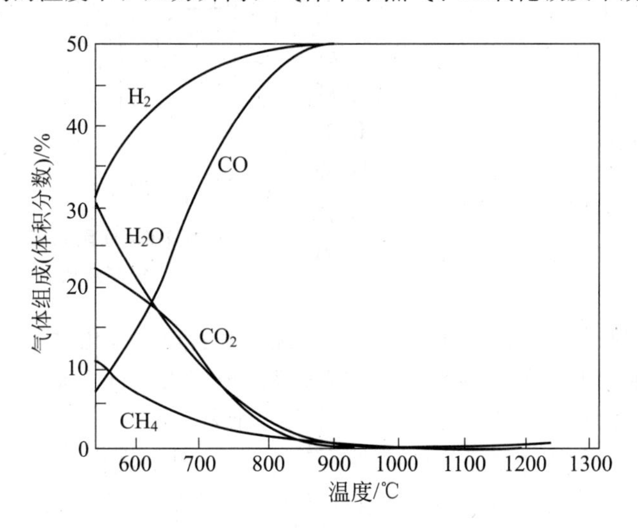

图 2-4　0.1MPa 下碳-蒸汽反应的平衡组成

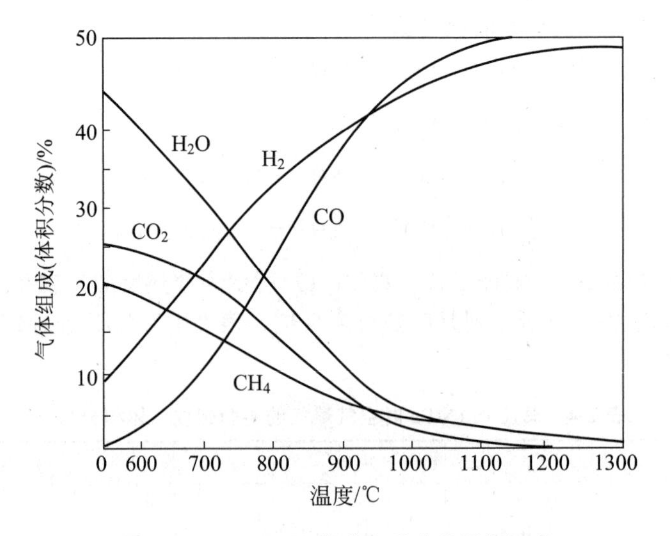

图 2-5　2.0MPa 下碳-蒸汽反应的平衡组成

2.1.2.2　煤气化的生产方法

(1) 煤气化的过程　在各种煤炭转化技术中，特别是开发洁净煤技术中，煤的气化是最有应用前景的技术之一。煤的气化过程是在煤气发生炉中进行的。图 2-6 所示为固定层煤气发生炉内气化过程示意图，固体原料由顶部加入，气化剂由下而上进入燃料层进行气化反应，生成的煤气从炉上侧排出，灰渣落入灰箱后排出炉外。

在稳定气化的条件下，燃料层大致可分为几个区域，最上部燃料与煤气接触，水分蒸发，称为干燥区。干燥区下面是干馏区，燃料在此区域继续受热，释放烃类气体。中部为气化区，燃料与气化剂进行反应。当气化剂为空气时，在气化区的下部，进行碳的燃烧反应，称为氧化层，气化区的上部主要进行碳与二氧化碳的反应，称为还原层。以水蒸气为气化剂时，在气化区进行碳与水蒸气反应，不再区分氧化层或还原层。燃料层底部为灰渣区，起着预热气化以及保护炉底不致过热而变形的作用。

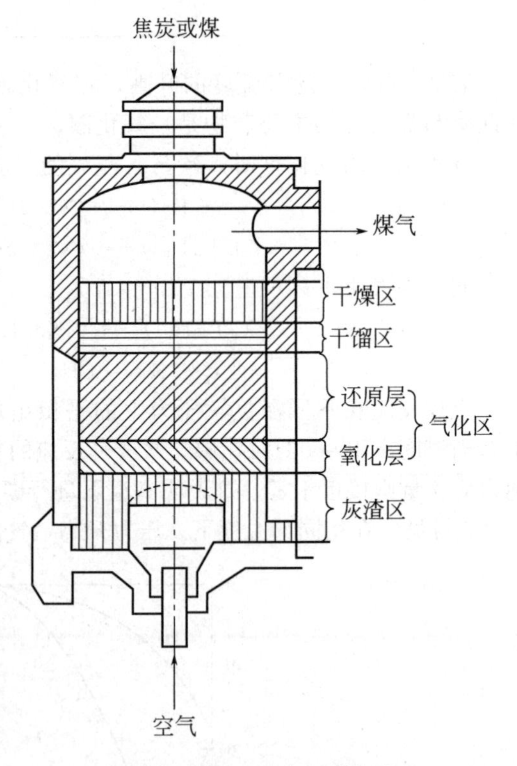

图 2-6　间歇式固定层煤气发生炉燃烧层分区示意图

煤气化过程需要吸热和高温，工业上采用燃烧煤来实现。气化过程按操作方式来分，有间歇式和连续式，前者的工艺较后者落后，现在逐渐被淘汰。目前最通用的分类方法是按反应器分类，主要分为固定床（移动床）、流化床和气流床。

固定床、流化床、气流床最基本的区别示于图 2-7，图中显示了反应物和产物在反应器内的流动情况以及床内反应温度分布。此外，不同生产方法对煤质要求也不同。

(2) 固定床连续式气化制水煤气　固定床连续式气化制水煤气法由德国鲁奇（Lurgi）

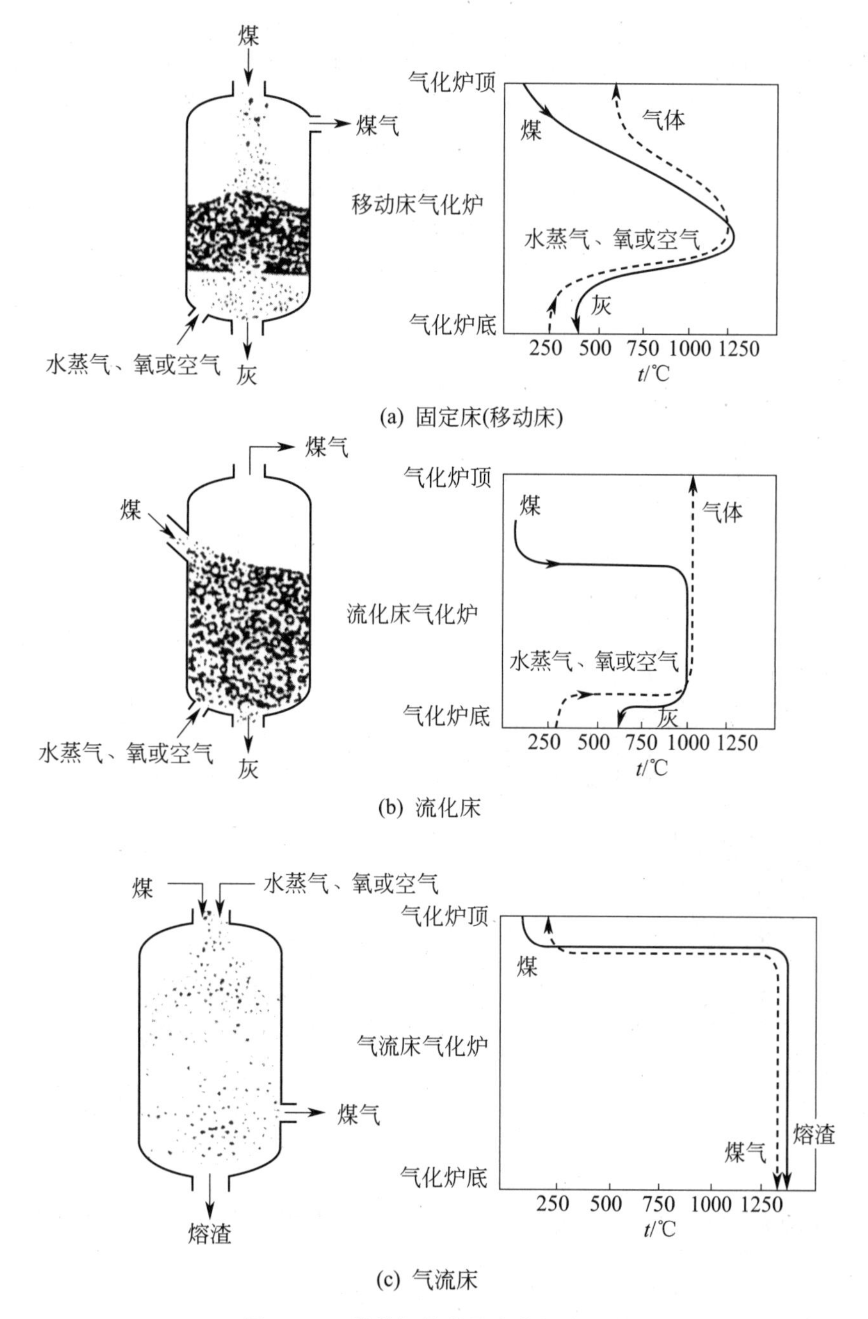

(a) 固定床(移动床)

(b) 流化床

(c) 气流床

图 2-7　三类煤气化炉及床内温度分布

公司开发。燃料为块状煤或焦炭，由炉顶定时加入，气化剂为水蒸气和纯氧混合气，在气化炉中同时进行碳和氧的燃烧放热与水蒸气的气化吸热反应，调节 H_2O/O_2 比例，就可连续制气，生产强度较高，而且煤气质量也稳定。

该法所用设备称为鲁奇气化炉，见图 2-8。氧与水蒸气通过空心轴经炉箅分布，自下而上移动经历 1～3h。为防止灰分熔融，炉内最高温度应控制在灰熔点以下，一般为 1200℃，由 H_2O/O_2 比来控制。含有残炭的灰渣自炉底排出。压力 3MPa，出口煤气温度 500℃。煤的转化率 88%～95%。鲁奇法制的水煤气中甲烷和二氧化碳含量较高，而一氧化碳含量较低，在 C_1 化工中的应用受到一定限制，适合于做城市煤气。

(3) 流化床连续式气化制水煤气　发展流化床气化法是为了提高单炉的生产能力和适应采煤技术的发展，直接使用 3～5mm 小颗粒碎煤为原料，并可利用褐煤等高灰分煤。它又称为沸腾床气化，把气化剂送入气化炉内，使煤颗粒呈沸腾状态进行气化反应。

温克勒（Winkler）煤气化方法是流化床技术发展过程中最早用于工业生产的。图 2-9 为该气化炉的示意图。它为内衬耐火材料的立式圆筒形炉体，下部为圆锥形状。水蒸气和氧气（或空气）通过位于流化床不同高度上的几排喷嘴加入。其下段为圆锥形体的流化床，上段的高度约为流化床高度的 6～10 倍，作为固体分离区，在床的上部引入两次水蒸气和氧气，以气化离开床层但未气化的碳。使用低活性煤时，二次气化可显著改善碳的转化率。

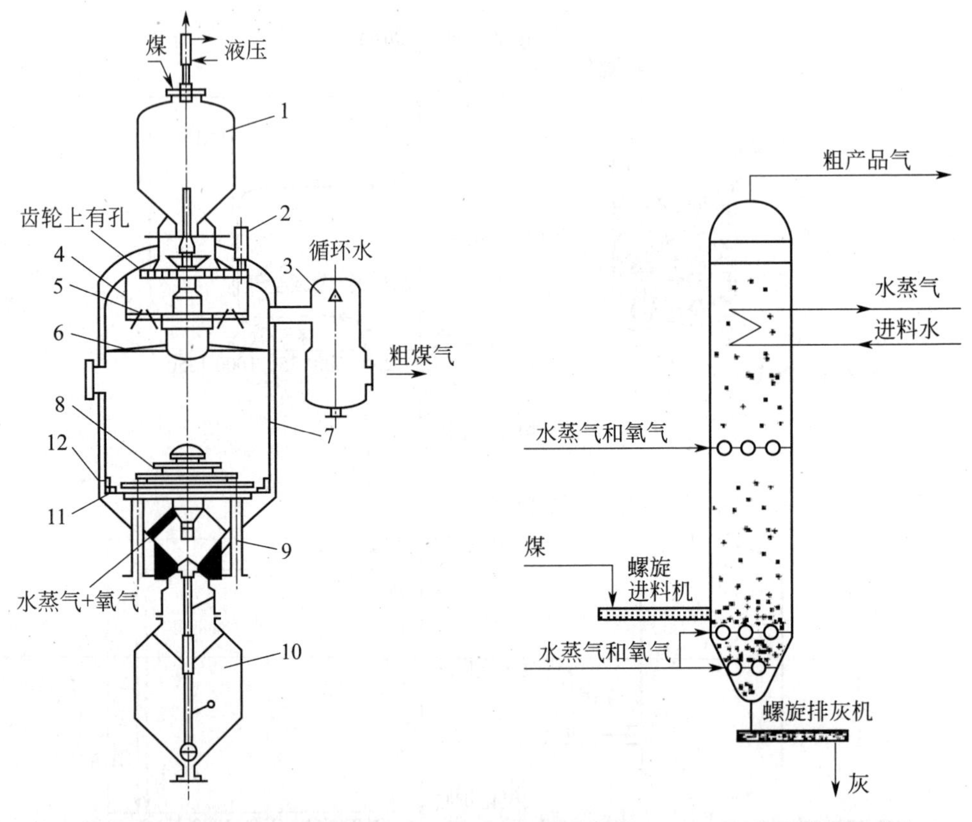

图 2-8　鲁奇气化炉示意图

1—煤箱；2—上部传动装置；3—喷冷器；4—裙板；5—布煤器；6—搅拌器；7—炉体；8—炉箅；9—炉箅传动装置；10—灰箱；11—刮刀；12—保护板

图 2-9　Winkler 气化炉示意图

典型的工业规模的温克勒气化炉内径 5.5m，高 23m，以褐煤为原料，氧-水蒸气鼓风时生产能力为 47000m^3/h，空气-水蒸气在鼓风时生产能力为 94000m^3/h，生产能力可在 25%～150%范围内变化。

(4) 气流床连续式气化制水煤气　较早的气流床法是 K-T 法，由德国 Koppers 公司开发成功，是一种在常压、高温下以水蒸气和氧气与煤粉反应的气化法。气化设备为 K-T 炉，气化剂以高速夹带很细的干煤粉喷入气化炉，在 1500～1600℃下进行疏相流化，气固接触面大，细颗粒的内扩散阻力小，温度又高，因而扩散速率和反应速率均相当高，生产强度非常大。灰渣以熔融态排出炉外，炉内必须使用耐高温的材料作衬里。

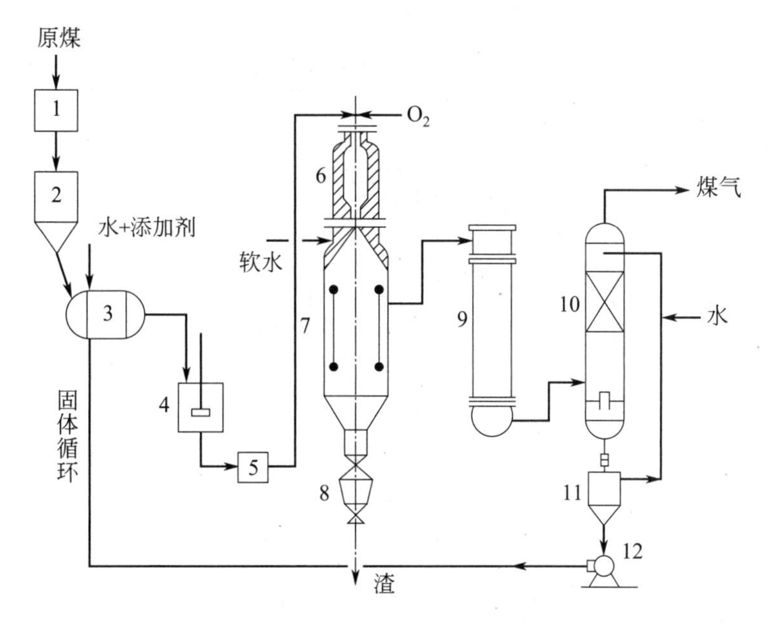

图 2-10　德士古法水煤浆气化工艺流程示意图

1—输煤装置；2—煤仓；3—球磨机；4—煤浆槽；5—煤浆泵；6—气化炉；7—辐射式废热锅炉；8—渣锁；9—对流式废热锅炉；10—气体洗涤器；11—沉淀器；12—灰渣泵

第二代气流床采用德士古水煤浆气化法，由美国 Texaco 公司于 20 世纪 80 年代初开发成功，该公司被美国 GE 公司收购后，此法也称为 GE 气化法。该方法的优点是连续性好、安全性高、合成气质量好、效率高、能耗低且原料煤的适应范围广，缺点是耗氧量大、费用高。煤粉（70%以上通过 200 目）用水制成水煤浆，用泵送入气化炉。其工艺流程及气化炉分别见图 2-10 和图 2-11。德士古气化炉的操作压力一般在 9.8MPa 以下，炉内气化反应温度 1300～1500℃。纯氧以亚声速从炉顶喷嘴喷出，使浆料雾化，并在炉膛中强烈混合气化，强化了传热和传质，水煤浆在炉中仅停留 5～7s。液浆排灰。当压力为 4MPa 时，出口气的体积组成为 CO 44%～51%，H_2 35%～36%，CO_2 13%～18%，CH_4 0.1%。碳的转化率达 97%～99%。回收高温出口气显热的方式有两种：一种为废热锅炉式；另一种为冷激式。合成氨厂常用后者。

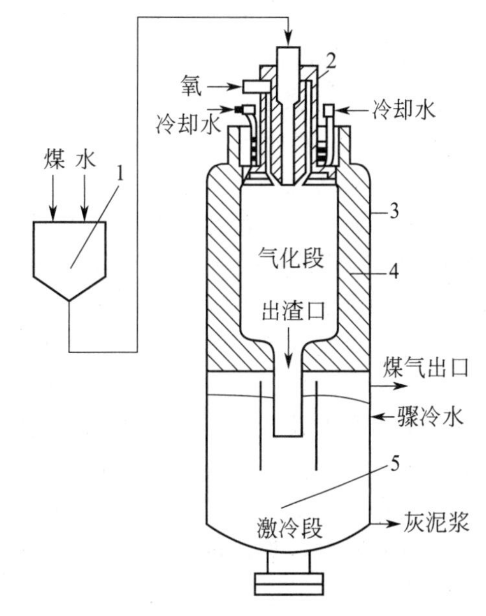

图 2-11　德士古法气化炉

1—煤浆罐；2—燃烧器；3—炉体；4—耐火衬砖；5—激冷室

壳牌煤气化技术是由荷兰壳牌（Shell）国际石油公司开发的煤粉加压气化技术，也是第二代气流床煤气化技术，图 2-12 为壳牌煤气化流程示意图。该技术以煤粉为原料，以氧气和蒸汽为气化剂，气化炉的温度可达 1500～1600℃，合成气出炉时温度为 1400～1700℃，合成气中 CO 和 H_2 含量可达 90%以上，而且

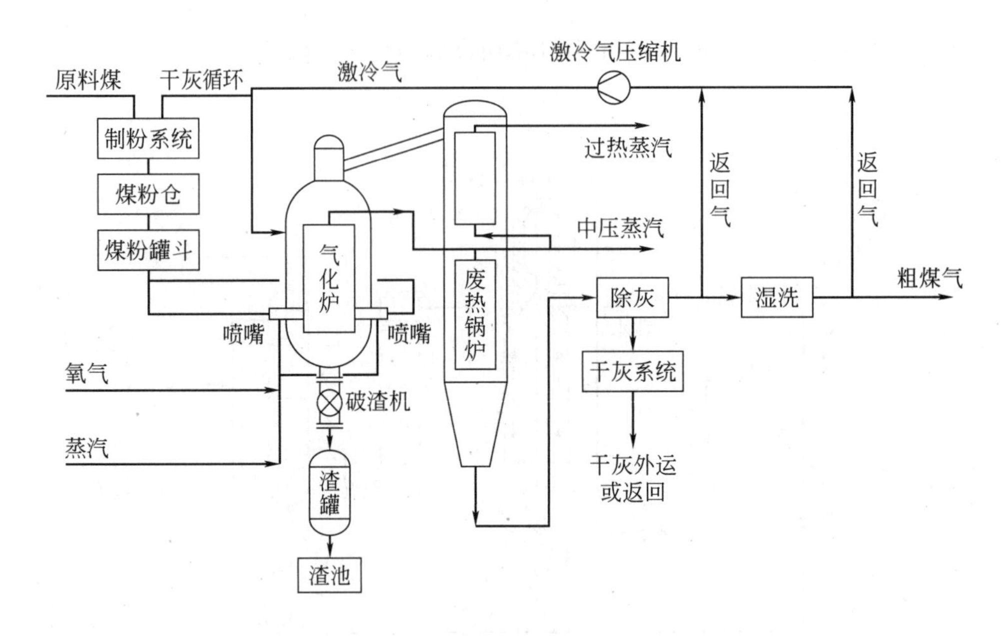

图 2-12　壳牌煤气化流程示意图

甲烷含量很低。高于 83%的热能被转化为有效化学能，15%热能被回收重新利用。壳牌煤粉气化技术可用煤种范围宽，原料入炉流量稳定，气化效率高达 98%，设备连续运转周期长，操作弹性大，负荷调幅能力为 30%～100%，在能耗和水耗方面较德士古法具有显著优势。缺点是投资规模大、能耗高、运行不稳定。

GSP 煤粉气化技术在 20 世纪 70 年代末被开发出来，是加压气流床干粉煤气化技术，该技术现为德国西门子公司所有，图 2-13 为 GSP 气化炉结构示意图。GSP 技术以煤粉为原料，氧气和蒸汽为气化剂，通过下喷式气流床激冷流程进行反应，液态排渣。与德士古法不同，该技术用环形水管代替耐火砖作为炉壁，克服了耐火砖寿命短、需频繁更换的缺点。GSP 气化炉的优点是原料范围广、耗氧量小、操作简单、运行周期长、炉内没有转动部件、维护简单、无废气排放、碳转化率可达 99%。缺点是单台炉的规模不够大，且合成气中灰渣含量较高，需要进一步脱除。

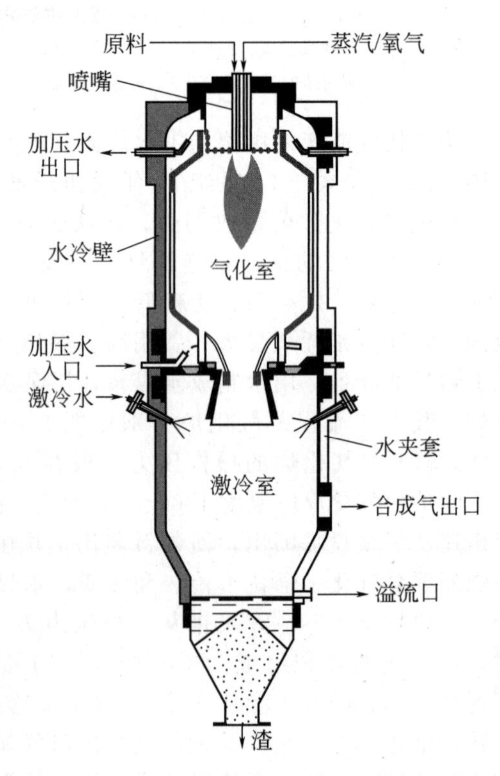

图 2-13　GSP 气化炉结构示意图

2.2 合成气的净化 >>>

各种原料制取的粗合成气都含有一些硫和碳的氧化物，为了防止后续加工生产过程催化剂中毒，都必须在后续加工工序前加以脱除，习惯上称原料气中硫化物的脱除为“脱硫”，二氧化碳的脱除为“脱碳”，少量残余一氧化碳和二氧化碳的脱除为最终净化，直至最后剩余的一氧化碳和二氧化碳含量达到 10^{-6}级，即成为纯净的合成气。

2.2.1 脱硫

原料气中的硫化物是合成氨生产中多种催化剂的毒物，应尽量脱除干净。这些硫化物主要是硫化氢，此外还有二硫化碳、硫氧化碳、硫醇、硫醚和噻吩等有机物。以气态烃或轻油为原料，采用蒸汽催化转化法制取原料气的流程，脱硫过程在制气之前进行，而以重质烃或固体燃料为原料制气时，脱硫过程则是在制气之后进行。脱硫方法按脱硫剂的物理形态分为干法和湿法。干法脱硫是将原料气通过装有固体脱硫剂的床层脱除硫化物，此法的优点是气体净化度高，一般适用于原料气的精细脱硫，而不适用于脱除大量硫化物。湿法脱硫是用液体脱硫剂脱除气体中的硫化物，此法适用于气体含硫量高而对净化度要求不太高的场合。按其脱硫机理的不同又分为化学吸收法、物理吸附法、物理-化学吸收法和湿式氧化法。常用脱硫方法的比较见表 2-5。

表 2-5 常用脱硫方法比较

名称		脱硫剂	方法特点	温度	再生情况
干法脱硫	(1)活性炭法	活性炭	脱除无机硫及部分有机硫，出口总硫小于 1ppm(10^{-6})	常温	可用水蒸气再生
	(2)氧化锌法	氧化锌	脱除无机硫及部分有机硫，出口总硫小于 1ppm(10^{-6})	350～400℃	不再生
	(3)钴钼加氢转化法	氧化钴、氧化钼	在 H_2 存在下将有机硫转化为无机硫，气体须再经氧化锌脱硫	350～430℃	可再生
湿法脱硫	(1)ADA 法	稀 Na_2CO_3 溶液中添加蒽醌二磺酸钠、偏钒酸钠等	脱除无机硫，出口总硫小于 20ppm(10^{-6})	常温	脱硫液与空气接触进行再生，副产硫黄
	(2)氨水催化法	稀氨水中添加对苯二酚或硫酸亚铁等	脱除无机硫，出口总硫小于 20ppm(10^{-6})	常温	脱硫液与空气接触进行再生，副产硫黄
	(3)醇胺法	一乙醇胺、二乙醇胺等	COS 和 CS_2 转化为 H_2S 后脱除	20～40℃	可再生

2.2.1.1 活性炭法

活性炭是由许多毛细孔体聚集而成的。毛细孔有大孔、过渡孔和微孔之分。但主要是微孔。通常气体分子都可从微孔扩散入内。毛细孔为脱硫提供了反应场所和容纳反应物及其产物的空间。

当以脱除 H_2S 为主时，应选择过渡孔或大孔发达的活性炭为好，因一般气源中 H_2S 含量总比有机硫多得多。若主要脱除硫醇、噻吩时，则宜选用比表面积大，即微孔和过渡孔发达、大孔较少的活性炭。但工业上为了两者兼顾，一般采用以过渡孔为主的活性炭为宜。

2.2.1.2 氧化锌法

氧化锌脱硫剂被认为是干法脱硫中最好的一种，以其脱硫精度高、硫容量大、使用性能稳定可靠等优点，被广泛用于合成氨、制氢、煤化工、石油精制等原料气中硫化氢和多种有机硫的脱除。

氧化锌是一种高效的接触反应型脱硫剂，既可单独使用，也可与湿法脱硫联合使用。

氧化锌脱硫剂能直接吸收硫化氢和硫醇，反应式如下

$$ZnO + H_2S = ZnS + H_2O \tag{2-18}$$

$$ZnO+RSH \longrightarrow ZnS+ROH \tag{2-19}$$

有氢存在时，与钴钼加氢转化相似，二硫化碳与硫氧化碳转化成硫化氢，然后再被吸收成硫化锌。

氧化锌脱硫主要是靠式(2-18) 所示反应来完成的。提高温度，可以加快反应速率、增加脱硫容量。

工业上为了能够提高和充分利用硫容量，采用了双床串联倒换法。如图 2-14 所示，一般单床操作质量硫容量仅为 13%～18%，而采用双床操作第一床质量硫容量可达到 25%或更高。当第一床更换新 ZnO 脱硫剂后，则应将原第二床改为第一床操作。

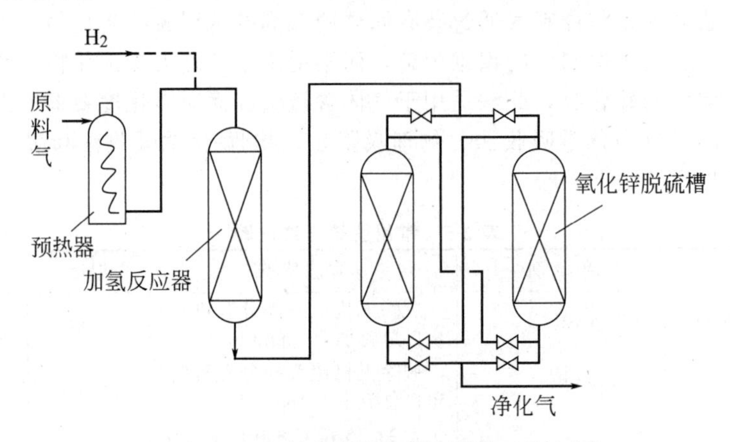

图 2-14 加氢转化串联氧化锌脱硫工艺流程

2.2.1.3 钴钼加氢转化法

以天然气、油为原料的工厂，其烃类转化所用的催化剂对硫都十分敏感，要求硫化物脱除到 0.1ppm（10^{-6}）以下。因此，在烃类转化以前，首先应将烃类原料气中的硫化物脱除。然而过去采用的一般脱硫方法，其脱硫后只能达到 2～5ppm（10^{-6}），难以稳定生产。钴钼催化剂问世后解决了这个难题。

钴钼催化剂加氢脱硫的基本原理是在 300～400℃ 温度下，采用钴钼加氢脱硫催化剂，使有机硫与氢气反应生成容易脱除的 H_2S 和烃。然后再用 ZnO 吸收 H_2S，即可达到精脱硫在 0.1ppm（10^{-6}）以下的目的。

有机硫氢解反应举例如下

$$COS+H_2 \rightleftharpoons CO+H_2S \tag{2-20}$$

$$C_2H_5SH+H_2 \rightleftharpoons C_2H_6+H_2S \tag{2-21}$$

$$CH_3SC_2H_5+2H_2 \rightleftharpoons CH_4+C_2H_6+H_2S \tag{2-22}$$

$$C_2H_5SC_2H_5+2H_2 \rightleftharpoons 2C_2H_6+H_2S \tag{2-23}$$

$$C_4H_4S+4H_2 \rightleftharpoons C_4H_{10}+H_2S \tag{2-24}$$

2.2.1.4 ADA 法

ADA 法（改良蒽醌二磺酸法）的脱硫过程属于化学吸收法。在 ADA 法脱硫中，用碳酸钠稀溶液作脱硫剂，用 2,6-或 2,7-蒽醌二磺酸钠作催化剂。此外还加有偏钒酸钠、酒石酸钾钠以及少量二氯化铁和乙二胺四乙酸（EDTA)。

ADA 法脱硫的主要反应如下。

(1) 脱硫塔中的反应　稀碱液吸收硫化氢生成硫氢化物

$$Na_2CO_3+H_2S \longrightarrow NaHS+NaHCO_3 \tag{2-25}$$

硫氢化物与偏钒酸钠反应转化成元素硫

$$2NaHS+4NaVO_3+H_2O \longrightarrow Na_2V_4O_9+4NaOH+2S \tag{2-26}$$

氧化态 ADA 反复氧化焦性偏钒酸钠

$$Na_2V_4O_9+2ADA(\text{氧化态})+2NaOH+H_2O \longrightarrow 4NaVO_3+2ADA(\text{还原态}) \tag{2-27}$$

(2) 再生塔中的反应　还原态 ADA 被空气中的氧氧化，恢复氧化态

$$2ADA(\text{还原态})+O_2 \longrightarrow 2ADA(\text{氧化态})+2H_2O \tag{2-28}$$

稀溶液的 pH 值保持在 8.5～9.2 之间，ADA 的含量与偏钒酸钠的质量比为 2 左右。

氨水催化法与上述 ADA 法相似，也是氧化法的一种，碱性物质由 Na_2CO_3 改为 NH_3，催化剂则由 ADA 改为对苯二酚。

2.2.1.5　醇胺法

醇胺法是常用的湿式脱硫工艺。有一乙醇胺法（MEA）、二乙醇胺法（DEA）、二甘醇胺法（DGA）、二异丙醇胺法（DIPA）以及近年来发展很快的改良甲基二乙醇胺法（MDEA）。MDEA 添加有促进剂，净化度很高。以上几种方法传统称为烷醇胺法或醇胺法。醇胺吸收剂与 H_2S 反应并放出热量，例如一乙醇胺和二乙醇胺吸收 H_2S 的反应如下。

$$HO—CH_2—CH_2—NH_2+H_2S \rightleftharpoons (HO—CH_2—CH_2—NH_3)HS \tag{2-29}$$

$$(HO—CH_2—CH_2)_2\cdot NH+H_2S \rightleftharpoons [(HO—CH_2—CH_2)_2\cdot NH_2]HS \tag{2-30}$$

低温有利于吸收，一般为 20～40℃。因上述反应是可逆的，将溶液加热到 105℃或者更高些，生成的化合物分解析出 H_2S 气体，可将吸收剂再生，循环使用。

2.2.2　一氧化碳变换

各种方法制取的合成氨原料气中，都含有一定量的一氧化碳。利用一氧化碳与水蒸气的反应，把一氧化碳变为易于清除的二氧化碳，同时又制得氨合成所需要的氢气。因此，一氧化碳变换既是原料气的净化过程，也是制氢的继续。

工业上，一氧化碳变换反应是在催化剂存在下进行的。应用以四氧化三铁为主体的催化剂，反应温度为 360～550℃的过程称为中温变换（或高温变换）。由于反应温度较高，气体经变换后仍有 3%左右的一氧化碳。以氧化铜为主体的催化剂，反应在 200～280℃下进行，气体中残余的一氧化碳可降至 0.3%左右，此过程称为低温变换。选用哪种变换过程，应根据原料的温度、组成和其他工序所采用的生产方法来确定。

2.2.2.1　一氧化碳变换反应

$$CO+H_2O \rightleftharpoons CO_2+H_2 \qquad \Delta H^{\ominus}=-41.2\text{kJ/mol} \tag{2-4}$$

这是反应前后无体积变化的可逆反应，也是放热反应。反应的平衡常数见表 2-1，也可由下式计算

$$\lg K_p=\frac{2183}{T}-0.09361\lg T+0.632\times10^{-3}T-1.08\times10^{-7}T^2-2.298 \tag{2-31}$$

$$K_p=\frac{p_{CO_2}p_{H_2}}{p_{CO}p_{H_2O}} \tag{2-32}$$

式中，p_i 为平衡时各组分的分压，MPa；T 为热力学温度，K；K_p 为平衡常数。降低温度，有利于反应平衡向右移动，平衡常数增大。当压力小于 5MPa 时，可不考虑压力对平衡常数的影响。

已知温度及初始组成，可计算出一氧化碳的平衡转化率（或称变换率）及系统平衡组成。以 1mol 湿原料气为基准，y_a、y_b、y_c、y_d 分别为初始组成中 CO、H_2O、CO_2 及 H_2

的摩尔分数，x_p 为 CO 的变换率，平衡时各组分的浓度分别为：$y_a-y_ax_p$、$y_b-y_ax_p$、$y_c+y_ax_p$ 和 $y_d+y_ax_p$，因此平衡常数又可表示为

$$K_p=\frac{p_{CO_2}p_{H_2}}{p_{CO}p_{H_2O}}=\frac{(y_c+y_ax_p)(y_d+y_ax_p)}{(y_a-y_ax_p)(y_b-y_ax_p)} \tag{2-33}$$

解此式可得出一氧化碳变换率。

生产中可测定原料气及变换气中一氧化碳的含量（干基），由下式计算一氧化碳的实际变换率 x

$$x(\%)=\frac{y_a-y'_a}{y_a(1+y'_a)}\times 100 \tag{2-34}$$

式中，y_a、y'_a分别为原料气及变换气中一氧化碳的摩尔分数（干基）。

2.2.2.2 变换催化剂

目前广泛应用的中变催化剂，是以三氧化二铁为主体，以氧化铬为主要添加物的多成分铁铬系催化剂。铁铬系催化剂一般含 Fe_2O_3 80%～90%、Cr_2O_3 7%～11%，并含有 K_2O（或 K_2CO_3）、MgO 及 Al_2O_3 等成分。添加 Cr_2O_3 可以使催化剂具有更细的微孔结构及较大的比表面，提高催化剂的耐热性和机械强度。添加少量 K_2CO_3 能提高催化剂的活性，而添加 MgO 和 Al_2O_3 则可以提高催化剂的耐热性。中变催化剂中的三氧化二铁经还原成四氧化三铁后才具有活性。生产中常用含一氧化碳或氢的气体进行还原，其主要反应为

$$3Fe_2O_3+CO = 2Fe_3O_4+CO_2 \qquad \Delta H^{\ominus}=-50.81\text{kJ/mol} \tag{2-35}$$

$$3Fe_2O_3+H_2 = 2Fe_3O_4+H_2O(g) \qquad \Delta H^{\ominus}=-9.62\text{kJ/mol} \tag{2-36}$$

催化剂中的氧化铬不能被还原，当用含一氧化碳或氢的气体配入适量水蒸气（水蒸气：干气=1）对催化剂进行还原时，干气中每消耗 1%的一氧化碳，可造成大约 7℃的温升，而消耗 1%的 H_2 的温升约为 1.5℃。因此还原时一氧化碳或氢的含量不宜过高，升温速度要缓慢，以免由于超温而造成催化剂活性降低。

工业上应用的低变催化剂主要以氧化铜为主体，还原后具有活性的组分是细小的铜结晶-铜微晶。为了抵制铜微晶增长、保持细小的具有较大比表面的铜微晶的稳定性，需要加入适宜的添加物，添加物主要有氧化锌、氧化铬及氧化铝。低变催化剂的组成范围为：CuO 15.3%～31.20%（高铜催化剂可达 42%）；ZnO 32%～62.2%；Al_2O_3 0～40.5%。当用氢或一氧化碳还原时有下列反应

$$CuO+H_2 = Cu+H_2O(g) \qquad \Delta H^{\ominus}=-86.7\text{kJ/mol} \tag{2-37}$$

$$CuO+CO = Cu+CO_2 \qquad \Delta H^{\ominus}=-127.7\text{kJ/mol} \tag{2-38}$$

催化剂中添加物不被还原，催化剂还原时多采用纯氮（纯度≥99.95%）配氢进行还原。还原反应从 160～180℃开始，氢气含量为 0.1%～0.5%，随着反应的进行，氢含量逐步增至 3%，还原后期可增至 10%～20%以确保催化剂还原完全。与中变催化剂相比，低变催化剂对毒物十分敏感。引起催化剂中毒或活性降低的主要物质有：硫化物、氯化物和冷凝水。其中氯化物是对低变催化剂危害最大、导致永久中毒的毒物，一般要求蒸汽中氯含量应小于 0.03ppm(10^{-6})。硫化物也是永久中毒的毒物，一般要求其含量小于 0.5ppm(10^{-6})。冷凝水则能使原料气中微量氨成为氨水，溶解催化剂的活性组分——铜，导致催化剂活性下降，因此，低变操作温度一定要高于该条件下气体的露点。

2.2.2.3 变换工艺条件

压力对变换反应的平衡几乎没有影响，但加压可以加快反应速率。反应速率约与压力的 0.5 次方成正比，因此增加压力，可以提高单位体积催化剂处理气体的能力，即空速随压力

增加而增大。实际生产中，以煤为原料的合成氨厂，常压下中变催化剂的干气空速仅为 $300\sim500h^{-1}$，压力为 1.0～2.0MPa 时可达 $800\sim1500h^{-1}$。以烃类为原料的大型合成氨厂，由于原料气中一氧化碳含量较低，压力 3.0MPa 时空速可达 $2500\sim2800h^{-1}$。从能量消耗上看，加压也是有利的。因为干原料气物质的量（mol）小于干变换气的物质的量，压缩原料气比压缩变换气的能耗约低 15%～30%。具体操作压力的数值，则根据合成氨厂总体工艺方案而定。以烃类为原料的大型合成氨厂，变换压力通常为 3.0MPa。一般小型合成氨厂操作压力为 0.8～1.2MPa，中型合成氨厂为 1.2～1.8MPa。

压力对低变催化剂的反应速率的影响与中变相似，通常低变压力随中变压力而定，然而，低变压力还受水蒸气露点的限制，一般不应超过 4.0MPa。

变换反应是可逆放热反应，因而存在着最佳反应温度。对一定的催化剂及气相组成，出现最大反应速率值所对应的温度即为最佳温度。经动力学推导可以得到

$$T_m=\frac{T_e}{1+\frac{RT_e}{E_2-E_1}\ln\frac{E_2}{E_1}} \tag{2-39}$$

式中，T_m、T_e 为最佳反应温度及平衡温度，K；R 为气体常数，kJ/(kmol·K)；E_1、E_2 为正、逆反应活化能，kJ/kmol。

从图 2-15 可以看到，对于一定初始组成的反应系统，当一氧化碳变换率增加时，平衡温度及最佳反应温度都降低，对于同一变换率，最佳反应温度比相应的平衡温度低几十度。若工业反应器中按最佳反应温度进行反应，则反应速率最大，即在相同的生产能力下所需催化剂用量最少。

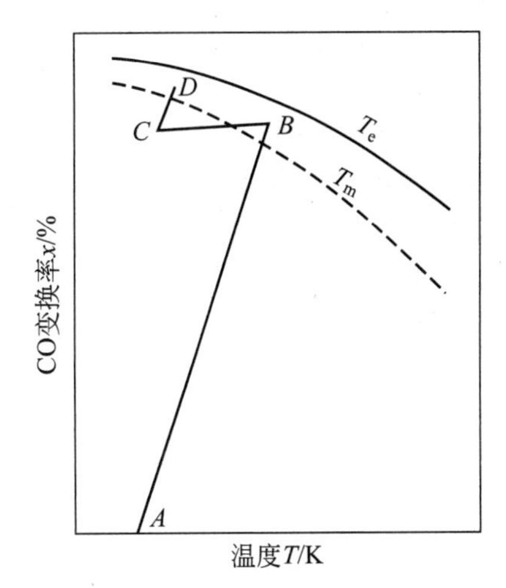

图 2-15 一氧化碳变换过程的 T-x 图

但是，实际生产中完全按最佳反应温度线操作是困难的，对于中变来说，应在催化剂活性温度范围内操作，反应开始温度应高于催化剂起始活性温度 20℃左右，一般反应开始温度为 320～380℃，催化剂热点温度为 450～500℃。为了尽可能接近最佳反应温度线进行反应，采用分段冷却。冷却的方式有两种：一是间接换热式，原料气或饱和蒸汽进行间接换热；二是直接冷激式，用原料气、水蒸气或冷凝水直接加入反应系统进行降温。

对于低变过程，由于温升很小，催化剂不再分段。低变催化剂的操作温度除受本身活性温度范围的限制，还必须高于气体的露点温度。一般操作温度的下限比该条件下的露点高 20～30℃。

增加水蒸气用量，有利于降低一氧化碳残余含量，加速变换反应的进行。过量的水蒸气还起到热载体的作用，可以调节床层温度。但是，水蒸气用量是变换过程中最主要的消耗指标，应在满足生产要求的前提下尽可能降低其用量。中温变换中，较适宜的水蒸气比例为：H_2O：CO＝3～5，低温变换则不需再添加蒸汽。

2.2.2.4 变换工艺流程

变换工艺流程的设置，主要是根据原料气中一氧化碳含量、温度和湿含量以及后续脱除残余一氧化碳的方法而确定的。

采用中变-低变串联流程时，一般与甲烷化方法配合。以天然气蒸汽转化法制氨流程为

例，由于原料气中CO含量较低，中变催化剂只需设置一段。流程如图2-16所示，含一氧化碳13%～15%的原料气经废热锅炉降温，在压力3.0MPa、温度为370℃下进入中变炉，经反应后气体中一氧化碳降至3%左右，温度为425～440℃。气体经中变废热锅炉后，冷却到330℃。锅炉产生10.1MPa的饱和蒸汽。气体与生产工艺气换热后被冷至200℃后进入低变炉。低变绝热温升仅为15～20℃，残余CO降至0.3%～0.5%。为回收低变气余热，喷入少量水于气体中，使其达到饱和状态，当气体进入换热器时水蒸气立即冷凝，使传热系数增大。气体离开变换系统后进入脱碳工序。

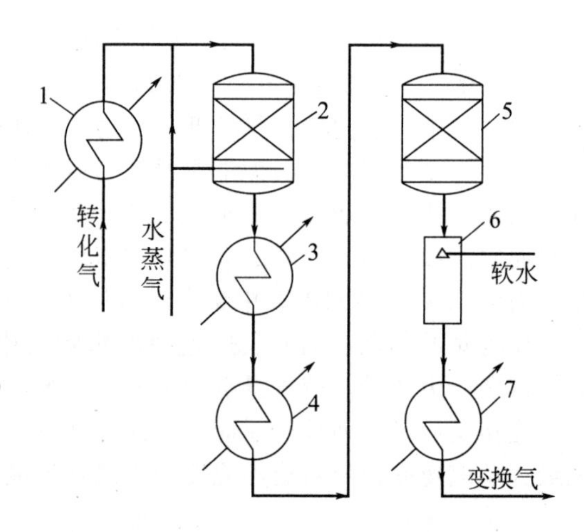

图2-16 一氧化碳中变-低变串联流程

1—废热锅炉；2—中变炉；3—中变废热锅炉；4—甲烷化炉进气预热器；5—低变炉；6—饱和器；7—贫液再沸器

以煤为原料的大、中型合成氨厂，中变催化剂段间常采用软水喷入填料层蒸发的冷却方式，这种方法既可使气体降温，又可增加气体中的水蒸气含量，有利于提高一氧化碳的最终变换率，节省了能量。

全低变工艺是指全部使用宽温区的钴钼系耐硫变换催化剂，不再用高中变催化剂，这是变换工艺80多年发展过程的一次飞跃。采用此方法，催化剂的起始活性温度低，变换炉入口温度及床层内热点温度大大低于中变炉入口及热点温度100～200℃。另外，变换系统处于较低的温度范围内操作，在满足出口变换气CO含量的前提下，可降低入炉蒸汽量，使全低变流程蒸汽消耗降低。

全低变工艺如图2-17所示。半水煤气首先进入系统的饱和热水塔，在饱和热水塔内气

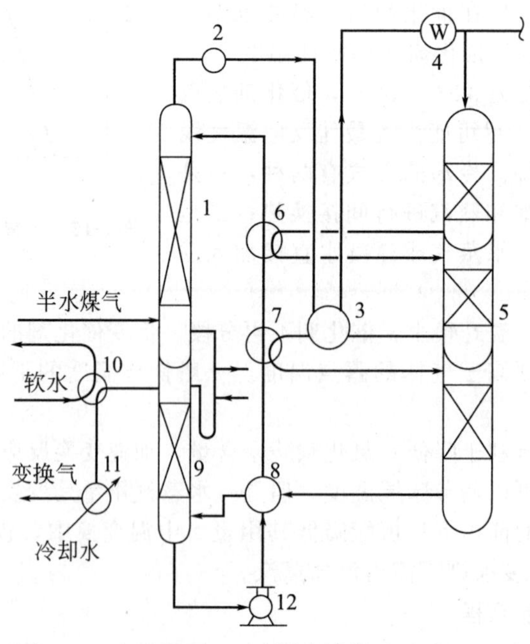

图2-17 全低变流程

1—饱和热水塔；2—气水分离器；3—主热交换器；4—电加热器；5—变换炉；6—段间换热器；7—第二水加热器；8—第一水加热器；9—热水塔；10—软水加热器；11—冷凝器；12—热水泵

体与塔顶流下的热水逆流接触进行热量与质量的传递，使半水煤气提温增湿。出塔气体进入气水分离器中分离夹带的液滴，并补充从主热交换器来的蒸汽，使汽气比达到要求。补充了蒸汽的气体温度升至 180℃进入变换炉的上段，反应温度升至 350℃左右引出，在段间换热器降温与热水换热，而后进入二段催化剂床层，反应后的气体在主热交换器与半水煤气换热，并在第二水加热器降温后进入第三段催化剂床层，反应后气体的 CO 含量降到 1%～1.5%离开变换炉。变换气经第一水加热器后进入热水塔，最后经软水加热器换热、冷凝器冷却至常温。

2.2.3 二氧化碳的脱除

脱除二氧化碳的方法很多，常用的是吸收法，根据吸收过程有无化学反应区分为物理吸收法和化学吸收法。物理吸收法有水洗法、低温甲醇洗涤法、碳酸丙烯酯法、变压吸附法等；化学吸收法有氨水法、热碳酸钾法、氨基乙酸法等。溶液吸收二氧化碳后，在减压、加热条件下再生，循环使用，副产二氧化碳作为其他产品的原料。

2.2.3.1 碳酸丙烯酯法

物理吸收法是利用各气体在溶剂中溶解度的差别来进行分离的。水是一种便宜的吸收剂，二氧化碳在水中的溶解度比氢、氮气体大得多，用水脱除二氧化碳曾在工业上得到广泛应用，但由于此法净化度不高、氢气损失多、动力消耗高，因此新建氨厂已不再采用此法。碳酸丙烯酯是具有一定极性的有机溶剂，对二氧化碳、硫化氢等酸性气体有较大的溶解能力，而氢、氮等气体在其中的溶解度甚微。表 2-6 给出了不同压力和不同温度下二氧化碳在碳酸丙烯酯中的溶解度。在 25℃、0.1MPa 下，碳酸丙烯酯对二氧化碳的溶解度比水大四倍。碳酸丙烯酯吸收二氧化碳的能力与压力成正比，因此特别适用于在高压下吸收。吸收二氧化碳后的溶液（富液）经减压解吸或用鼓入空气的方法即可得到再生而无需消耗热量。碳酸丙烯酯性质稳定、无毒、对碳钢无腐蚀性，因此整个系统的设备可用碳钢制造。经碳酸丙烯酯吸收后，原料气中的二氧化碳含量约为 1%。与水洗法相比，碳酸丙烯酯法具有净化度高、能耗低、回收的二氧化碳纯度高等优点，适用于二氧化碳需在常温下脱除的流程。

表 2-6　不同压力和不同温度下二氧化碳在碳酸丙烯酯中的溶解度

单位：m^3（CO_2，标准状态）/m^3（溶剂）

t=0℃		t=15℃		t=25℃		t=40℃	
p/atm	s	p/atm	s	p/atm	s	p/atm	s
4.30	23.6	2.75	10.4	2.82	8.5	2.20	5.0
6.05	34.9	5.95	22.3	3.20	9.7	3.35	7.8
7.92	48.6	6.68	24.7	6.23	19.2	5.27	12.0
10.20	61.9	10.17	41.3	8.65	28.5	5.93	13.5
12.15	79.1	12.35	54.3	10.33	32.6	8.50	20.8
14.00	94.3	14.20	64.4	12.95	44.1	10.98	27.3
15.25	107	15.75	71.9	14.65	54.4	13.13	34.6
				15.80	58.5	14.30	39.5
						16.55	45.6

注：1atm=101325Pa。

2.2.3.2 热碳酸钾法

化学吸收法是利用二氧化碳与溶液中的碱性物质进行化学反应而将其吸收的。

用碳酸钾水溶液吸收二氧化碳是目前应用广泛的工业脱碳方法。碳酸钾水溶液与二氧化碳的反应为

$$CO_2 + K_2CO_3 + H_2O \longrightarrow 2KHCO_3 \tag{2-40}$$

反应生成的碳酸氢钾在减压或受热时，又可放出二氧化碳，重新生成碳酸钾，因而可循环使用。由于吸收在较高的温度（105～130℃）下进行，因而称为热碳酸钾法。采用较高温度可以增加碳酸氢钾的溶解度，提高碳酸钾溶液的吸收能力，同时在此温度范围内，吸收温度与再生温度基本相同，可以降低溶液再生所消耗的能量，也简化了工艺流程。为了加快二氧化碳的吸收和解吸速度，在溶液中加入活化剂，如氨基乙酸、二乙醇胺等有机胺类、硼酸或磷酸等物质。同时加入缓蚀剂，降低溶液对设备的腐蚀，目前使用较多的是以二乙醇胺为活化剂、五氧化二钒为缓蚀剂的改良热碳酸钾法（又称本菲尔法）。

碳酸钾溶液吸收二氧化碳是一个伴有化学反应的吸收过程，反应的进行与汽液平衡和化学平衡都有关。当碳酸钾水溶液加入二乙醇胺（简称 DEA，简写 R_2NH）时，二氧化碳的平衡分压要发生变化，并改变碳酸钾与二氧化碳的反应机理，其反应历程如下

$$K_2CO_3 \rightleftharpoons 2K^+ + CO_3^{2-} \tag{2-41}$$

$$R_2NH + CO_2(l) \rightleftharpoons R_2NCOOH \tag{2-42}$$

$$R_2NCOOH \rightleftharpoons R_2NCOO^- + H^+ \tag{2-43}$$

$$R_2NCOO^- + H_2O \rightleftharpoons R_2NH + HCO_3^- \tag{2-44}$$

$$H^+ + CO_3^{2-} \rightleftharpoons HCO_3^- \tag{2-45}$$

$$K^+ + HCO_3^- \rightleftharpoons KHCO_3 \tag{2-46}$$

以上各步反应中，以 DEA 和液相中二氧化碳反应［式(2-42)］为整个过程的控制步骤。加入 DEA 后的反应速率比纯碳酸钾水溶液与二氧化碳的反应速率有明显提高。

碳酸钾溶液吸收二氧化碳后，应进行再生使溶液循环使用。溶液的再生是在带有再沸器的再生塔中进行，在再沸器内利用间接加热将溶液加热到沸点使大量水蒸气从溶液中蒸发出来，水蒸气沿再生塔向上流动与溶液逆流接触，降低气相中二氧化碳的分压，增加了解吸的推动力，使溶液得到更好的再生。通常用转化度表示再生后溶液中碳酸氢钾的含量；用再生度表示溶液的再生程度。

$$\text{转化度 } F_c = \frac{\text{转化为 } KHCO_3 \text{ 的 } K_2CO_3 \text{ 的物质的量(mol)}}{\text{溶液中 } K_2CO_3 \text{ 的总物质的量(mol)}}$$

$$\text{再生度 } f_c = \frac{\text{溶液中总二氧化碳(碳酸盐和重碳酸盐)物质的量(mol)}}{\text{总 } K_2O \text{ 物质的量(mol)}}$$

用碳酸钾溶液脱除二氧化碳多采用二段吸收、三段再生流程。这种流程的特点是：在吸收塔下部，由于气相二氧化碳分压较大，用再生塔中部取出的中等转化度的溶液（称为半贫液）在较高的温度（即再生塔中部的沸腾温度）下进行吸收，可将气体中大部分二氧化碳吸收掉。为了提高气体的净化度，在吸收塔的上部，用转化度低且经冷却过的贫液洗涤。洗涤后气体中的二氧化碳浓度可达 0.1%（体积）以下。贫液量仅为溶液总量的 1/5～1/4，大部分溶液为半贫液，直接由再生塔中部引入吸收塔。因此两段吸收-三段再生流程节省了热量，同时又使气体达到较高的净化度。

图 2-18 所示为热碳酸钾法脱除二氧化碳的工艺流程，其中含二氧化碳 18%左右的变换气在 2.4MPa、127℃下由吸收塔底部进入吸收塔，在塔内分别用 110℃的半贫液和 70℃左右的贫液进行洗涤。出塔的净化气约为 70℃，二氧化碳含量低于 0.1%，经分离器后进甲烷化系统。富液由吸收塔底引出经水力透平减压膨胀后流到再生塔顶部。闪蒸出部分二氧化碳和水蒸气，然后在塔内与再沸器加热产生的蒸汽逆流接触，进一步释出二氧化碳。由塔中引出温度约为 112℃的半贫液加压后进入吸收塔中部。在塔底部贫液约为 120℃，经冷却 70℃加压后打入吸收塔顶部。再沸器所需热量主要来自低变气。由低变炉排出的气体温度约为

250～260℃，经水饱和器冷激到饱和温度（约175℃），进入再沸器。在再沸器内冷却到127℃左右，经分离器分离掉冷凝水后进入吸收塔。由再生塔顶部排出的温度为100～105℃、H_2O∶CO_2为1.8～2.0的再生气经冷凝器冷却至40℃左右，分离冷凝水以后，几乎纯净的二氧化碳被作为尿素的生产原料。

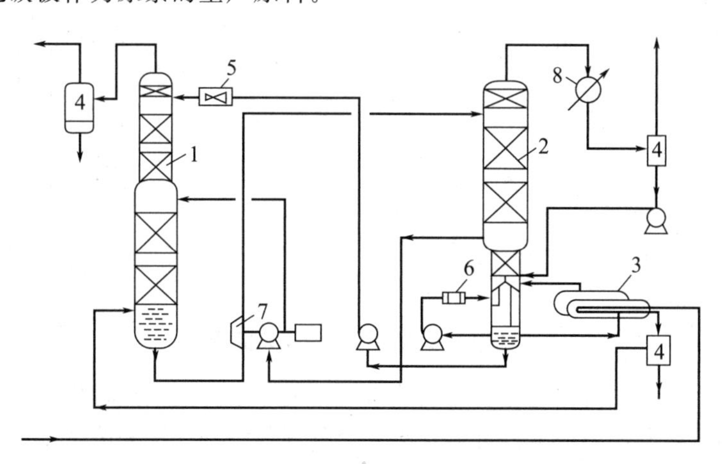

图2-18 热碳酸钾法脱除二氧化碳的工艺流程

1—吸收塔；2—再生塔；3—再沸器；4—分离器；5—冷却器；6—过滤器；7—水力透平；8—冷凝器

热碳酸钾法所用溶液的碳酸钾浓度通常为27%～30%(质量分数)。虽然提高碳酸钾的浓度可增强溶液的吸收能力，但受溶液中碳酸钾结晶点的限制。在热碳酸钾法中，活化剂DEA的含量为2.5%～5%。贫液的转化度为0.15～0.25，半贫液的转化度为0.35～0.45。在以天然气为原料的流程中，吸收压力为2.74～2.84MPa，以煤、焦炭为原料的流程中，吸收压力多为1.8～2.3MPa。再生是保持在略高于大气压力下操作，再生塔顶水气比（H_2O∶CO_2）为1.8～2.2时，则表明再生塔再生效果良好而再沸器的耗热量也不太大。

2.2.3.3 低温甲醇洗涤法

低温甲醇洗涤技术属于一种典型的物理吸收法，该技术以甲醇作为吸收溶剂，对原料气中的酸性气体进行分段吸收和脱除。甲醇在高压低温状态下对CO_2、H_2S等酸性组分的溶解度大，对CO、H_2的溶解度较小，溶剂容易再生。该技术广泛应用于合成氨、甲醇生产、城市煤气生产和天然气脱硫等工艺中，是比较常用的酸性气体净化工艺。

低温甲醇洗涤技术分为吸收、解吸和溶剂回收三个过程，其关键设备为洗氨塔、原料气吸收塔、CO_2闪蒸塔、H_2S闪蒸塔、再吸收塔、热再生塔、甲醇/水分离塔等7个塔。如图2-19所示，在吸收过程中，原料气首先进入洗氨塔，用40℃的锅炉水进行洗涤，去除其中大量的NH_3和HCN，然后经过多次冷却并将水分离，以－16℃的温度进入原料气吸收塔底部，与塔顶喷入的甲醇逆流接触，最终将原料气中总硫体积分数降至0.1μL/L以下，CO_2含量根据下游装置合成产品的需要进行控制。吸收塔的操作温度范围通常在－20～－70℃，操作压力在2～8MPa，由于吸收是一个放热过程，所以在吸收塔的中上部会设置深冷器对溶剂进行降温。

解吸为吸收的逆过程，吸收了CO_2的富碳甲醇进入CO_2闪蒸塔和再吸收塔顶段，经过五级减压闪蒸，最终CO_2产品气通过CO_2洗涤塔洗涤气体中携带的甲醇，然后排放至大气，闪蒸后的半贫甲醇送至原料气吸收塔作为主洗甲醇循环利用。吸收了H_2S的富硫甲醇先经过H_2S闪蒸塔进行多级减压闪蒸，然后进入再吸收塔下段，利用氮气气提将富硫甲醇中的H_2S进行提纯，最后送往热再生塔进行溶剂回收，溶剂回收产生的H_2S送往硫黄回收装置。

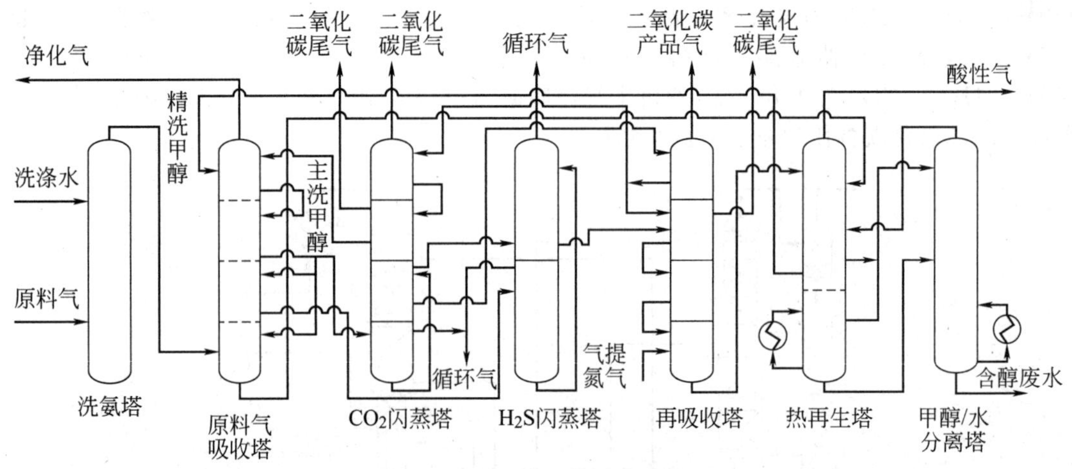

图 2-19 低温甲醇洗涤工艺流程图

溶剂回收过程也称热再生过程，再吸收塔送来的富甲醇进入热再生塔后，利用塔底再沸器加热使甲醇沸腾，利用甲醇蒸汽进行气提，充分释放溶解在甲醇溶液中的杂质，然后送入吸收塔用作洗涤溶剂。甲醇/水分离塔主要用于脱除甲醇溶剂中的水，使其水含量降至0.5%以下，以免影响系统吸收效果。

2.2.3.4 变压吸附法

变压吸附（PSA）技术是利用固体吸附剂在加压下吸附 CO_2，使气体得到净化。吸附剂再生时减压脱附析出 CO_2。一般在常温下进行，能耗小、操作简便、无环境污染，PSA 法还可用于分离提纯 H_2、N_2、CH_4、CO、C_2H_4等气体。我国已有国产化的 PSA 装置，规模和技术均达到国际领先水平。

2.2.4 少量碳氧化物的清除

氨合成原料气经一氧化碳变换和二氧化碳脱除后，尚含有少量残余的一氧化碳和二氧化碳。为了防止它们对合成氨催化剂的毒害，原料气在送往合成工段之前，必须作最后的净化处理，使原料气中一氧化碳和二氧化碳的总含量低于 10ppm(10^{-6})。清除少量碳氧化物的方法有甲烷化法和液氮洗涤法。

2.2.4.1 甲烷化法

甲烷化法是利用催化剂使一氧化碳和二氧化碳加氢生成甲烷的一种方法。此法可将原料气中碳氧化物总含量脱除到 10ppm(10^{-6}) 以下。由于甲烷化过程中消耗氢气并生成无用的甲烷，因此，此过程仅适用于一氧化碳和二氧化碳的含量低于 0.5%的气体精制。

碳氧化物加氢的反应如下

$$CO+3H_2 \rightleftharpoons CH_4+H_2O \quad \Delta H^{\ominus}=-206.2\text{kJ/mol} \tag{2-47}$$

$$CO_2+4H_2 \rightleftharpoons CH_4+2H_2O \quad \Delta H^{\ominus}=-165.1\text{kJ/mol} \tag{2-48}$$

此两种反应是甲烷蒸汽转化的逆反应，因此提高温度，对甲烷化反应不利。甲烷化反应催化剂和蒸汽转化一样，是以镍作为活性组分。但由于甲烷化反应在较低的温度下进行，要求催化剂有更高的活性，因此，甲烷化催化剂的镍含量要比甲烷蒸汽转化高，通常为15%～35%（以镍计），除了预还原外，甲烷化催化剂使用前需用氢气或脱碳后的原料气还原。在用原料气还原时，为避免床层温升过高，必须尽可能将碳氧化物含量控制在 1%以下。

甲烷化的操作压力通常随中低变和脱碳的压力而定。操作温度的低限应高于生成羰基镍的温度，高限应低于反应器材质允许的设计值。一般反应温度范围为 280～420℃，允许的绝热温升为 140℃。由于反应的强放热，在 3∶1 的氢氮气中，每转化 1%的一氧化碳、二氧化碳的绝热升温分别为 72℃和 59℃。根据计算，只需原料气中含有碳氧化物 0.5%～0.7%，甲烷化反应放出的热量就足够将进口气体预热到所需要的温度。甲烷化流程简单，主要设备为甲烷化反应器及预热原料气和回收热量的换热器。

2.2.4.2 液氮洗涤法

甲烷化是利用化学反应把碳的氧化物脱除到 10ppm（10^{-6}）以下，净化后的氢氮混合气尚含有 0.5%～1%的甲烷和氩，虽然这些气体不会使合成氨催化剂丧失活性，但它们能够降低氢、氮气体的分压，从而影响氨合成的反应速率。而液氮洗涤是用高纯度氮在 −190℃左右将原料气中所含的少量一氧化碳脱除的分离过程，由于甲烷和氩的沸点都比一氧化碳高，所以在脱除一氧化碳的同时，也可将这些组分除去。这是此法的一个突出优点。

2.2.5 热法与冷法净化流程的比较

在合成氨生产中，净化方法的选择需考虑制气所用的原料和方法、工艺要求及技术经济指标等因素。净化流程配制的原则为：在满足氨合成对原料气要求［氨合成催化剂毒物小于 10～20ppm(10^{-6})］的同时，使整个净化过程操作可靠、经济合理。在净化方法中，除较多量的一氧化碳总是在高温度下通过变换反应除去以外，脱硫、脱碳方法甚多。为区别起见，把采用像热碳酸钾法脱二氧化碳、甲烷化法脱除少量一氧化碳与二氧化碳的操作称为“热法净化”流程，而把采用像低温甲醇洗涤法脱硫脱碳、液氮洗涤法脱除少量一氧化碳的操作称为“冷法净化”流程。

热法净化流程的特点是整个净化过程处于较高温度下进行，以烃类为原料制气的工厂常用此法。在热法净化流程中，净化系统不需外供热量，并可回收过程的余热。原料气中的硫化物在制气前已经脱除，因此从制气到一氧化碳变换原料气不经冷却，这样制气过程中过量的水蒸气可以得到充分利用。其次热法净化过程是等压过程，避免了因气体压缩需冷却，而后续过程又需升温所造成的热量消耗。热法净化流程的缺点是甲烷化方法消耗氢气而生成无用的甲烷、惰性气体（CH_4、Ar），在合成工序需进行排放，以维持一定惰性气含量，而排放惰性气体带走氢，导致原料气消耗增加。甲烷化反应消耗的氢气（标准状态）量约为 $70m^3/t(NH_3)$，因排放惰性气而排走的氢气（标准状态）量大致在 $100m^3/t(NH_3)$ 左右。

热法净化流程如图 2-20 所示。

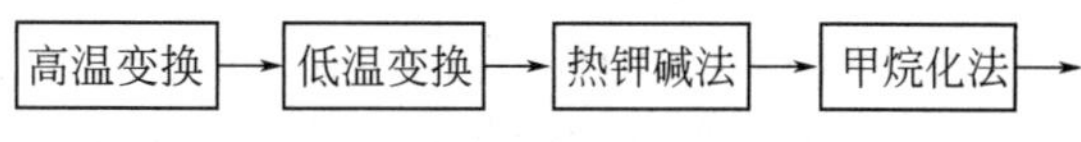

图 2-20 热法净化流程示意图

冷法净化流程中，脱硫、脱碳（低温甲醇洗涤法）和清除少量碳氧化物（液氮洗涤法）都在较低温度下进行（0℃以下）。冷法的主要优点是：经冷法净化的气体中惰性物含量很少，除氢、氮气外，其余杂质的含量小于 100ppm(10^{-6})，因此在氨合成过程中不需排放惰性气体，原料气的消耗降低。冷法净化流程生产每吨氨需净化后的原料气 $2700m^3$（标准状态），而采用甲烷化法则需 $2900m^3$。若原料硫含量小于 300ppm(10^{-6}）时，脱硫可移至中变后与脱碳同时完成（如图 2-21 所示），则重油制气即可采用激冷流程，这对简化净化流程是有利的。

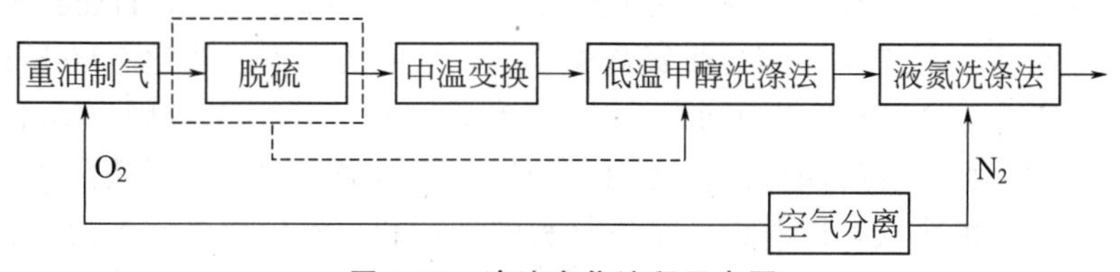

图 2-21 冷法净化流程示意图

第3章 合成气衍生产品

3.1 氨 >>>

3.1.1 概述

氨是化学工业中生产量最大的产品之一。氨本身可以用作肥料，还可以加工成各种氮肥和含氮复合肥料。氨在工业上还是各种含氮化合物的原料，并广泛用作制冷剂。由于氮的用途广泛，特别是在农业上的重要用途，所以，在国民经济中占有重要的地位。

自然界中天然含氮化合物极少，已发现的仅有硝石（主要是硝酸钠）。自1809年在智利发现一个很大的硝石矿以后，随即大量开采用作肥料。1840年，Liebig发现矿物肥料的性质和效益以后，人们越来越多地采用这种无机氮化合物作为肥料。据估计，1850～1890年间世界农用氮肥约70%由智利硝石提供，但由于硝石的产量有限，满足不了农业不断发展的需求，所以许多科学家和科技人员探求把大气中的氮转变为可被植物利用的氮。

1754年，Briestly将卤砂（氯化铵）和石灰共热，第一次制出了氨。1784年左右，Bertholet提出，氨系由氢和氮所组成。1809年，Henry测出氨中氢和氮的体积比为3∶1。1898年，Frank等用焦炭和石灰石在电炉中烧制成碳化钙（电石），再由碳化钙和氮气反应生成氰氨化钙（石灰氮），作为氮肥施用。这个方法，通称氰氨法，不久即获得工业化，电耗在10000kW·h/t(NH_3) 以上。20世纪初，Brikeland和Eyde提出了电弧法，将空气通过电弧，在高温下使其中的氮和氧化合成一氧化氮，再经氧化，并用水吸收制成硝酸，而后加工成硝酸盐作氮肥用。此法也迅速得到工业化，电耗达60000kW·h/t(NH_3)。氰氨法和电弧法均因能耗过高，后被合成氨法所取代。几乎与此同时，Bucher提出，先将纯碱、焦炭和铁的混合物制成团块，置入外部加热的1000℃的炉中，通入氮气生成氰化钠，水解后得到氨。此法也因能耗高，未能得到发展。其后，又有欧洲的Pechiney财团用氧化铝与焦炭在氮气氛和1600℃高温下反应生成氮化铝，氮化铝水解后生成氨。此法由于炉子的耐火材料问题，而未获得成功。1902年德国化学家Haber开始以氢和氮合成氨的研究，1909年采用锇催化剂在高温高压下合成了浓度为6%的氨。由于氨浓度过低，Haber提出先冷凝分离出大部分氨，再将未反应的气体送回氨合成工序，从而实现了工业化。Haber的研究得到了BASF公司的关注，BASF购买了Haber的专利，由该公司的工程师Bosch和Haber一起研究比锇便宜得多而且容易获得的催化剂，经过5年的努力，开发了铁催化剂，并解决了廉价的原料制取氢氮混合气，以及设备结构材料的选用和工程设计等一系列问题。1913年9月9日在Oppan建成了30t/d的第一套工业化合成氨的装置。从第一次实验室制氨到工业化生产氨，整整花了 159 年时间。

由于农业发展的需要，而且氨是制备炸药所需硝酸的原料，所以在世界人口增长和第二次世界大战的推动下，合成氨工业发展十分迅速，从第一套工业化合成氨装置投产后，到 1990 年年底，世界合成氨的年产量已经达到 1.2 亿吨，到 2004 年达到 1.6 亿吨，大多数的氨加工为农用化学肥料。

中国合成氨生产是 20 世纪 30 年代开始的，南京永利化学工业公司铔厂、上海天利氮气制品厂和大连化学厂都是在那时建成投产的。

1949 年，为了发展农业，国家对合成氨工业十分重视，产量快速增加。1950 年中国合成氨产量为 1.1 万吨，1960 年为 44 万吨，1991 年达到 220 万吨。目前全国生产合成氨企业 500 多家，均朝着大规模方向发展。2005 年中国合成氨产量为 4500 万吨，2020 年产量为 5117 万吨。

3.1.2　氨合成反应的化学平衡

氨合成反应为

$$\frac{1}{2}N_2+\frac{3}{2}H_2 \rightleftharpoons NH_3(g) \quad \Delta H^{\ominus}=-46.2\text{kJ/mol} \tag{3-1}$$

式(3-1) 是一个放热、反应后物质的量（mol）减少的可逆反应，反应的化学平衡常数可表示为

$$K_p=\frac{p^*_{NH_3}}{(p^*_{N_2})^{1/2}(p^*_{H_2})^{3/2}}=\frac{1}{p}\times\frac{y^*_{NH_3}}{(y^*_{N_2})^{1/2}(y^*_{H_2})^{3/2}} \tag{3-2}$$

氨合成反应适宜在高压下进行，而在高压下氢、氮、氨的性质与理想气体有很大的偏差，因此平衡常数 K_p 不仅是温度的函数，而且与压力和气体组成有关，需用各气体组分的逸度代替分压。平衡常数的表达式为

$$K_f=\frac{f^*_{NH_3}}{(f^*_{N_2})^{1/2}(f^*_{H_2})^{3/2}}=\frac{p^*_{NH_3}\gamma_{NH_3}}{(p^*_{N_2}\gamma_{N_2})^{1/2}(p^*_{H_2}\gamma_{H_2})^{3/2}}=K_pK_\gamma \tag{3-3}$$

式中，f 和 γ 为各平衡组分的逸度和逸度系数。若已知各平衡组分的逸度系数 γ，由式 (3-3) 可计算加压下的 K_γ 值。

如将各反应组分的混合物看成是真实气体的理想混合物，则各组分的 γ 值可取“纯”组分在相同温度及总压下的逸度系数，由普遍化逸度系数图可查得 γ 值。图 3-1 给出了不同温度、压力下的 K_γ 值。

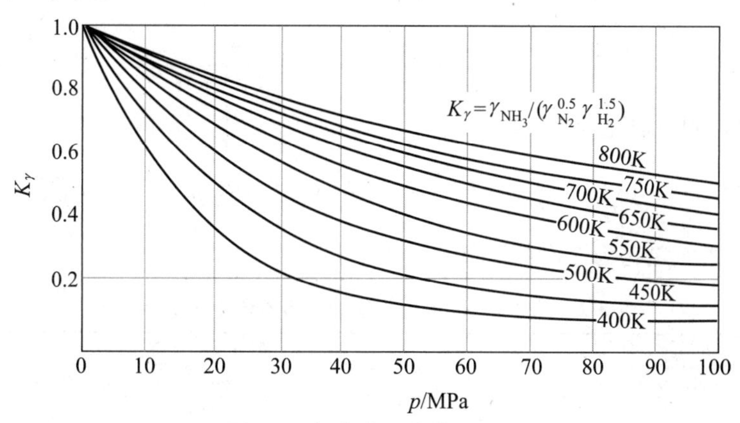

图 3-1　氨合成反应的 K_γ 值

高压下气体混合物为非理想混合物，各组分的 γ 不仅与温度、压力有关，而且还取决于气体组成。比较准确的 γ 值可由下式计算

$$RT\ln\gamma_i=[B_{0i}-A_{0i}/(RT)-C_i/T^3+(A_{0i}^{0.5}-\mathrm{SUM})^2/(RT)]p \tag{3-4}$$

式中，p 为压力，MPa；$R=0.008315$；T 为温度，K；$\mathrm{SUM}=\sum y_i(A_{0i})^{0.5}$（包括甲烷及氩在内）。

各系数的值为：

组分 i	A_{0i}	B_{0i}	C_i
H_2	0.02001	0.02096	0.0504×10^4
N_2	0.13623	0.05046	4.20×10^4
NH_3	0.24247	0.03415	476.87×10^4
CH_4	0.23071		
Ar	0.13078		

按式(3-4) 计算各组分的 γ 值，应先知道各组分的平衡组成，而平衡组成又决定于该条件下的平衡常数，因此要用迭代法求解。表 3-1 列出了不同温度、压力下 1∶3 纯氮氢气合成氨的 K_p 值。

表 3-1 氨合成的平衡常数 K_p 与温度和压力的关系 单位：MPa^{-1}

温度/℃	压力/MPa					
	0.1	10	15	20	30	40
350	0.260	0.298	0.329	0.353	0.424	0.514
400	0.125	0.138	0.147	0.158	0.182	0.212
450	0.0641	0.0713	0.0749	0.0790	0.0884	0.0996
500	0.0366	0.0399	0.0416	0.0430	0.0475	0.0523
550	0.0213	0.0239	0.0217	0.0256	0.0276	0.0299

在已知 K_p 的条件下，就可求得不同温度、压力和惰性气含量下的平衡氨含量。若以 $y^*_{NH_3}$ 和 y_i 分别表示平衡时氨、惰性气的含量，r 表示氢氮比，p 为总压，则各组分的平衡分压为

$$p^*_{NH_3}=py^*_{NH_3} \tag{3-5}$$

$$p^*_{N_2}=p\frac{1}{1+r}(1-y^*_{NH_3}-y_i^*) \tag{3-6}$$

$$p^*_{H_2}=p\frac{r}{1+r}(1-y^*_{NH_3}-y_i^*) \tag{3-7}$$

代入式(3-2) 得

$$\frac{y^*_{NH_3}}{(1-y^*_{NH_3}-y_i^*)^2}=K_pp\frac{r^{1.5}}{(1+r)^2} \tag{3-8}$$

当 $r=3$ 时，则可简化为

$$\frac{y^*_{NH_3}}{(1-y^*_{NH_3}-y_i^*)^2}=0.325K_pp \tag{3-9}$$

表 3-2 列出了氢氮比为 3 时的平衡氨含量。

表 3-2 纯 $3H_2$-N_2 混合气体的平衡氨含量 $y^*_{NH_3}\times10^2$

温度/℃	压力/MPa					
	0.1013	10.13	15.20	20.27	30.40	40.53
350	0.84	37.86	46.21	52.46	61.61	68.23
360	0.72	35.10	43.35	49.62	59.91	65.72

续表

温度/℃	压力/MPa					
	0.1013	10.13	15.20	20.27	30.40	40.53
380	0.54	29.95	37.89	44.08	53.50	60.59
400	0.41	25.37	32.83	38.82	48.18	55.39
420	0.31	21.36	28.25	33.93	43.04	50.25
440	0.24	17.92	24.17	29.46	38.18	45.26
460	0.19	15.00	20.60	25.45	33.66	40.49
480	0.15	12.55	17.51	21.91	29.52	36.03
500	0.12	10.51	14.87	18.81	25.80	31.90
520	0.10	8.82	12.62	16.13	22.48	28.14
540	0.08	7.43	10.73	13.84	19.55	24.75
550	0.07	6.82	9.90	12.82	18.23	23.20

由式(3-8)可知，在温度、压力和惰性气体含量一定的条件下，如不考虑氢氮比对平衡常数的影响，$r=3$时平衡氨含量具有最大值。当考虑组成对平衡常数的影响时，具有最大$y^*_{NH_3}$时的氢氮比略小于3，其值随压力而异，约在2.68～2.90之间。惰性气体含量对平衡氨含量也有显著影响。令y°_i为氨分解基（或称零氨基）惰性气体含量，当$y^\circ_i<0.20$时，含有惰性气体的平衡氨含量$y^*_{NH_3}$与相同温度、压力下不含惰性气体的平衡氨含量$(y^\circ_{NH_3})^*$有下列近似关系

$$y^*_{NH_3}=\frac{1-y^\circ_i}{1+y^\circ_i}(y^\circ_{NH_3})^* \tag{3-10}$$

式中，$y^\circ_i=y_i/(1+y_{NH_3})$，$(y^\circ_{NH_3})^*$为不含惰性气体的平衡氨含量。图3-2所示为30.40MPa时不同温度和惰性气含量下的平衡氨含量。

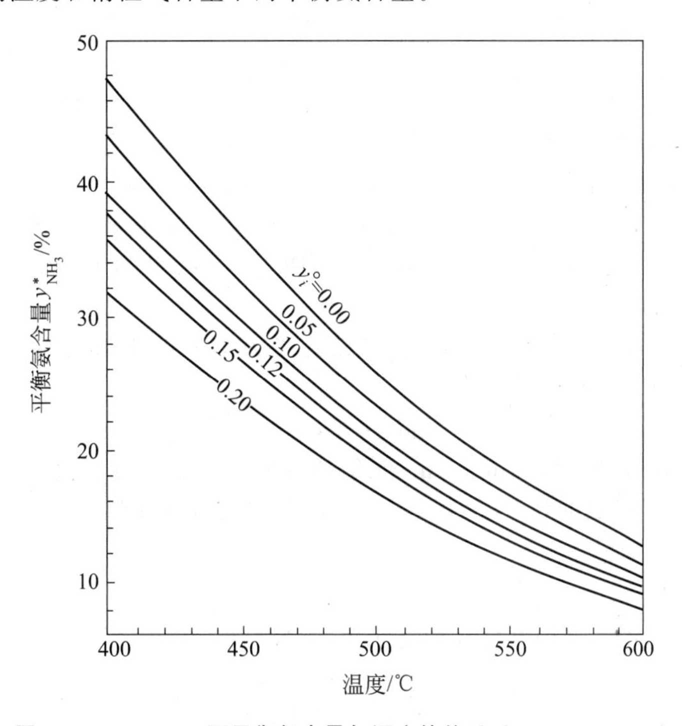

图3-2　30.40MPa下平衡氨含量与温度的关系（H_2∶N_2=3∶1）

由上述可知，提高压力、降低温度、保持低的惰性气体含量和氢氮比为3左右，有利于

平衡氨含量的提高。

氨合成反应的热效应，不仅取决于温度，而且与压力、气体组成有关。在不同温度、压力下纯氢氮混合气完全转化成氨的反应热 ΔH_f 可由下式计算

$$-\Delta H_f = 3.83408\times10^4 + (22.83 + 3.5196\times10^4 T^{-1} + 1.9249\times10^{10} T^{-3})p + 22.3875T + 1.057\times10^{-3} T^2 - 7.0832\times10^{-6} T^3 \text{(kJ/mol)} \quad (3\text{-}11)$$

式中，p 为合成压力，MPa。

3.1.3 氨合成反应动力学

对于氨合成反应过程，存在着多种假设的机理。一般认为，氮在催化剂上被活性中心吸附，离解为氮原子，然后与气相中的氢反应生成 NH、NH_2 和 NH_3。捷姆金和佩热夫根据以上机理，提出如下假定：①氮的活性吸附是反应速率的控制步骤；②催化剂的表面活性不均匀；③氮的吸附遮盖度中等；④气体为理想气体。由此推导出如下的动力学方程式

$$r_{NH_3} = k_1 p_{N_2}\left(\frac{p_{H_2}^3}{p_{NH_3}^2}\right)^{\alpha} - k_2\left(\frac{p_{NH_3}^2}{p_{H_2}^3}\right)^{1-\alpha} \quad (3\text{-}12)$$

式中，r_{NH_3} 为氨合成的瞬时速率；k_1、k_2 为正、逆反应速率常数；p_{N_2}、p_{H_2}、p_{NH_3}，为氮、氢、氨气体的分压；α 为常数，视催化剂性质及反应条件而异，由实验确定。对于一般工业铁催化剂，α 可取 0.5。于是上式变为

$$r_{NH_3} = k_1 p_{N_2}\frac{p_{H_2}^{1.5}}{p_{NH_3}} - k_2\frac{p_{NH_3}}{p_{H_2}^{1.5}} \quad (3\text{-}13)$$

k_1、k_2 与温度及平衡常数 K_p 的关系为

$$k_1 = k_1^0 e^{-E_1/(RT)} \qquad k_2 = k_2^0 e^{-E_2/(RT)} \quad (3\text{-}14)$$

$$k_1/k_2 = K_p^2 \quad (3\text{-}15)$$

正、逆反应的活化能 E_1 和 E_2 之值随催化剂而异，对于一般铁催化剂 E_1 约在 58620～75360kJ/kmol 之间，而 E_2 约在 167470～192590kJ/kmol 之间。

式(3-13) 用于加压条件下，有一定偏差。因为加压下 k_1、k_2 随压力增加而减小，当反应距平衡甚远时，式(3-13) 不再适用。特别当 $p_{NH_3}=0$ 时，由式(3-13) 得 $r_{NH_3}=\infty$，这显然是不合理的。尽管这样，在一般工业操作范围内，应用式(3-13) 计算反应速率还是能取得比较满意结果的。

式(3-13) 中的 r_{NH_3} 是瞬时速率，它可以定义为单位催化剂表面上瞬时合成氨的数量，即

$$r_{NH_3} = dn_{NH_3}/ds \quad (3\text{-}16)$$

式中，r_{NH_3} 为瞬时速率，kmol/(m^2 催化剂表面 · h)；s 为催化剂的内表面积，m^2；n_{NH_3} 为单位时间内合成氨的量，kmol/h。n_{NH_3} 可通过混合气流量 N(kmol/h) 和混合气中氨的摩尔分数 y_{NH_3} 求得。

$$n_{NH_3} = N y_{NH_3} \quad (3\text{-}17)$$

为了统一物料基准，采用氨分解基流量 N_0，则

$$N = \frac{N_0}{1+y_{NH_3}} = \frac{V_0}{22.4(1+y_{NH_3})} \quad (3\text{-}18)$$

式中，V_0 为标准状态下氨分解基体积流量，m^3/h。

将式(3-18) 代入式(3-17)，微分后得

$$dn_{NH_3}=\frac{V_0}{22.4(1+y_{NH_3})^2}dy_{NH_3} \tag{3-19}$$

又因为 $s=\sigma V_k$，σ、V_k 分别为催化剂的比表面积（m^2/m^3）和堆积体积（m^3），所以

$$r_{NH_3}=\frac{dn_{NH_3}}{ds}=\frac{V_0}{22.4\sigma}\times\frac{1}{(1+y_{NH_3})^2}\times\frac{dy_{NH_3}}{dV_k} \tag{3-20}$$

取氢氮比 $r=3$，联立式(3-20) 和式(3-13)，且取

$$L=\frac{y^*_{NH_3}}{[1-y^*_{NH_3}-y^*_{i0}(1-y^*_{NH_3})]^2}=0.325K_p p$$

$$b=(1+y_{i0})/(1-y_{i0})$$

$$k_1/k_2=K_p^2$$

得到

$$\frac{V_0 dy_{NH_3}}{dV_k}=k_2 p^{-0.5}\left(\frac{4}{3}\right)^{1.5}\frac{22.4\sigma(1+y_{NH_3})^2}{y_{NH_3}(1-by_{NH_3})^{1.5}}(1-y_{i0})^{-1.5}[L^2(1-y_{i0})^4(1-by_{NH_3})^4-y_{NH_3}^2] \tag{3-21}$$

若令

$$k=\left(\frac{4}{3}\right)^{1.5}\times 22.4\sigma k_2 \tag{3-22}$$

则式(3-21) 可简化为

$$\frac{dy_{NH_3}}{d\tau_0}=\frac{V_0 dy_{NH_3}}{dV_k}=kp^{-0.5}(1-y_{i0})^{-1.5}\frac{(1+y_{NH_3})^2[L^2(1-y_{i0})^4(1-by_{NH_3})^4-y_{NH_3}^2]}{y_{NH_3}(1-by_{NH_3})^{1.5}} \tag{3-23}$$

式中，$\tau_0=\frac{V_k}{V_0}$，为氨分解基线虚拟接触时间，h。

将式(3-23) 移项并积分

$$k=p^{0.5}V_{0s}\int_0^{y_{NH_3}}\frac{y_{NH_3}(1-by_{NH_3})^{1.5}(1-y_{i0})^{1.5}}{(1+y_{NH_3})^2[L^2(1-y_{i0})^4(1-by_{NH_3})^4-y_{NH_3}^2]}dy_{NH_3} \tag{3-24}$$

式中，V_{0s}为氨分解基空间速度，h^{-1}。

式(3-23)、式(3-24) 为工程上常用动力学方程的形式。其中 k 称为反应速率常数，单位是 $MPa^{0.5}/h$ 或 $MPa^{0.5}/s$。

根据催化剂活性实验数据，利用式(3-24) 可以计算反应速率常数 k，k 值因催化剂不同而变化。由不同温度及压力下的 k 值可以计算出不同温度、压力和气体组成时的反应速率 dy_{NH_3}/ds。

表 3-3 所列为我国 A 型催化剂的反应速率常数。

表 3-3　A 型催化剂的反应速率常数

型号	压力/MPa	$k/(MPa^{0.5}/s)$	k(450℃)
A106	29.42	$k=1.081\times10^{13}\exp\left(-\frac{21137}{T}\right)$	2.184
A109	29.42	$k=2.416\times10^{12}\exp\left(-\frac{19980}{T}\right)$	2.419
A110	20.27	$k=1.9621\times10^{11}\exp\left(-\frac{17040}{T}\right)$	11.49
A201	20.27	$k=1.0936\times10^{11}\exp\left(-\frac{16536}{T}\right)$	12.85

3.1.4 催化剂

氨合成采用铁系催化剂，其活性组分为金属铁。未还原前为氧化亚铁和三氧化二铁，其中，氧化亚铁占24%～38%（质量），Fe^{2+} ∶ Fe^{3+} 约为0.5，成分可视为四氧化三铁。催化剂中添加其他组分作为促进剂，主要有三氧化二铝、氧化钾、氧化钙、氧化镁、氧化硅等。加入三氧化二铝能与氧化亚铁作用形成铝酸亚铁（$FeAl_2O_4$），在四氧化三铁中起到骨架作用，防止铁微晶长大，增大催化剂表面积，提高活性。因此，三氧化二铝为结构型促进剂。氧化镁的作用与三氧化二铝相似，也是结构型促进剂。氧化钾的作用与三氧化二铝不同。在铁-氧化铝催化剂中添加氧化钾后，催化剂的表面积有所下降，而活性显著增大。氧化钾为电子型促进剂，它可以使金属电子逸出功降低，有助于氮的活性吸附。氧化钙也属于电子型促进剂。同时氧化钙能降低熔体的熔点和黏度，有利于氧化铝在四氧化三铁中的分布，还可以提高催化剂的热稳定性。

氨合成催化剂在使用前，须经还原才具有活性。一般用氢氮混合气进行还原，还原反应式为

$$Fe_3O_4 + 4H_2 \Longrightarrow 3Fe + 4H_2O(g) \quad \Delta H^{\ominus} = 149.9\text{kJ/mol} \tag{3-25}$$

还原条件的确定应满足两方面的要求：使四氧化三铁充分还原为α-Fe；还原生成铁结晶不因重结晶而长大，以保证有最大的比表面积和更多的活性中心；还原温度的确定对催化剂活性影响很大，只有达到一定温度还原反应才开始进行，提高还原温度能加快还原反应的速率、缩短还原时间，但还原温度过高会导致α-Fe晶体长大，因此实际还原温度一般不超过正常使用温度；降低还原气体中水蒸气含量有利于还原，因为水蒸气的存在会使已还原的催化剂反复氧化，造成晶粒变粗使活性降低。为此采用高空速以保持还原气中的低水汽含量。还原压力以低些为宜，但空速要维持在$10000h^{-1}$以上。

能使氨合成催化剂中毒的物质有氧及氧的化合物（O_2、CO_2、H_2O等），硫、磷、砷及它们的化合物（H_2S、SO_2、PH_3、AsH_3等）以及润滑油、铜氨液等。硫、磷、砷及其化合物的中毒作用是不可逆的，而氧及氧的化合物是可逆毒物。为此，原料气送往合成系统之前应充分清除各类毒物，以保证原料气的纯度。一般规定一氧化碳和二氧化碳的总含量小于10ppm(10^{-6})。

3.1.5 工艺条件

从化学平衡和化学反应速率的角度看，提高操作压力是有利的。压力增加时，平衡氨含量增加；合成装置的生产能力增加；氨冷凝温度相应提高，使得氨从氢氮气中分离得更完全。生产上选择操作压力的主要依据是能量消耗。能量消耗主要包括原料气压缩功、循环气压缩功和氨分离的冷冻功。提高操作压力，原料气压缩功增加，循环气压缩功和氨分离冷冻功却减少。压力过高则原料气压缩功太大；压力过低则循环气压缩功、氨分离冷冻功又太高。根据对能量消耗以及包括能量消耗、原料费用、设备费用的分析，一般认为20～30MPa是合成氨比较适宜的操作压力。大型氨合成装置采用蒸汽透平驱动的离心压缩机，合成压力通常为15～24MPa，中小型合成氨厂用往复式压缩加压，一般合成压力为20～30MPa。

和其他可逆放热反应一样，氨合成反应存在着最适宜温度，它取决于反应气体的组成、压力以及所用催化剂活性。图3-3所示为平衡温度曲线和其催化剂的最适宜温度曲线。在一定压力下氨含量提高，相应的平衡温度与最适宜温度下降。气体组成一定时，压力愈高，平衡温度与最适宜温度愈高。考虑到内扩散的影响，实际反应的最适宜温度较图3-3的数据略低。

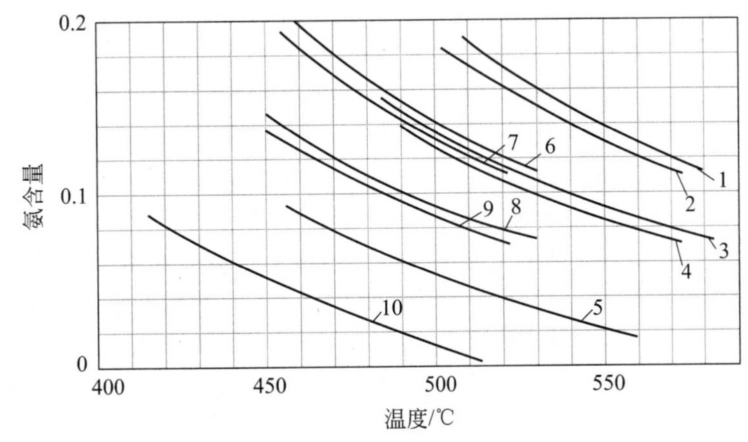

图 3-3 $H_2:N_2=3$ 的条件下平衡温度与催化剂的最适宜温度

1～5—分别为（30.4MPa，$y_{i0}=12\%$）、（30.4MPa，$y_{i0}=15\%$）、（20.3MPa，$y_{i0}=15\%$）、（20.3MPa，$y_{i0}=18\%$）、（15.2MPa，$y_{i0}=13\%$）的平衡温度曲线；

6～10—分别为（30.4MPa，$y_{i0}=12\%$）、（30.4MPa，$y_{i0}=15\%$）、（20.3MPa，$y_{i0}=15\%$）、（20.3MPa，$y_{i0}=18\%$）、（15.2MPa，$y_{i0}=13\%$）的最适宜温度曲线

从理论上讲，合成反应按最适宜温度曲线进行时，催化剂用量最少、合成效率最高。而实际生产中完全按最适宜温度曲线进行操作是困难的。采用各种冷管式及多段冷激式氨合成塔就是为了使反应尽可能按最适宜温度线进行。氨合成反应温度，一般控制在400～450℃之间。在催化剂床层的进口处，温度较低，一般大于或等于催化剂使用温度的下限。而床层中温度最高点（热点）处，温度不超过催化剂的耐热温度。

空间速度是指单位时间内通过单位体积催化剂的气量（m^3，标准状态），简称“空速”，单位为h^{-1}。空速的大小不仅反映循环气量的多少，还对合成塔的生产强度及系统压力降有明显影响，也涉及反应热的合理利用。根据空速和合成塔进出口氨含量，由下式可以计算催化剂的生产强度

$$G=\frac{17V_{s1}(y_{2NH_3}-y_{1NH_3})}{22.4(1+y_{2NH_3})}=\frac{17V_{s2}\Delta y_{NH_3}}{22.4(1+y_{1NH_3})} \tag{3-26}$$

式中，y_{1NH_3}、y_{2NH_3}为进、出塔气体的氨含量，摩尔分数；V_{s1}、V_{s2}为进、出塔的氨分解基空间速度，m^3/h；G为催化剂的生产强度，$kgNH_3/(m^3\cdot h)$；Δy_{NH_3}为氨净值（合成塔出口氨含量与进口氨含量之差）。

表 3-4 空间速度的影响

项目	空速/h^{-1}				
	1×10^4	2×10^4	3×10^4	4×10^4	5×10^4
出口氨含量/%	21.7	19.02	17.33	16.07	15.0
生产强度/[kg $NH_3/(m^3\cdot h)$]	1350	2417	3370	4160	4920

表3-4的数据是在压力30MPa、温度500℃的纯氢氮气（$H_2:N_2=3$）的条件下得出的。由表3-4可见，在一定的条件下，提高空速，出口气体的氨含量下降即氨净值降低，但增加空速，合成塔的生产强度有所提高。不过加大空速将使系统阻力增大、循环功耗及氨分离的冷冻负荷均增加，同时，由于单位体积入塔气中含氮量减少、所获得的反应热也相应减少，甚至可能导致不能维持自热进行反应。因此，空速应有适宜值。操作压力为30MPa的

合成氨厂，空速一般在 20000～30000h^{-1}之间，氨净值约为 10%。大型合成氨厂则采用较低空速，如操作压力为 15MPa 的轴向冷激式合成塔，空速为 10000h^{-1}，氨净值 10%～15%。合成塔进出口气体组成包括氢氮比、惰性气体含量与初始氨含量。

由于化学平衡的限制，氨合成过程中有大量未反应的氢气、氮气进行循环。因此，进入合成塔的气体，是循环气与新鲜气的混合气。而循环气量约为新鲜气的 4～5 倍，其成分也与新鲜气有所不同，生产实践表明，控制进塔气体的氢氮比略低于 3 为宜，一般为2.8～2.9。

惰性气体（CH_4、Ar）由新鲜气带入，由于不参加反应而在氨合成系统中积累。惰性气体的存在，无论对氨合成反应的化学平衡或反应速率均有不利影响。但是，维持入塔气体过低的惰性气体含量，又需大量排放循环气，导致原料气消耗量增加。因此，入塔气体将保持一定的惰性气体含量。一般新鲜气中惰性气含量为 0.9%～1.4%，入塔气体的惰性气含量约为 10%～15%。

当其他条件一定时，进塔气体中氨含量越高，氨净值越小，生产能力越低，而降低进塔气体氨含量，则又增加冷冻压缩功耗。因此，操作压力为 30MPa 时，进塔氨含量操控在 3.2%～3.8%，15MPa 时，进塔气体氨含量则为 2.0%～3.2%。

3.1.6 氨合成工艺流程

氨合成流程包括以下几个部分：新鲜氢、氮气的压缩并补入循环系统，循环气的预热与氨的合成，氨的分离，热能的回收利用，对未反应气体补充压力并循环使用，排放部分循环气以维持系统中适宜的惰性气体含量等。

3.1.6.1 中型氨厂流程

图 3-4 所示为中型氨厂的合成工艺流程。在这类流程中，新鲜气与循环气均由往复式压缩机加压，设置水冷器与氨冷器两次分离产品液氨，氨合成反应热仅用于预热进塔气体。合成塔出口气体经水冷器冷至常温，其中部分氨被冷凝并在第一氨冷器中分出。为降低惰性气体含量，在氨冷后排放少量循环气，大部分循环气由循环压缩机加压后进入滤油器，与在此补入的新鲜气混合，然后进入冷凝塔上部的换热器与分离去液氨后的低温循环气换热降温，再进入氨冷器中冷却到 0～8℃，气体中绝大部分氨在这里被冷凝下来，在氨冷凝塔的下部将气液分离。分离采出低温循环气经冷凝器上部热交换器与来自循环压缩机的气体换热，被加热到 10～30℃进入氨合成塔，从而完成循环流程。该流程的特点是：放空的位置设在惰性气体含量较高、氨含量较低的部位，可以减少氨及氢气、氮气的损失；新鲜气在滤油器中

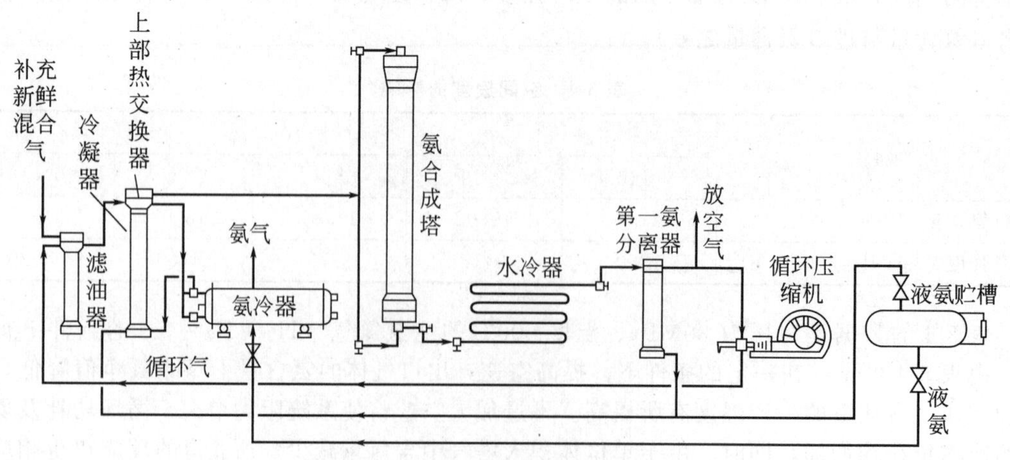

图 3-4 中型氨厂合成工艺流程

补入，经冷凝塔时可进一步除去带入的油滴、二氧化碳和水蒸气；循环压缩机位于水冷器之后，循环气温度较低，有利于降低压缩的功耗。为了回收氨合成反应热，目前采用此流程的工厂大多增设了热回收装置，用来加热热水或副产蒸汽。

3.1.6.2　大型氨厂流程

图 3-5 为凯洛格法氨合成工艺流程。新鲜气在离心压缩机的第一缸中压缩后，经新鲜气、甲烷化气换热器、水冷却器及氨冷却器逐步冷却到 8℃。除去水分后，新鲜气进入压缩机第二缸继续压缩并与循环气在气缸内混合，压力升到 15.5MPa，温度为 69℃，经水冷却器降至 38℃。然后气体分为两路：约 50%的气体经过两级串联的氨冷却器。一级氨冷却器中的液氨在 13℃下蒸发，气体被冷却到 22℃，二级氨冷却器中液氨在－7℃下蒸发，气体被进一步冷却到 1℃；另一半气体与来自高压氨分离器的－23℃的气体在冷热交换器内换热，降温至－9℃。两路气体混合后温度为－4℃，再经第三级氨冷却器，利用－33℃下蒸发的液氨将气体进一步冷却到－23℃，然后送往高压氨分离器。分离液氨后含氨 2%的循环气经冷热交换器和热热交换器预热到 141℃进入轴向冷激式合成塔。该流程的特点为：采用离心式压缩机并回收氨合成反应热预热锅炉给水；采用三级氨冷，气体逐级降温，冷冻系统的液氨亦分三级闪蒸，三种不同压力的氨蒸气分别返回离心式氨压缩机相应的压缩级中，这比全部氨气一次压缩至高压、冷凝后一次蒸发到同样压力的冷冻系数大、功耗小；流程中放空管线位于压缩机循环段之前，此处惰性气体含量最高、氨含量也高，为减少氨损失，故将放空气中的氨加以回收。

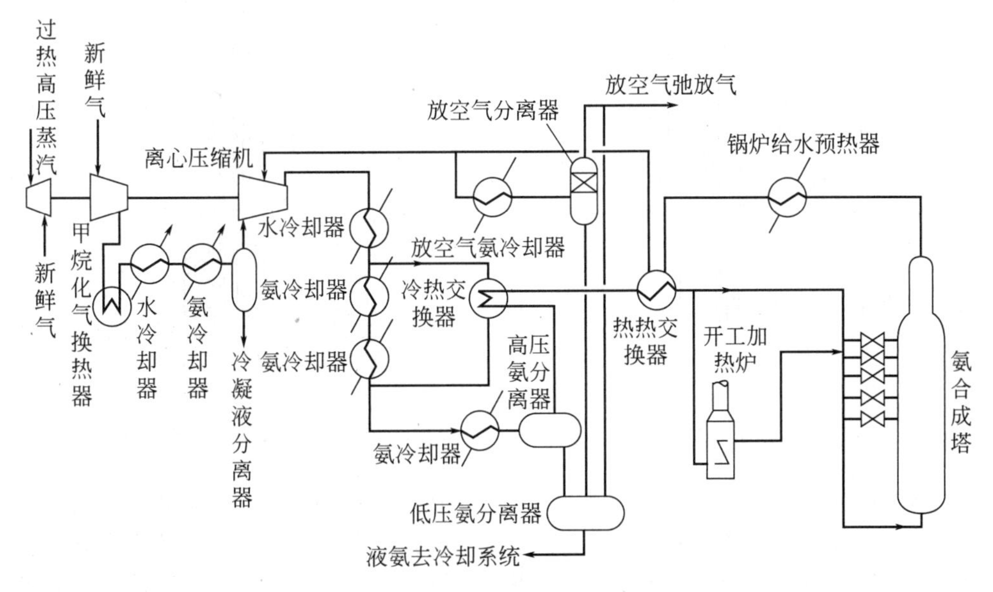

图 3-5　凯洛格法氨合成工艺流程

3.1.7　氨合成塔

氨合成塔是合成氨生产的关键设备。由于氨在高温、高压条件下合成，为防止氢气对钢材的腐蚀，氨合成塔通常由内件与外筒两部分组成。进入合成塔的气体先经过内件与外筒之间的环隙，内件外表面设有保温层，以减少向外筒散热。这样，外筒主要承受高压而不承受高温，可用普通低合金钢或优质低碳钢制成，而内件虽在高温下操作，但只承受环隙气流与内件气流的压差，一般仅 1～2MPa，因此可降低对内件材料的要求，一般用合金钢制造。

内件包括催化剂筐、换热器和电加热器等部分。氨合成塔的型式很多，常用的主要有冷管式和冷激式两类。

3.1.7.1 冷管式合成塔

在催化剂床层中设置冷管，利用在冷管中流动的未反应的气体移出反应热，使催化剂床层温度分布比较接近最适宜温度线。图 3-6 所示为并流双套管氨合成塔示意图。塔内件的上部为电加热器和催化剂筐，下部为热交换器。合成原料气从塔顶部进入，沿内外管之间的环隙向下流动，从底部进入换热器的管间，经预热后进入分气盒的下层，然后进入双套管的内管，在管顶折向外冷却管向下流动，与催化剂床层气体并流换热，气体被加热至 400℃左右，经分气盒的上层及装有电加热器的中心管进入催化剂床层。反应后的气体进入换热器的管内降低温度后，离开氨合成塔。

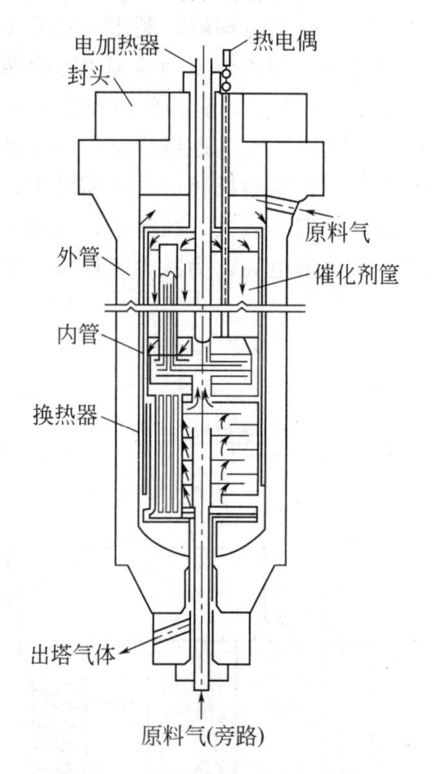

图 3-6 并流双套管氨合成塔

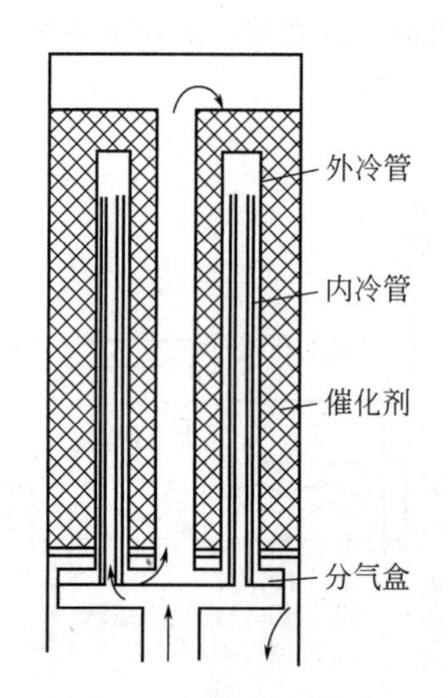

图 3-7 并流三套管式氨合成塔示意图

催化剂床层顶部是绝热层，反应热完全用来加热反应气体。冷管设置在床层的中、下部。在床层的中部（冷却管的上部），反应放热量大于传热量，床层温度继续升高。随着氨含量的提高，反应速率减慢，放热量少于传热量，床层温度逐渐下降。床层中温度最高点称为“热点”。在催化剂床层的上半部分，由于反应速率大以及受催化剂使用温度的限制，距最适宜温度曲线较远，而床层的下半部分比较接近最适宜温度曲线。

并流三套管与并流双套管的区别主要在于冷管。图 3-7 为三套管结构示意图。三套管的内冷管为双层，且一端的层间间隙焊死，形成“滞气层”，因而增大了内外管间的热阻，使气体在冷管中温度上升较少，催化剂床层与内外管环隙气体的温差增大，改善了催化剂床层上部的冷却效果。由于并流三套管式的床层温度分布更为合理，从而提高了合成塔的生产强度。

3.1.7.2 冷激式合成塔

合成塔催化剂分成多段，段间直接加入冷原料气降温。按塔内气体流动方向的不同，可分为轴向冷激式和径向冷激式。

图 3-8(a) 所示为大型氨厂轴向四段冷激式合成塔。氢氮原料气由塔底进入塔内，沿环隙向上流动，穿过缩口，到达筒体上端后折流向下，进入换热器的管外，气体被加热到 400℃左右流入第一段催化剂。经反应后温度升到 500℃左右，在第一、第二段间与冷激气混合降温，然后进入第二段催化剂。气体经四段催化剂床层反应后，由中心管进入换热器的管内，冷却后流出塔外。轴向冷激式合成塔用冷激气调节温度，操作方便；与冷管式相比，结构简单，内件可靠性好。但瓶式结构给内件安装和维修带来一定困难。径向二段冷激式合成塔如图 3-8(b) 所示。氢氮原料气从塔顶进入内外筒的环隙，再进入换热器的管间，气体预热后沿中心管上升，在上部按径向穿过第一段催化剂，在环形通道内与塔顶来的冷激气混合，再沿径向流进第二段催化剂。反应后气体从中心管外面的环形通道向下，经换热器管内冷却后，从塔底流出。径向合成塔内气体呈径向流动，流速较小，阻力也大大降低，因而可采用较高的空速，提高了合成塔的生产能力，但需采取措施以保证气体均匀流经催化剂床层而不会偏流。

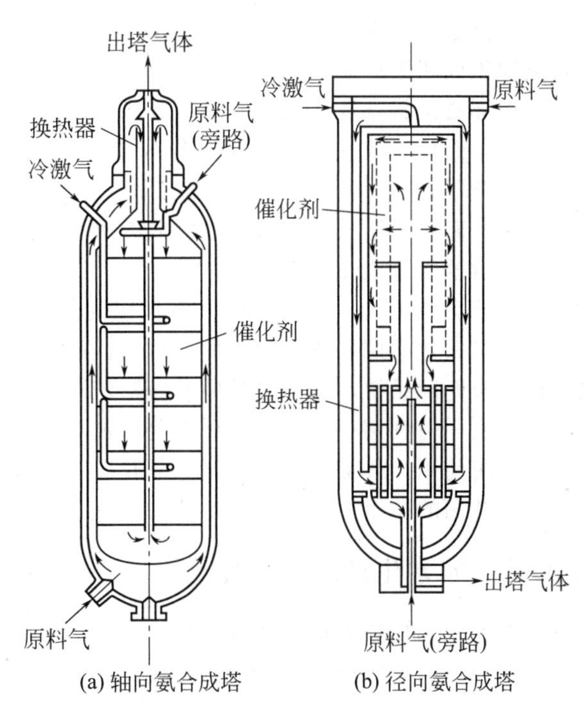

图 3-8　多层直接冷激式氨合成塔

3.2 尿素

3.2.1 概述

化肥生产是化学工业中非常重要的部分，生产化肥是发展农业的一项重要措施，是解决人类赖以生存问题的基本保障。尿素是氮肥中含氮量最高的品种，是良好的中性速效肥料，且不会影响土质，尿素的含氮量为硝铵的 1.3 倍、硫铵的 2.2 倍、碳酸氢铵的 2.6 倍，世界上大约 80%～90%的尿素用作肥料。尿素的生产能力随着合成氨生产的发展而迅速增加，在氮肥中的比重逐年有所提高。在工业上，尿素可作为高聚物合成材料，制成尿素-甲醛树脂，用于生产塑料、漆料和胶合剂等。此外，医药、石油脱蜡、纺织、制革等生产中也要用到尿素。

尿素的学名为碳酰二胺，分子式为 $CO(NH_2)_2$。纯净的尿素为无色、无味、无臭的针状或柱状结晶，含氮 46.6%。尿素的熔点为 132.6℃，常压下温度超过熔点即分解。

尿素易溶于水，常温下，尿素在水中缓慢地进行水解，先转化为氨基甲酸铵（在此简称为甲铵），然后形成碳酸铵，最后分解为氨和二氧化碳。随着温度的升高，水解速度加快，水解程度也增大。尿素在常压下加热高于熔点时，将进行缩合反应，生成缩二脲、缩三脲和三聚氰酸。但在 60℃以下，尿素在酸性、碱性或中性溶液中不发生水解作用。

当前工业上生产的尿素是由氨与二氧化碳直接合成的。工业过程包括四个步骤：氨与二氧化碳的供给与净化；氨与二氧化碳反应；反应生成的尿素熔融液与未反应物的分离；尿素熔融液加工成尿素成品。按合成过程中未反应物料的利用方式不同，尿素的生产有多种流程。全循环法是将未反应的氨和二氧化碳全部返回系统循环使用，此法的特点是原料的利用率高。根据循环方式和吸收剂的种类不同，全循环法又有多种方法和流程。

热气循环法——将未反应的氨和二氧化碳在较高温度下直接加压后，返回系统循环使用。

气体分离循环法——用选择性吸收剂吸收氨和二氧化碳，吸收后的溶液再生，氨和二氧化碳解吸后返回合成。

水溶液全循环法——用水吸收未反应的氨和二氧化碳，再返回系统中去。添加水量较多，水与二氧化碳摩尔比接近 1 的，称为碳酸铵盐水溶液全循环法；添加水量较少，基本上以甲铵溶液返回系统，称为氨基甲酸铵溶液全循环法。

气提法——利用一种气体介质在与合成塔等压的条件下通入反应液分解甲铵，并将分解物返回系统使用。气提介质分别为二氧化碳、氨气和来自合成氨厂的变换气。

我国常用的是甲铵水溶液循环法和二氧化碳气提法。

3.2.2 尿素生产的基本原理

3.2.2.1 尿素合成的反应机理

由氨和二氧化碳合成尿素的总反应式为

$$2NH_3(l) + CO_2(g) = CO(NH_2)_2(l) + H_2O(l) \tag{3-27}$$

式(3-27) 是一个可逆的放热反应，因受化学平衡的限制，NH_3 和 CO_2 合成只能部分转化为尿素。关于合成尿素的反应机理有多种说法，但一般仍认为反应是在液相中分两步进行的。

第一步，液氨与二氧化碳反应生成液态氨基甲酸铵，故称为甲铵生成反应

$$2NH_3(l) + CO_2(g) = NH_4COONH_2(l) \qquad \Delta H = 119.2\text{kJ/mol} \tag{3-28}$$

式(3-28) 是一个快速、强放热的可逆反应，如果具有足够的冷却条件，不断地将反应热取走，并保持反应进行过程的温度低到足以使甲铵冷凝为液体，这个反应容易达到化学平衡，而且平衡条件下转化为甲铵的程度很高。压力对甲铵的生成速率有很大影响，加压有利于提高反应速率。

第二步，甲胺脱水反应，生成尿素

$$NH_4COONH_2(l) = CO(NH_2)_2(l) + H_2O(l) \qquad \Delta H = -15.5\text{kJ/mol} \tag{3-29}$$

式(3-29) 是一个吸热的可逆反应，甲铵在固相中脱水速率极慢，只是在熔融的液相中才有较快的速率。因此甲铵脱水主要是在液相中进行的，并且是尿素合成中的控制步骤。脱水反应达到平衡时，甲铵的转化率只有 50%～70%，有相当数量的反应物未能反应生成尿素。

3.2.2.2 尿素合成反应速率

尿素合成反应过程是一个复杂的气液两相过程，在液相中进行着化学反应。体系中既有传质过程，也有化学反应。传质过程包括：气相中的氨与二氧化碳转入液相和水由液相转入气相。液相的化学反应包括：氨与二氧化碳化合生成甲铵及甲铵转化为尿素和水。当反应物系建立平衡时，气液两相间存在着平衡，同时液相内存在着化学平衡。合成尿素的五个过程如图 3-9 所示。

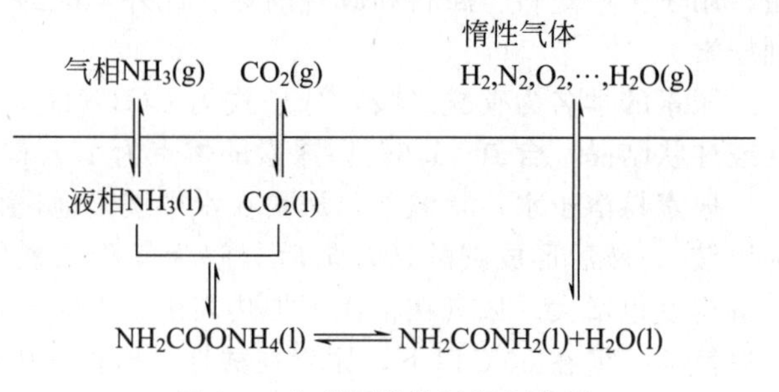

图 3-9 合成尿素的过程示意图

传质过程和化学反应的同时存在，使尿素合成过程的总反应速率受到传质速率与化学反应速率两方面的影响。由于生成甲铵远快于甲铵脱水转化为尿素，所以液相化学反应速率由甲铵脱水反应所决定。而传质方面关键在于氨和二氧化碳由气相传递到液相的速率。因此，可以认为影响尿素合成过程速率的关键因素有两个：其一、氨和二氧化碳由气相传递到液相的速率；其二、液相中甲铵脱水的化学反应速率。

对尿素合成塔内的物料反应情况的研究表明：当反应原料进入尿素合成塔后，并非瞬时生成甲铵，这是因为传质过程的影响。工业尿素合成塔一段是直立细长的中空高压容器。反应物料从底部进入，一边向上流动一边进行反应，最后由塔顶部排出。由 NH_3 和 CO_2 生成甲铵是强放热过程，而甲铵脱水转化为尿素是吸热过程，如果甲铵生成反应瞬时结束，则合成塔底部的温度应最高，由下向上温度逐渐降低。实际上塔内温度沿轴向的变化是上下两部分温度较低，中间某一部位温度最高，而且塔顶温度总比塔底要高。再从物料在塔内的停留时间看，物料停留时间为 50min，而生成甲铵约 12～15min。图 3-10 所示为合成塔内轴向温度的测定数据。从图可见，最高温度位于约 1/3 塔高处，这表明至少在塔下部 1/3 的容积内都在进行甲铵的生成反应。

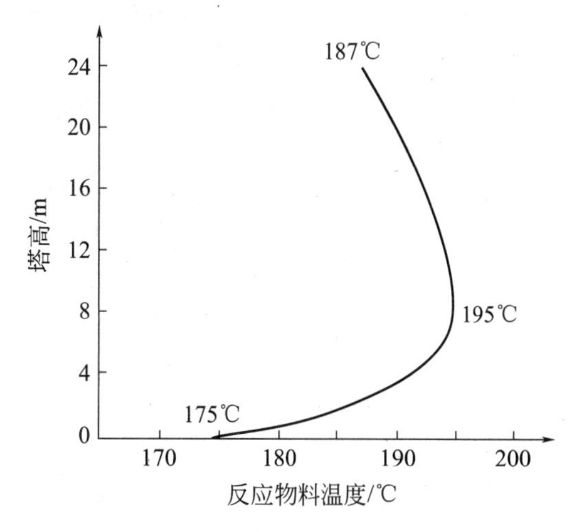

图 3-10　合成塔内轴向温度测定数据

合成塔内反应物料 NH_3 和 CO_2 从气相向液相传质过程的快慢，是由传质系数和传质推动力决定的。合成塔在高压下操作，气相的体积较小，惰性气体的含量也不多，其传质速率应当是相当快的。但实际上，反应物料从气相传向液相持续时间很长，原因是传质推动力受气液两相之间的平衡的限制。

合成塔内的气相是由 NH_3、CO_2、H_2O 及惰性气体组成，液相中则含有甲铵、尿素和水。在一定的温度和压力下，对于一定组成的液相，必然存在着一定组成的气相与之平衡，平衡气相中的 NH_3 和 CO_2 是不可能转移到液相中去的。在这个四元体系液相中，由于尿素和水起了“良好溶剂”的作用，液相中尿素和水含量越多越有利于平衡气相中 NH_3 和 CO_2 转入液相。在反应初期，虽然 NH_3 和 CO_2 的平衡分压很高，但因尿素和水很少，使 NH_3 和 CO_2 不能从气相转入液相。随着甲铵脱水反应的进行，液相中的尿素和水渐增，因此气相中的 NH_3 和 CO_2 不断地转移到液相中，使 NH_3 和 CO_2 的平衡分压随之下降。所以，即使转化速率很高，根据气液两相平衡规律，气相中的 NH_3 和 CO_2 也只能逐步地、而不能瞬时地转入液相，故传质过程必然要持续一定时间。

生成甲铵是强放热反应，当 NH_3 和 CO_2 从气相转入液相时，必然导致反应物系的温度升高。因此，从合成塔的底部向上，反应物料温度一般是逐步升高的。当气相中的 NH_3 和 CO_2 基本上转入液相后，放热过程基本结束。此时甲铵脱水的吸热过程仍继续进行，再加上合成塔壁的散热损失，使反应物料的温度缓慢地降下来，这样就出现了“热点”。合成塔的结构不同，“热点”部位也就不同。

3.2.3　合成过程的适宜条件

甲铵的脱水反应须在液相中进行，因此尿素合成的温度应高于甲铵的熔融温度

(152℃)。图 3-11 所示为尿素平衡转化率与温度的关系，由图可见，平衡转化率开始时随温度升高而增大。若继续升温，平衡转化率逐渐下降，所以出现一个最大值，其相应温度在 185～195℃之间。这是因为起控制作用的甲铵脱水反应是吸热反应，提高温度会使平衡常数增大，并且会加快反应速率。但温度过高时，甲铵分解、尿素水解等副反应加剧，从而使转化率降低。此外，当温度超过 200℃时，腐蚀速度急剧增加，对设备材质要求更高。因此，尿素合成的操作温度一般为185～200℃。

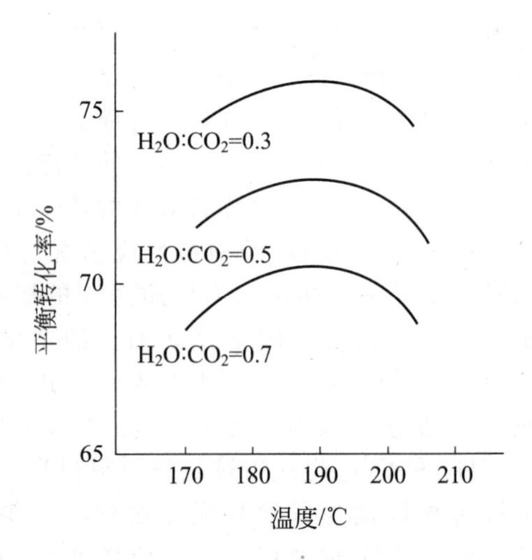

图 3-11 尿素平衡转化率与温度的关系

(NH_3 : CO_2＝4.0，H_2O : CO_2 分别为 0.3、0.5 及 0.7)

反应物料中氨与二氧化碳的摩尔比称为氨碳比。氨碳比对尿素平衡转化率的影响如表 3-5 所示。由表可见，氨碳比提高，尿素的平衡转化率提高。工业上大多采用氨过量操作，因为过剩的 NH_3 促使 CO_2 转化，同时能与甲铵脱出的 H_2O 部分结合成 NH_4OH，使 H_2O 排除于反应之外，这就等于移去部分产物，使平衡向生成尿素的方向移动；其次，过剩氨还会抑制甲铵的水解和尿素的缩合等有害的副反应，也有利于提高转化率。此外，NH_3 比 CO_2 易于压缩与液化，能方便地在过程中分离和循环。生产中还综合动力消耗、氨损失及反应压力等因素选择氨过量的程度，一般选用氨碳比为 3～4.5。

表 3-5 氨碳比与尿素平衡转化率的关系 单位：%

温度/℃	NH_3 : CO_2 摩尔比			
	2	3	4	5
140	43	55	62	73
150	45	58	67	78
160	46	61	70	80
180	49	62	71	81
200	50	—	—	—

水碳比是指合成塔进料中水与二氧化碳的摩尔比。水碳比对尿素合成的影响如图 3-12所示。水碳比增加对尿素合成反应不利，水的存在会抑制甲铵脱水反应的进行，降低尿素产率。所以尿素生产总是力求将水碳比降到最低限度，并将它作为一个生产主要控制指标。在水溶液全循环法中水碳比一般为 0.7～1.2，而二氧化碳气提法则降低到0.3～0.35。

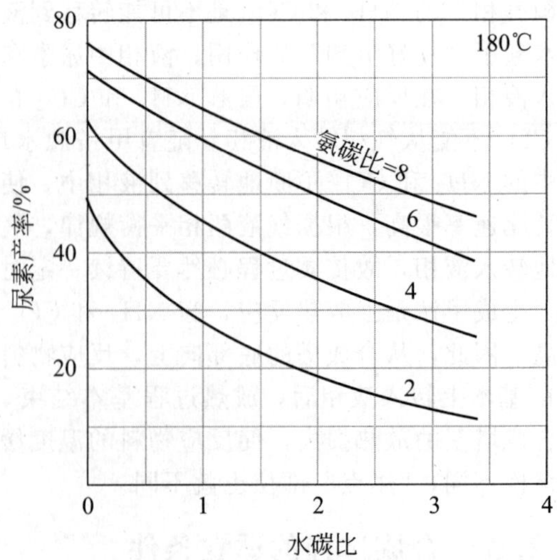

图 3-12 不同过量氨存在下，水碳比对甲铵转化为尿素的影响

尿素要在液相内生成，但高温下甲铵易分解并进入气相，故使尿素转化率降低。所以工业生产上尿素合成的操作压力，一般都要高于平衡压力，使其保持液相以提高转化率。操作压力大多比合成塔顶物料组成和该温度下的平衡压力高1～3MPa，一般为18～20MPa。

合成尿素的原料二氧化碳，应具有尽可能高的纯度。若二氧化碳中惰性气体含量高，则会改变合成塔内的汽液平衡关系，造成转化率下降。因此要求二氧化碳的纯度在98.5%以上。

尿素合成过程中，增加反应时间将使实际转化率增大，但单位时间内流过合成塔的物料减少，合成塔的生产强度下降。研究结果表明，当物料停留时间超过1h，转化率几乎不再变化，故通常选择反应时间为40min左右。

3.2.4　尿素合成反应的动力学

尿素合成过程的总反应速率受到传质速率与化学反应速率两方面的影响。由于生成甲铵远快于甲铵脱水转化为尿素，所以液相化学反应速率由甲铵脱水反应所决定。而传质方面关键在于氨和二氧化碳由气相传递到液相的速率。甲铵脱水生成尿素的反应为可逆反应。正、逆反应速率常数分别为k_1、k_2。若以1mol CO_2为基准在τ时间内生成αmol的甲铵，而以x、x^*分别表示甲铵转化为尿素的转化率和平衡转化率，液相体积为V_1（设反应液相体积保持不变），则液相中甲铵、尿素及水的浓度$c_{甲}$、$c_{尿}$、$c_{水}$分别为

$$c_{甲}=\frac{\alpha(1-x)}{V_1}\quad 当W=0，c_{尿}=c_{水}=\frac{\alpha x}{V_1} \tag{3-30}$$

将上述关系代入动力学方程式

$$\frac{-\mathrm{d}c_{甲}}{\mathrm{d}\tau}=k_1c_{甲}-k_2c_{尿}c_{水}\quad 当W\neq0，c_{尿}=\frac{\alpha x}{V_1}，c_{水}=\frac{x+W}{V_1} \tag{3-31}$$

则有

$$\frac{-\mathrm{d}\left[\frac{\alpha(1-x)}{V_1}\right]}{\mathrm{d}\tau}=k_1\frac{\alpha(1-x)}{V_1}-k_2\frac{\alpha x(x+W)}{V_1^2} \tag{3-32}$$

式中，τ为反应时间，h；W为反应物的水碳比（摩尔比）。

当反应达到平衡时

$$k_2=k_1\frac{(1-x^*)V_1}{x^*(x^*+W)} \tag{3-33}$$

工业尿素合成塔是流动态反应器，可采用如下反应速率微分方程式

$$r=\frac{F\mathrm{d}x}{V_1}=k_1\left(\frac{F}{V}\right)(1-x)-k_2\left(\frac{F}{V}\right)^2x(x+W) \tag{3-34}$$

式中，r为反应速率（尿素生成量），kmol/(m^3·h)；F为存在于液相中的CO_2流量，kmol/h；V_1为合成塔内液相所占的容积，m^3；V为合成塔内液相所占体积流量，m^3/h；x为液相中的瞬时转化率；W为反应物的水碳比（摩尔比）；k_1、k_2为正、逆反应速率常数。

从上述结论综合分析可知，通过控制反应温度和水碳比，以提高反应速率常数k_1从而减少甲铵脱水时间，以改善甲铵脱水这一控制步骤，促进合成反应的传质过程。

3.2.5　工艺流程

3.2.5.1　甲铵水溶液循环法生产工艺

甲铵水溶液循环法是采用减压加热的方法，将未转化成尿素的甲铵分解、汽化，并使过量氨汽化，来达到未反应物与尿素的分离。为保证未转化物的全部分解，分解常分两段进行。第一段是将合成塔出来的熔融液减压到1.7～1.8MPa，温度保持在160℃左右，使过量氨汽化、未转化的甲铵作第一次分解，这一段称为中压分解。第二段是将压力再减到0.3MPa或接

近常压，温度保持在150℃左右，使甲铵作第二次分解，这一段称为低压分解。中压分解的量约占总量的85%～90%，因而它的工作好坏，将影响全系统的回收及技术经济指标。

从分解塔出来的分解气，主要含有氨、二氧化碳、水蒸气及少量惰性气体。甲铵水溶液循环法用溶剂来吸收 NH_3 和 CO_2，使之成为高浓度甲铵溶液循环回合成塔。吸收采用与分解过程相同的压力和相应的段数。

甲铵水溶液循环法尿素生产流程如图3-13所示。液氨由液氨泵加压至20MPa，送至液氨预热器预热到45～55℃后送入尿素合成塔底部。二氧化碳经压缩机压缩至20MPa，温度约125℃，也送入合成塔底部。同时送入合成塔底部的还有循环系统回收的甲铵-氨水溶液。上述三股物料在合成塔内充分混合并进行反应。二氧化碳约有62%转化为尿素。尿素合成塔出来的反应熔融物，经降压阀降至1.7MPa，进入中压分解塔，使过量氨及大部分甲铵分解为 NH_3 和 CO_2 分离出来。中压分解塔出来的溶液，再经一次减压，将压力减至0.2～0.3MPa，使残余的甲铵进一步分解与逸出。低压分解塔出来的溶液，含尿素约为75%，经二次蒸发浓缩，尿素浓缩到99.7%，然后进入造粒塔造粒。

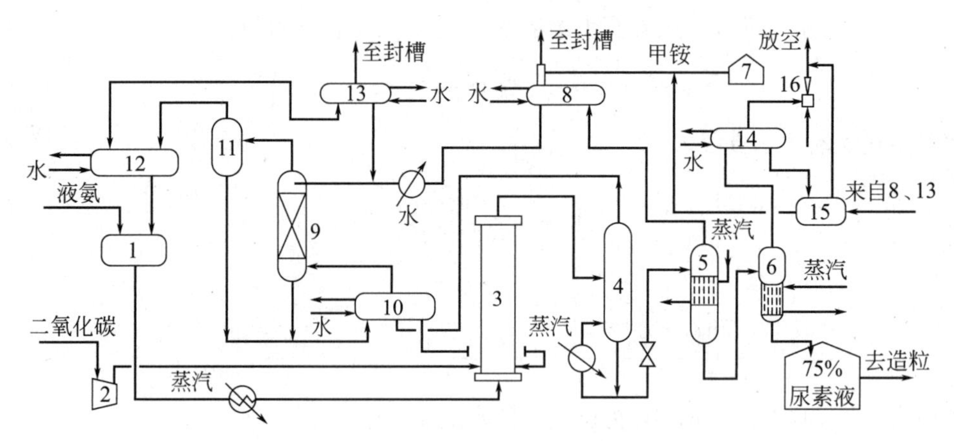

图3-13　甲铵水溶液循环法尿素生产流程

1—氨贮器；2—压缩机；3—尿素合成塔；4—中压分解塔；5—低压分解塔；6—浓缩器；
7—贮罐；8—冷却吸收器；9—中压吸收塔；10—冷却器；11—分离器；12—氨冷凝器；
13—冷却器；14—冷凝器；15—封槽；16—喷射泵

从低压分解塔出来的 NH_3 和 CO_2 在低压吸收塔用稀氨水吸收，吸收后的甲铵-氨水溶液送至中压吸收塔塔顶。从中压分解塔出来的 NH_3 和 CO_2 在中压吸收塔中被液氨吸收，塔底吸收液送入尿素合成塔。低压吸收塔及中压吸收塔塔顶出来的尾气，仍含有 NH_3，也经吸收来回收。

3.2.5.2　二氧化碳气提法生产工艺

合成反应液中甲铵分解的反应为

$$NH_4COONH_2(l) \rightleftharpoons 2NH_3(g) + CO_2(g) \tag{3-35}$$

式(3-35)是一个吸热、体积增大的可逆反应，只要能够供给热量，降低气相中 NH_3 和 CO_2 中某一组分分压，都可使反应向右进行，以达到分解甲铵的目的。二氧化碳气提法就是在保持与合成塔等压的条件下，在供热的同时采用降低气相中 NH_3 分压的办法来分解甲铵的。

气提过程是在气提塔内进行的，合成反应液从上而下在管内与新鲜的 CO_2 逆流接触，管外用蒸汽加热，使合成液中的甲铵进行气提分解。提高气提温度对气提有利，但为避免严重腐蚀和减少副反应的发生，气提的操作温度控制在20℃以下。加热管内温度为180℃左右。气提塔的液气比由尿素反应确定，因为流过气提塔的二氧化碳将全部用作合成反应原料。气提塔中的液气比约为4（质量比），液体在塔内的停留时间约为1min。

在二氧化碳气提法中，为了更有效地利用甲铵反应热和回收NH_3与CO_2，在合成塔前设置了一个高压甲铵冷凝器，这种流程实际上使尿素合成分两段完成：即液氨和气体二氧化碳生成甲铵的反应在高压冷凝器内进行，而甲铵脱水生成尿素在合成塔中进行。

二氧化碳气提法尿素生产流程如图3-14所示。从合成塔出来的溶液依靠重力流入气提塔。气提塔的结构为降膜列管式，温度控制在180～190℃，溶液在列管内壁呈膜状从塔顶流下，二氧化碳原料气从塔底进入，向上流动。从气提塔出来的氨和二氧化碳流入高压甲铵冷凝器的顶部，同时还送入液氮和稀甲铵循环溶液。在高压甲铵冷凝器中，大部分反应物生成甲铵，反应热用以副产低压蒸汽。从高压甲铵冷凝器底部流出的溶液返回合成塔。从气提塔出来的溶液，经减压进入低压分解系统（包括精馏塔、加热器和闪蒸罐）。分离出来的氮和二氧化碳再凝缩成稀甲铵溶液，返回高压系统。

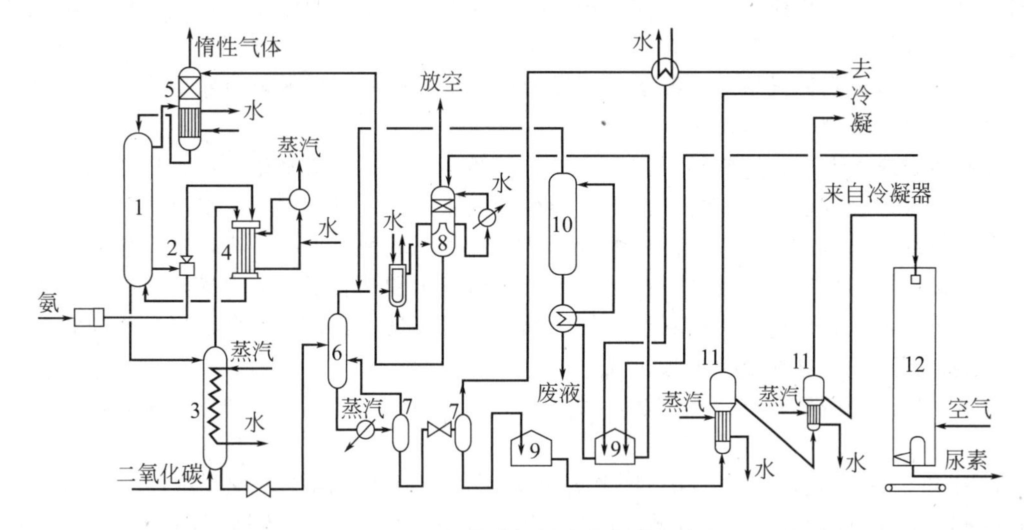

图3-14 二氧化碳气提法尿素生产流程

1—合成塔；2—喷射泵；3—气提塔；4—高压甲铵冷凝塔；5—洗涤器；6—精馏塔；
7—闪蒸罐；8—吸收器；9—贮罐；10—解吸塔；11—蒸发器；12—渣粒塔

从贮罐出来的尿素水溶液，经过两段蒸发，将尿素浓度提高到99.7%以上送去造粒。造粒过程是将熔融尿素喷成液滴，从造粒塔顶部下落，与空气逆流接触，液滴冷却并凝固，制成粒径为1～2.5mm的固体尿素颗粒。

与甲铵水溶液循环法相比，二氧化碳气提法具有以下优点：生产流程短，省略了中压分解吸收部分，从而省掉了操作条件苛刻、腐蚀严重的一段甲铵泵；整个流程中循环的物料量少，因而动力消耗低；热能利用率较高。但二氧化碳气提法的高压部分采用位差使液体物料自行流动，为保持一定位差，需要巨大的框架结构来支撑庞大的设备。

3.3 甲醇 >>>

3.3.1 概述

甲醇是易挥发和易燃的无色液体，略带乙醇香味的挥发性液体。熔点175.6K，沸点

337.8K。甲醇与水、乙醚、苯、酮以及大多数有机溶剂可按各种比例混溶，但不与水形成共沸物，因此可用分馏的方法来分离甲醇和水。甲醇能溶解多种树脂，因此是一种良好的溶剂，但不能溶解脂肪。甲醇具有很强的毒性，故操作场所空气中甲醇允许浓度为0.05mg/L，甲醇蒸气与空气能形成爆炸性混合物，爆炸极限为6.0%～36.5%。

甲醇是极为重要的有机化工原料，是碳一化学工业的基础产品，在国民经济中占有十分重要的意义。甲醇化工是许多工业国家竞相开发的一个十分重要的领域，它的研究与发展对于各国工业有着深远的影响。甲醇化工是碳一化学工业的一个分支。碳一化学工业是指以分子中含有一个碳原子的化合物（如 CO、CO_2、CH_4、CH_2O、CH_3OH、$HCOOH$、HCN 及其衍生体系）为原料，以有机合成化学和催化化学为手段制造有机化工产品的化学工业的总称。固体原料煤炭、液体原料石脑油和渣油、气体原料天然气和油田气等经部分氧化法或蒸汽转化法可制得合成气。合成气的主要成分是 CO 和 H_2。CO 加氢可制得甲醇，这就构成了碳一化工的基本原料。由于甲醇的生产工艺简单，反应条件温和，技术容易突破，甲醇系列产品有着广泛的用途。世界各国都把甲醇作为碳一化学工业的重要研究领域。现在甲醇已成为新一代能源的重要起始原料，生产一系列深度加工产品，并成为碳一化工的突破口。今后，在世界石油资源紧缺的情况下，以煤为原料生产甲醇，甲醇就有希望成为替代石油的洁净燃料、化工原料与二次能源。

在有机合成工业中，甲醇是仅次于乙烯、丙烯和芳烃的重要基础原料，广泛用于生产塑料、合成纤维、合成橡胶、农药、医药、染料和油漆工业。目前甲醇主要应用领域是生产甲醛，其用量约占总量的一半以上。甲醇也用作溶剂和萃取剂，近些年来，随着科学技术进一步发展，以甲醇为原料生产各种有机化工产品的新应用领域有了很大突破。甲醇合成蛋白质的产品已进入市场，以甲醇为原料生产烯烃和汽油已实现工业化。预期以甲醇为原料将合成出更多的化工产品，其地位会更加重要。

工业上生产甲醇曾有过许多方法，目前主要是采用合成气（$CO+H_2$）为原料的化学合成法。

1661年，英国波义耳（Boyle）首次从木材干馏的液体产品中发现了甲醇，木材干馏是制取甲醇最古老的方法，至今甲醇仍称木醇或木精。1834年，杜马（Dumas）和彼利哥（Peligot）制得甲醇纯品。1857年法国贝特洛（Berthelot）用一氯甲烷为原料水解制得甲醇。

化学合成法生产甲醇开始于1923年。德国巴登苯胺纯碱（BASF）公司首先建成了一套以 CO 和 H_2 为原料、年产300t的高压法甲醇合成装置，在全世界开拓了以合成气作为一种工业合成原料的生产史。从20世纪20年代到60年代中期，世界各国甲醇合成装置都用高压法，采用锌铬催化剂。

1966年，英国卜内门化学工业（ICI）公司研制成功低压甲醇合成铜基催化剂，并开发了低压甲醇合成工艺，简称ICI低压法，被世界上许多国家采用。1971年，德国鲁奇（Lurgi）公司开发了另一种低压甲醇合成工艺，简称Lurgi低压法。20世纪70年代以后，各国新建与改造的甲醇装置几乎全采用低压法。

合成甲醇的原料路线在几十年中经历了很大变化。20世纪50年代前，甲醇生产多以煤和焦炭为原料，采用固定床气化的方法生产水煤气作为甲醇原料气。50年代以来，天然气和石油资源得以大量开采，由于天然气便于输送，适合于加压操作，可降低甲醇装置的投资与成本，在蒸汽转化技术发展的基础上，以天然气为原料的甲醇生产流程被广泛采用，至今仍为甲醇生产的最主要原料。60年代后，重油部分氧化技术有了长足进步，以重油为原料的甲醇装置有所发展。估计今后在相当长一段时间中，国外的甲醇仍以烃类原料为主。从发展趋势来看，今后以煤炭为原料生产甲醇的比例会上升，这是因为从世界能源结构分析，固体燃料的贮藏量远多于液体与气体，而煤又不能直接用作汽车、柴油机的燃料，必须加工为甲醇才行。煤制甲醇作为液体燃料颇具吸引力，将成为其主要应用之一。由煤生成甲醇被称为煤的间接液化，是煤炭利用的重要方向。

我国甲醇工业始于20世纪50年代，兰州、吉林、太原由苏联援建了高压法锌铬催化剂甲醇生产技术。这三家企业至今保持着渣油常压制气和煤制气高压法生产甲醇的中型装置。60～70年代，上海吴泾化工厂先后自建了以焦炭和以石脑油为原料的甲醇装置，同时，南京化学工业公司研究院研制了联醇用中压铜基催化剂，推进了我国合成氨联产甲醇工业的发展。70～80年代，我国四川维尼纶厂从ICI公司引进了以乙炔尾气为原料的低压甲醇装置，山东齐鲁石化公司第二化肥厂从Lurgi公司引进了以渣油为原料的低压甲醇装置。80年代，上海吴泾等中型氮肥厂在高压下将锌铬催化剂改为使用铜基催化剂，同时，淮南化工总厂等许多联醇装置为增加效益，提高了生产中的醇/氨比，西南化工研究院开发了性能良好的低压甲醇催化剂，使甲醇生产技术有了新的进步。90年代，上海焦化厂“三联供”工程中年产20万吨低压甲醇装置的建设和一些省市年产（3～10)万吨低压甲醇装置的建设，以及许多氮肥厂联醇装置的投产，使我国甲醇生产跃上新的台阶。

3.3.2 甲醇合成反应原理

一氧化碳加氢可发生许多复杂的化学反应。

主反应

$$CO+2H_2 \rightleftharpoons CH_3OH \tag{3-36}$$

当反应物中有二氧化碳存在时，二氧化碳按下列反应生成甲醇

$$CO_2+H_2 \rightleftharpoons CO+H_2O \tag{3-37}$$

$$CO+2H_2 \rightleftharpoons CH_3OH \tag{3-38}$$

两步反应的总反应式为

$$CO_2+3H_2 \rightleftharpoons CH_3OH+H_2O \tag{3-39}$$

副反应又可分为平行副反应和连串副反应。

① 平行副反应

$$CO+3H_2 \rightleftharpoons CH_4+H_2O \tag{3-40}$$

$$2CO+2H_2 \rightleftharpoons CO_2+CH_4 \tag{3-41}$$

$$4CO+8H_2 \rightleftharpoons C_4H_9OH+3H_2O \tag{3-42}$$

$$2CO+4H_2 \rightleftharpoons C_2H_5OH+H_2O \tag{3-43}$$

当有金属铁、钴、镍等存在时，还可能发生生碳反应

$$2CO \longrightarrow CO_2+C \tag{3-44}$$

② 连串副反应

$$2CH_3OH \rightleftharpoons CH_3OCH_3+H_2O \tag{3-45}$$

$$CH_3OH+nCO+2nH_2 \rightleftharpoons C_nH_{2n+1}CH_2OH+nH_2O \tag{3-46}$$

$$CH_3OH+nCO+2(n-1)H_2 \rightleftharpoons C_nH_{2n+1}COOH+(n-1)H_2O \tag{3-47}$$

这些副反应的产物还可以进一步发生脱水、缩合、酰化或酮化等反应，生成烯烃类等副产物。当催化剂中含有碱类时，这些化合物的生成更快。

副反应不仅消耗原料，而且影响甲醇的质量和催化剂寿命。特别是生成甲烷的反应为强放热反应，不利于反应温度的操作控制，而且生成的甲烷不能随产品冷凝，甲烷在循环系统

中循环，更不利于主反应的化学平衡和反应速率。

一氧化碳加氢合成甲醇是放热反应，在 298K 时反应热效应 $\Delta H_{298}^{\ominus}=-90.8\mathrm{kJ/mol}$。在合成甲醇反应中，反应热效应不仅与温度有关，而且与反应压力有关。

加压下反应热效应的计算式为

$$\Delta H_{p}^{\ominus}=\Delta H_{T}^{\ominus}-2.235\times10^{5}p-134.4T^{-2}p \tag{3-48}$$

式中，$\Delta H_{p}^{\ominus}$ 为压力为 p、温度为 T 时的反应热效应，kJ/mol；$\Delta H_{T}^{\ominus}$ 为压力为常压、温度为 T 时的反应热效应，kJ/mol；p 为反应压力，kPa；T 为反应温度，K。

当反应压力为常压时，不同温度下的反应热效应可由下式计算

$$\Delta H_{T}^{\ominus}=-75.21-6.61\times10^{-2}T+5.07\times10^{-5}T^{2}-9.56\times10^{-9}T^{3} \tag{3-49}$$

利用上式计算出的各温度下的反应热效应列于表 3-6 中。

表 3-6　常压下甲醇合成反应在各温度下的反应热效应

T/K	373	473	513	573	623	673	773
$\Delta H_{T}^{\ominus}$/(kJ/mol)	−93.29	−96.14	−96.97	−98.24	−98.99	−99.65	−100.4

甲醇合成反应热效应与温度及压力的关系如图 3-15 所示。

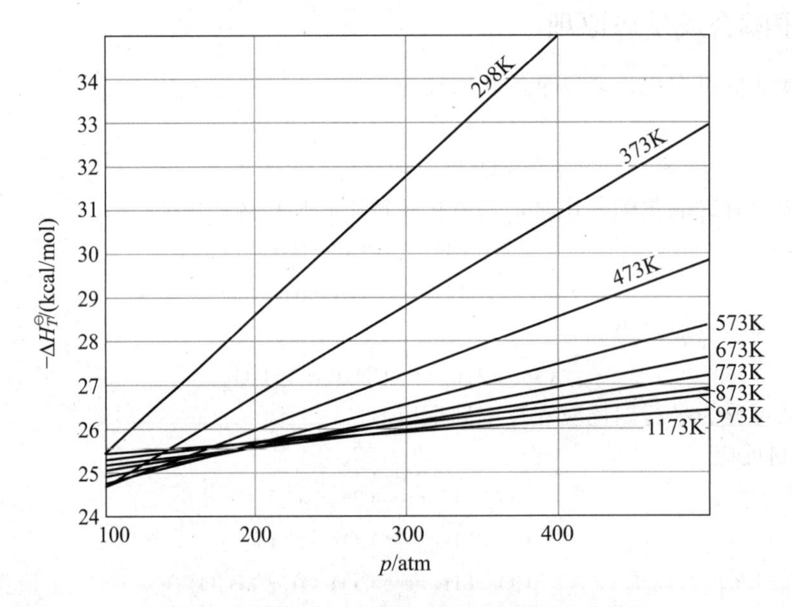

图 3-15　甲醇合成反应热效应与温度及压力的关系

(1kcal=4.1868kJ，1atm=0.1013MPa)

从图 3-15 可以看出，甲醇合成反应热效应的变化范围是比较大的。在高压下，温度低时反应热效应大；而且当反应温度低于 473K 时，其反应热效应随压力的变化幅度高于 473K 时，如图中 298K、373K 等温线比 473K 等温线的斜率大。所以，从反应热效应角度考虑，甲醇合成在低于 573K 条件下操作比在高温条件下操作要求严格，温度与压力波动时容易失控。而在压力为 20MPa 左右及温度为 573～673K 进行反应时，反应热效应随温度及压力变化很小，反应比较容易控制。

3.3.3　化学平衡常数和平衡组成

一氧化碳加氢合成甲醇是在一定温度和加压下进行的气固相催化反应。气体组分之间在

加压情况下建立化学平衡，其性质已经偏离了理想气体，因此，必须采用真实气体热力学函数式来计算化学平衡常数。即

$$K_f=\frac{f_{CH_3OH}}{f_{CO}f_{H_2}^2} \tag{3-50}$$

式中，K_f 为平衡常数；f 为逸度。

平衡常数与标准自由焓的关系如下

$$\Delta G_T^{\ominus}=-RT\ln K_f \tag{3-51}$$

式中，$\Delta G_T^{\ominus}$ 为标准自由焓，J/mol；T 为反应温度，K。

由式(3-51) 可以看出平衡常数只是温度的函数，当反应温度一定时，可以由 $\Delta G_T^{\ominus}$ 值直接求出 K_f 值。不同温度下的 $\Delta G_T^{\ominus}$ 与 K_f 值如表 3-7 所示。

表 3-7　甲醇合成反应的 $\Delta G_T^{\ominus}$ 与 K_f 值

温度/K	$\Delta G_T^{\ominus}$/(J/mol)	K_f	温度/K	$\Delta G_T^{\ominus}$/(J/mol)	K_f
273	−29917	527450	623	51906	4.458×10^{-4}
373	−7367	10.84	673	63958	1.091×10^{-5}
473	16166	1.695×10^{-2}	723	75967	3.265×10^{-6}
523	27926	1.629×10^{-3}	773	88002	1.134×10^{-6}
573	39892	3.316×10^{-4}			

平衡常数 K_f 与温度的关系也可以用式(3-52) 直接进行计算。

$$\lg K_f=-1921T^{-1}-7.971\lg T+2.499\times10^3T-2.953\times10^{-7}T^2+10.20 \tag{3-52}$$

上式计算值略高于表 3-7 数值。表 3-7 中 K_f 值与实测值基本符合。

由表 3-7 可以看出，随着温度升高，反应的自由焓 $\Delta G_T^{\ominus}$ 增大，平衡常数 K_f 变小，说明甲醇合成反应在低温下进行较为有利。

由气相反应平衡常数关系式可知

$$K_f=K_\gamma K_p=K_\gamma K_N p^{\Delta n} \tag{3-53}$$

式中，p 为总压；$\Delta n=-2$。

$$K_p=\frac{p_{CH_3OH}}{p_{CO}p_{H_2}^2} \tag{3-54}$$

式中，p_{CH_3OH}、p_{CO}、p_{H_2} 分别为 CH_3OH、CO 和 H_2 的分压。

$$K_N=\frac{N_{CH_3OH}}{N_{CO}N_{H_2}^2} \tag{3-55}$$

式中，N_{CH_3OH}、N_{CO}、N_{H_2} 分别为 CH_3OH、CO 和 H_2 的摩尔分数；

$$K_\gamma=\frac{\gamma_{CH_3OH}}{\gamma_{CO}\gamma_{H_2}^2} \tag{3-56}$$

式中，γ_{CH_3OH}、γ_{CO}、γ_{H_2} 分别为 CH_3OH、CO 和 H_2 的逸度系数。K_γ 值可根据温度和压力由图 3-16 查得。

根据式(3-52)～式(3-56) 计算结果如表 3-8 所示。由表中数据可以看出：在同一温度下，压力越大，K_N 值越大，即甲醇平衡产率越高；在同一压力下，温度越高，K_N 值越小，即甲醇平衡产率越低。所以，从热力学角度分析得知，低温高压对甲醇合成有利。如果反应温度高，则必须采用高压，才有足够的 K_N 值；降低反应温度，则所需压力就可相应降低。

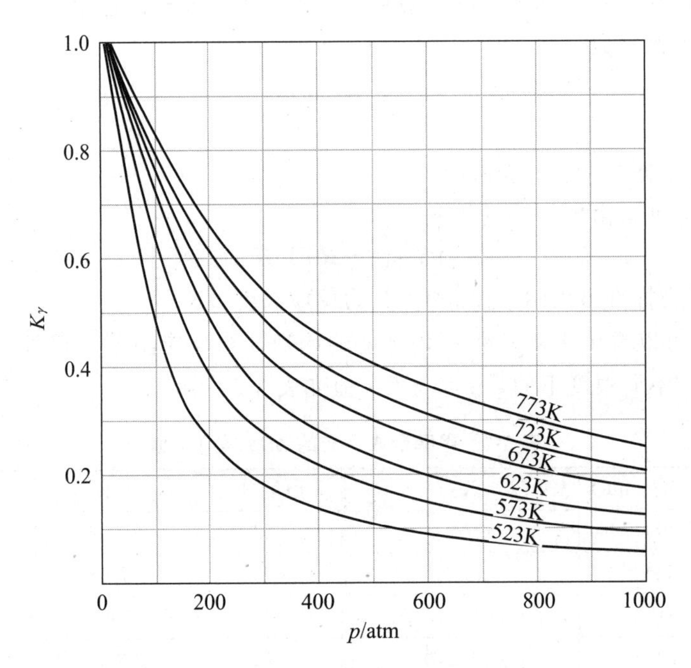

图 3-16 反应 $CO+2H_2 \longrightarrow CH_3OH$ 的 K_γ 值

（1atm＝0.1013MPa）

表 3-8 合成甲醇反应的平衡常数

T/K	p/MPa	γ_{CH_3OH}	γ_{CO}	γ_{H_2}	K_f	K_γ	K_p	K_N
473	10.0	0.52	1.04	1.05	1.909×10^{-2}	0.453	4.21×10^{-2}	4.02
	20.0	0.34	1.09	1.08		0.292	6.53×10^{-2}	26
	30.0	0.26	1.15	1.13		0.177	10.80×10^{-2}	97
	40.0	0.22	1.29	1.18		0.130	14.67×10^{-2}	234
573	10.0	0.76	1.04	1.04	2.42×10^{-4}	0.676	3.58×10^{-4}	3.58
	20.0	0.60	1.08	1.07		0.486	4.97×10^{-4}	19.9
	30.0	0.47	1.13	1.11		0.338	7.15×10^{-4}	64.4
	40.0	0.40	1.20	1.15		0.252	9.60×10^{-4}	153.6
673	10.0	0.88	1.04	1.04	1.079×10^{-5}	0.782	1.378×10^{-5}	0.14
	20.0	0.77	1.08	1.07		0.625	1.726×10^{-5}	0.69
	30.0	0.68	1.12	1.10		0.502	2.075×10^{-5}	1.87
	40.0	0.62	1.19	1.14		0.400	2.695×10^{-5}	4.13

为了进行比较，表 3-9 列出了一氧化碳加氢合成甲醇主反应和部分副反应在不同温度下的 $\Delta G_T^{\ominus}$ 值。从表中数据可以看出，在这些反应中，合成甲醇反应的标准自由焓最大，说明这些副反应在热力学上均比主反应有利。因此，必须采用能抑制副反应的选择性好的催化剂，才能进行甲醇合成反应。此外，由表 3-9 也可看出，各反应都是分子数减少的，主反应减少最多，其他副反应虽然也都是分子数减少的，但是小于主反应，所以增加反应压力对甲醇合成有利。

表 3-9 合成甲醇主、副反应的标准自由焓 $\Delta G_T^{\ominus}$ 单位：kJ/mol

反应	T/K				
	300	400	500	600	700
	$\Delta G_T^{\ominus}$				
$CO+2H_2 \longrightarrow CH_3OH$	−20.36	3.25	20.92	45.19	69.87
$2CO \longrightarrow CO_2+C$	−119.5	−101.7	−83.76	−65.81	−47.86
$CO+3H_2 \longrightarrow CH_4+H_2O$	−141.7	−119.49	96.27	−72.34	−47.86
$2CO+4H_2 \longrightarrow C_2H_4+2H_2O$	−113.9	−80.92	−46.44	−11.25	−24.69
$2CO+5H_2 \longrightarrow C_2H_6+2H_2O$	−214.7	−169.3	−112.1	−82.09	−24.56
$2CO+2H_2 \longrightarrow CH_4+CO_2$	−170.2	−143.8	−116.6	−88.78	−60.63

从上述热力学分析可知，甲醇合成的反应温度低，则所需操作压力也可以低，但温度低，反应速率太慢，要解决这一矛盾，关键在于催化剂。在20世纪60年代中期以前，由于所用催化剂的活性不高，反应需在653K左右的高温下进行，故所有甲醇生产装置均采用高压法（25～30MPa）：1966年英国卜内门化学工业公司成功研制了高活性的铜基催化剂，并开发了低压合成甲醇的新工艺，简称ICI法。1971年德国鲁奇（Lurgi）公司又开发了另一种低压合成甲醇的工艺，从此以后，世界上新建和扩建的甲醇厂均采用低压法合成甲醇工艺。以下重点讨论低压合成法。

3.3.4 催化剂

甲醇合成催化剂最早使用的是ZnO-Cr_2O_3二元催化剂。该催化剂活性较低，所需反应温度高（653～673K），为了提高平衡转化率，反应必须在高压下进行（称为高压法）。20世纪60年代中期开发成功的铜基催化剂，活性高、性能好，适宜的反应温度为493～543K，现在广泛应用于低压法甲醇合成。表3-10列出了两种低压法甲醇合成铜基催化剂的组成。

表 3-10 甲醇合成铜基催化剂的组成（质量分数） 单位：%

催化剂	组分				
	Cu	Zn	Cr	V	Mn
ICI 催化剂	90～25	8～60	2～30	—	—
Lurgi 催化剂	80～30	10～50	—	1～25	10～50

其实，在低压法甲醇合成工业化之前，人们早已知道铜基催化剂活性很高，但是解决不了的难题就是铜基催化剂对硫极为敏感，易中毒失活，热稳定性较差。随着研究工作的进行，含铜催化剂的性能大大改进，更主要的是找到了高效脱硫剂，并且改进了甲醇合成塔结构，使得反应温度能够严格控制，从而延长了铜基催化剂的使用寿命。这样，采用铜基催化剂的低压法甲醇合成才实现了工业化。

铜基催化剂的活性与铜含量有关，实验表明：铜含量增加则活性增加，但耐热性和抗毒（硫）性下降。铜含量降低，使用寿命延长。我国目前使用的C_{301}型铜基催化剂为CuO-ZnO-Al_2O_3三元催化剂，其大致组成为（质量分数）：Cu 45%～55%、ZnO 25%～35%、Al_2O_3 2%～6%。

铜基催化剂一般采用共沉淀法制备，即将多组分的硝酸盐或醋酸盐溶液共沉淀制备。沉淀时要控制溶液的pH，然后仔细清洗沉淀物并烘干，再在473～673K下煅烧，将煅烧后的物料磨粉成型即得。

3.3.5 甲醇合成工艺条件

为了减少副反应，提高收率，除了选择适当的催化剂外，选择适宜的工艺条件也非常重要，工艺条件主要有温度、压力、空速和原料气组成等。

3.3.5.1 反应温度

合成甲醇反应是一个可逆放热反应，反应速率随温度的变化有一最大值，此最大值对应的温度即为最适宜反应温度。

实际生产中的操作温度取决于一系列因素，如催化剂、温度、压力、原料气组成、空间速度和设备使用情况等，尤其取决于催化剂的活性温度。由于催化剂的活性不同，最适宜的反应温度也不同。对 $ZnO\text{-}Cr_2O_3$ 催化剂，最适宜温度为 653K 左右；而对 $CuO\text{-}ZnO\text{-}Al_2O_3$ 催化剂，最适宜温度为 503～543K。

最适宜温度与转化深度及催化剂的老化程度也有关，一般为了使催化剂有较长的寿命，反应初期宜采用较低温度，使用一定时间后再升至适宜温度。其后随催化剂老化程度的增加，反应温度也需相应提高。由于合成甲醇是放热反应，反应热必须及时移除，否则易使催化剂温升过高，不仅会导致副反应（主要是高级醇的生成）增加，而且会使催化剂因发生熔结现象而活性下降。尤其是使用铜基催化剂时，由于其热稳定性较差，严格控制反应温度显得极其重要。

3.3.5.2 反应压力

一氧化碳加氢合成甲醇的主反应与副反应相比，是物质的量（mol）减少最多、而平衡常数最小的反应，因此增加压力对提高甲醇的平衡浓度和加快主反应速率都是有利的。在铜基催化剂作用下，当空速为 $3000h^{-1}$ 时，不同压力下甲醇生成量的关系如图 3-17 所示。

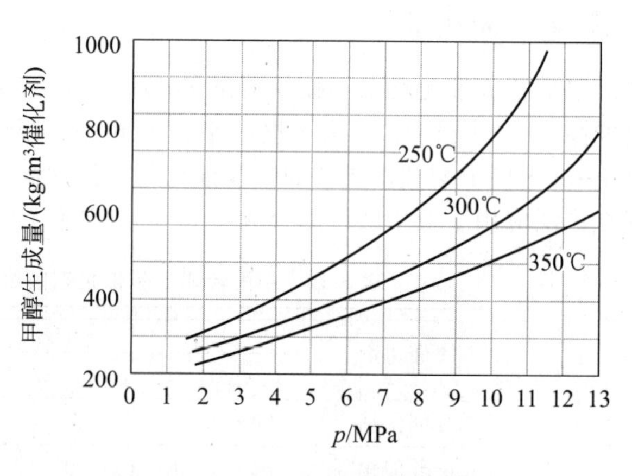

图 3-17 合成压力与甲醇生成量的关系

由图 3-17 可以看出，反应压力越高，甲醇生成量越多。但是增加压力要消耗能量，而且还受设备强度限制，因此需要综合各项因素确定合理的操作压力。用 $ZnO\text{-}Cr_2O_3$ 催化剂时，反应温度高，由于受平衡限制，必须采用高压，以提高其推动力。而采用铜基催化剂时，由于其活性高，反应温度较低，反应压力也可相应降至5～10MPa。

3.3.5.3 原料气组成

甲醇合成反应原料气的化学计量比为 H_2 ∶ CO＝2 ∶ 1。但生产实践证明，一氧化碳含量高不好，不仅对温度控制不利，而且会引起羰基铁在催化剂上的积聚，使催化剂失去活性。故一般采用氢过量。氢过量可以抑制高级醇、高级烃和还原性物质的生成，提高粗甲醇的浓度和纯度。同时，过量的氢可以起到稀释作用，且因氢的导热性能好，有利于防止局部过热和控制整个催化剂床层的温度。

原料气中氢气和一氧化碳的比例对一氧化碳生成甲醇的转化率也有较大影响，其影响关系如图 3-18 所示。从图中可以看出，增加氢的浓度，可以提高一氧化碳的转化率。但是，氢过量太多会降低反应设备的生产能力。工业生产上采用铜基催化剂的低压法甲醇合成，一般控制氢气与一氧化碳的摩尔比为（2.2～3.0）∶1。

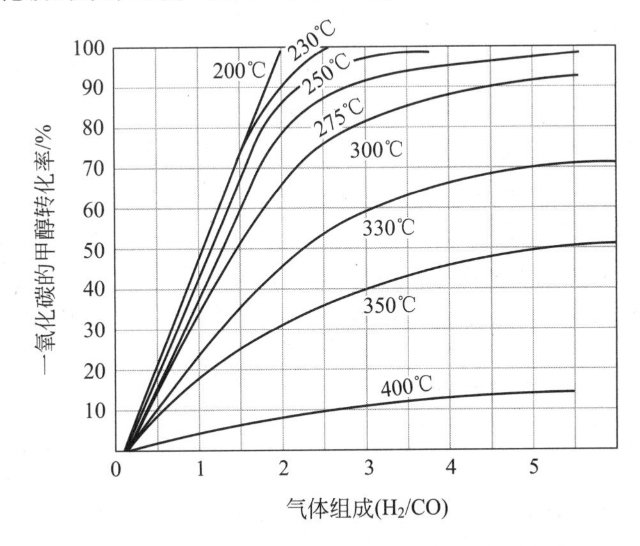

图 3-18　合成气中气体组成（H_2/CO）与一氧化碳生成甲醇转化率的关系

由于二氧化碳的比热容较一氧化碳为高，其加氢反应热效应却较小，故原料气中有一定含量二氧化碳时，可以降低反应峰值温度。对于低压法合成甲醇，二氧化碳体积分数为 5% 时甲醇收率最好。此外，二氧化碳的存在也可抑制二甲醚的生成。

原料气中有氮及甲烷等惰性物存在时，氢气及一氧化碳的分压降低，转化率下降。由于合成甲醇空速大，接触时间短，单程转化率低，因此反应气体中仍有大量未转化的氢气及一氧化碳，必须循环利用。为了避免惰性气体的积累，必须将部分循环气从反应系统中排出，以使反应系统中惰性气体含量保持在一定浓度范围。工业生产上一般循环气量为新鲜原料气量的 3.5～6 倍。

3.3.5.4　空间速度

空间速度的大小影响甲醇合成反应的选择性和转化率。表 3-11 列出了在铜基催化剂上转化率、生产能力随空间速度变化的实际数据。

表 3-11　铜基催化剂上空间速度与转化率、生产能力的关系

空间速度/h^{-1}	CO 转化率/%	粗甲醇产量/[m^3/(m^3 催化剂·h)]
20000	50.1	25.8
30000	41.5	26.1

从表 3-11 中的数据可以看出，增加空速在一定程度上意味着增加甲醇产量。另外，增加空速有利于反应热的移出，防止催化剂过热。但空速太高，转化率降低，导致循环气量增加，从而增加能量消耗。同时，空速过高会增加分离设备和换热设备负荷，引起甲醇分离效果降低；甚至由于带出热量太多，造成合成塔内的催化剂温度难以控制在正常范围。适宜的空间速度与催化剂的活性、反应温度及进塔气体的组成有关。采用铜基催化剂的低压法甲醇合成，工业生产上一般控制空间速度为10000～20000h^{-1}。

3.3.6　甲醇合成反应器

甲醇合成反应器是甲醇合成系统最重要的设备，亦称甲醇转化器或甲醇合成塔。

3.3.6.1 工艺对甲醇合成反应器的要求

① 甲醇合成是放热反应，因此，合成反应器的结构应能保证在反应过程中及时将反应放出的热量移出，以保持反应温度尽量接近理想温度分布。

② 甲醇合成是在催化剂作用下进行，生产能力与催化剂的装填量成正比，所以要充分利用合成塔的容积，尽量多装催化剂，以提高设备的生产能力。

③ 高空速能获得高产率，但气体通过催化剂床层的压力降必然会增加，因此应使合成塔的流体阻力尽可能小，避免局部阻力过大的结构。同时，要求合成反应器结构必须简单、紧凑、坚固、气密性好，便于拆卸、检修。

④ 尽量组织热量交换，充分利用反应余热，降低能耗。

⑤ 合成反应器应能防止氢、一氧化碳、甲醇、有机酸及羰基物在高温下对设备的腐蚀。

⑥ 应便于操作控制和工艺参数调节。

3.3.6.2 合成反应器的结构

甲醇合成反应器的结构型式较多，根据反应热移出方式不同，可分为绝热式和等温式两大类；按照冷却方式不同，可分为直接冷却的冷激式和间接冷却的列管式两大类。以下介绍低压法合成甲醇所采用的冷激式和列管式两种反应器。

(1) 冷激式绝热反应器 这类反应器把反应床层分为若干绝热段，段间直接加入冷的原料气使反应气冷却，故称为冷激式绝热反应器。图 3-19 是冷激式绝热反应器的结构示意图，反应器主要由塔体、气体喷头、气体进出口、催化剂装卸口等组成。催化剂由惰性材料支撑，分成数段。反应气体由上部进入反应器，冷激气在段间经喷嘴喷入，喷嘴分布于反应器的整个截面上，以便冷激气与反应气混合均匀。混合后的温度正好是反应温度低限，混合气进入下一段床层进行反应。段中进行的反应为绝热反应，释放的反应热使反应气体温度升高，但未超过反应温度高限，于下一段间再与冷激气混合降温后进入再下一段床层进行反应。

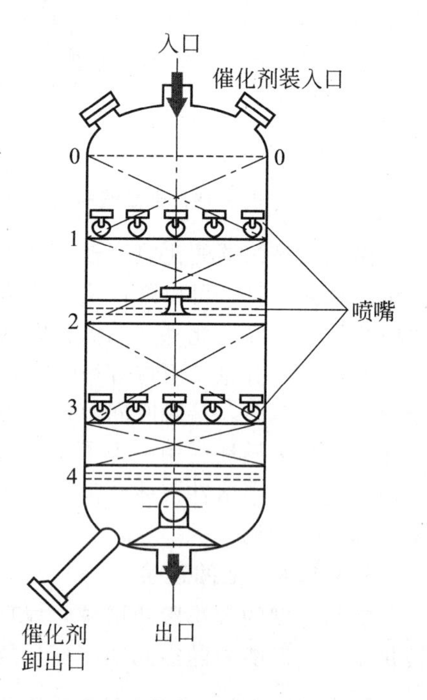

图 3-19 冷激式绝热反应器结构示意图

冷激式绝热反应器在反应过程中流量不断增大，各段反应条件略有差异，气体的组成和空速都不一样。这类反应器的特点是：结构简单，催化剂装填方便，生产能力大，但要有效控制反应温度，避免过热现象发生，冷激气和反应气的混合及均匀分布是关键。冷激式绝热反应器的温度分布如图 3-20 所示。

(2) 列管式等温反应器 该类反应类似于列管式换热器，其结构示意如图 3-21 所示。催化剂装填于列管中，壳程走冷却水（锅炉给水）。反应热由管外锅炉给水带走，同时产生高压蒸汽。通过蒸汽压力调节，可以方便地控制反应器内反应温度，使其沿管长温度几乎不变，避免了催化剂的过热，延长了催化剂的使用寿命。

列管式等温反应器的优点是温度易于控制，单程转化率较高，循环气量小，能量利用较经济，反应器生产能力大，设备结构紧凑。

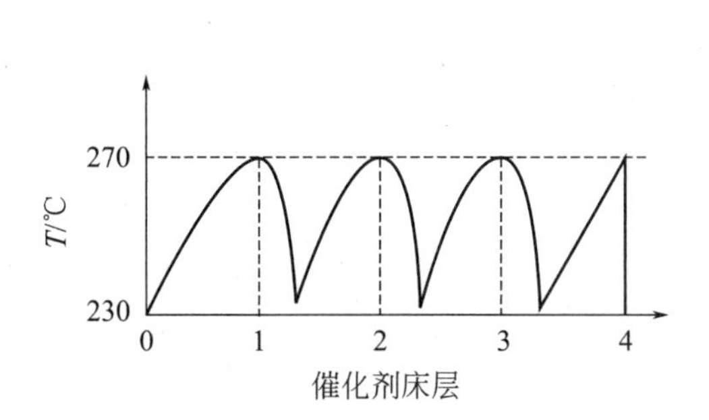

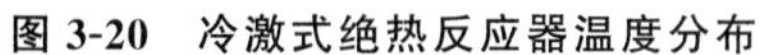
图 3-20　冷激式绝热反应器温度分布

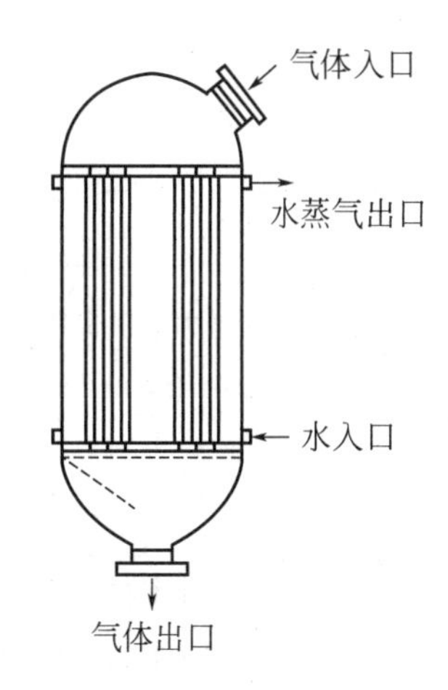

图 3-21　低压法合成甲醇列管式等温反应器

3.3.6.3　反应器材质

合成气中含有氢和一氧化碳，氢气在高温高压下会和钢材发生脱碳反应（即氢分子扩散到金属内部，和金属材料中的碳发生反应生成甲烷），会大大降低钢材的性能。一氧化碳在高温高压下易和铁发生作用生成五羰基铁，引起设备的腐蚀，对催化剂也有一定的破坏作用。为防止反应器被腐蚀，保护反应器机械强度，一般采用耐腐蚀的特种不锈钢（如1Cr18Ni18Ti）加工制造。

3.3.7　工艺流程

由于低压法甲醇合成技术经济指标先进，现在世界各国甲醇合成已广泛采用了低压合成法，所以本节主要介绍低压法甲醇合成工艺流程。

3.3.7.1　低压法甲醇合成的工艺流程

低压法甲醇合成的工艺流程如图 3-22 所示。

这是目前各生产厂家普遍采用的工艺流程。由制气、压缩、合成、精制四大部分组成，此处主要讨论压缩、合成、精制部分。

天然气经水蒸气转化（或部分氧化）后得到的合成气，经换热脱硫［含硫（体积分数）小于 5×10^{-7}］、水冷却分出冷凝水后，进入合成压缩机（三段），压缩至压力略低于5MPa，与循环气混合后在循环气压缩机 9 中增压至 5MPa，进入合成反应器（甲醇合成塔）10，在催化床层中进行合成反应。合成反应器为冷激式绝热反应器，催化剂为铜基催化剂，操作压力为 5MPa，操作温度为 513～543K。由反应器出来的气体含甲醇 6%～8%，经热交换器 11 与合成气交换后进入水冷器 12，使产物甲醇冷凝。然后在甲醇分离器 13 中将液态的甲醇与气体分离，再经闪蒸除去溶解的气体，得到反应产物粗甲醇送精制。甲醇分离器分出的气体含大量的氢和一氧化碳，返回循环气压缩机 9 循环使用。为防止惰性气体积累，将部分循环气放空。

粗甲醇中除含有约 8%的甲醇外，还含有两大类杂质。一类是溶于其中的气体和易挥发的轻组分，如氢气、一氧化碳、二氧化碳、二甲醚、乙醛、丙酮、甲酸甲酯和碳基铁等。另一类是难挥发的重组分，如乙醇、高级醇、水分等。可利用两个塔予以精制。

粗甲醇首先进入第一个塔 16（称为脱轻组分塔），塔顶分出轻组分，经冷凝后回收其中所含甲醇，不凝气放空。此塔一般为板式塔，约含 40～50 块塔板。塔釜液进入第二个塔 20

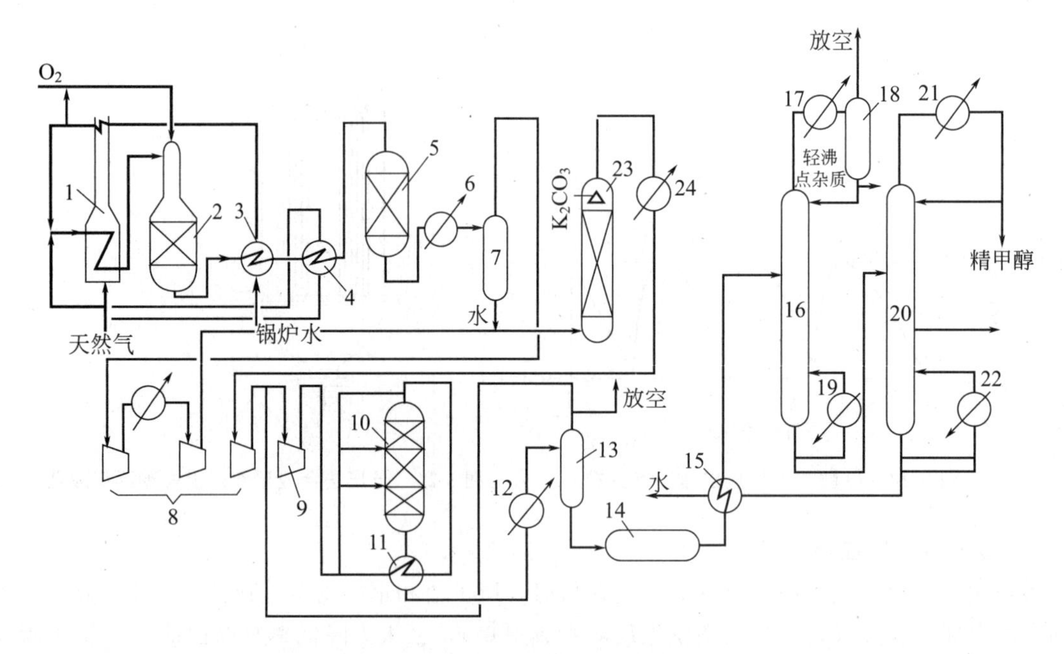

图 3-22　低压法甲醇合成的工艺流程

1— 加热炉；2—转化器；3—废热锅炉；4—加热器；5—脱硫器；6,12,17,21,24—水冷器；
7—气液分离器；8—合成气压缩机；9—循环气压缩机；10—甲醇合成塔；11,15—热交换器；
13—甲醇分离器；14—粗甲醇中间槽；16—脱轻组分塔；18—分离器；
19,22—再沸器；20—甲醇精馏塔；23—CO_2 吸收塔

（称为甲醇精馏塔或脱重组分塔），塔顶采出产品甲醇。重组分乙醇、高级醇等杂醇油在塔的加料板下 6～14 块板处侧线气相采出，水由塔釜分出，经回收余热后送废水处理，甲醇精馏塔含 60～70 块塔板。

由于低压法合成的甲醇杂质含量少，净化比较容易，利用双塔精制流程，便可以获得纯度（质量分数）高达 99.85％的精制产品甲醇。

3.3.7.2　三相流化床反应器合成甲醇的工艺流程

三相流化床反应器合成甲醇的工艺流程是近年来开始试验研究的，该工艺流程单程转化率高，出口气体中甲醇含量（体积分数）可达 15％～20％，可大大减少循环气含量，节省动力消耗，三相流化床反应器结构简单，可利用小颗粒催化剂，温度易于控制。缺点是气、液、固三相互相夹带，不利于分离，以及有可能造成设备堵塞等，目前尚处于试验阶段。

三相流化床反应器合成甲醇的工艺流程如图 3-23 所示。

合成气由反应器底部进入，液态烃也由底部进入反应器。反应器为一空塔，塔内用液态惰性烃进行循环，催化剂悬浮于液态惰性烃中。塔上部有一溢流堰，用于液态惰性烃溢流。合成气入塔后形成固、液、气三相流，在三相流中进行合成反应，反应热被液态惰性烃吸收。固、液、气三相物料在反应器顶部分离，固体催化剂留在反应器内。液态惰性烃经溢流堰流出，经热交换器加热锅炉给水，产生蒸汽，回收反应热；反应气体从反应器顶部出来，经冷却、冷凝后分离出蒸发的惰性烃和粗甲醇，惰性烃返回反应器，粗甲醇送去精制。不凝气中还含有大量氢气和一氧化碳，部分排放以维持反应气中惰性气体不积累增加，其余气体作为循环气经增压后返回反应器。

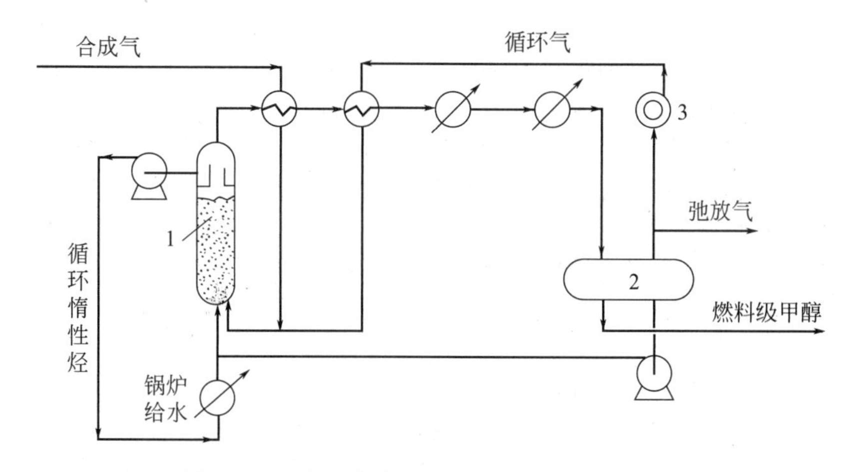

图 3-23 三相流化床反应器合成甲醇的工艺流程

1—三相流化床甲醇合成塔；2—气液分离器；3—循环气压缩机

3.4 费-托合成 >>>

3.4.1 概述

费-托合成是以合成气（$CO+H_2$）为原料，生产各种烃类以及含氧化合物，它是煤液化的主要方法之一。1923 年，德国 Kaiser Wilhelm 煤炭研究所的 F. Fischer 和 H. Tropsch 两人利用碱性铁屑作催化剂，在温度 400～455℃、压力 10～15MPa 条件下，用一氧化碳和氢气反应生成烃类化合物与含氧化合物的混合液体，当压力降低至 0.7MPa 时，主要产品是烷烃和烯烃。1925～1926 年这两人又使用铁或钴催化剂，在常压和 250～300℃温度下得到几乎不含有含氧化合物的烃类产品。此后，人们就把合成气（$CO+H_2$）在铁或钴催化剂作用下合成为烃类或醇类燃料（合成油）的方法称为费-托（F-T）合成法。第二次世界大战期间，德国曾建有 9 座合成油生产厂，生产规模合计有 59.1 万吨/年，此外，日本有 4 套、法国有 1 套、中国有 1 套合成油生产装置。当时全世界总的合成油年生产能力超过了 100 万吨。

第二次世界大战结束至 20 世纪 50 年代，一些国家都曾建有合成油的试验厂，研究开发工作仍有所发展。先是 Kolbel 等开发了浆态床 F-T 合成，之后美国的碳氢化合物公司（HRI）研究出流化床反应器。

到 20 世纪 50 年代中期，由于廉价石油和天然气的大量供应，费-托合成研究工作受到影响。例外的是南非联邦，由于不产石油，进口石油较难，在 1956 年建成了利用煤制合成气的费-托合成大工业装置，Sasol 公司［南非煤、油及煤气公司（South African Coal，Oil and Gas Corp.）］用铁催化剂，采用固定床反应器、中压合成法。相继发展了铁粉催化剂、气流床反应器、内压合成法。至 1980 年建成 Sasol-Ⅱ，1984 年又建成 Sasol-Ⅲ。

关于费-托合成催化剂的研究，在联邦德国（西德）、南非和苏联都进行了许多工作。舒尔茨（Schulz）教授完成许多工作和著述。

目前国际上仅有南非 Sasol 公司和荷兰 Shell 公司实现了以费-托合成为核心的煤制油或天然气制油的工业化。Sasol 公司在南非的煤制油产能达 750 万吨/年，主要采用高温流化床合成工艺（铁催化剂，300～340℃）和低温浆态床合成工艺（铁/钴催化剂，200～250℃），

2008年在卡塔尔建成了140万吨/年天然气制油装置，采用低温钴基浆态床工艺。Shell公司采用低温固定床合成工艺（钴催化剂，190～220℃）在马来西亚建成一套75万吨/年天然气制油装置，2012年在卡塔尔建成了600万吨/年天然气制油装置。

费-托合成除了能获得主要产品汽油之外，还能合成一些重要的基本化学原料，例如乙烯、丙烯、丁烯以及用于生产洗涤剂的α烯烃或乙醇及一定链长的其他醇类。

费-托合成流程框图见图3-24。在气化过程中，由煤或焦炭生产合成气，气化剂是氧和水蒸气。在煤气加工过程和净化过程中，调整H_2/CO原子比，并脱去硫。在合成反应过程中，由于反应放热，可产生大量蒸汽。合成产物经过分离、洗涤、冷却、精制得到各种产品。

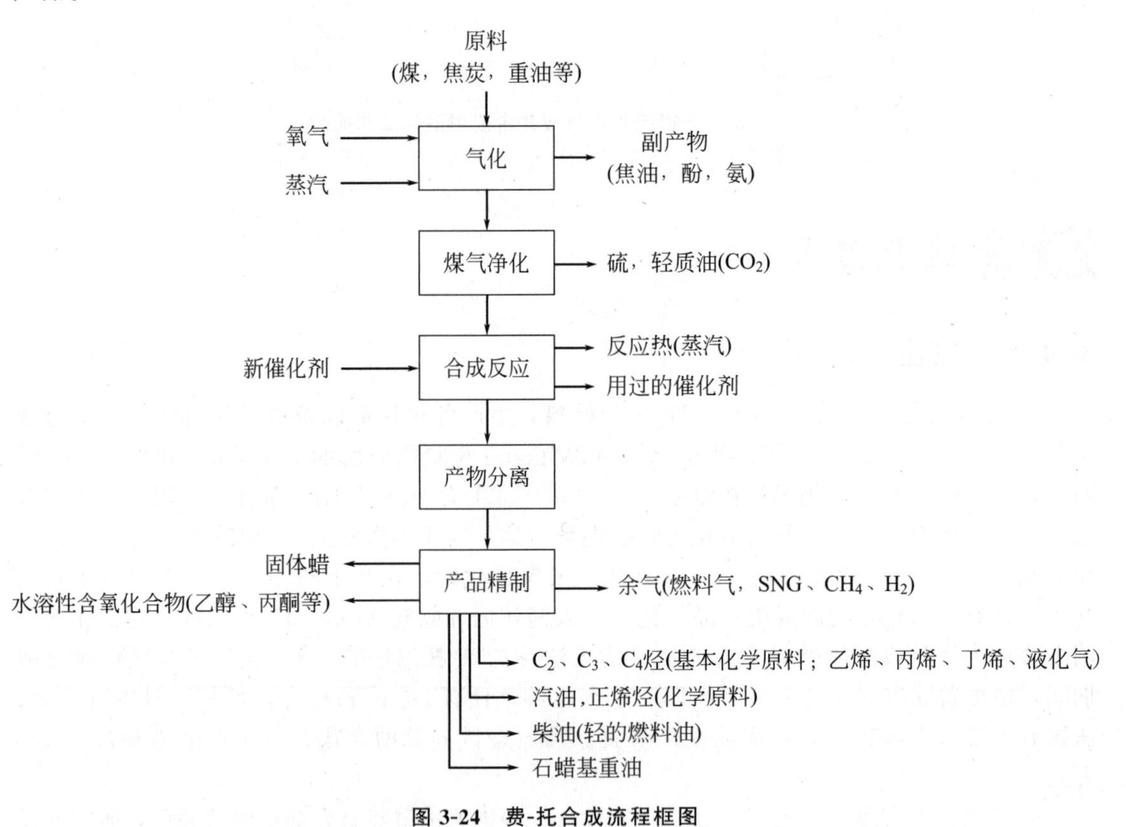

图3-24 费-托合成流程框图

3.4.2 费-托合成原理

3.4.2.1 化学反应

费-托合成基本反应是由一氧化碳加氢生成脂肪烃

$$nCO + 2nH_2 \longrightarrow \left[CH_2\right]_n + nH_2O \quad \Delta H = -158kJ/mol\ CH_2(250℃) \tag{3-57}$$

工业上用铁作催化剂。基于最佳选择性要求，反应过程应该在等温下进行，为此要有效地移出反应热。所有合成方法都是基于这些基本要求进行设计和运行的。

在催化剂作用下，生成的水蒸气与未反应的一氧化碳进行下述反应

$$CO + H_2O \longrightarrow CO_2 + H_2 \quad \Delta H = -39.5kJ/mol\ CH_2(250℃) \tag{3-58}$$

H_2和CO_2过剩，CO量少但反应还是不可逆的，在用铁催化剂时，观察到CO_2的生成。每生成1个—CH_2—基团，将耗用3mol($CO+H_2$)

$$\left.\begin{aligned}
CO+2H_2 &\longrightarrow -CH_2-+H_2O & \Delta H &= -158kJ/mol\ CH_2(250℃)\\
2CO+H_2 &\longrightarrow -CH_2-+CO_2 & \Delta H &= -198kJ/mol\ CH_2(250℃)\\
3CO+H_2O &\longrightarrow -CH_2-+2CO_2 & \Delta H &= -273kJ/mol\ CH_2(250℃)\\
CO_2+3H_2 &\longrightarrow -CH_2-+2H_2O & \Delta H &= -119kJ/mol\ CH_2(250℃)
\end{aligned}\right\} \quad (3\text{-}59)$$

上述反应表明，合成气转化反应，即 $CO+H_2$ 的转化反应，由于 H_2/CO 比不同，可以发生不同的反应。

在大多数情况下，反应产物主要是烷烃和烯烃，根据链消失和链增长的相对速度差异，生成了不同链长的分子，其范围较大。甲烷是高温出现的产物。合成可以控制含氧化合物的生成量，如醇类、醛类、酮类以及少量酸和酯。在现在技术条件下，仅含氧化合物是副产物，其含量已达尽可能低的程度。当提高反应温度时（在沸腾床和气流床）也发现脂环族和芳香族化合物，它是继续反应的二次产物。

合成气按化学计量转化成—CH_2—和 H_2O，其中主要产品 C_3^+（C_3 及其以上烃类）产量，$1m^3$ 合成气可达 209g。

费-托合成的重要过程参数，除了催化剂性质之外，还有温度、总压力、合成气的 H_2/CO 比、空速、循环比和单程转化率。一方面要反应速率高；另一方面要在最佳选择性和催化剂稳定性好的条件下操作，达到经济性好的要求，因此确定好过程参数是重要的。

3.4.2.2　催化剂

费-托合成用的催化剂，主要有铁、钴、镍、钌。目前只是铁用于工业生产。这些金属有加氢活性，是由于它们能形成金属羰基复合物，对于硫中毒较敏感。一氧化碳加氢时不同催化剂的最佳反应温度与压力的关系，见图 3-25。在低温高压下形成挥发性金属羰基化物；在高温低压下形成甲烷。镍催化剂的最佳条件是在 0.1MPa，170～190℃；钴催化剂是在 0.1～2MPa，170～190℃；钌催化剂是在10～100MPa，110～150℃；而铁催化剂是在 1～3MPa，200～350℃。

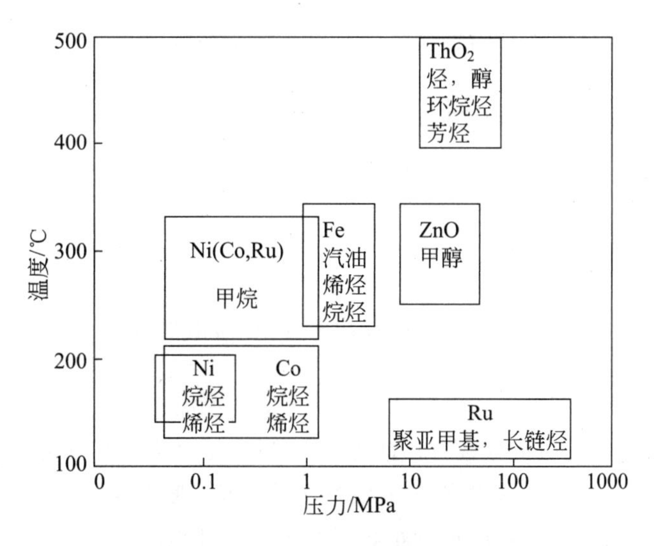

图 3-25　一氧化碳加氢时不同催化剂的最佳反应温度与压力的关系

CO 和 H_2 在 ThO_2 上或 ZnO/Al_2O_3 上的转化，条件比较苛刻（如在 450℃，50MPa），是沿着另一条反应机理生成比较轻的烃化合物。这些氧化性催化剂对硫不敏感。图 3-25 也包括高压法合成甲醇用氧化性催化剂。

锰和钒的氧化物与铁共用作催化剂，具有合成低分子烯烃的良好选择性。锰的加氢活性较低，所以得到产物的烯烃量比烷烃高。

活性很好的铁催化剂，固定床中压合成反应温度比较低，为220～240℃。铁催化剂加钾（如K_2CO_3）活化，通过结构提高比表面积和温度稳定性，以及加入助催化剂，并载在载体上。载体可以是Al_2O_3、CaO、MgO、SiO_2硅胶。它的制造方法为：首先由水溶性铁盐溶液沉淀，沉淀的铁盐进行干燥，再用氢气还原制得催化剂。对于合成低分子量产品，在较高温度（320～340℃）进行反应。在沸腾床或气流床所用的催化剂，是通过磁铁矿与助熔剂熔化，然后用氢进行还原制成。它的活性较小，而强度高。在反应条件下，铁分解成氧化物（Fe_3O_4）和各种碳化物（Fe_3C，Fe_2C，FeC）。在气流床中催化剂在操作末期失活是由于形成了富碳的铁碳结合体（FeC）和析出了游离碳。

因为催化剂上析出来自一氧化碳的游离碳，有害于催化剂，并且反应是不可逆的，所以析出碳是生成一定产品选择性控制的极限条件。利用富一氧化碳气体在高温下操作，有利于生成低的烯烃类，故而受到限制。

碱性助催化剂，有利于生成高级烯烃、含氧化合物和在催化剂上析出碳。铁催化剂一个明显的特点是反应温度较高（220～350℃），在此温度区间可进行F-T反应，与镍、钴或钌相比，它表现出对C—C键裂开的氢解活性较小。

与铁催化剂相反，用钴和镍催化剂，稍微提高温度，则强烈地增高甲烷生成量，标准组成为100Ni-18ThO_2-100硅胶、100Co-18ThO_2-100硅胶、100Co-5ThO_2-8Mg-200硅胶。所用硅胶是一定产地的堆密度小的产品。二氧化钍的作用是结构助催化剂，特别是高温（350～400℃）还原反应，使得细粉金属分散相稳定化。加入碱末改善镍和钴催化剂，在合成压力超过0.1MPa能形成挥发性的四碳化镍。

在一般条件下，在镍和钴催化剂上合成产品主要是脂肪烃。当用碱性铁时，产品偏向于烯烃。

用钌催化剂，在较高的合成压力（大于10MPa）和较低的温度下，由CO和H_2合成长链脂肪烃。细分散的钌是活性好的催化剂。在低压和较高温度下，钌也表现出对一氧化碳加氢活性好，产品中几乎不含甲烷。

金属钌用化学的和结构助促化剂，能基本活化。对于聚亚甲基合成，钌分散得越细，还原得越完全，活性越好。未完全还原的催化剂不形成可溶的碳化钌化合物，它对聚亚甲基合成不起作用。

3.4.2.3 反应动力学

关于费-托合成反应机理，多注意在产物的碳数分布。一个简单机理认为，产物异构物及烃的碳数仅由一个链增长率决定，由此导出舒尔茨-弗洛里（Schulz-Flory）分布律，提出如下公式

$$\lg(M_i/I)=\lg(\ln^2\alpha)+I\lg\alpha \tag{3-60}$$

式中，M_i为i碳数烃质量分数；I为烃的含碳数；α为每个烃链增长率。

式(3-60)表明$\lg(M_i/I)$对碳数I成线性关系，$\lg\alpha$是直线斜率，$\lg(\ln^2\alpha)$是当$I=0$时的直线截距。当α值增加时，产物分布趋向于重烃。舒尔茨-弗洛里分布律不适用于C_1和C_2，只适用C_{3+}的分布。

因为费-托合成反应，催化剂的影响特大，如催化剂的成分、预处理、活化以及寿命等。此外，动力学也受合成气组成、反应条件以及通过催化剂的流动状态的影响。即费-托反应复杂，有大量变数，反应机理众说不一，所以现在还没有一个普遍方程描述其宏

观动力学。

在限定条件下，有一些动力学研究结果，给出了不同催化剂和过程的反应速率方程。

对钴催化剂，有式(3-61) 所示关系

$$r=kp_{H_2}^2/p_{CO} \tag{3-61}$$

式(3-61) 表观活化能为 87.9kJ/mol。当 $H_2/CO=2$ 时，在中等压力条件下，用钴催化剂时，有人介绍式(3-62)

$$r=kp_{H_2}^2 p_{CO}/(1+Kp_{H_2}^2 p_{CO}) \tag{3-62}$$

式中，r 为产物生成速率；k 为与脱附速率有关的值，cm^3 催化剂/$(h \cdot cm^3)$；K 为与产物吸附热有关的值，atm^{-3}(1atm=101325Pa)。

式(3-62) 表观活化能为 100kJ/mol。

对于熔铁催化剂，当 $H_2/CO=1$ 时，提出下述动力学式

$$\ln(1-x)=-kp\exp[-E/(RT)]/(SV) \tag{3-63}$$

式中，x 为 H_2+CO 的转化率；SV 为容积空速，h^{-1}；E 为活化能，其值为 83.7kJ/mol。

对于沉淀铁催化剂，提出下式

$$r=kp_{H_2}^m/p_{CO}\left[1+K\left(\frac{p_{CO_2}+p_{H_2O}}{p_{CO}+p_{H_2}}\right)^n\right] \tag{3-64}$$

式中，$m=1\sim2$，$n=4\sim7$。也有人提出下式

$$r=kp_{H_2}/(1+Kp_{H_2O}/p_{CO}) \tag{3-65}$$

其后又有人提出下式，用于铁催化剂

$$r=k\exp[-E/(RT)]p_{CO}p_{H_2}/(p_{CO}+Kp_{H_2O}) \tag{3-66}$$

活化能为 25kJ/mol，用于高温流化床催化剂。而用于低温固定床催化剂，则活化能为 63kJ/mol。

舒尔茨提出 $CO+H_2$ 的反应速率随温度的升高而增加。表观活化能介于 85～125kJ/mol。

3.4.2.4　选择性

反应产物组成与催化剂和反应条件有密切的关系。

费-托合成产物数量分布曲线按链长（C 原子数）表示，可以总的表征出来，见图 3-26。由图可知，甲烷量比较大，C_2 烃比较少，C_3、C_4、C_5 达到极大值，到较高 C 原子数，产物量则减少了。

分子产物分布有极大值现象，是由于高碳产物分解成低碳产物作用，以及在高碳方向降解的活性大造成的。

下述条件将影响产物分布向低碳推移：提高反应温度；增加合成气的 H_2/CO 比；降低铁催化剂的碱性；减少总压力。

在用铁催化剂时，生成甲烷的倾向最小。在用钌催化剂，低温高压下，生成长链分子的选择性大。

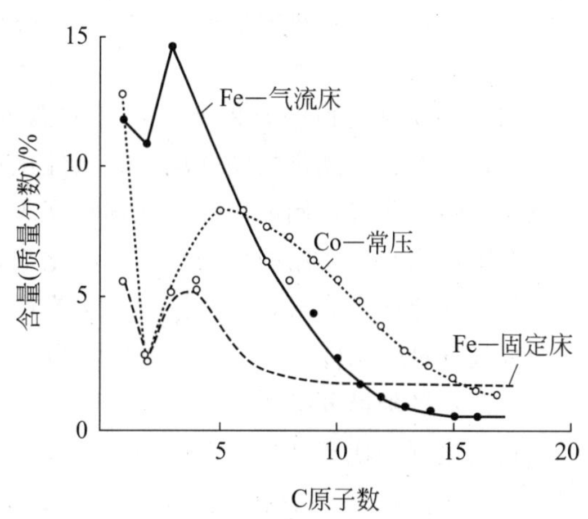

图 3-26　按 C 原子数的产物分布

用铁催化剂中压固定床合成的固体烷烃中，1000C 原子中仅含有很少的甲基侧链，然而在沸腾床和气流床中则有较多分

叉链烃。同样，钴催化剂常压下在沸腾床和气流床合成，则有较多的链分叉，见图 3-27。

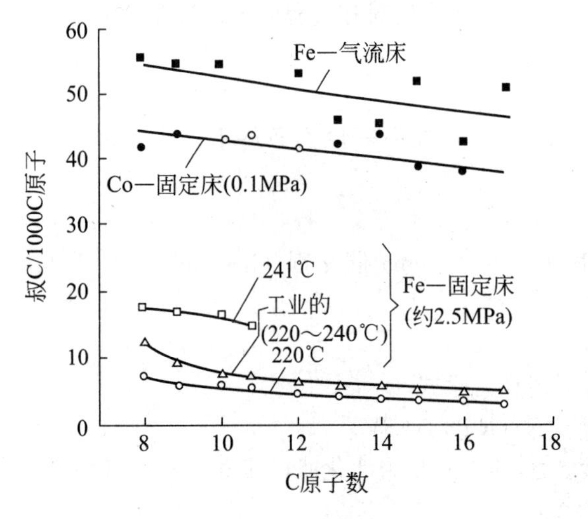

图 3-27 不同碳产品中的分叉度

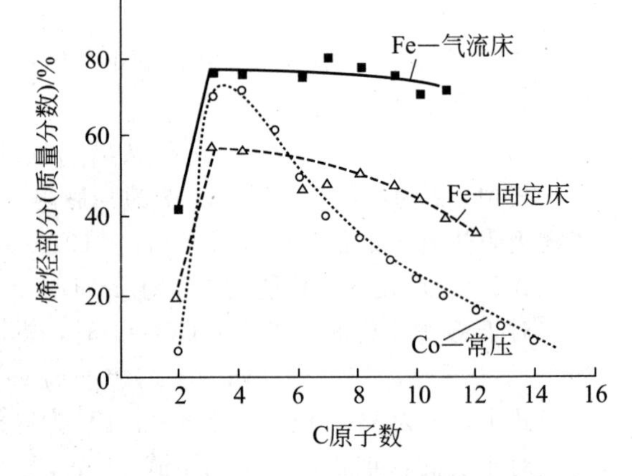

图 3-28 烯烃含量与不同碳原子数产物的关系

产物中链分叉含量程度大的条件如下：提高反应温度；提高 H_2/CO 比值。

在一般反应条件下，发生强化学吸附，CO 含量多，分叉反应急剧减少。

由图 3-27 可见，对于 Co 催化剂叔碳碳原子含量从 C_3 起随碳原子数增大而略有减小，但影响不大。

在一般反应条件下，用碱化的铁催化剂，中压固定床和气流床合成，有利于生成烯烃，见图 3-28。

反应产物中烯烃含量较大的条件如下：合成气中 CO 含量高；大的空速；低的合成气转化率；碱化的铁催化剂。合成反应温度的影响较小。例如，在高温气流床合成，温度为 330℃，得到较多的烯烃产物。然而增加操作时间，稍微升高温度，保持恒定的转化率，烯烃含量减少了。

迄今为止，对费托合成技术，含氧化合物还是副产物，因为精制需要多耗费用。从生产化学基本原料的观点出发，对提高合成醇的选择性也是有兴趣的，相应的开发工作已经进行了。利用铁催化则可增大有机氧化物的生成速度，用钴或钌催化剂可显著提高氧化物含量，首先是醇类。由于热力学平衡关系，甲醇很少，乙醇是主要组分。在高碳产物中醇含量降低了。

有利于生成氧化物的条件如下：低的温度；高的 CO/H_2 比；高的反应压力；高的空速，低的转化率；用碱化的铁催化剂。当催化加氢作用特强时，用 NH_3 还原处理的铁催化剂，也能得到产物醛，例如用钌催化剂在高压低温条件下合成。

工业固定床合成使用碱化的铁沉淀催化剂，中压低温，是现在生产固体蜡所乐于采用的工艺条件。气流床合成时，生产汽油为主要产品，采用较高的温度，活性较小的催化剂，富氢的合成气（H_2∶CO＝6∶1，在循环气与新合成气混合后的数值），一次产物中含烯烃很高。C_6 和 C_8 烃类馏分组成见表 3-12 和表 3-13。

用铁催化剂合成产品选择性的弹性很大。在高温低压和高的 CO/H_2 比的条件下，生成含氧化合物可高达 70%。在较高温度、较低压力、较弱的碱化催化剂和富氢原料气时，可生成富甲烷和 C_2～C_4 烃组分。

表 3-12 C_6 烃类馏分组成 单位：%

化合物	反应条件①			化合物	反应条件①		
	1	2	3		1	2	3
2,3-二甲基丁烷	0.1	0.2	—	3-甲基-2-反戊烯	1.0	0.2	0.7
2-甲基戊烷	2.8	1.9	8.1	4-甲基-2-顺戊烯	0.3	0.1	0.2
3-甲基戊烷	3.4	2.5	5.1	4-甲基-2-反戊烯	0.6	0.1	0.6
正己烷	17.9	47.3	56.0	2-顺己烯	7.6	6.8	5.6
正己烯	41.8	28.0	4.0	2-反己烯	9.2	9.0	11.1
2-甲基-1-戊烯	—	—	—	3-顺己烯	2.1	1.5	4.0
3-甲基-1-戊烯	11.6	2.2	1.1	3-反己烯	2.1	1.5	4.0
4-甲基-1-戊烯	11.6	2.2	1.1	甲基环戊烷	0.9	0.2	—
2-甲基-2-戊烯	0.2	—	2.9	苯	0.2	0.003	—
3-甲基-2-顺戊烯	0.3	—	0.6				

①：1—气流床合成，约 2.3MPa，330℃；2—铁催化剂固定床合成，约 2.5MPa，230℃；3—钴催化剂常压合成，0.1MPa，190℃。

表 3-13 C_8 烃类馏分加氢后的组成 单位：%

化合物	反应条件①				
	1	2	3	4	5
2,3,4-三甲基戊烷	0.2	0.02	—	—	—
2-甲基-3-乙基戊烷	0.2	0.05	—	—	—
2,3-二甲基己烷	1.3	0.3	0.3	—	0.6
2,4-二甲基己烷	1.0	0.2	0.5	—	0.8
2,5-二甲基己烷	0.5	0.1	0.4	—	1.0
3,4-二甲基己烷	0.7	0.2	—	—	—
3-乙基己烷	1.5	0.6	1.7	—	2.2
2-甲基庚烷	10.4	2.7	10.1	1.5	2.2
3-甲基庚烷	12.3	3.3	12.3	1.7	2.2
4-甲基庚烷	5.2	1.2	6.8	0.3	2.6
正辛烷	53.6	90.1	67.9	96.5	70.7
环烷烃	7.9	0.9	—	—	—
芳烃	5.2	0.3	—	—	—

①：1—铁催化剂，中压，气流床合成，约 2.3MPa，330℃；2—铁催化剂，中压，固定床合成，约 2.5MPa，230℃；3—钴催化剂，常压，固定床合成，约 0.1MPa，约 190℃；4—钴催化剂，中压，固定床合成，约 0.7MPa，约 190℃；5—镍催化剂，常压，固定床合成，约 0.1MPa，约 190℃。

由表 3-12、表 3-13 可以明显看出，用钴催化剂固定床合成时，减少分叉产物数量，通过提高反应压力即可达到。同时异构物组成改变了。在常压条件下，一个甲基异构物组成变化是同步的。在 0.7MPa 时，只是 2-甲基和 3-甲基异构物有一定的数量。在常压下合成，无论是用镍或钴催化剂，两种产物的组成都是相似的。

3.4.2.5 热力学基础

费-托合成反应产物组成完全由动力学控制，所以催化剂性质和反应条件有决定性影响。尽管这样说，还是选了一些有意义的反应热力学数据，见表 3-14。

$CO+H_2$ 是强放热反应，适于低的反应温度，形成—CH_2—链反应［见表 3-14 中反应式(1)］。达到 $\Delta G=0$ 的转化温度，在 0.1MPa 时为 340℃，在 0.2MPa 时为 500℃。

由反应式(4) 可以看出，温度高时有利于生成碳。由热力学数据可以看出，由合成气生成甲烷是有利的，利用活性低的 Co、Ni、Ru 催化剂在高温下反应的主要产品是甲烷。

表 3-14 费-托合成反应热力学数据

反应式	$\Delta G^{\ominus}$/(kJ/mol)			$\Delta G^{2.0}$(350℃)/(kJ/mol)	T_i/℃	
	150℃	250℃	350℃		0.1MPa	2.0MPa
(1)$CO+2H_2 \Longrightarrow CH_2+H_2O$	−53	−26	+1.5	−33	340	500
(2)$4CO+9H_2 \Longrightarrow C_4H_{10}+4H_2O$	−268	−171	−77	−201	428	622
(3)$3CO+7H_2 \Longrightarrow C_3H_8+3H_2O$	−215	−146	−79	−169	465	660
(4)$CO+3H_2 \Longrightarrow CH_4+H_2O$	−115	−91	−71	−103	636	880
(5)$C_4H_{10}+H_2 \Longrightarrow CH_4+C_3H_8$	−62	−66	−70			
(6)$1/4C_4H_{10} \Longrightarrow C+1.25H_2$	−8	−17	−27	−12	70	185
(7)$2CO \Longrightarrow C+CO_2$	−98	−80	−62	−78	700	870
(8)$CO+H_2O \Longrightarrow CO_2+H_2$	−23	−20	−16		740	
(9)$2CO+4H_2 \Longrightarrow C_2H_4+2H_2O$	−37	−18	−2.5	−26	364	538
(10)$C_2H_4+H_2 \Longrightarrow C_2H_6$	−86	−73	−60	−76	810	1100
(11)正丁烯$+H_2 \Longrightarrow$正丁烷	−72	−60	−47	−62	707	940
(12)$n\text{-}C_4H_8 \Longrightarrow n\text{-}C_4H_8$,顺	−5	−4	−3			
(13)$n\text{-}C_4H_8 \Longrightarrow i\text{-}C_4H_8$	−12	−12	−11			
(14)$C_2H_5OH \Longrightarrow C_2H_4+H_2O$	−9	−21	−35	−19	97	175
(15)$n\text{-}C_4H_9OH \Longrightarrow n\text{-}C_4H_8+H_2O$	−24	−36	−49	−34	−38	+5
(16)$n\text{-}C_4H_9OH+H_2 \Longrightarrow n\text{-}C_4H_{10}+H_2O$	−96	−96	−96			
(17)$CH_3CHO+H_2 \Longrightarrow C_2H_5OH$	−21	−9	+3	−13	325	480
(18)$CH_3—CO—CH_3+H_2 \Longrightarrow CH_3—CHOH—CH_3$	−18	+7	+19	+3	198	318

注：$\Delta G^{\ominus}$为标准自由焓；$\Delta G^{2.0}$为2.0MPa时的自由焓；T_i为$\Delta G=0$时的转化温度。

从热力学角度看，高压时产物链长度大，因为链长度大可急剧减少容积。

合成产物中存在烷烃和烯烃，见反应式（9）和（10），由于Co存在能阻止烯烃加氢，产物中有烯烃。

由反应式(14)～(16）可知，在较宽的合成条件范围内，由醇能生成烯烃，由水与烯烃作用生成醇，因此在产物中生成的醇和烯烃是等碳数的。

3.4.3 反应器类型

费-托合成放热10.9MJ/kg烃，技术上首先需要解决排除大量反应热的问题。反应必须在等温条件下进行，以便达到最佳的产品选择性和催化剂使用寿命。

上述反应热是由一氧化碳和氢转化成长的CH_2链和水生成的。生成短链烷烃时其值大，生成低级烯烃时其值小。当生成水被二氧化碳取代时，合成反应热的总的热效应ΔH达到−40kJ/mol(200℃)。

在反应器中温度梯度大时，选择性变坏，生成了甲烷，在催化剂上析出碳。

费-托合成反应器一般有以下不同形式：固定床反应器、气流床反应器、浆态床反应器。

(1) 固定床反应器 固定床反应器是管壳式，类似换热器。管内装催化剂，管间通入沸腾的冷却用水，以便移走反应热。管内反应温度可由管间蒸汽压力加以控制。结构见图3-29(a)，此种结构的反应器在Sasol-Ⅰ厂已经使用，是鲁奇鲁尔化学公司的技术，简称Arge。

固定床反应器用活化的沉淀铁催化剂，反应温度较低，操作数月之久可不积炭。反应器尺寸较小，操作简便。在常温下，产品为液态和固态。由于反应热靠管子的径向传导出，故管子直径的放大受到限制。

(2) 气流床反应器 气流床反应器使用熔铁粉末催化剂，催化剂悬浮在反应气流中，并被气流夹带至沉降器，见图3-29(b)。此种反应器结构在Sasol的三个厂中都在使用，是凯洛格（Kellogg）公司开发的技术，简称Synthol。

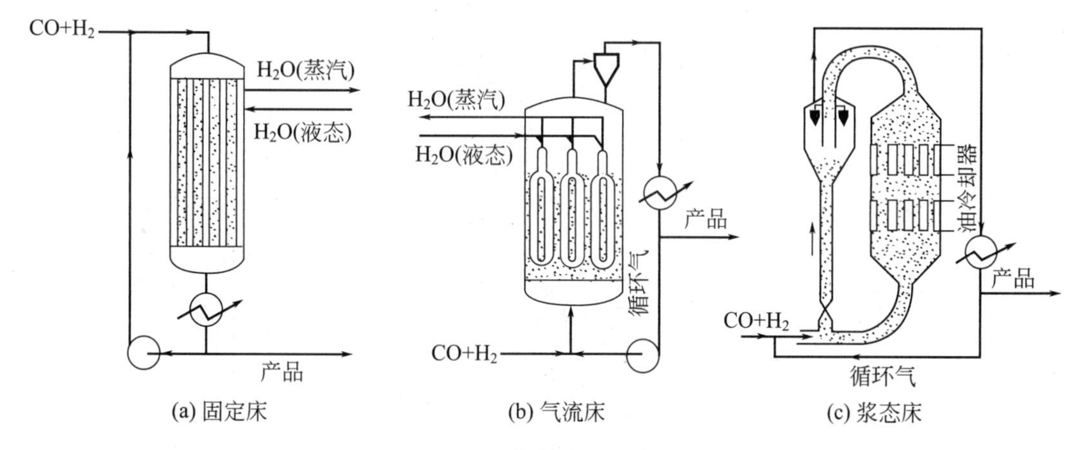

(a) 固定床　(b) 气流床　(c) 浆态床

图 3-29 费-托合成反应器

气流床反应器操作生成碳量少，可在较高温度下操作，采用活性较小的熔铁催化剂，生成气态的和较低沸点的产品，能阻止生成蜡。液体产品中约 78%为石脑油，7%为重油，其余为醇和酸等。

气流床中反应热的外传效率高，控制温度好，催化剂可再生，单元设备生产能力大，结构比较简单。

(3) 浆态床反应器　浆态床反应器是 Sasol 在 20 世纪 90 年代初开发研究并投入工业应用的新型反应器，其结构见图 3-29(c)。床内为高温液体（一般为熔蜡），催化剂微粒悬浮其中，合成气以鼓泡形式通过，呈气、液、固三相流化床，但是催化剂颗粒微小（$<50\mu m$），从而降低了固相的作用。浆态床如同鼓泡的液体床。

浆态床与三相流化床很相似，都是催化剂悬浮在液相中，并且合成气以鼓泡形式通过。两者的主要区别在于三相流化床的催化剂粒子较大，是真正的三相系统。

与流化床比较，浆态床反应温度较低，从而改善了蜡产率。浆态床的操作条件和产品分布的弹性大。由于反应物需要穿过床内液层才能达到催化剂表面，所以阻力大，传递速度小，表现为催化剂的活性小。

大工业生产要求单个反应器生产能力大，气流床可满足此要求。

3.4.4 费-托合成工业生产

Sasol 是今天唯一用费-托合成法生产的工厂。图 3-30 所示为 Sasol-Ⅰ厂生产流程框图。

费-托合成工艺按反应温度可分为低温费-托合成工艺和高温费-托合成工艺。通常将反应温度低于 280℃的称为低温费-托合成工艺，产物主要是柴油以及高品质蜡等，通常采用固定床或浆态床反应器；高于 300℃的称为高温费-托合成工艺，产物主要是汽油、柴油、含氧有机化学品和烯烃，通常采用气流床反应器。

费-托合成产品是完全无硫的，可以用作石油化学合成的优质原料。辛索尔法可以直接获得乙烯、丙烯和丁烯，同时产生的乙烷和丙烷也能进一步裂解成乙烯和丙烯。

液态产品中含有大量烯烃类，可用来生产低级醇和洗涤剂。加氢后的石脑油馏分可作为热裂解制乙烯、丙烯、丁烯以及芳烃的原料。

3.4.4.1 合成气

用于费-托合成的合成气成分主要是一氧化碳和氢气，混有甲烷以及少量的其他组分，如二氧化碳和氮气。生产合成气的气化方法和气化原料对于费-托合成无影响，固体燃料气

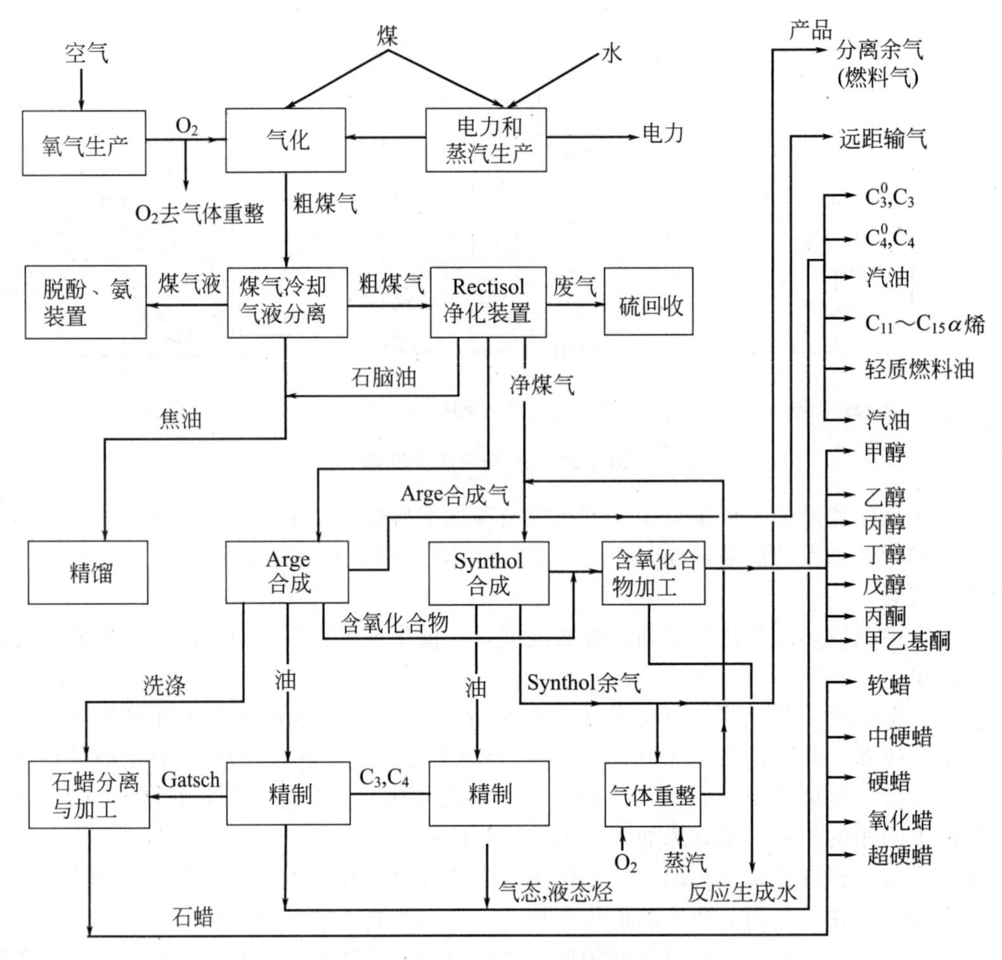

图 3-30 Sasol-Ⅰ厂生产流程框图

化一般采用鲁奇或温克勒法，此气体也可以混入来自液体燃料气化产生的气体或由甲烷与蒸汽重整得到的气体。

合成气组成可以灵活，例如甲烷在气化生产时总是要生成的，同时它又是费-托合成的一种产物，因此在合成气中允许有一定含量。同样二氧化碳在固定床方法中也生成一些，在气流床方法中被消耗掉。

(1) Sasol 的煤气化 每年大约为费-托合成提供 4700 万吨低质烟煤，其中 53%用于气化，47%生产电力和蒸汽。典型的原料煤性质分析见表 3-15。

表 3-15 原料煤性质分析

性质	参数	性质	参数
原煤水分/%	10.7	元素分析(分析基)/%	
挥发分/%	22.3	H	2.8
元素分析(分析基)/%		O	8.8
原煤灰分	35.9	原煤热值/(MJ/kg)	18.1
S	0.5	灰分性质/℃	
N	1.2	软化点	1340
C	50.8	熔化点	1430
		流动点	1475

煤在 13 个鲁奇加压气化炉中用氧气和水蒸气气化剂进行气化，产气 $37.5\times10^4m^3/h$ 粗煤气，相应净煤气为 $25.5\times10^4m^3/h$，二期扩建装置增加产量 $21\times10^4m^3/h$。

(2) 阿盖法用合成气　此反应富合一氧化碳，H_2/CO 比应介于 1.7～1。生产中曾把 CO_2 送回到气化炉，气化生产的 H_2/CO 比可以达到希望的数值。由于回炉气中少量硫化氢作用发生严重的腐蚀，因此放弃了 CO_2 回炉措施。这样烟煤气中 H_2/CO 比因煤质关系增至 1.75～1.90。净煤气中其值大约为 2.0。粗煤气和净煤气组成见表 3-16。

表 3-16　用于阿盖和辛索尔法煤气分析　　单位：%

组分	粗煤气		净煤气		组分	粗煤气		净煤气	
	Arge	Synthol	Arge	Synthol		Arge	Synthol	Arge	Synthol
甲苯	0.01	0.01	—	—	CH_4	9.36	9.3	12.3	12.5
苯	0.02	0.07	—	—	CO_2	28.2	29.4	0.66	0.72
1-丁烯	0.02	0.04	—	—	$CO+H_2$	61.2	59.8	86.0	85.7
顺-2-丁烯	0.03	0.05	—	—	N_2	0.40	0.50	0.40	0.40
丙烷	0.05	0.06	—	—	氩气	0.31	0.34	0.48	0.48
丙烯	0.03	0.03	—	—	H_2S	0.11	0.08	—	—
乙烷	0.23	0.21	0.16	0.14	COS	0.01	0.01	—	—
乙烯	0.04	0.04	—	—	未知物	0.01	0.01	0.01	0.01

从合成气组成和变更反应停留时间、催化剂性质以及其他参数可以预测合成产品变化。

(3) 辛索尔法用合成气　此法的合成气组成与阿盖法合成气的组成是很相似的，见表 3-16。同样也可以通过变动工艺条件改变产品组成。由流程图 3-30 可以看出，净煤气中的甲烷可以通过与氧和蒸汽反应重整成 H_2 和 CO。辛索尔法通过开发新的催化剂和改变工艺流程可能取消重整步骤。

(4) 粗煤气净化　粗煤气经过冷却冷凝，可分离出焦油和水。由水溶性冷凝物在脱酚装置可萃取得到粗酚，氨形成硫铵而回收。冷煤气在 Rectisol 装置脱除 CO_2、H_2S、有机硫化合物、汽油烃、水、氨和氢氰酸。典型的粗煤气和净（化）煤气分析见表 3-16。

费-托合成的铁催化剂对硫中毒很敏感，所以煤气中硫含量必须尽可能少。在 1964 年时平均硫化氢含量为 $0.3\mu L/L$，把此值降至 $0.03\mu L/L$，过程生产能力明显提高了。

3.4.4.2　固定床（阿盖）方法

(1) 方法介绍　反应器由鲁奇和鲁尔化学公司联合开发，见图 3-31。它的平均直径为 3m，有 2052 根装催化剂的管子，管长 12m，内径 50mm。管内装催化剂 $40m^3$（约 35t）。沸腾水在管外强化冷却，使部分反应热以水蒸发潜热的形式移走。产生的蒸汽部分用于新鲜水和合成气的预热，部分送入 0.25MPa 或 1.75MPa 蒸汽管网。

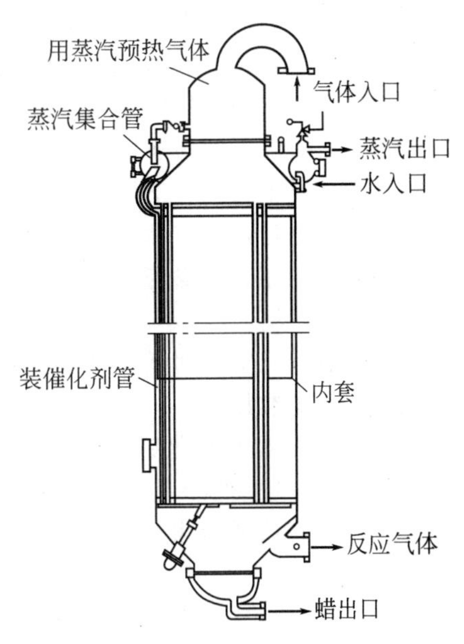

图 3-31　阿盖反应器

费-托合成是强放热反应，为了保持反应温度恒定，移走反应热是很重要的。反应器夹套中的水面高度必须保持恒定。

工艺流程见图 3-32。净化气与循环气混合后达到 2.5MPa，每立方米催化剂的净化气量为 $600m^3/h$，循环气量为 $1200m^3/h$。此混合气经过换热器与余气换热以及自产蒸汽进行预热。一般反应器温度介于 220～235℃，最大允许温度在操作周期的末期为 245℃。

在反应器底部由蜡分离器流出蜡。产物气体流经一个换热器，在其下部出热的凝缩物，然后气体再经过冷却器Ⅰ和Ⅱ，它们联在一起在分离器中分出冷的凝缩物，即分出轻油和水。用碱中和酸性物。热的和冷的凝缩物的加工见图 3-32。

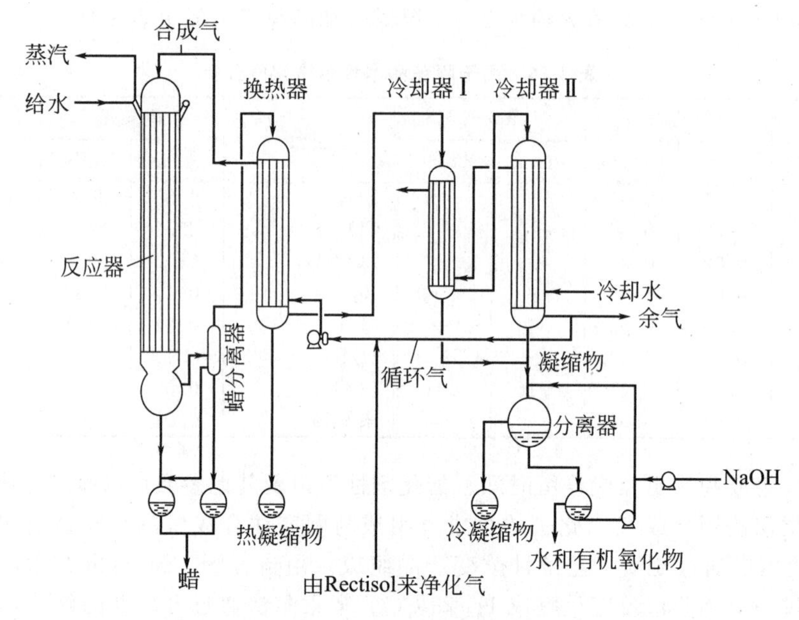

图 3-32 阿盖合成流程

催化剂以前由鲁尔化学公司提供，后来 Sasol 自己生产铁催化剂。此催化剂活性在操作周期内缓慢降低，反应温度相应地提高，以便 CO 和 H_2 加入量能保持定值。

为了防止氧化，用氢还原了的催化剂，在 CO_2 气氛下覆上蜡，再在 N_2 气氛下装入反应器。一台反应器暂停换催化剂的时间由 12d 缩减至 4～5d。平均 5 台反应器有 4.8 台在连续操作，这样高的反应器操作系数，是产品产量由 1965 年的 53000t 提高到 80000t 的基础。现在经优化生产条件，产品年产量已达到 90000t。

使用旧了的和碱化的催化剂，减少了含氧化合物，反应生成水量能达到 0.3%。

设备中除酸性凝缩物需用不锈钢外，其余全部用普通钢材。

(2) 产品分布与反应条件的关系 第一条生产线产品为直链烃，主要是石蜡，有少量甲基侧链基团，同时还含有水和酸性化合物。醇和酸溶于水，其含量各为产品量的 4.7%和 0.4%。

产品分布情况能通过改变工艺参数加以变动，可变参数如下。

① 催化剂 提高氧化钙含量，可使生成重的产品和酸性产品的选择性增加，中等硬度的蜡质量未变化，硬质蜡减少。

② H_2/CO 比 提高 H_2/CO 比，生成轻质产品的选择性提高，不饱和化合

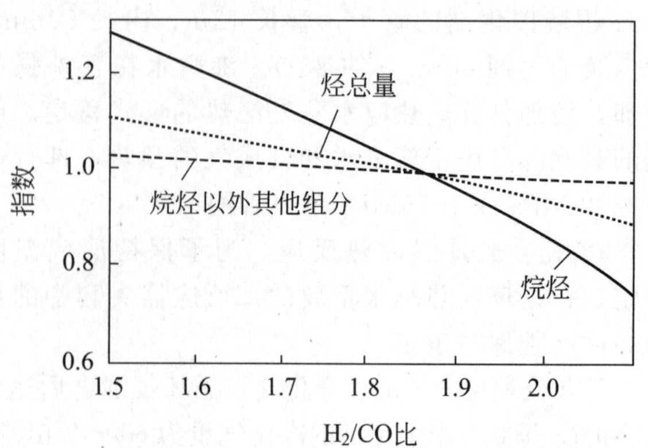

图 3-33 H_2/CO 比对阿盖合成产品产率的影响

物减少，硬蜡质量变坏。C_3 和较高碳数烃减少，以 H_2/CO 标准值为 1.85。由图 3-33 可以看出 H_2/CO 比变化对合成产品产率的影响。

③ 气体负荷和组成　装置最大气体负荷量为 72000m³/h，此最大值是根据催化剂床层中最佳线速度确定的。反应器产品产率最大时，每台的最佳新鲜气体量为25000～26000m³/h，气体的 H_2/CO 比约为 1.85，循环比约为 1.8～1.0。提高净煤气量到 30000m³/h，反应的气量增加，产品量也能增加，产品质量降低，因为反应热不能及时移走，温度梯度升高，未保持在要求的水平。

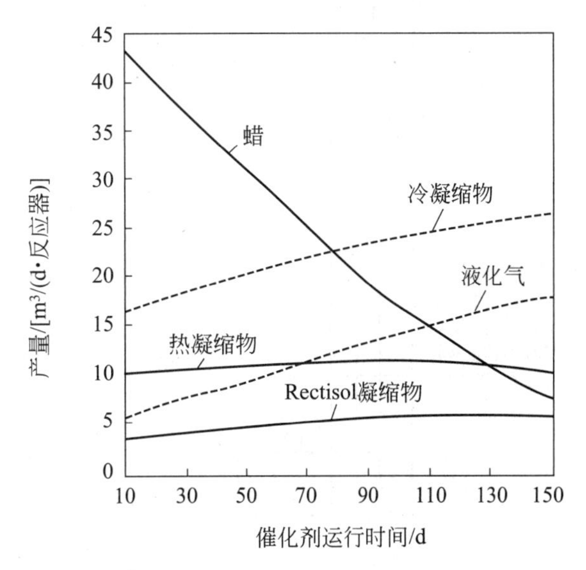

图 3-34　阿盖合成催化剂运行时间对产品分布的影响

④ 运行时间　运行时间对产品的选择性有严重的影响，新的催化剂在低温下操作，比用过的催化剂生成更多的高分子烃，见图 3-34。反应器运行时间介于 95～120d。由图 3-34 可见，平均运行时间 120d 的产品分布与运行 50d 的全然不同。短的反应器运行周期偏重于生产固体蜡。

表 3-17 是运行 50～120d 的产品相对量，使用时间长的旧催化剂在相同的反应温度下增加了生成轻质烃、酸和醇的选择性。固体蜡中油的含量增加，硬度降低。

表 3-17　一次产品选择性（体积分数）　　单位：%

产品		固体蜡	热凝缩物	冷凝缩物	轻质烃	合计
平均运行时间/d	120①	18	16	35	31	100
	50①	40	15	27	18	100

① 图 3-34 数据。

⑤ 温度　催化剂使用时间增长，为了保持气体加入量恒定，温度要相应升高。当反应温度高时，提高了轻质烃的选择性，同时降低了硬蜡的硬度。

⑥ 压力　压力由 2.1MPa 提高到 2.5MPa，在工业装置允许的条件下可提高气体加入量。

⑦ 催化剂萃取处理　为使催化剂使用寿命增长，用合成生产的重油馏分进行催化剂萃取处理，使催化剂上附着的蜡提出。此项研究在一台反应器进行了三年多的工作，催化剂的产品选择性可保持不变。有 60%的试验是在催化剂管中压差增大时，萃取处理后再进行操作。

(3) 产品　图 3-35 所示为产品加工流程，其说明如下。

① 不同反应物的烃分布见表 3-18。

② 开始的气体净化（Rectisol）装置由余气中冷的庚烷和甲醇回收轻质烃，洗去 CO_2。产物气体再经过一个换热器和两个冷却塔，在其中分出主要轻质凝缩物、液化气和反应生成的水。剩余的作为燃料气，轻质烃去辛索尔装置进行加工。

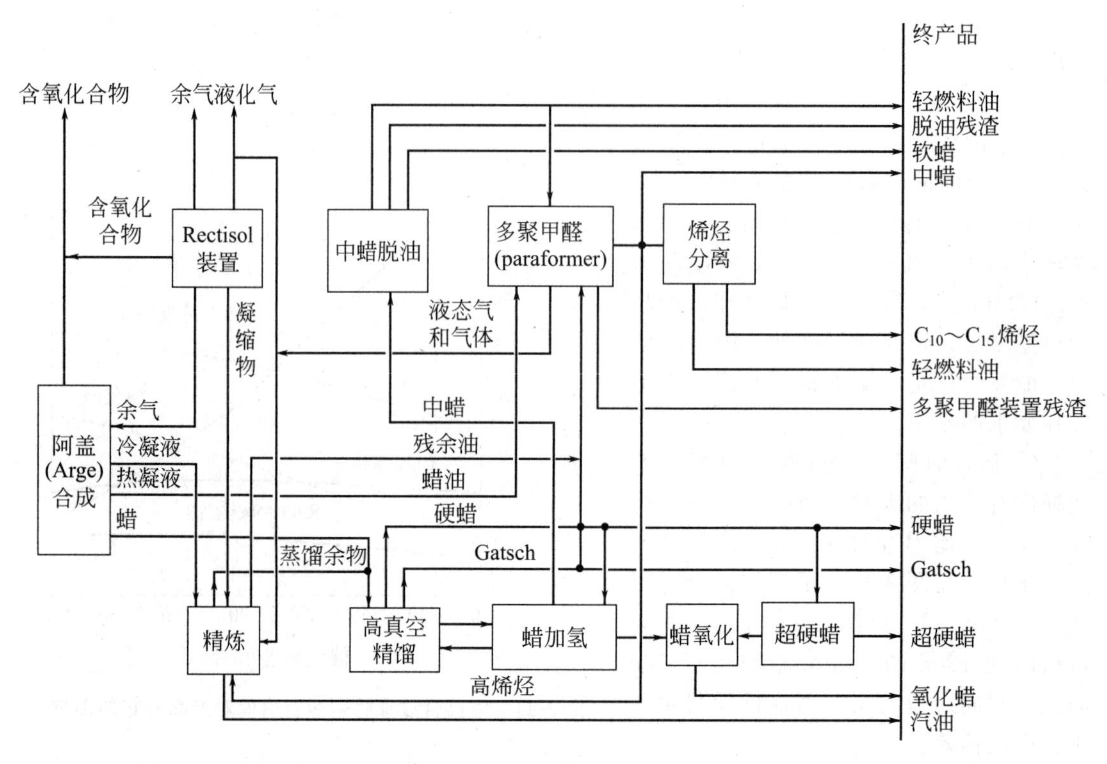

图 3-35　阿盖产品加工流程

表 3-18　反应产物烃的分布（质量分数）　单位：%

C 数	冷凝缩物	热凝缩物	C 数	石蜡	C 数	冷凝缩物	热凝缩物	C 数	石蜡
C_3	<0.10	—	C_{12}～C_{17}	2.5	C_{18}	2.65	9.26	C_{32}	5.2
C_4	0.20	—	C_{18}	1.1	C_{19}	2.06	9.33	C_{33}	5.1
C_5	1.02	—	C_{19}	1.4	C_{20}	1.60	8.01	C_{34}	5.0
C_6	1.10	—	C_{20}	1.9	C_{21}	1.27	8.73	C_{35}	4.7
C_7	5.49	0.13	C_{21}	2.4	C_{22}	0.88	7.29	C_{36}	4.5
C_8	10.13	0.17	C_{22}	3.0	C_{23}	0.65	4.97	C_{37}	4.2
C_9	11.47	0.26	C_{23}	3.5	C_{24}		6.06	C_{38}	3.8
C_{10}	11.32	0.48	C_{24}	4.0	C_{25}		3.94	C_{39}	3.3
C_{11}	10.58	0.88	C_{25}	4.4	C_{26}		3.29	C_{40}	2.9
C_{12}	9.70	1.43	C_{26}	4.8	C_{27}		2.46	C_{41}	2.4
C_{13}	8.65	2.44	C_{27}	5.0	C_{28}		2.00	C_{42}	1.7
C_{14}	7.30	3.85	C_{28}	5.1	C_{29}		1.47	C_{43}	1.1
C_{15}	5.80	5.54	C_{29}	5.2	C_{30}		1.19	C_{44}	0.7
C_{16}	4.69	7.13	C_{30}	5.4	C_{31}		0.95	C_{45}	0.3
C_{17}	3.43	8.29	C_{31}	5.4	C_{32}		0.45		

③ 冷的和热的凝液分成下述馏分：烯烃馏分生产十二烷基苯，用于生物降解洗涤剂，可分成轻馏分 C_{10}～C_{12} 和重馏分 C_{13}～C_{15}，每年可产 15000t。进行苯烷基化未反应的残余蜡可作为轻质燃料油。重油馏分是多聚甲醛（paraformer）装置中等热裂化产生并经最终精馏得到的，此常压蒸馏塔底产物与高真空精馏反应器来的蜡混在一起。

④ 固体蜡是高真空装置分馏产物，装置由三个塔组成，操作压力为 0.6～0.7kPa。

第一塔的塔顶产物为蜡馏分，商品名为 A 型蜡。它有多种用途，进行氯化得一种产品，该产品是重润滑油成分，可作为聚氯乙烯的软化剂，适于作纸张和皮革渗透剂。

中蜡是第二塔和第三塔的塔顶产物，是含双键化合物，用镍催化剂加氢，并与苯和丙醇混合而成。该混合物是生产几种牌号石蜡的原料。石蜡年产量为12000t。

硬蜡是第三塔的塔底产物，年产约27000t。硬蜡很大部分用于加氢，有的氧化，有的萃取蜡、粉蜡等多种商品。

3.4.4.3　气流床（辛索尔）方法

辛索尔法是由美国M.W.凯洛格开发的，并由Sasol公司加以改进的工艺。采用廉价的铁催化剂，为阿盖工艺提供大量轻烃和较多的含氧化合物。辛索尔工艺可以与其他大的化工生产方法相媲美，例如合成氨、合成甲醇以及乙烯等。

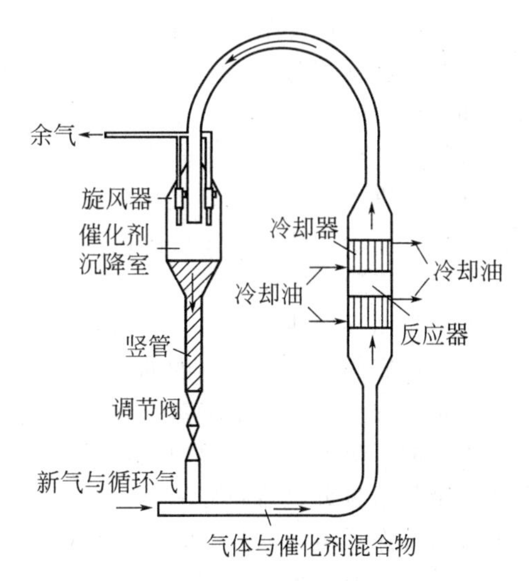

图3-36　辛索尔反应器

(1) 方法介绍　反应器见图3-36。反应器高约36m，直径为2.2m，催化剂沉降室直径为5m，两个冷却段用循环油作冷却剂。沉降室内有两个旋风分离器，分离产品气中催化剂细粉部分。催化剂循环量经调节阀控制进入合成气流，再进入反应器。

工艺流程有三个平行的辛索尔装置，平均操作系数为2.4，如图3-37所示。

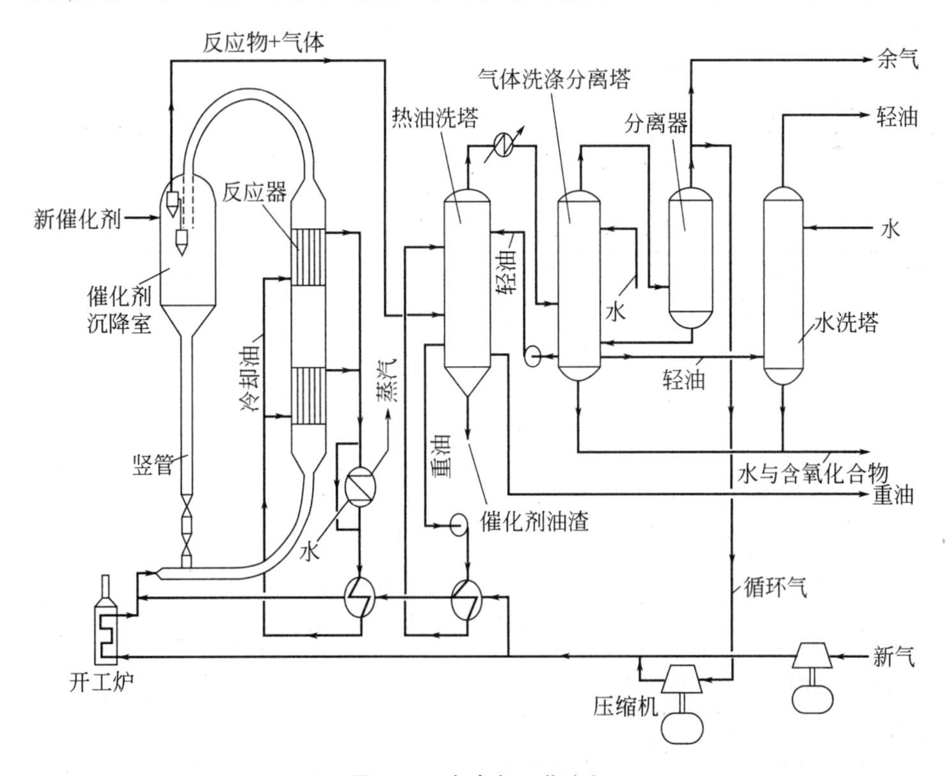

图3-37　辛索尔工艺流程

反应温度介于300～340℃，压力为2.0～2.3MPa。催化剂由气流带入经过反应区，在此反应热由循环油带走。反应产物气体和催化剂去催化剂沉降室，在此气体与催化剂分离。每组旋风分离器有两级。热的催化剂经竖管与预热的反应气体相会合。在反应器的反应区发生合成反应，生成复杂的混合物，它们主要为烃类。对其组成已进行了许多研究。

当装置新开车时，需要开工炉点火加热反应气。当转入正常操作时，气体通过换热器与重油和循环油进行换热。该循环油是由反应器带出反应热的热油。由沉降室来的热催化剂也加热气体。合成气预热温度介于160～200℃。

合成气进入反应器立即进行反应，温度迅速升到320～330℃。部分反应热由循环冷却用油移出，用于生产1.9MPa蒸汽。

产物气流通过热油洗塔，在此重油析出，部分热的洗油经过换热器把热量传给新的合成气，然后再循环回热油洗塔。其余部分作为重油产物。催化剂分离用的旋风器效率很高，但是热油洗塔底仍有含催化剂的油渣排出。

在热油洗塔顶部出来的蒸汽和气体进一步冷凝成轻油和水，这个过程是在气体洗涤分离塔中进行的。部分轻油将返回到热油洗塔作回流用，控制该塔塔顶温度，使塔顶产物中不含重油。余气通过分离器脱除液雾，到压缩机加压，作为循环气与新合成气相混合。轻油在水洗塔进行洗涤后得轻油产品。

开始用的催化剂是美国的一种铁矿石，含有其他不同的天然杂质。天然杂质可作为助催化剂。它影响催化剂均匀性、产品选择性和产品产率。长时间研究后终于开发出较好的催化剂，它是由钢厂煅渣制成的。该渣熔点高，未还原的氧化物和碱作为助催化剂，在电弧炉中熔化，然后冷却，再用氢还原得到催化剂。

多数设备材质都是普通钢材，只是含酸性凝缩物用的设备是不锈钢的。

(2) 产品分布与反应条件关系　辛索尔法可得到最高的优质汽油产率，相应的很低的甲烷、酸和固体蜡的产率。在液体产品中烯烃部分含量占75%，烷烃占10%，芳烃占7%，含氧化合物占8%。

每年大约生产16×10^4t C_3和C_3以上产品以及180t C_2和C_2以上的一次产品。关于轻油和重油烃部分组成见表3-19，水溶性粗含氧化合物组成见表3-20，粗酸组成见表3-21。

表3-19　辛索尔法液体产物中烃的组成　　单位：%

C数	轻油	重油	C数	轻油	重油
4	3.4		13	5.0	2.7
5	7.7		14	2.1	3.2
6	14.3		15	2.1	3.7
7	16.3		16～20		23.2
8	14.5		21～25		28.0
9	13.1		26～30		19.9
10	8.2	1.9	31～35		9.5
11	6.8	1.2	36以上		4.4
12	6.5	2.3			

表3-20　水溶性粗含氧化合物组成　　单位：%

名称	乙醛	丙醛	丙酮	甲醇	丁醛	乙醇	甲乙基酮	异丙醇	正丙醇	2-丁醇	甲丙基酮	异丁醇	正丁醇	正丁基酮	2-戊醇	正戊醇	C_6以上醇
组成	3.0	1.0	10.6	1.4	0.6	55.5	3.0	3.0	12.8	0.8	0.8	1.2	4.2	0.2	0.1	1.2	0.6

表3-21　粗酸组成　　单位：%

名称	乙酸	丙酸	丁酸	高级酸
组成	70.0	16.0	9.0	5.0

影响产品分布和产率的因素如下所示。

① 催化剂 催化剂性质是重要参数。

② 气量与组成 气流床反应器的合成气量范围为（26～30）$\times 10^4 m^3/h$，当气量过小时催化剂循环均匀性差。循环气量与新合成气量比为 2～3 可得良好结果。此循环比值再高时，轻烃选择性增加，即甲烷量提高，液烃部分减少。

氢、一氧化碳和二氧化碳分压对于控制产品选择性是重要的，但是另一方面催化剂上不要有游离碳析出也是重要的。改变催化剂组成，在相应新的合成气组成条件下也能得到正常的产品组成，并使酸性物和碳析出控制在限值内。因此煤气组成可以调整，对辛索尔生产没有什么影响。

③ 温度和压力 在压力 2.0～2.3MPa 范围内，压力越高，希望得到的产品的转化率越高。

在低温下，例如 290℃，转化率降低，C_3 和较高的烃产率降低。产品的选择性或多或少接近常数。催化剂上游离碳析出量减少。

④ 催化剂使用时间 初期设想催化剂连续由反应器卸出旧的，加入新的，实际操作未选此法。一台反应器大约加入 135t 还原催化剂，平均使用时间 42d。为了保持转化率恒定，随着使用催化剂性质的改变而提高反应温度。根据反应器结构、材质，最高温度的限值为 340℃。随着催化剂使用时间延长，反应温度提高，产品选择性向烃方向移动，见表 3-22。

表 3-22 辛索尔反应器操作时间与产品组成 单位：%

<table>
<tr><th rowspan="2">产品</th><th colspan="3">操作时间</th><th colspan="3">中试装置</th></tr>
<tr><th>开始</th><th>终期</th><th>平均</th><th>a</th><th>b</th><th>c</th></tr>
<tr><td>CH_4</td><td>7</td><td>13</td><td>10</td><td>30</td><td>50</td><td>70</td></tr>
<tr><td>C_2H_4</td><td>4</td><td>3</td><td>4</td><td rowspan="2">15</td><td rowspan="2">17</td><td rowspan="2">12</td></tr>
<tr><td>C_2H_6</td><td>3</td><td>9</td><td>6</td></tr>
<tr><td>C_3H_6</td><td>10</td><td>13</td><td>12</td><td rowspan="2">15</td><td rowspan="2">11</td><td rowspan="2">6</td></tr>
<tr><td>C_3H_8</td><td>1</td><td>3</td><td>2</td></tr>
<tr><td>C_4H_8</td><td>7</td><td>9</td><td>8</td><td rowspan="2">16</td><td rowspan="2">13</td><td rowspan="2">6</td></tr>
<tr><td>C_4H_{10}</td><td>1</td><td>2</td><td>1</td></tr>
<tr><td>C_5+C_6</td><td>6</td><td>9</td><td>8</td><td></td><td></td><td></td></tr>
<tr><td>轻油</td><td>40</td><td>30</td><td>35</td><td>22</td><td>8</td><td>6</td></tr>
<tr><td>重油</td><td>14</td><td>2</td><td>7</td><td></td><td></td><td></td></tr>
<tr><td>醛+醇</td><td>6</td><td>6</td><td>6</td><td>2</td><td></td><td>0.2</td></tr>
<tr><td>酸</td><td>1</td><td>1</td><td>1</td><td>0.1</td><td>0.05</td><td>0.01</td></tr>
</table>

⑤ 操作弹性 辛索尔方法操作弹性很大，通过改变催化剂、气体处理量和过程条件，能根据市场需要调整产品。

正常选择性条件下，C_2 以上烃和醇类含量约为 90%。控制操作条件能主要得到轻饱和烃，例如能得到产品产率为 94%的 C_4 和轻烃。通过冷冻分离可生产出甲烷、乙烷、丙烷和丁烷，见表 3-22（中试装置）。这些产物都很有用，甲烷可作为合成天然气利用。

(3) 产品回收 见图 3-38，余气用油洗，回收 C_3 以上烃类。洗过的主要气体进行部分氧化重整，以便获得辛索尔反应器的新合成气。余气的少部分去深冷分离装置，所得氢用于合成氨生产。其余的甲烷和乙烷送城市煤气管网。乙烷也可以用于裂解制乙烯。第三条余气线直接去城市煤气管网。

此外还可生产轻烃 C_2～C_5 等、醇类、燃料油以及酮类产品，见图 3-38。

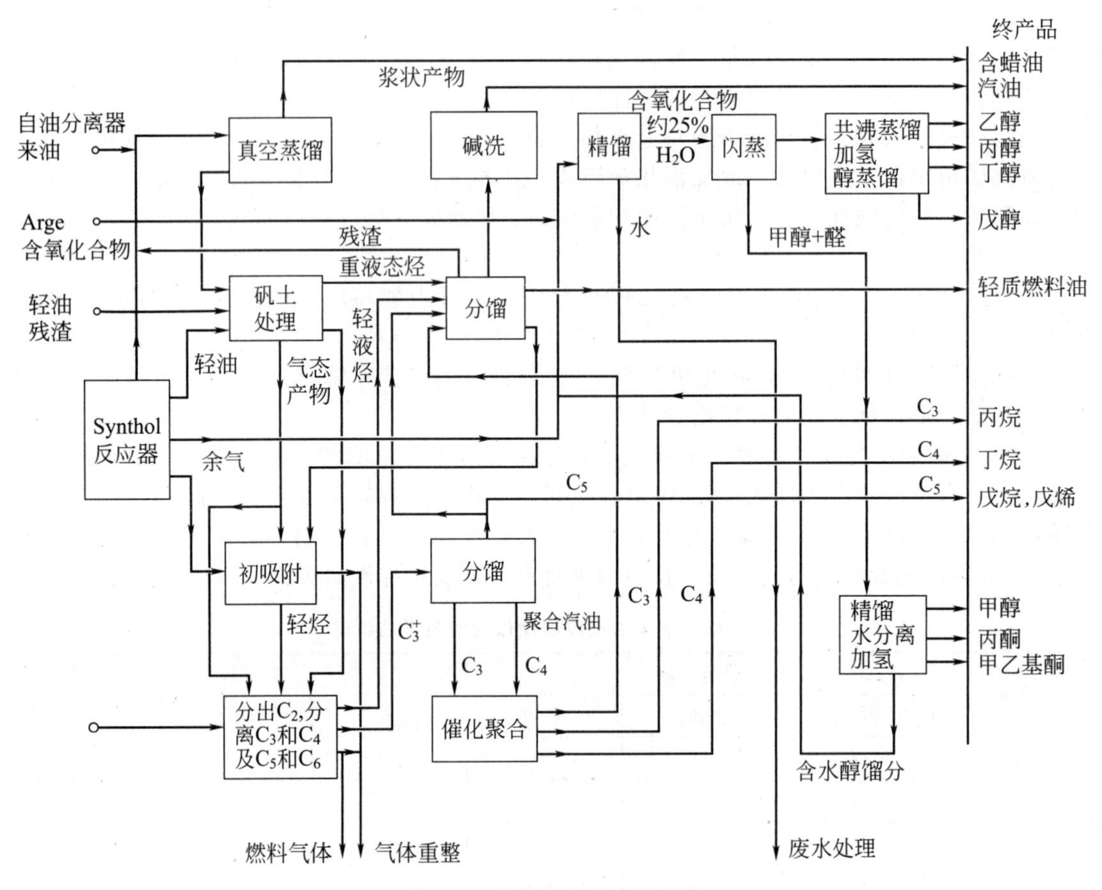

图 3-38 辛索尔合成产品回收

关于 C_5～C_{12}、C_{13}～C_{18} 等液态产物族组成，阿盖法与辛索尔两法是有差别的，阿盖法烷烃多，辛索尔法烯烃多，见表 3-23。

表 3-23 阿盖法与辛索尔法产物族组成 单位：%

组分	阿盖		辛索尔	
	C_5～C_{12}	C_{13}～C_{18}	C_5～C_{10}	C_{11}～C_{14}
烷烃	56	65	13	15
烯烃	40	28	70	60
芳烃	0	0	5	15
醇类	6	6	6	5
羟基化物	1	1	6	5

3.4.4.4 Sasol-Ⅰ、Sasol-Ⅱ与 Sasol-Ⅲ

南非 Sasol 公司在 Sasol-Ⅰ厂基础上，为扩大生产，在 1973 年石油供应紧张形势下，于 1974 年决定建立 Sasol-Ⅱ厂，到 1980 年建成。而在 1979 年初又决定建立 Sasol-Ⅲ厂，已于 1984 年建成。Ⅱ厂和Ⅲ厂采用辛索尔流化床反应器，它的生产能力大，可按比例放大。两个新厂工艺技术和能力都相同，只是增加了产量。

两个新厂生产能力比 Sasol-Ⅰ厂大许多倍，Sasol-Ⅱ和 Sasol-Ⅲ厂流程与产量见图 3-39。

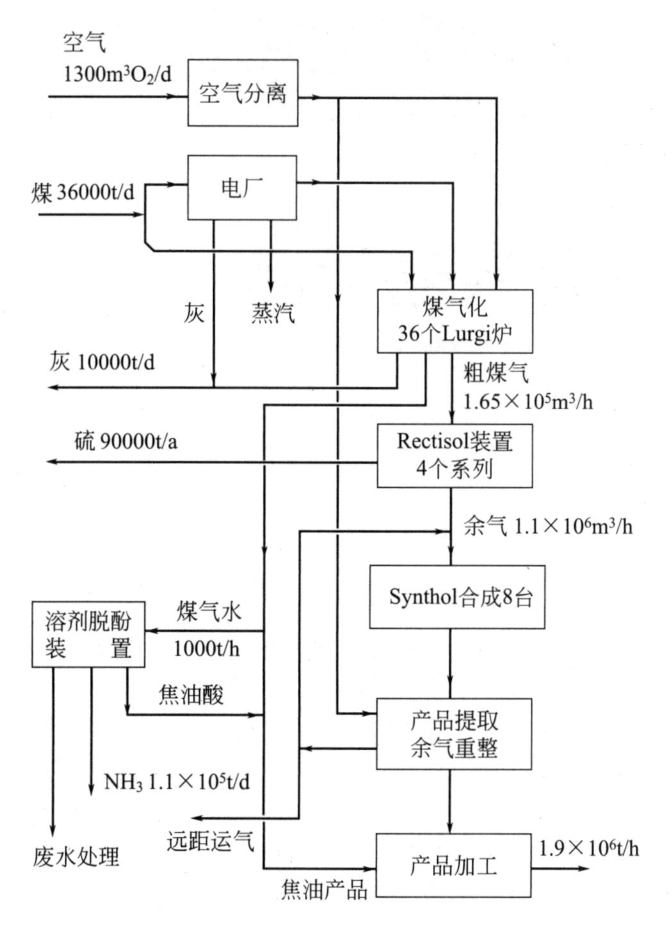

图 3-39　Sasol-Ⅱ和 Sasol-Ⅲ厂流程框图

新厂与 Sasol-Ⅰ相比在产品提取和加工方法上，有较大差别，新厂集中选用了现代炼油技术，例如聚合、加氢、异构化、选择裂解等工艺，以便生产高级动力燃料油。

Sasol-Ⅱ厂年产量见表 3-24。该厂于 1980 年建成时共投资约 80 亿西德马克。

表 3-24　Sasol-Ⅱ厂年产量　　单位：万吨

名称	动力燃料及其他产品	乙烯	硫	焦油产品	氨	合计
产量	150	16	9	24	11	210

Sasol 厂生产的动力燃料符合商品质量要求，不需要掺混天然原油精炼产品，汽油辛烷值可达 85～88，柴油十六烷值为 47～65。

随着生产经验积累和新技术研究的发展，Sasol 技术人员在催化剂、合成反应器以及操作条件、产品加工工艺等方面都在进行着研究改进工作。

第4章 无机大宗化学品

4.1 硫酸 >>>

4.1.1 概述

纯硫酸为无色透明的油状液体。工业生产的硫酸是指三氧化硫和水以一定比例组成的溶液，而发烟硫酸是其中三氧化硫和水的摩尔比超过1的溶液。硫酸产品规格主要有：93%（质量分数）和98%的浓硫酸，游离三氧化硫浓度为20%和65%的发烟硫酸。

硫酸具有广泛的用途。在化肥工业中，用于生产磷酸、过磷酸钙等，其消耗量约占硫酸产量的50%～60%；在冶金工业中，硫酸用于钢材加工及成品的酸洗及炼铝、铜、锌等；硫酸是生产各种硫酸盐的原料，也是塑料、人造纤维、染料、油漆、制药等生产中不可缺少的原料；在石油精制和国防工业中也需应用硫酸。

4.1.2 硫酸生产工艺

工业上生产硫酸的原料主要有：硫铁矿、硫黄和冶炼气。其中硫铁矿制酸、硫黄制酸、冶炼气制酸成为我国制酸工业生产的主要方式。采用硫铁矿生产硫酸的工艺过程分为以下四个步骤。

① 二氧化硫气体的制备　硫铁矿在高温下焙烧，生成二氧化硫气体。

② 炉气的净化　除去炉气中的杂质与水分。

③ 二氧化硫的催化氧化　在催化剂作用下，将二氧化硫转化为三氧化硫。这种采用催化剂的方法，也称接触法。

④ 三氧化硫的吸收　用浓硫酸吸收三氧化硫，硫酸中水与三氧化硫反应即成不同规格的产品硫酸。

4.1.3 二氧化硫炉气的制备

4.1.3.1 硫铁矿的焙烧过程

硫铁矿的焙烧过程分为两步。首先，二硫化铁受热分解，发生下列反应

$$2FeS_2 = 2FeS + S_2 \qquad \Delta H = -295.68 kJ/mol \tag{4-1}$$

温度越高对此反应越有利。当焙烧温度高于400℃时，二硫化铁开始分解，500℃时分解显著。其次，当温度高于600℃时，式(4-1)所示反应生成的单质硫与一硫化铁（硫化亚铁）继续燃烧，生成二氧化硫和三氧化二铁。

$$S_2 + 2O_2 \longrightarrow 2SO_2 \quad \Delta H = 724.07\text{kJ/mol} \tag{4-2}$$

$$4FeS + 7O_2 \longrightarrow 2Fe_2O_3 + 4SO_2 \quad \Delta H = 2453.30\text{kJ/mol} \tag{4-3}$$

当氧含量为 1%左右时，一硫化铁与氧作用生成四氧化三铁。

$$3FeS + 5O_2 \longrightarrow Fe_3O_4 + 3SO_2 \quad \Delta H = 1723.79\text{kJ/mol} \tag{4-4}$$

硫铁矿焙烧总的化学反应方程式为

$$4FeS_2 + 11O_2 \longrightarrow 2Fe_2O_3 + 8SO_2 \quad \Delta H = 3310.08\text{kJ/mol} \tag{4-5}$$

$$3FeS_2 + 8O_2 \longrightarrow Fe_3O_4 + 6SO_2 \quad \Delta H = 2366.38\text{kJ/mol} \tag{4-6}$$

反应生成的二氧化硫及过量氧、氮和水蒸气等其他气体统称为炉气；铁的氧化物及其他固态物统称为烧渣。

硫铁矿的焙烧是非均相的反应过程，从化学平衡的角度看，在较高温度和足量氧气存在下，反应可进行完全。因此对生产起决定作用的是焙烧速度，焙烧速度与化学反应速率和气相组分的扩散速率有关。硫铁矿的焙烧反应分为几个阶段：首先是二硫化铁的分解；氧向硫铁矿表面扩散；氧与一硫化铁反应；生成的二氧化硫由表面向气流中扩散。表面上除了一硫化铁与氧的反应外，还进行着硫黄蒸气向外扩散和氧与硫的反应等。研究表明，随着温度升高，二硫化铁的分解反应速率迅速加快。二硫化铁分解反应的活化能约为 126kJ/mol，这样高的活化能，只有在较高温度下才有较快的分解速率。一硫化铁与氧反应的活化能只有 13kJ/mol，温度升高，反应速率虽有增加，但不显著。因此二硫化铁的分解反应属化学动力学控制，而一硫化铁氧化反应属于扩散控制。实际生产中，反应温度约为 900℃，在此条件下，焙烧属扩散控制，且是氧的扩散控制了总反应速率。氧的扩散速率与氧的浓度、气固相的接触面积和相对运动速度及温度等有关。

提高焙烧温度，可以加快扩散速率。但温度的提高以不使烧渣熔化为限，一般将温度控制在 850～950℃。为了增加空气与矿石的接触面积并减少内扩散阻力，采用较细的矿粉粒度；增加空气与矿粒的相对运动，使气、固相充分接触。因此，目前工业上普遍采用沸腾焙烧技术。

4.1.3.2　沸腾焙烧与焙烧炉

沸腾焙烧即流态化焙烧。在沸腾炉中，当炉内风速大到一定程度时，床层表面开始鼓起气泡，随着风速加大鼓泡逐渐剧烈，气泡在上升过程中合并长大腾涌而出。矿粒在床层中上下翻动，床面明显起伏。由于矿粒是大小不等的颗粒群，要保持床层正常沸腾，既要使最大颗粒能够流化，又要使小颗粒不被气流带走。因此，气流速度应高于大颗粒的临界流化速度而低于小颗粒的吹出速度。

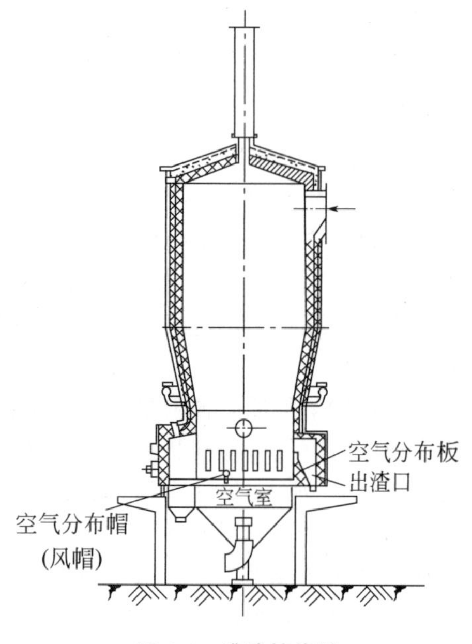

图 4-1　沸腾焙烧炉

目前国内以硫铁矿为原料的硫酸厂，大多采用异径扩大型沸腾焙烧炉，其结构如图 4-1 所示。沸腾炉炉体为钢壳，内衬耐火材料。炉内上部为炉膛，下部为空气分布室，由一个分布板隔开。分布板上装有风帽，空气由鼓风机送入空气室，经风帽均匀地向炉膛喷出，炉膛下段有加料室，矿料由此进入沸腾层，在入炉空气带动下处于沸腾状态。焙烧过程中，为避免炉温过高而使炉料熔结，在沸腾层炉壁上安装有冷却水箱或用废热锅炉的换热元件产生蒸汽，以移走硫铁矿焙烧反应的多余热量。炉膛的扩大部分为燃烧空间，扩大部分的截面积约为沸腾层的2～3倍，由于炉径加大使气速减慢，可以减少炉气的粉尘夹带，提高硫的烧出率。气体在沸腾炉内的停留时间一般约为10s。

4.1.3.3 焙烧工艺条件

为了提高硫的烧出率，提供优质的炉气，操作时控制炉温850～950℃，炉底压力9～12kPa，炉气含 SO_2 10%～14%左右。这三项指标是相互联系的，其中炉温控制最为重要。

影响沸腾炉焙烧温度的主要因素有：投矿量、矿料的含硫量和水分及空气加入量等。生产除采用稳定的投矿量、矿料组成和空气加入量来保持炉温稳定外，还通过增减炉内的冷却元件数量来控制炉温。当矿料含硫量太低而使炉温无法维持时，可采用出口炉气预热入口空气提高炉温。炉底压力波动也会引起炉温变化，一般采用连续均匀排渣以控制炉底压力。

沸腾炉有较高的硫烧出率，烧渣中含硫量较低，约为0.1%～0.5%。烧渣中含硫量的高低与沸腾层的温度和高度等有关。温度越高，对硫铁矿分解反应越有利，但以不使烧渣熔结为限；沸腾层越高，烧渣硫含量越低，但压降越大，动力消耗增加。一般沸腾层高度维持在1～1.5m。采用均匀的小颗粒矿料焙烧，也能使矿渣中含硫量降低。一般将矿石粉碎，使其平均粒径在0.24～0.7mm之间。

沸腾炉风速与矿料粒径有关，即粒径越大，风速也相应加大。根据矿料粒径的不同，沸腾层风速维持在0.3～3.5m/s间。加大风速，虽可提高沸腾炉的焙烧强度，但将使粉尘带出量和烧渣中的硫含量都增加。在硫铁矿的焙烧过程中，实际加入的空气量一般比理论空气用量高出20%左右。

4.1.4 炉气的净化

硫铁矿焙烧得到的炉气除含有二氧化硫外，还含有矿尘、三氧化硫、水分和其他有害杂质。矿尘不仅会堵塞管道设备，而且会覆盖在催化剂表面使催化剂活性下降。炉气中的少量三氧化硫和水蒸气在一定条件下形成酸雾，酸雾腐蚀管道、设备，并降低催化剂的活性。炉气中的三氧化二砷、二氧化硒也都是催化剂的毒物，氟化氢对设备、填料和催化剂载体均有腐蚀作用。因此在进行二氧化硫转化之前，必须对炉气进行除尘、清除杂质和干燥。

4.1.4.1 炉气净化的方法

炉气净化的基本方法是用机械或物理方法除去炉气中的矿尘；用洗涤法除去炉气中的氧化砷、氧化硒并同时除去酸雾；用吸收法以浓硫酸作吸收剂对炉气进行干燥。

炉气中的含尘量多少与原料的种类、粒度大小、焙烧方法、焙烧强度等因素有关。一般沸腾炉出口炉气（标准状态）含尘150～300g/m^3。清除矿尘的方法是根据矿尘粒子的大小，从大到小逐级采用适当方法进行分离。生产上采用较多的是旋风除尘、电除尘以及文丘里除尘。

炉气含砷量与原矿含砷量及焙烧条件有关。常规焙烧时，大部分砷进入炉气中。在进入转化之前应使炉气（标准状态）中三氧化二砷的含量小于0.1mg/m^3。焙烧时转入炉气中的二氧化硒也需清除。炉气中的三氧化二砷、二氧化硒的含量随温度降低而急剧降低。当温度降至50℃以下时，气体中所含的砷、硒将冷凝成固体。采用水或酸洗涤炉气时，一部分砷、硒氧化物被洗涤液带走，大部分呈固体微粒悬浮在气相中，成为酸雾冷凝中心。随后在电除雾器中与酸雾一起被清除。

炉气经除尘、清除杂质和酸雾后，还需干燥以除去炉气中的水分。在转化工序，水蒸气会与转化后的三氧化硫形成酸雾，破坏催化剂、腐蚀设备。因此，在进入转化前，要求炉气中水分含量小于0.1g/m³。炉气干燥用浓硫酸作为吸收剂。

4.1.4.2 炉气净化的工艺流程

炉气的净化过程按洗涤剂的不同，可分为水洗流程和酸洗流程。在每种流程中，又可将净化设备进行不同的组合，构成各类工业净化流程。

(1) 水洗流程 在水洗流程中，炉气先经旋风分离器除去粗矿尘，后续过程则有不同组合。较常见的水洗流程有两种。

① 文-泡-文流程：即用文丘里洗涤器和泡沫塔进行降温、除尘、除杂质，第二文丘里洗涤器进行炉气的精制，最后用浓硫酸进行干燥。这种流程投资少、操作方便，但系统的压降较高。"文-泡-文"水洗净化流程如图4-2所示。来自焙烧工序的高温炉气，经U形炉气冷却管冷却，温度降至450～500℃，并除去部分大粒矿尘。经旋风除尘器再分离除去部分矿尘后进入第一文丘里洗涤器，温度降至60～70℃，矿尘含量由20～30g/m³降到1g/m³，并除去部分砷、硒等杂质。炉气再经泡沫洗涤塔、第二文丘里洗涤器进一步降温、除杂质并除酸雾，又经旋风除沫器除去所带液体，进入干燥塔。炉气与浓硫酸在干燥塔内逆流接触，吸收了水分的硫酸经冷却后循环使用，由于吸收了水分，硫酸浓度会降低，故用98%成品酸补入并排出部分循环酸的方法保持硫酸浓度的稳定。净化后的炉气去主风机，进入转化工序。

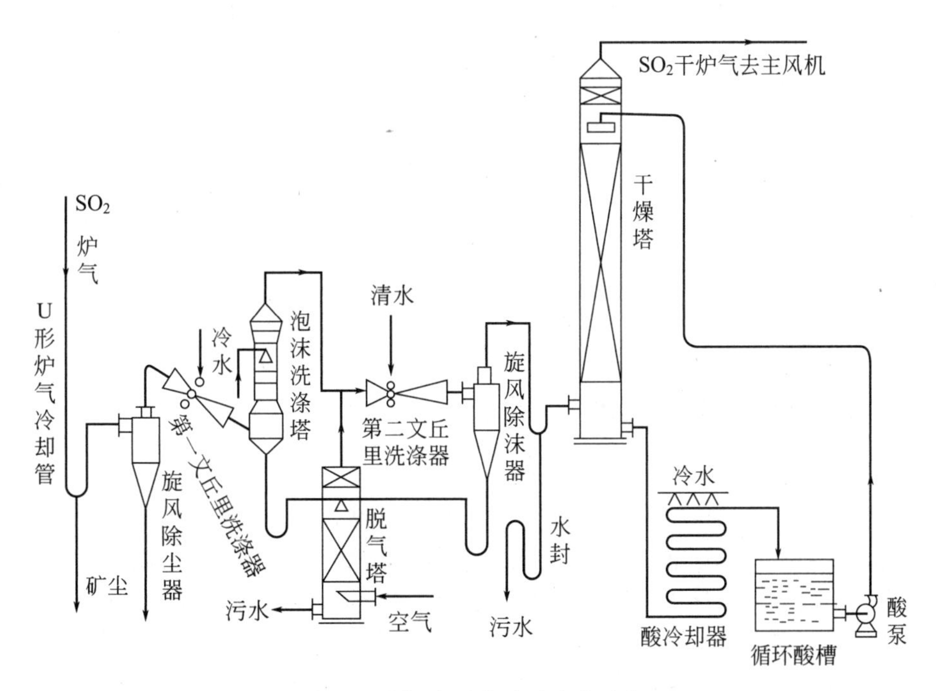

图4-2 "文-泡-文"水洗净化流程

② 文-泡-电流程：用电除雾器代替上述文-泡-文流程中的第二文丘里洗涤器，提高了对酸雾杂质的净化效率，且系统的压降小，但电除雾器的投资较大。

水洗净化流程的优点是设备简单、投资省，除尘、降温、除杂质效率高，操作方便；其根本缺点是生产过程中排放大量污水。生产每吨硫酸的污水量约为10～15m³，不仅有较强的酸性和大量矿尘，而且随原料不同而含有砷和氟等多种有害物质，故必须进行污水处理或污水封闭循环使用。现有不少工厂用酸洗净化流程取代原采用的水洗净化流程。

(2) 酸洗流程 酸洗流程是用稀硫酸洗涤炉气，除去其中的矿尘和有害物质，降低炉气温度。经典的酸洗流程是三塔二电流程，如图 4-3 所示。热炉气在第一洗涤塔被硫酸洗涤，除去了炉气中大部分矿尘及杂质；进入第二洗涤塔进一步被洗涤冷却，这时炉气中的砷、硒氧化物已基本冷凝，一部分被洗涤酸带走，成为酸雾凝聚中心的则在电除雾器中除去。为了提高第二段电除雾器的除雾效率，炉气经增湿塔冷却和增湿，使酸雾粒径增大，然后进入第二段电除雾器，进一步除掉酸雾和杂质。该流程的特点是采用空塔和填料塔作为炉气的降温和洗涤设备，操作稳定，适应性强；与水洗流程相比，排污量大大降低，二氧化硫和三氧化硫损失少，净化程度较好；缺点是投资较高。

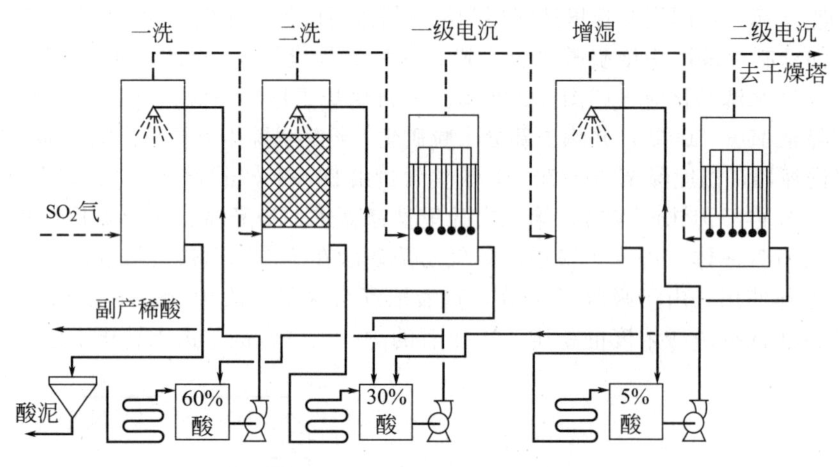

图 4-3 三塔二电酸洗流程

(3) 热浓酸洗流程　热浓酸洗流程采用较高温度的浓硫酸洗涤使炉气缓慢冷却，炉气中的三氧化硫冷凝成酸而不形成酸雾。流程由热酸塔（空塔）、泡沫塔、干燥塔和捕沫器组成。该流程的优点是流程简单，洗涤过程中不损失三氧化硫，净化系统稀酸和污水排放量小。但用热浓酸洗涤，砷和氟等杂质的净化程度不高，因此对含砷和氟高的原料适应性较差。目前国内主要是用冶炼烟气制酸的厂和少数小型硫酸厂采用此流程。

4.1.5 二氧化硫的催化氧化

4.1.5.1 催化剂

硫酸生产中最早曾采用铂催化剂作 SO_2 氧化催化剂，但由于铂催化剂对毒物十分敏感且价格昂贵，逐渐被钒催化剂所替代。目前接触法制硫酸均采用钒催化剂。

钒催化剂是以五氧化二钒作为主要活性组分，以碱金属（主要是钾）的硫酸盐类作为助催化剂，以硅胶、硅藻土、硅酸铝等作载体的多组分催化剂。添加助催化剂可以提高催化剂表面对氧的吸附，明显地增大催化剂的活性。载体的作用是分散催化剂活性组分，增大活性组分的表面积，提高催化剂的热稳定性和机械强度，防止五氧化二钒再结晶。钒催化剂一般含 V_2O_5 5%～9%，K_2SO_4 17%～20%，SiO_2 50%～70%。

我国生产的钒催化剂型号有 S101、S102、S105～S107。S101 是国内广泛使用的中温钒催化剂，S105～S107 是低温钒催化剂。S101、S102 的起燃温度为 390～400℃，S105～S107 为 365～375℃。S101、S102 的耐热温度为 600℃，S105 为 550℃。催化剂的寿命为 5～10 年。国产钒催化剂的基本性能已达到国际先进水平。

砷和硒的氧化物、氟化物、矿尘等对钒催化剂均有害。钒催化剂对三氧化二砷很敏感，砷化物覆盖在催化剂表面使催化剂的活性显著降低；水蒸气在低于 400℃时会与 SO_3 形成酸雾，使催化剂的活性降低。因此生产上要严格控制炉气中各种杂质的含量，使其达到规定的指标。

二氧化硫在催化剂存在下进行氧化反应

$$SO_2 + 1/2O_2 \longrightarrow SO_3 \qquad \Delta H^{\ominus} = -96.25\text{kJ/mol} \tag{4-7}$$

式(4-7) 是可逆放热反应。

二氧化硫在催化剂上的催化氧化是一个复杂的过程。对这一过程的机理，目前尚无定论。一般认为二氧化硫催化氧化按以下步骤进行：

① 氧分子被催化剂表面吸附，氧分子中原子间的化学键被破坏；

② 二氧化硫分子被催化剂表面吸附；

③ 催化剂表面吸附态的二氧化硫分子和氧原子进行表面反应，形成了吸附态的三氧化硫；

④ 生成的三氧化硫从催化剂表面脱附。

上述步骤，对钒催化剂，以氧的吸附为过程的控制步骤。

4.1.5.2　氧化工艺条件的选择

(1) 温度　二氧化硫催化氧化反应是一个可逆、放热反应，存在着最适宜温度。因为二氧化硫氧化的速率与温度的关系同时受到两个相反作用的影响：提高温度，反应速率常数增大，反应速率加快；同时平衡常数减小，反应速率应减慢。因此在不同的二氧化硫转化率时，反应有一最适宜温度。温度过高或过低，都将使反应速率降低。图 4-4 是二氧化硫反应速率与温度及转化率的关系。

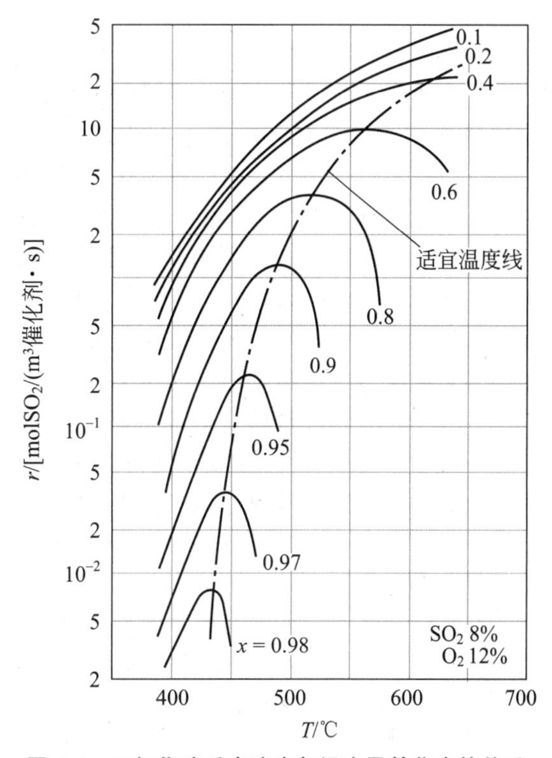

图 4-4　二氧化硫反应速率与温度及转化率的关系

图 4-5 示出了由不同转化率及对应的最适宜温度作出的最适宜温度曲线（最适曲线），图中还作出温度对平衡转化率的曲线（平衡曲线）进行比较。

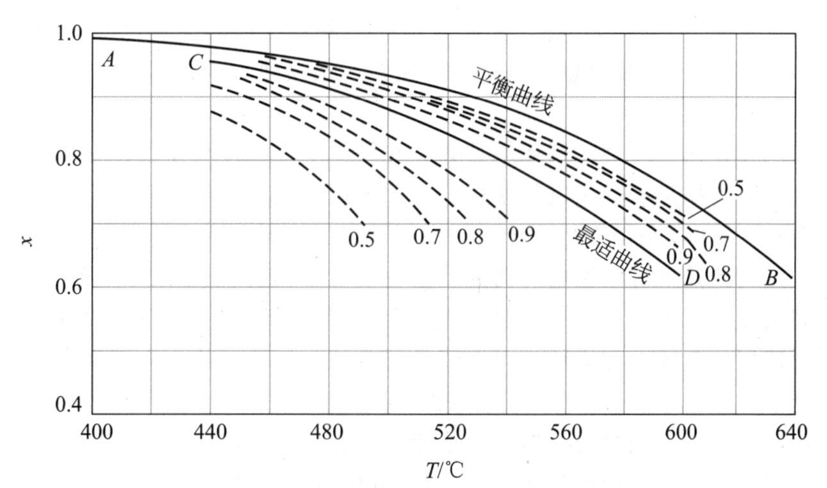

图 4-5　温度与转化率的关系

AB—平衡温度曲线；*CD*—最适宜温度曲线

确定二氧化硫转化反应温度的原则应是：在催化剂活性温度范围内，使反应尽可能沿着最适宜温度曲线进行。在反应初期，转化率较低，反应可在较高温度下进行，需将原料预热至催化剂的起燃温度，随着反应进行，适当移去反应热；反应后期，转化率较高，反应须在较低温度下进行。实际生产过程中不可能完全沿着最适宜温度操作，往往是在该曲线附近操作。

(2) 二氧化硫初始浓度　二氧化硫初始浓度对反应速率及生产每吨硫酸所需的原料气量有明显的影响。用空气焙烧含硫原料时，二氧化硫和氧量是相互抑制的，SO_2 浓度高，则氧含量低，反应速率将下降，达到同样转化率所需的催化剂用量也增加。图 4-6 曲线 2 表示催化剂用量随 SO_2 初始浓度的增加而增加。另一方面，随着 SO_2 浓度的增加，设备生产能力增加，相应设备折旧费减少，如图 4-6 中曲线 1 所示。二氧化硫初始浓度与生产总费用的关系见图 4-6 中曲线 3。确定生产中适宜的二氧化硫初始浓度，应使硫酸生产总费用最低。因此，以硫铁矿为原料生产的炉气，采用一次转化流程时，SO_2 浓度控制在 7%～8%；采用两次转化流程时，SO_2 浓度控制在8%～9%。

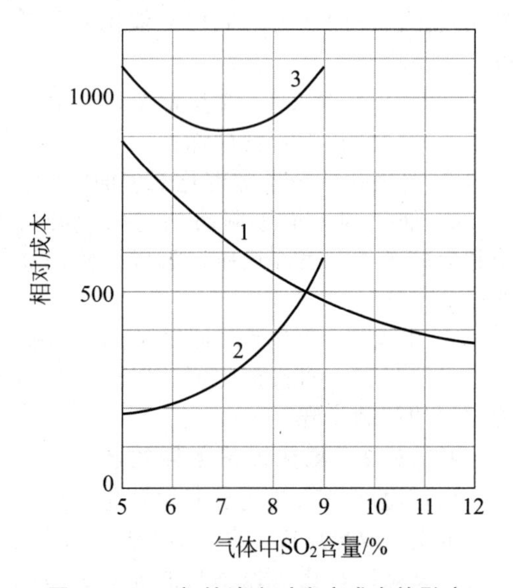

图 4-6　SO_2 初始浓度对生产成本的影响

1—设备折旧费与 SO_2 初始浓度的关系；2—最终转化率为 97.5%时，催化剂用量与 SO_2 初始浓度的关系；3—系统生产总费用与 SO_2 初始浓度的关系

(3) 最终转化率　提高二氧化硫的最终转化率，可以提高硫的利用率，减少尾气中 SO_2 的含量，从而降低原料消耗，减轻环境污染。但过分提高最终转化率，将导致催化剂用量增加，生产成本提高。综合两种因素，对于一次转化流程，二氧化硫适宜的最终转化率为 97.5%～98%；采用二次转化流程，则控制在 99.5%以上。

4.1.5.3　二氧化硫转化器

为了使二氧化硫氧化反应的温度在催化剂活性温度内尽可能地沿最适宜温度曲线进行，必须从反应系统中移去多余的热量，使温度相应地降低。目前工业上二氧化硫氧化反应器（或称转化器）普遍采用多段换热式固定床反应器。按换热方式的不同，可分为多段间接换热式和多段冷激式两类。

(1) 多段间接换热式　催化剂床层被分成几段，反应过程与换热过程交替进行，通过设置在反应器内或器外换热器间接进行换热。一次绝热催化反应过程称为一段，通常分设 3～5 段。图 4-7 所示为四段间接换热式转化器。经预热的原料气由上部进入转化器，在第一段催化剂床层中进行绝热反应，温度升高到一定程度后，离开催化剂床层进入换热器的管程，与冷原料气间接换热。然后进入二段催化剂床层继续进行反应，如此反复地进行反应-换热过程。离开第四段的气体，在床层外再继续进行冷却。各段的热气体都用来预热原料气，使原料气加热至催化剂的起燃温度后进入第一段催化剂床层。

(2) 多段冷激式　冷激式转化器是在绝热反应后加入一定量的冷气体，使反应后气体的温度降低。冷激气体可采用原料气或空气。与多段间接换热式相比，在达到相同转化率情况下，原料气冷激式转化器所需催化剂量显著增加。且最终转化率愈高，催化剂用量增加愈多，也就是说采用原料气冷激的段数愈多，或冷激的段数愈靠后部，则所需增加催化剂的量也愈多。因此通常只在第一、第二段间采用原料气冷激，其他几段保留间接换热器用以预热进入第一段催化剂床层的炉气。

4.1.5.4　二氧化硫催化氧化的工艺流程

二氧化硫催化氧化流程有多种，按转化次数可分为一次转化和两次转化。转化器可以是间接换热式、冷激式和冷激-间接换热式三种类型。

一次转化是将炉气一次通过多段转化器转化，段间进行冷却，最后转化气送去吸收。我国较多采用的是四段转化间接换热流程，如图 4-8 所示。净化过的炉气经鼓风机送入外部热交换器，与四段出口转化气换热。然后逆向顺次经过转化器内部的段间换热器，气体温度达到 430℃进入第一段催化剂床层，第一段出口气体转化率达 70%，再经各换热器和各催化剂床层后，总转化率达 98%左右，转化气经冷却后送去吸收。

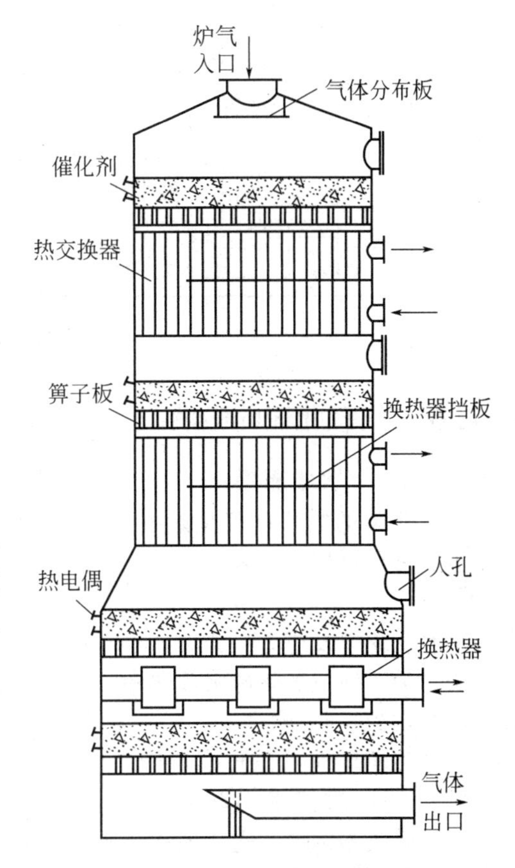

图 4-7　四段间接换热式转化器

两次转化流程也称两转两吸流程。流程中炉气通过前几段催化剂床层转化后送去第一次吸收，吸收掉三氧化硫的气体再送到其余催化剂床层反应，然后送去进行第二次吸收。由于一次转化气体的三氧化硫被吸收掉，再次转化时，减少了逆反应，反应速率加快，提高了最终转化率。与一次转化流程相比，两次转化可使催化剂用量减少，并可采用较高的二氧化硫初始浓度，减少尾气的污染。

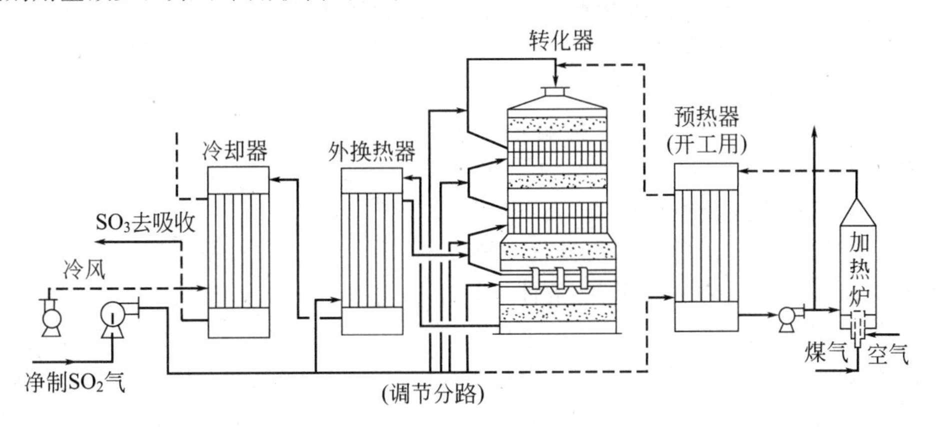

图 4-8　四段转化间接换热流程

图 4-9 所示为我国采用较多的两转两吸流程。流程中炉气经三段转化后进行中间吸收，再经一段转化后第二次吸收。炉气顺序经过三段和一段出口的换热器后送去转化，在第一吸收塔吸收 SO_3 后，再顺序经过四段和二段换热器后送去第二次转化。二次转化气经四段换热冷却后送去最终吸收。

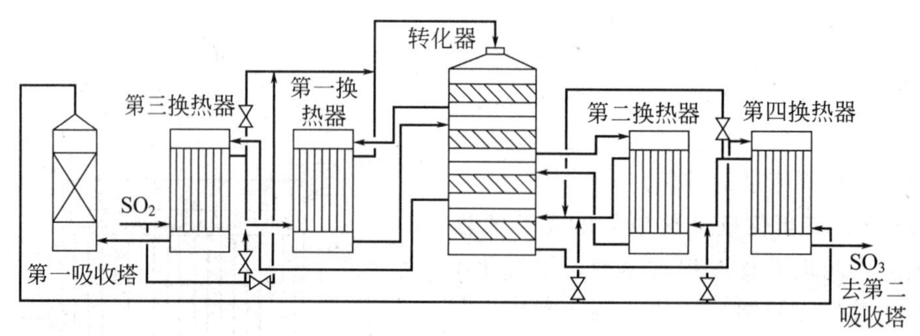

图 4-9　两转两吸流程

4.1.6　三氧化硫的吸收

4.1.6.1　吸收原理

三氧化硫的吸收过程是采用浓硫酸或发烟硫酸吸收的方法从气相中分离三氧化硫的过程。吸收过程可用下式表示

$$nSO_3(g)+H_2O(l) = H_2SO_4(l)+(n-1)SO_3(l) \tag{4-8}$$

尽管从化学反应方程式看，水和任何浓度的硫酸，都可以用来吸收三氧化硫，但在实际生产中，为了使三氧化硫吸收快和完全，更重要的是防止生成难以分离的酸雾，因此不用水或稀硫酸作为吸收剂。

为了将转化气中 SO_3 尽可能完全吸收，提高硫利用率，减少污染，应选择适宜的吸收酸浓度和温度以及进塔气体温度。

(1) 吸收酸浓度　选用液面上水蒸气分压和三氧化硫蒸气压都小的硫酸，能使三氧化硫吸收完全并在吸收过程中不形成酸雾。从不同温度及各种酸浓度下 SO_3 的蒸气压和水蒸气压数据可知，浓度为 98.3%的硫酸是常压下 H_2O-H_2SO_4 体系中的最高恒沸液，水和 SO_3 的蒸气压最低。浓度低于 98.3%的硫酸液面上虽几乎没有 SO_3，但有水汽，浓度越低水汽越多；浓度高于 98.3%的硫酸液面上，虽没有水汽，但有 SO_3 蒸气，浓度越高三氧化硫越多。用浓度低于或高于 98.3%的硫酸作吸收剂，都会产生酸雾。不同的是，前者是在吸收过程中三氧化硫与水形成硫酸蒸气，并冷凝成酸雾而被尾气带出；后者是因三氧化硫不能完全被吸收，从吸收塔排出后与大气中的水蒸气结合而形成酸雾。只有 98.3% 的硫酸对 SO_3 具有最高的吸收率。图 4-10 所示为三氧化硫吸收率和硫酸浓度及温度的关系。当用 98.3%硫酸吸收 SO_3 时，只要进入吸收系统的气体本身是干燥的，在正常操作条件下，可使 SO_3 的吸收率达到 99.95%。

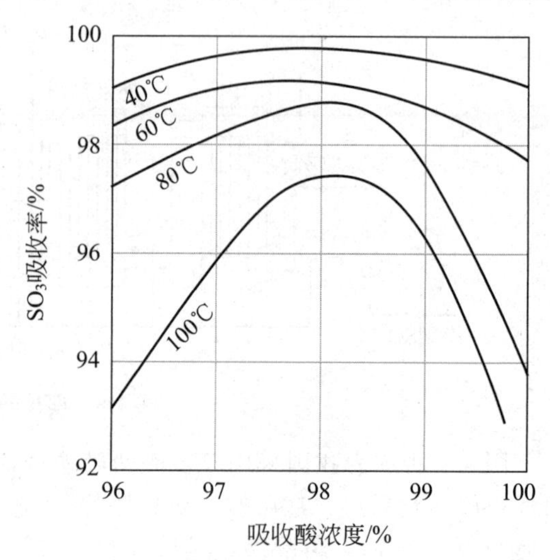

图 4-10　三氧化硫被浓硫酸吸收的吸收率

(2) 吸收酸温度　吸收酸温度对 SO_3 吸收率的影响是明显的。在其他条件相同的情况下，吸收酸温度升高，液面上水蒸气、SO_3 和硫酸蒸气的平衡分压增加，从而降低吸收率。因此从吸收率角度看，酸温低有利于吸收，但酸温也不能过低，否则会增加酸冷却器的冷却面积。因此在通常情况下，酸

温控制在60～75℃左右。

(3) 进塔气体温度 进入吸收系统的转化气温度是操作中重要的控制参数。在一般的吸收操作中，气体温度较低有利于吸收。但是三氧化硫吸收过程与一般的吸收过程不同，气体温度不能太低，特别是转化气中水含量较高时，提高吸收塔的进气温度，能有效地避免酸雾的生成。表4-1是转化气中SO_3浓度为7%时，水蒸气含量与转化气露点的关系。

表4-1 水蒸气含量与转化气露点的关系

水蒸气含量(标准状态)/(g/m³)	0.1	0.2	0.3	0.4	0.5	0.6	0.7
转化气的露点/℃	112	121	127	131	135	138	141

当进气温度低于转化气的露点时，就会形成酸雾，并随尾气带出造成损失和污染。当炉气（标准状态）干燥到只含水0.1g/m³时，进入吸收塔的转化气温必须高于112℃，进塔气温应保持不低于120～150℃。提高进吸收塔的气温，可以减少酸雾的生成，但同时也使吸收酸出塔温度提高了，而98.3%的硫酸的温度超过60℃时，会加剧对铸铁设备及管道的腐蚀。

4.1.6.2 吸收流程

我国硫酸工业中普遍采用的浓硫酸吸收流程如图4-11所示。温度为140～160℃的转化气从吸收塔底部进入，98.3%的浓硫酸从塔顶喷淋，吸收后酸浓度提高0.3%～0.5%，经排管冷却后流入循环槽，与干燥塔来的变稀的硫酸混合，不足的水分用新鲜水补充。除循环外，部分送往干燥塔以维持干燥酸的浓度，部分分批产出。

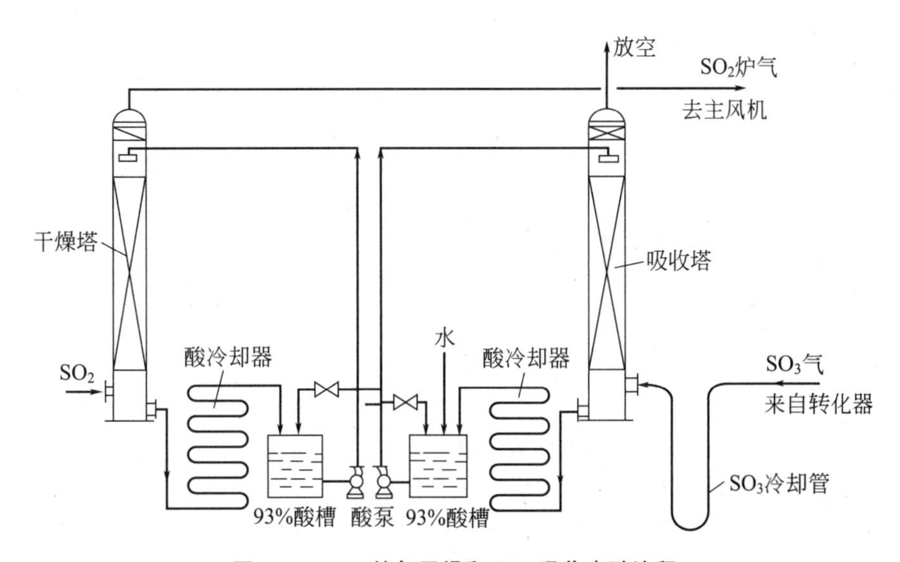

图4-11 SO_2炉气干燥和SO_3吸收串酸流程

4.1.7 三废治理

硫酸生产过程排放的污染物，主要是含SO_2、SO_3和酸雾的尾气；固体烧渣和酸泥；有毒酸性废液废水等。为了保护环境，必须对“三废”进行治理并开展综合利用，使硫酸生产逐步成为无污染的工业流程。

4.1.7.1 尾气处理

来自三氧化硫吸收塔的尾气中还含有 SO_2（约 0.2%～0.5%）、少量 SO_3 和酸雾。这些物质排入大气将污染空气，必须进行回收处理。

尾气脱硫的方法很多，主要方法如表 4-2 所列。其中较常用的是氨酸法、亚硫酸铵法等。

表 4-2 硫酸尾气脱硫的主要方法

方法	吸收剂	主要反应	净化率/%	副产品	说明
钠法	碳酸钠溶液	生成亚硫酸钠	95	亚硫酸钠，纸浆用	对苯二胺作阻氧化剂
石灰法	石灰乳	生成亚硫酸钙，氧化成硫酸钙	90	硫酸钙作钙塑材料或废弃	
氧化镁法	氧化镁浆液	生成亚硫酸镁，氧化成硫酸镁	95	硫酸镁煅烧回收，二氧化硫制酸	加氧化锰促进吸收
亚硫酸铵法	氨水	生成亚硫酸铵	90	亚硫酸铵，造纸用	加阻氧化剂
氨酸法	氨水	生成亚硫酸铵，加酸分解	90	硫酸铵（化肥），液体 SO_2	
活性炭法	活性炭	吸附，热空气或水蒸气等解吸	<500ppm (10^{-6})	SO_2 可回收利用	小厂尾气处理

4.1.7.2 烧渣的利用

硫铁矿沸腾焙烧得到的烧渣包括焙烧炉排渣口排出的烧渣与除尘器排出的矿灰。前者粒度大，铁品位低，残硫较高；后者粒度细，铁品位高，残硫较低，有色金属含量也稍高一些。每生产 1t 硫酸约排渣 500kg 以上，焙烧炉排出的烧渣占总烧渣量 30%左右，可根据情况，对烧渣和矿灰分别加以利用。

由于烧渣的主要成分是铁的氧化物，为回收这部分资源，可将烧渣作为炼铁原料。高品位硫铁矿的烧渣，可直接用作高炉炼铁原料。对于中低品位硫铁矿的烧渣，则必须进行预处理，先进行磁选或重选，提高烧渣中铁的品位，以符合炼铁的要求。当硫铁矿烧渣中有色金属含量较高时，必须脱除对炼铁有害的元素，回收利用烧渣中的有色金属。提取有色金属的方法，可根据烧渣的成分及有色金属的性质而决定。其中氯化焙烧法是综合利用烧渣较为成熟的方法，基本原理是选择 $CaCl_2$ 为氯化剂，在一定的温度下，使烧渣中各种金属选择氯化，然后分出有色金属氯化物，达到有色金属与铁分离的目的。

烧渣还可用来制取硫酸亚铁，再由硫酸亚铁制造铁红粉颜料；用烧渣作为建筑材料的原料，代替铁矿石作助溶剂用于水泥生产以增强水泥强度；制矿渣水泥；用硫酸处理并与石灰作用，生产绝热材料；用于生产碳化石灰矿渣砖。

4.1.7.3 废液处理

在炉气净化过程中，有数量不等的污酸、污泥及污水排出。污酸、污泥主要来自酸洗净化系统；大量的洗涤水则来自水洗净化系统。这些废液中含有矿尘及有毒物质，其中包括一些有色金属和稀有元素。目前最常用的处理污酸、污泥的方法是用碱性物质进行多段中和。中和法是在污酸、污泥中加入碱性物质，使其所含的砷、氟及硫酸根等形成难溶的物质，通过沉淀分离，使固体矿尘及有毒物质从污酸、污泥中分离出来。常用的碱性物质有石灰石、石灰乳、电石渣及其他废碱液。同时还添加适量凝聚剂，以加速中和过程中生成的固体物质的沉降。这些凝聚剂有：氢氧化铁、氯化铁、碱式氯化铝等。经过中和沉降处理后，达到排放标准的清液可以排入下水道或返回系统循环使用。

4.2 纯碱 >>>

4.2.1 概述

纯碱是重要的基本化工原料。纯碱即碳酸钠（Na_2CO_3），也称苏打，产品为白色细粒结晶粉末，工业品纯度为98%以上。在玻璃、搪瓷、造纸、纺织、制皂、染料、冶金、医药、无机盐、石油化工等众多工业中广泛应用。

纯碱的工业生产方法主要有两种：以食盐（NaCl）、石灰石（$CaCO_3$）为原料，用氨作循环物质的制碱法称为氨碱法或称索尔维法；将制碱与合成氨联合生产，以食盐、氨和二氧化碳为原料，同时生产纯碱和氯化铵，此法称为联合制碱法。

4.2.2 氨碱法制纯碱

氨碱法是纯碱生产的最主要方法，生产过程分为以下步骤。

① 石灰石的煅烧与石灰乳的制备。煅烧石灰石制得二氧化碳和氧化钙，二氧化碳作为制取纯碱的原料，氧化钙则与水反应生成石灰乳。

② 氨盐水的制备。制备饱和盐水并除去其中杂质，盐水吸氨制成氨盐水。

③ 氨盐水碳酸化（简称碳化）。氨盐水吸收二氧化碳，生成碳酸氢钠（重碱）结晶，用过滤法将重碱结晶从母液中分出。

④ 重碱煅烧制得纯碱成品和二氧化碳。

⑤ 母液中氨的蒸馏回收。加入石灰乳使母液中的氯化铵转化为氢氧化铵，通过加热蒸馏回收氨。

4.2.2.1 石灰石的煅烧与石灰乳的制备

(1) 石灰石的煅烧　石灰石的主要成分为$CaCO_3$，其含量可达95%左右。此外还含有2%～4%的$MgCO_3$及少量的SiO_2、Fe_2O_3及Al_2O_3等杂质。在煅烧过程中发生如下反应

$$CaCO_3(s) = CaO(s) + CO_2(g) \qquad \Delta H = -179.6\text{kJ/mol} \tag{4-9}$$

煅烧反应是吸热反应，通常靠固体燃料（焦炭或无烟煤）燃烧供给热量。因此，在石灰石煅烧分解的同时进行碳的燃烧

$$C(s) + O_2(g) = CO_2(g) \qquad \Delta H = 393.8\text{kJ/mol} \tag{4-10}$$

这样，石灰石煅烧过程中产生的二氧化碳，是来自$CaCO_3$的分解及燃料燃烧的产物，故含有N_2及少量O_2、CO。煅烧中，固体燃料的加入量由过程的热量平衡确定；空气的供给须保证燃料的充分燃烧，氧气不足或过剩都将降低CO_2的浓度。

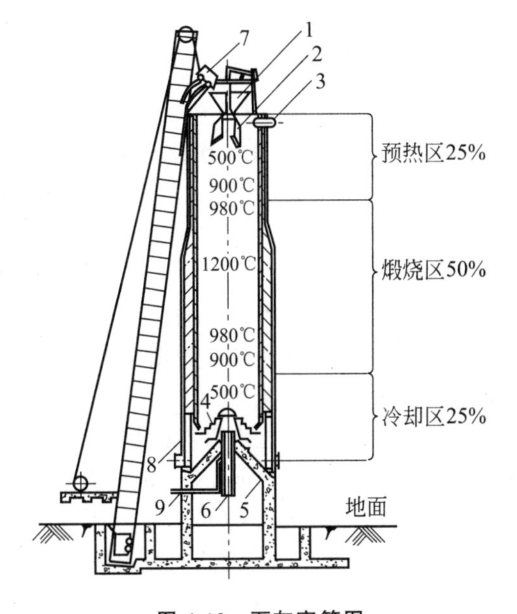

图 4-12　石灰窑简图

1—漏斗；2—分石器；3—出气口；4—出灰转盘；5—四周风道；6—中央风道；7—吊石罐；8—出灰口；9—风压表接管

煅烧石灰石大多采用竖式窑，结构如图4-12

所示。窑体用普通砖或钢板制成，内衬耐火砖，两层之间填装绝热材料。从窑顶往下可分为三个区域：预热区、煅烧区和冷却区。预热区约占全窑总高度的1/4，其作用是利用煅烧区上来的热窑气将石灰石及燃料预热并干燥。在窑中部的煅烧区内，石灰石完成分解过程。为避免过烧结疤，该区温度不超过1350℃。冷却区位于窑下部，约占窑有效高度的1/4，其主要作用是预热进窑的空气，使高温石灰冷却。最后石灰经出灰转盘从出灰口排出。石灰石在窑中停留的时间为十几小时。窑气经冷却除尘后，送碳酸化工序。

为获得CO_2浓度高的窑气和易于消化的石灰，生产上控制燃料的配入量为：石灰石：焦炭=(14～14.5)：1，控制窑气中$CO+O_2$含量小于0.3%。$CaCO_3$分解率在94%～96%之间，窑的热效率约为75%～80%。

(2) 石灰乳的制备　煅烧所得到的石灰遇水时发生水合反应，此过程称为消化

$$CaO+H_2O \xlongequal{} Ca(OH)_2 \qquad \Delta H=64.9kJ/mol \tag{4-11}$$

石灰消化时大量放热。控制加入水量，可得到石灰悬浮液，又称石灰乳。

石灰消化常用卧式转筒的化灰机。石灰和水从进口加入，互相混合反应，出口有圆筒筛将未消化物料与石灰乳分离。

4.2.2.2 盐水的精制与吸氨

(1) 盐水精制　氨碱法生产所用盐水，多为由固体海盐溶解制得的粗盐水，其大致组成(kg/m^3)为：NaCl 300.4；$CaSO_4$ 4.81；$CaCl_2$ 0.8；$MgCl_2$ 0.35。粗盐水中所含钙盐和镁盐，在后续吸氨和碳酸化过程中会生成氢氧化镁和碳酸钙沉淀，使设备管道结垢而堵塞，增加原盐和氨的损失、影响纯碱的质量。因此，需将粗盐水进行精制，除去钙镁杂质。生产上要求钙镁杂质的除去率应在99%以上。

常用的盐水精制方法为石灰-碳酸铵法和石灰-纯碱法。两法的第一步都是加石灰乳，使镁离子成为氢氧化镁沉淀

$$Mg^{2+}+Ca(OH)_2 \xlongequal{} Mg(OH)_2\downarrow+Ca^{2+} \tag{4-12}$$

除镁后的盐水称为一次盐水。第二步是除钙，石灰-碳酸铵法是用碳酸化塔顶含NH_3及CO_2的尾气处理一次盐水，以析出溶解度极小的$CaCO_3$。

$$2NH_3+CO_2+H_2O+Ca^{2+} \xlongequal{} CaCO_3\downarrow+2NH_4^+ \tag{4-13}$$

石灰-纯碱法则是在一次盐水中加入Na_2CO_3进行除钙。

$$Na_2CO_3+Ca^{2+} \longrightarrow CaCO_3+2Na^+ \tag{4-14}$$

此法要消耗纯碱，但精制盐水中不出现氯化铵。氯化铵是碳酸化反应的产物，它的存在对碳酸化反应平衡有影响。

在盐水精制过程中，为加速析出物的凝聚与沉降，可将除钙所得的沉淀返回一次精制设备中。此外，添加聚丙烯酰胺做助沉剂，以吸附沉淀微粒，形成絮状沉降物，可以缩短沉降时间，提高设备生产能力。

(2) 盐水吸氨　盐水吸氨的目的是制备合乎碳酸化要求的氨盐水。吸氨用的氨气来自氨回收工序，其中含有部分CO_2和水蒸气。

精制盐水与氨气及CO_2发生以下反应

$$NH_3(g)+H_2O(l) \xlongequal{} NH_4OH(aq) \qquad \Delta H=35.2kJ/mol \tag{4-15}$$

$$2NH_3(aq)+CO_2(g)+H_2O(l) \xlongequal{} (NH_4)_2CO_3(aq) \qquad \Delta H=95.0kJ/mol \tag{4-16}$$

盐水吸氨是伴有化学反应的吸收过程，由于CO_2和NH_3在溶液中作用而生成碳酸铵，使氨分压低于同一浓度氨水的氨平衡分压。低温和二氧化碳的存在对氨溶于溶液有利。在吸氨过程中，随着氨溶解量的增加，氯化钠的溶解度减小，生产中要求所制备的氨盐水，既要

有足够的氨浓度，又要保证较高的 NaCl 浓度。故一般氨盐水中 NH_3 与 NaCl 的摩尔比取 1.08～1.12。

吸氨过程中有大量热放出，其中包括 NH_3 和 CO_2 的溶解热、中和反应热及氨气中所含水蒸气的冷凝热。在正常生产条件下，每制 1t 纯碱，约放热 2.16×10^6kJ，此热量如不引出，足以使溶液温度上升约 120℃，导致吸氨塔完全不起作用。因此，吸氨过程中的冷却极为重要。

盐水吸氨后，体积增大，密度减小，且由于氨气中水蒸气的冷凝，使氨盐水总体积比盐水增加 14%～18%，NaCl 含量比盐水低 10%以上。氨盐水大致组成（kg/m^3）为：NaCl 260～263；NH_3 84～87；CO_2 45～55；NH_4Cl、$(NH_4)_2SO_4$ 8～15。上述组成中的 NH_3 是指氨盐水中的游离氨，包括 NH_4OH、$(NH_4)_2CO_3$、NH_4HCO_3 中的氨，溶液受热即分解出氨；而存在于 NH_4Cl、$(NH_4)_2SO_4$ 中的氨称为结合氨，当溶液受热时并不分解，需加入碱后才分解出氨。

吸氨的主要设备是吸氨塔，如图 4-13 所示。它是一个多段铸铁单泡罩塔。精制盐水由塔顶流下，塔板上有单个菌形（伞形）泡罩，气体通过泡罩边缘分散成细泡，扩大了气液间的接触。为移走吸氨的热量，将溶液引出塔外进行冷却，再送回吸收。氨气在塔中下部引入，此处反应剧烈，需加强冷却，因此将循环贮槽（8～10 圈）中的溶液冷却后送回氨气入塔部位，以提高氨的吸收率。部分氨盐水，经澄清桶排泥并冷却后送入塔底部的氨盐水贮槽（1～7 圈）。出塔尾气中所含微量氨用水洗涤回收，所得稀氨水送去化盐。塔的中部有一些空的塔圈，其作用是为了使溶液能靠重力流回塔内。吸氨操作在略低于大气压力下进行，可以减少氨的逸散损失。

精制后的盐水虽已除去 99%以上的钙镁，但残余的少量杂质在吸氨时还会形成碳酸盐和复盐沉淀。因此，氨盐水须经澄清桶再次进行澄清，使氨盐水中的固体杂质含量不大于 $0.1kg/m^3$。

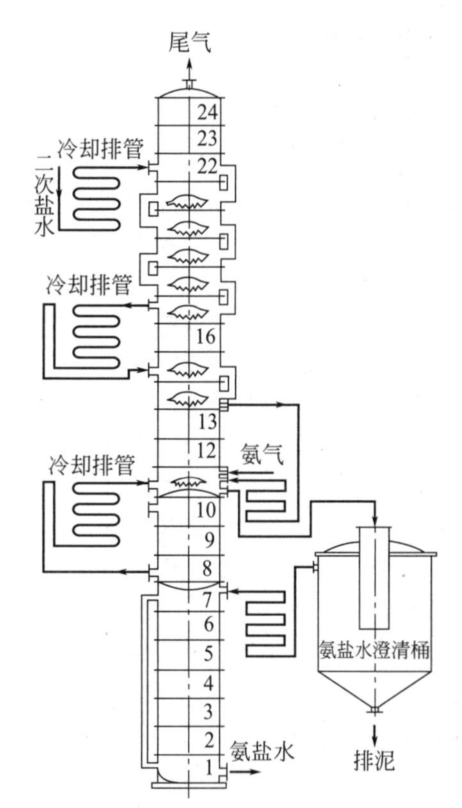

图 4-13　吸氨塔的结构与流程

4.2.2.3　氨盐水的碳酸化

(1) 碳酸化过程的基本原理　氨盐水的碳酸化是为了获得碳酸氢钠结晶，以便过滤、煅烧得到成品。氨盐水吸收二氧化碳的反应为

$$NaCl+NH_3+CO_2+H_2O \longrightarrow NaHCO_3\downarrow+NH_4Cl \tag{4-17}$$

$$NaCl+NH_4HCO_3 \longrightarrow NaHCO_3\downarrow+NH_4Cl \tag{4-18}$$

氨盐水的碳酸化是伴有化学反应的吸收，同时又有结晶析出的过程。此过程进行时，放出大量的热，其中包括 CO_2 的溶解热、溶液中的 NH_3 与 CO_2 的反应热和 $NaHCO_3$ 的结晶热。

对于氨盐水碳酸化这样的盐类互溶体系的反应，应用相图可求出平衡条件下体系的组成，分析反应进行程度，确定原料的最适配比和反应条件。

氨盐水碳酸化过程的反应机理，较多的研究认为包括以下步骤。

氨基甲酸铵的生成：当 CO_2 通入浓氨盐水时，生成氨基甲酸铵

$$CO_2 + 2NH_3 = NH_4^+ + NH_2COO^- \tag{4-19}$$

这个反应被认为是以下两个反应的结果

$$CO_2 + NH_3 = H^+ + NH_2COO^- \tag{4-20}$$

$$NH_3 + H^+ = NH_4^+ \tag{4-21}$$

氨基甲酸铵的水解：碳酸化液中的 HCO_3^- 主要由氨基甲酸铵的水解生成

$$NH_2COO^- + H_2O = HCO_3^- + NH_3 \tag{4-22}$$

复分解析出 $NaHCO_3$ 结晶：当碳酸化达到一定程度，HCO_3^- 在溶液中积累。HCO_3^- 与 Na^+ 浓度的乘积超过了该温度下的 $NaHCO_3$ 溶度积时，则产生沉淀，完成复分解反应

$$Na^+ + HCO_3{}^- = NaHCO_3\downarrow \tag{4-23}$$

或

$$NaCl + NH_4HCO_3 = NaHCO_3\downarrow + NH_4Cl \tag{4-18}$$

在碳酸化反应过程中，还会发生 CO_2 的水化反应

$$CO_2 + H_2O = H_2CO_3 \tag{4-24}$$

$$CO_2 + OH^- = HCO_3^- \tag{4-25}$$

由于溶态的 CO_2 与 NH_3 所进行的反应［式(4-19)］，远远快于上述水化反应，且碳酸化液中氨的浓度一直比 OH^- 浓度大好多倍，因此吸收的 CO_2 绝大部分消耗于生成氨基甲酸铵的反应。氨基甲酸铵的水解反应是碳酸化过程的控制步骤，氨基甲酸铵水解生成游离氨，有利于碳酸化反应的进行。

（2）碳酸化塔 碳酸化塔是氨碱法制纯碱的主要设备之一，其结构如图 4-14 所示。

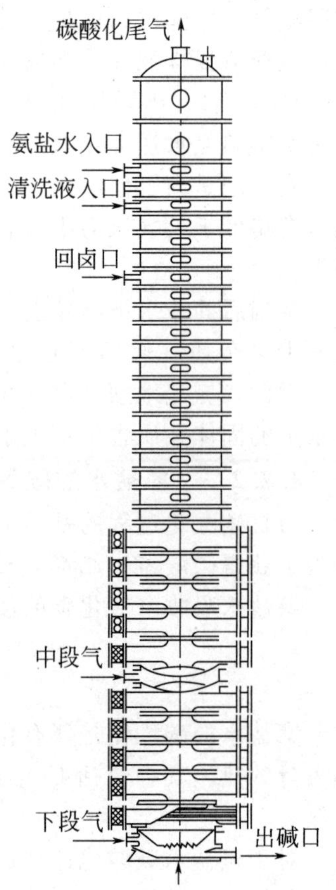

图 4-14 碳酸化塔

塔体由多个铸铁塔圈组成，塔的上部为二氧化碳吸收段，每圈之间装有笠形泡罩，塔板是略向下倾的中央开孔的漏液板，孔板和笠帽边缘有分散气泡的齿缝以增加气液间的接触面积，促进吸收。塔的下部为冷却段，装有十个左右的冷却水箱，用以冷却碳化液以析出结晶。碳酸化塔的底部有晶浆取出口和浓 CO_2 气入口，冷却段中部有稀 CO_2 气入口，塔顶有进液口及尾气出口。碳酸化塔的操作中首先要控制好全塔温度分布。调节温度时，应避免突然变化。如温度突降，则可能生成大量细晶，甚至造成堵塔。若要使高温区维持在距塔顶约 1/3 的部位，除调节冷却水用量外，还应注意进气的速度与出碱速度，两者应相适应。出碱速度过快，高温区下移，造成结晶细小，产量下降。反之，高温区将上移，导致二氧化碳吸收不完全。通常溶液在碳酸化塔中停留 1.5～2h，塔底料浆中含 $NaHCO_3$ 结晶为 45%～50%，塔顶出口气体中含二氧化碳不大于 6%～7%，含氨约 15%。

碳酸化过程中，碳酸氢钠不断析出，黏附在冷却表面上，易使塔堵塞，须经常清洗。清洗每隔一定时间进行切换，向部分结疤的碳酸化塔中通入新鲜的氨盐水和稀二氧化碳气。工厂常将多个碳酸化塔编组运转，一般五个以上为一组，如四塔制碱、一塔清洗。

(3) 重碱的过滤　从碳酸化塔取出的是含有大量固相 $NaHCO_3$ 的悬浮液，须用过滤的方法加以分离。过滤时，对滤饼进行洗涤，以降低重碱液中氯化钠的含量。重碱过滤常采用真空过滤机。真空过滤机的基本构造如图 4-15 所示。真空过滤机的主要机件是回转的圆筒滤鼓，滤鼓外是细格的箅板，板上装有滤布。滤鼓的两端有空心轴，轴的外面有齿轮连接传动装置，轴的空心部分则分别连接减压系统和空气压缩系统。转鼓旋转一周依次要完成吸碱、吸干、洗涤、挤压、刮卸、吹除等过程。吸碱时由于真空系统作用，液体通过滤布的孔隙被抽入转鼓内，而重碱结晶则被截留在滤布上。然后用软水洗涤滤饼并吸干，由设置在滤鼓上的压辊将滤饼压平，再吸干后转到刮刀处刮下，送往重碱煅烧工序。重碱被刮刀刮下后，滤布上尚残留一些，需用压缩空气吹下，使滤布复原以继续使用。

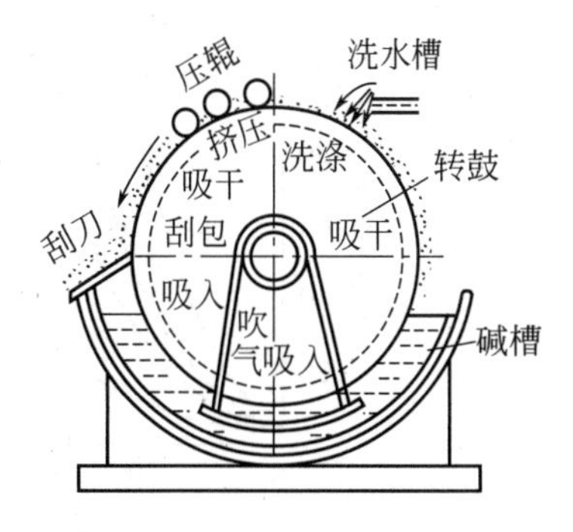

图 4-15　回转真空过滤机操作示意图

真空过滤的特点是能连续操作，生产能力大。但滤饼的水分较高，一般为 14%～18%。

4.2.2.4　重碱的煅烧

(1) 重碱煅烧的基本原理　重碱为不稳定的化合物，经煅烧后生成纯碱。反应式为

$$2NaHCO_3(s) \Longrightarrow Na_2CO_3(s)+CO_2\uparrow+H_2O\uparrow \qquad \Delta H=-128.5kJ/mol \tag{4-26}$$

不同温度下 $NaHCO_3$ 上方的 CO_2 平衡分压见表 4-3。

表 4-3　不同温度下 $NaHCO_3$ 上方的 CO_2 平衡分压

温度/℃	30	50	70	90	100	110	120
p_{CO_2}/kPa	0.83	4.0	16.0	55.2	97.4	167	170

由于煅烧过程吸热，因此随着温度的升高，p_{CO_2} 随之增大。常压下温度为 88℃，气相二氧化碳平衡分压为 50.6kPa 时，$NaHCO_3$ 可完全分解，但实际上在此温度下反应进行得很慢。为提高分解速度，工业上采用的煅烧温度为 160～190℃。图 4-16 所示为重碱煅烧过程中各物料成分的变化。由图 4-16 可知，在 160℃煅烧时，分解所需时间接近于 1h，在 190℃时，则需要 30min 左右。

重碱煅烧过程中，炉气中二氧化碳浓度很高，一般可达 90%左右，重碱的烧成率约为 51%。

(2) 重碱煅烧设备　煅烧重碱的主要设备为煅烧炉，目前使用较多的是内热式蒸汽煅烧炉，其基本构造如图 4-17 所示。炉体为直径 2.5m、长 27m 的回转圆筒。炉内设有三层蒸汽加热管，管外焊有翅片以增大传热面积。为避免入炉处结疤，炉头部分的加热管不带翅片。加热蒸汽由炉尾进入汽室，再分配到各加热管中。冷凝水则回汽室外圈的冷凝水室，经疏水器排出炉外。煅烧炉炉体上设有托圈，承架于托轮上，后端装有挡轮防止炉体轴向移动；托轮与挡轮之间的炉体上装有齿轮圈，由电机通过传动装置带动齿轮圈使炉体回转。煅烧炉的炉头有重碱与返碱的进口及炉气的出口，炉尾有出碱口、加热蒸汽进口及冷凝水出口。返碱是将一定量煅烧后的成品碳酸钠用来与重碱混合，以降低重碱的水含量，避免炉内结疤。内热式蒸汽煅烧炉具有生产能力大、炉体不易损坏、热效率高等优点。

(3) 重质纯碱的制造　蒸汽煅烧炉制得的纯碱的密度约 600kg/m³，这种纯碱称为轻质纯碱。轻质纯碱所占体积大，不便于包装运输，且在使用过程中飞散损失较多。因此，生产中多加工到密度为 800～1100kg/m³ 的纯碱，称为重质纯碱。

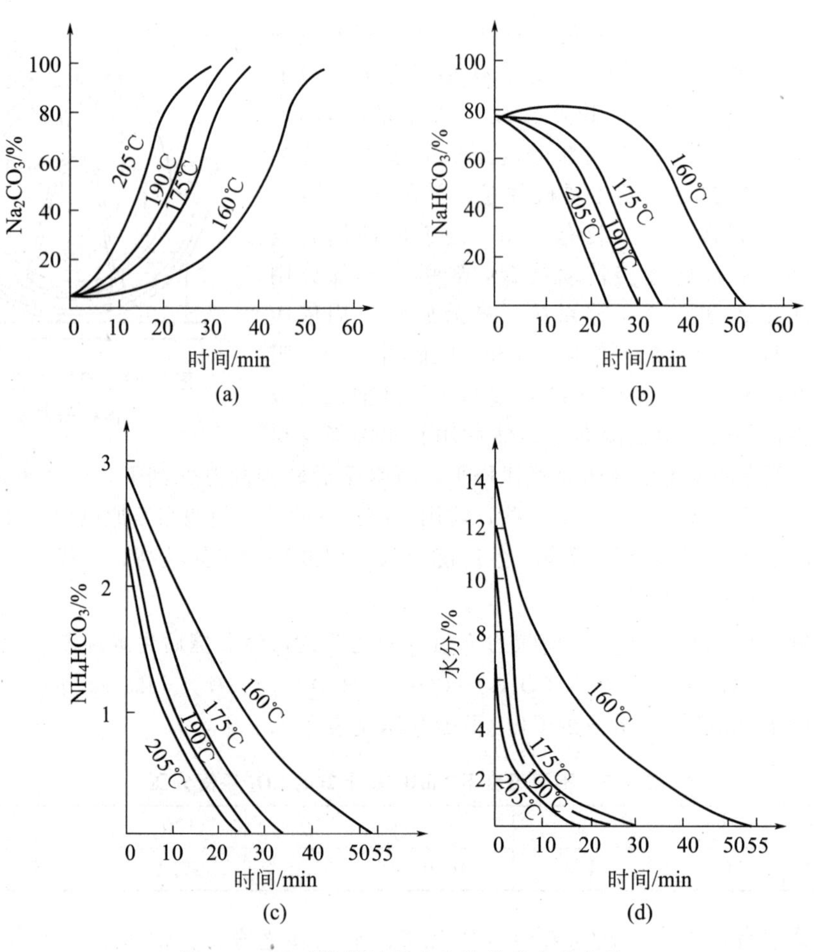

图 4-16 重碱煅烧过程中各物料成分的变化

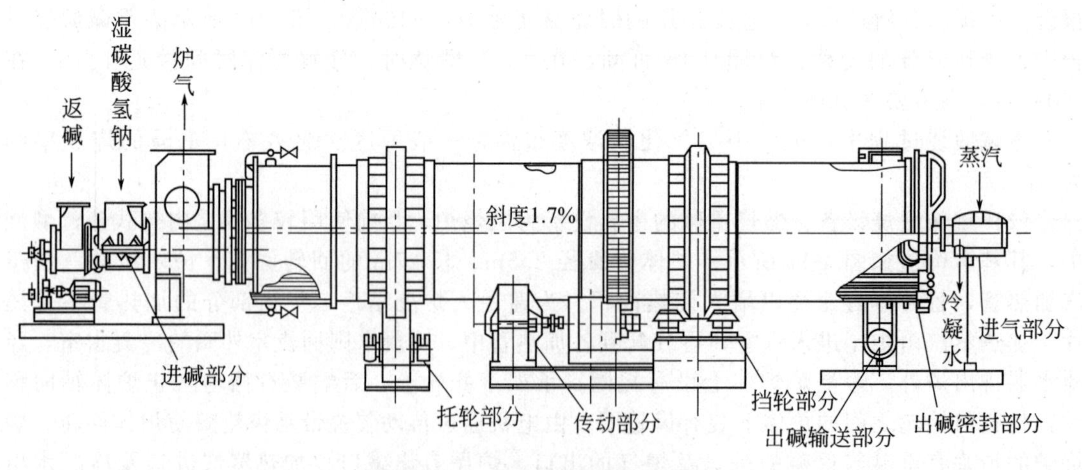

图 4-17 内热式蒸汽煅烧炉示意图

重质纯碱的生产方法主要有挤压法和水合法。挤压法是将轻质纯碱送入挤压机，在40～45MPa 的操作压力下挤压成片，然后再破碎过筛，粒度在 0.1～1.0mm 作为成品。水合法是将从煅烧炉来的温度约 150～170℃的轻质纯碱，送入水混机中，同时喷入温度约 40℃的水。轻质纯碱与水在水混机中均匀混合并发生水合反应，生成一水碳酸钠。水混时间为

20min，温度为90～100℃，混合物含水17%～20%。所得一水碳酸钠进入煅烧炉与低压蒸汽（约1MPa）间接换热，蒸出水分而得到重质纯碱。

4.2.2.5 氨的回收

氨碱法生产中所用的氨是循环使用的。生产1t纯碱，循环的氨量约为0.4～0.5t。生产上需回收氨的料液主要有过滤母液和淡液。由于母液含有游离氨和结合氨，故氨的回收采用两步进行，先将母液加热以蒸出游离氨和二氧化碳，然后再加入石灰乳与结合氨作用，使其转变为游离氨而蒸出。淡液是指各种洗涤液、冷凝液等含氨稀溶液，其中只含有游离氨，故直接加热蒸馏。

(1) 蒸氨的原理 过滤重碱后的母液含有多种化合物，受热时，游离氨即从液相蒸出，同时还发生以下反应

$$NH_4OH \longrightarrow NH_3 + H_2O \qquad (4\text{-}27)$$

$$(NH_4)_2CO_3 \longrightarrow 2NH_3 + CO_2 + H_2O \qquad (4\text{-}28)$$

$$NH_4HCO_3 \longrightarrow NH_3 + CO_2 + H_2O \qquad (4\text{-}29)$$

溶解于过滤母液中的 $NaHCO_3$ 和 Na_2CO_3 发生如下反应

$$NaHCO_3 + NH_4Cl \longrightarrow NaCl + NH_3 + CO_2 + H_2O \qquad (4\text{-}30)$$

$$Na_2CO_3 + 2NH_4Cl \longrightarrow 2NaCl + 2NH_3 + CO_2 + H_2O \qquad (4\text{-}31)$$

加入石灰乳时，结合氨转化为游离氨并受热逸出

$$Ca(OH)_2 + 2NH_4Cl \longrightarrow CaCl_2 + 2NH_3 + 2H_2O \qquad (4\text{-}32)$$

在加热蒸出游离氨的过程中，母液中除含有 NH_3 和 CO_2 外，还含有一定量的 NH_4Cl。NH_4Cl 的存在会略微增高 NH_3 的蒸气压力，同时使 CO_2 的蒸气压力显著升高，CO_2 溶解度降低，而溶液中的 NaCl 含量则对汽液平衡没有显著的影响。因此，蒸馏游离氨时，物系可用 NH_3-CO_2-H_2O 体系表示。加入石灰乳蒸馏结合氨时，溶液中所含 $CaCl_2$ 与氨生成络合物而降低了氨蒸气分压；而 NaCl 则提高氨的分压。$CaCl_2$ 和 NaCl 两者对氨分压的影响互相抵消，在加石灰乳蒸馏的液体上方的氨平衡分压和氨水溶液上方的氨平衡分压几乎相同，故物系可用 NH_3-H_2O 体系表示。

(2) 母液的蒸馏 母液蒸氨的主要设备是蒸氨塔，主要由母液预热器、加热段和石灰乳蒸馏段组成，其结构如图4-18所示。

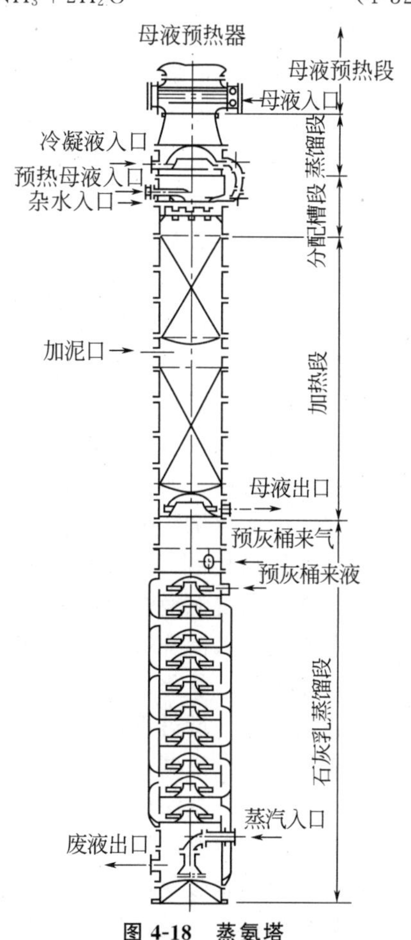

图4-18 蒸氨塔

母液预热器由7～10个卧式列管水箱组成，安置在蒸氨塔的顶部，管内走母液，管外走蒸出的带水汽的热氨气。冷母液在预热器中与热氨气换热，温度由25～30℃升高到70℃左右，然后进入加热段。同时，热氨气温度由88～90℃降到65℃左右，进入冷凝器冷凝掉气体中大部分水汽，然后送往吸氨工序。

塔中部的加热段一般为填料床，母液由上部经分液板加入，与下部上升的热气（水蒸气和氨气）直接接触，填料起促进气液接触良好、加速传热传质的作

用。母液通过加热段时蒸出游离氨和二氧化碳，剩下主要含结合氨的母液。

母液中的结合氨在加热时不能分解，所以将母液引入塔外的预灰桶，在桶中与石灰乳充分混合，然后再引回蒸氨塔的石灰乳蒸馏段蒸馏。石灰乳蒸馏段内设十多个单菌帽形泡罩塔板，含石灰乳的母液从该段的上部加入，与塔底蒸汽逆流接触。通过这段蒸馏后，99%的氨已被蒸出，含微量氨的废液从塔底排出。

蒸氨过程需要大量热能，一般用低压水蒸气作为热源。由于母液中盐含量高，极易结疤，所以将低压蒸汽直接通入塔底。蒸汽的加入冲稀了母液，使废液排放量增大。蒸汽的耗量约为 1.5～2.0t/t(纯碱)。

对于蒸氨来说，较低的压力有利于氨的蒸出。一般维持塔底压力为 0.15～0.17MPa，塔顶略呈真空。这样可防止氨的泄漏损失，但应注意系统的密闭，以免漏入空气，降低气氨的浓度，从而不利于盐水吸氨。塔底压力确定后。溶液的沸点为一定值。由于母液中含有各种组分，其沸点高于纯水。因此塔底温度一般保持在 110～117℃，塔顶为 80～85℃。蒸出的氨气经冷凝器冷却，使大部分水汽冷凝下来。温度降至 55～60℃后送往吸氨工序。蒸氨排出的废液量约为母液的两倍，即 10～12m^3/t(纯碱)，其中主要含 $CaCl_2$ 95～115kg/m^3；NaCl 50～52kg/m^3。蒸氨废液的处理是氨碱法生产中较为突出的问题。将废液用来制造氯化钙或制盐，不但需要量有限，而且经济价值也不高。目前仅回收部分氯化钙，用于制造建筑材料、钙塑材料、含钙肥料等，大部分废弃入海或堆积其固渣，造成环境污染和土地浪费。

(3) 淡液的蒸馏　淡液的蒸馏也是直接用水蒸气将游离氨和二氧化碳蒸出。实际生产中，由于碳酸氢钠煅烧炉的冷凝液和其他含氮废水中含有少量纯碱，所以淡液中的少量结合氨也会转变为游离氨。因此，淡液是一个不含 NaCl 和 NH_4Cl 的 NH_3-CO_2-H_2O 体系，其蒸馏过程的主要反应与蒸氨塔中加热段的反应相同。淡液的蒸馏常用填料塔，淡液的量较少，约为 0.6～1.0m^3/t(纯碱)。

4.2.2.6 氨碱法制碱生产总流程

氨碱法制碱生产总流程包括五个主要部分，即石灰石的煅烧及石灰的消化、氨盐水的制备、氨盐水碳酸化及重碱过滤、重碱煅烧、氨的回收。总流程如图 4-19 所示。

石灰石在石灰窑中煅烧，含二氧化碳约 40%的窑气经洗涤、冷却和压缩后，送往碳酸化工序，作为清洗塔和制碱塔中段气气源。石灰窑排出的石灰在卧式化灰桶中加水消化生成石灰乳，供蒸氨及盐水除镁之用。

原盐经化盐后，加入石灰乳除去盐水中的镁，然后在一次澄清桶分离。一次盐水进入除钙塔，吸收碳酸化尾气中的二氧化碳，除去盐水中的钙。经二次澄清桶分离后的二次盐水去吸氨塔吸氨制淡盐水。二次澄清桶的 $CaCO_3$ 沉淀送入一次澄清桶，促进 $Mg(OH)_2$ 的沉降。钙镁沉淀在三层洗泥桶中用水洗涤后排出，洗涤水送去化盐。

氨盐水先进入清洗塔，溶解塔中的疤垢，同时吸收窑气中的二氧化碳，然后送入制碱塔，进一步吸收二氧化碳，生成重碱结晶。碳酸化塔塔顶的尾气去盐水精制工序，塔底的取出液经过滤分离，所得重碱去煅烧炉，母液去蒸氨塔。

重碱煅烧生成纯碱，部分作为产品，部分作为返碱与重碱混合，再次煅烧。煅烧炉排出的炉气，经冷却、洗涤后，二氧化碳浓度达 90%左右，作为碳酸化塔的下段气气源。

碳化母液在蒸氨塔及预灰桶中分离出游离氨与结合氨后，成为废液排弃。塔顶回收的含二氧化碳的氨气送吸氨塔。

以氨作为循环物质，是氨碱法制碱的主要特点。从整个流程总的进出物料看，主要原料

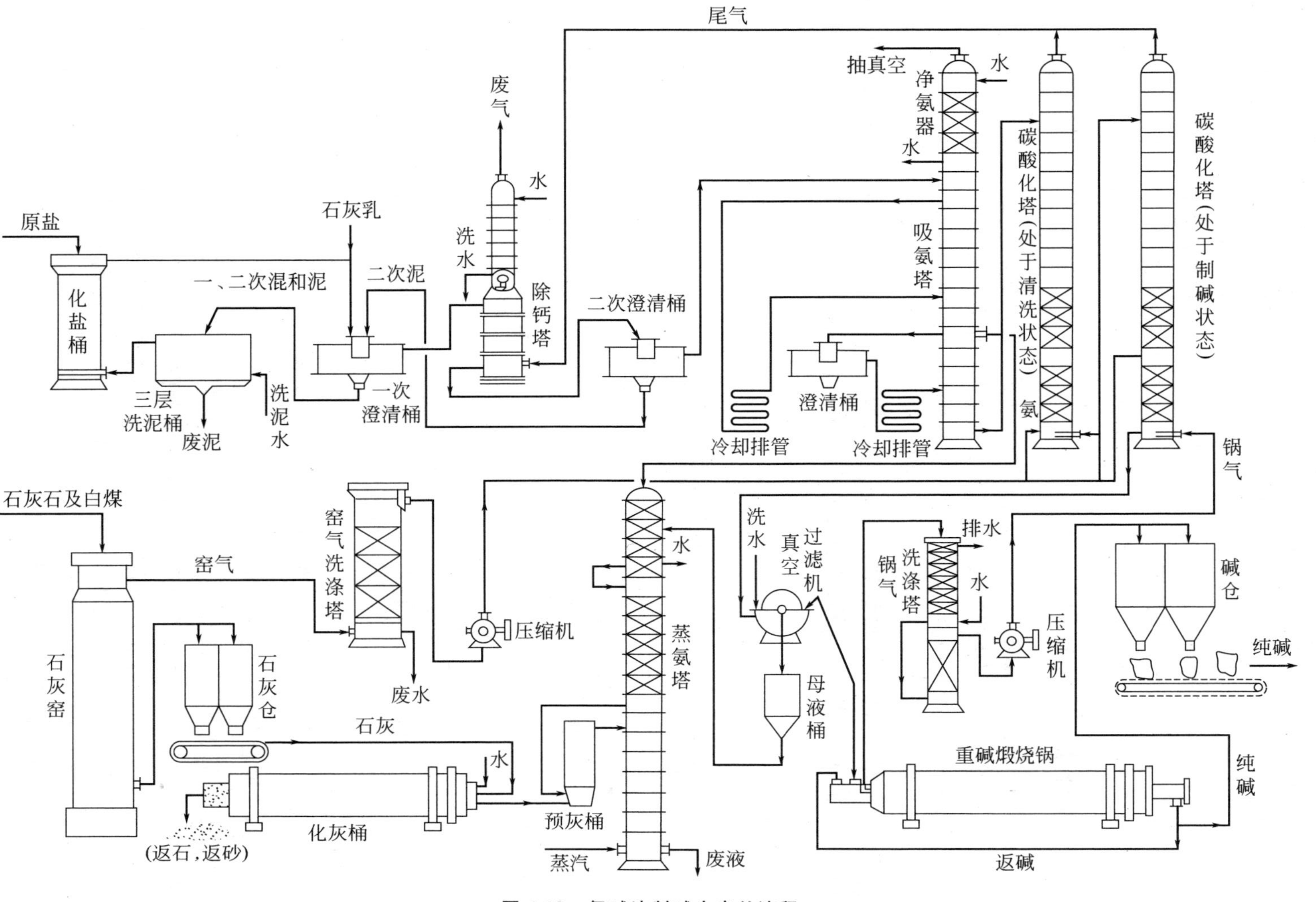

图 4-19　氨碱法制碱生产总流程

为 NaCl、$CaCO_3$，产品为 Na_2CO_3，副产品为含 $CaCl_2$ 的废液。若写成总反应式为

$$2NaCl + CaCO_3 = Na_2CO_3 + CaCl_2 \tag{4-33}$$

如无氨作循环物质，上述反应不可能向右进行。加入氨后，形成了与式(4-33) 不同的反应途径。氨与二氧化碳（$CaCO_3$ 分解所得）使 NaCl 转化为 $NaHCO_3$ 这一中间产物，然后再转化为 Na_2CO_3，这就使得用 NaCl、$CaCO_3$ 生产纯碱成为可能。氨在生产过程中不是催化剂而是反应物，理论上氨是不消耗的，但实际生产中不可能无损失。为了减少氨的损失，需对所有含氨尾气及废液中的氨加以回收。氨碱法制碱生产流程的五个主要部分中，氨盐水碳酸化是对整个生产过程具有关键性作用的部分。

4.2.3 联合法制取纯碱和氯化铵

联合制碱法（简称联碱法）是将合成氨与纯碱两种工艺过程结合起来，生产纯碱与氯化铵。其中，由合成氨过程提供产品氨及副产品二氧化碳，作为制碱过程中盐水吸氨及碳酸化的原料气。分离出重碱后的母液，不经蒸氨，直接析出氯化铵作为产品。

联合制碱法的流程如图 4-20 所示。第一过程为制碱过程，由母液Ⅰ（MⅠ）开始，经过吸氨、澄清、碳酸化后析出重碱结晶，再经过滤及煅烧制得纯碱。第二过程为制铵过程，滤去重碱后的母液Ⅱ（MⅡ）经吸氨、冷析、盐析、分离即得到氯化铵。两个过程构成联合制碱的循环。

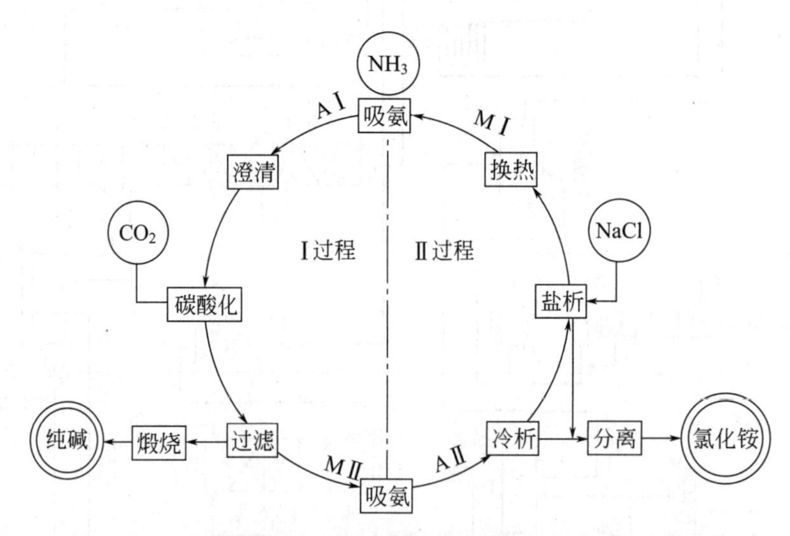

图 4-20 联合制碱示意图

4.2.3.1 联合制碱法生产原理

(1) 联合制碱过程的相图分析 可用 Na^+、NH_4^+ ‖ Cl^-、HCO_3^--H_2O 四元相图来表示联碱生产过程。图 4-21 所示为联碱生产循环示意相图。

在第一过程制碱时，母液Ⅰ经吸氨、碳酸化，碳酸氢钠结晶分离出去后，母液Ⅰ的组成应落在 P_1 点的附近，以保证 $NaHCO_3$ 结晶的纯度和较高的钠利用率。若母液Ⅰ的组成落在Ⅳ P_1 线上，将有 NH_4HCO_3 共析；若落在 P_1P_2 线上，则将有 NH_4Cl 共析。在第二过程制铵时，由于母液Ⅱ对 $NaHCO_3$ 是饱和的，要使 NH_4Cl 析出而没有 $NaHCO_3$ 共析，必须增加 $NaHCO_3$ 的溶解度和降低 NH_4Cl 的溶解度。从相图上看，就是要扩大 NH_4Cl 的结晶区，缩小 $NaHCO_3$ 的结晶区。将母液Ⅰ吸氨可使溶液中 HCO_3^- 变为 CO_3^{2-}，从而降低 HCO_3^- 的浓度，使得 $NaHCO_3$ 不再有析出的可能。

(2) 氯化铵结晶的原理　联合制碱法中，用冷析和盐析从氨母液Ⅱ中分出氯化铵。主要是利用不同温度下氯化钠和氯化铵的互溶度关系。为简化起见，将氨母液Ⅱ视为 NH_4Cl-NaCl-H_2O 三元体系。图 4-22 所示为以直角坐标表示的 NH_4Cl-NaCl-H_2O 三元体系相图。AC 线为 NH_4Cl 的饱和溶解度曲线，BC 为 NaCl 的饱和溶解度曲线，C 点为两盐的共饱点，对应的溶液同时被氯化铵和氯化钠所饱和。图中的Ⅰ、Ⅱ、Ⅲ和Ⅳ四个区域，分别表示不饱和溶液区、氯化钠结晶区、氯化铵结晶区，以及氯化铵和氯化钠的共同结晶区。

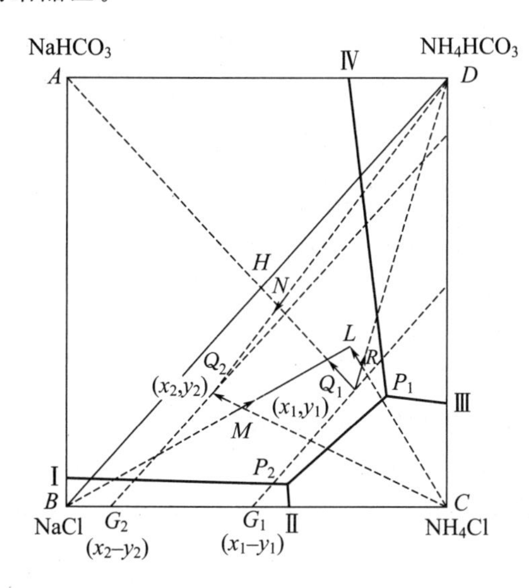

图 4-21　联碱生产循环示意相图

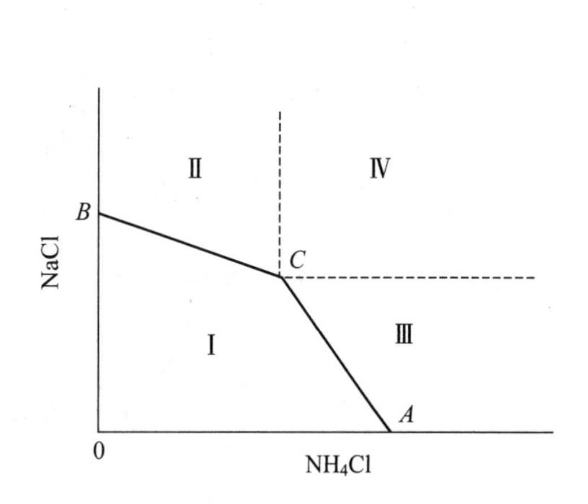

图 4-22　NH_4Cl-NaCl-H_2O 三元体系相图

温度对氯化铵和氯化钠溶解度的影响如图 4-23 所示。图中的 P 点，位于 30℃的等温线上，表明该体系是氯化铵的饱和溶液。如果将其温度降到 15℃，由于 P 点落在 15℃等温线的氯化铵结晶区，所以析出氯化铵结晶。冷却过程中，体系的组成点沿着经过 P 点并平行于横坐标轴的直线，向着氯化铵浓度降低的方向移动，溶液的最终组成点为 Q 点。显然，结晶出来的氯化铵数量与冷却的最终温度有关，冷却温度越低，析出的氯化铵就越多。分离出冷析氯化铵结晶后的母液对氨化铵是饱和的，氯化钠是不饱和的，向溶液中加入固体氯化钠时，氯化钠会不断溶解，而氯化铵的溶解度下降并析出。在此过程中，体系的组成点将沿着 Q 点向着氯化钠含量增加的方向移动，溶液的组成点逐渐从 Q 点移向 C_{15} 点。加入氯化钠的量以体系组成点到达 R 点为限，此时溶液的组成点为 C_{15}。如果体系点到 R 以后，仍加入氯化钠，则将会同时析出氯化铵和氯化钠结晶。

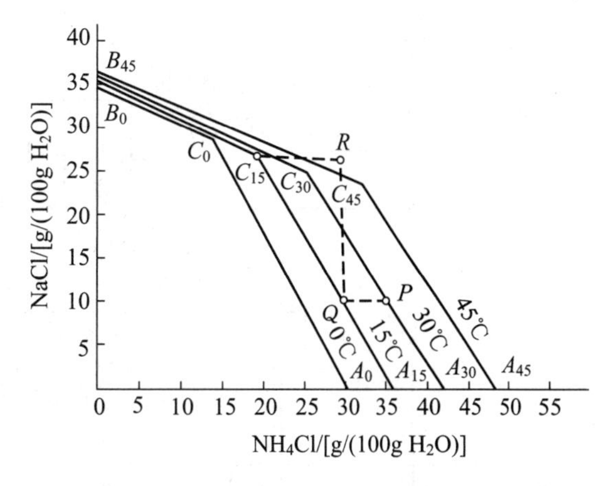

图 4-23　NH_4Cl-NaCl-H_2O 体系的多温相图

(3) 循环过程中的工艺指标　母液循环主要控制三个工艺指标，它们分别是：α 值、β 值和 γ 值。

α 值是指氨母液Ⅱ中游离氨与二氧化碳物质的量浓度之比（或游离氨与 HCO_3^- 的物质的量浓度比）。母液Ⅰ吸氨是为了使 HCO_3^- 转化为 CO_3^{2-}，避免在冷析过程中因降温而产生 $NaHCO_3$ 与 NH_4Cl 共析。母液Ⅰ吸氨时反应为

$$2NaHCO_3 + 2NH_4OH = Na_2CO_3 + (NH_4)_2CO_3 + 2H_2O \tag{4-34}$$

此反应为放热反应。当母液Ⅰ中的 HCO_3^- 的量一定时，温度越低，要求维持的 α 值也越小，即有较少过量的氨就可使反应完成。生产上析铵温度一般为 10℃左右，所以 α 值控制在 2.1～2.4 的范围内。

β 值是氨母液Ⅰ中游离氨与氯化钠物质的量浓度之比。氨母液Ⅰ在送去碳酸化之前，氯化钠应尽量达到饱和，同时溶液中游离氨浓度也应适当提高，这样有利于碳酸化时碳酸氢铵的生成，促进碳酸氢钠析出。通常将 β 值控制在 1.04～1.12 的范围，当 β 值达到 1.15～1.20 时，碳酸化时会析出碳酸氢铵结晶。

γ 值是母液Ⅰ中钠离子与结合氨物质的量浓度之比。γ 值越大，表示析铵过程中加入的氯化钠多，氯化铵产率高，因此母液Ⅰ进行吸氮和碳酸化后会生成较多的碳酸氢钠。但为了避免过多的氯化钠混杂于产品氯化铵中，当盐析温度为 10～15℃时，γ 值控制在 1.5～1.8 左右。

4.2.3.2 联合制碱法工艺流程

根据加入原料（碳酸化、吸氨、加盐）的次数及氯化铁析出方法的不同，联合制碱法生产有多种流程。其中氯化铵的析出采用降温冷析盐析结晶的方法称为冷法，而蒸浓结晶的方法称为热法。目前生产上较多采用的是冷法一次碳酸化、两次吸氨、一次加盐流程，如图 4-24 所示。

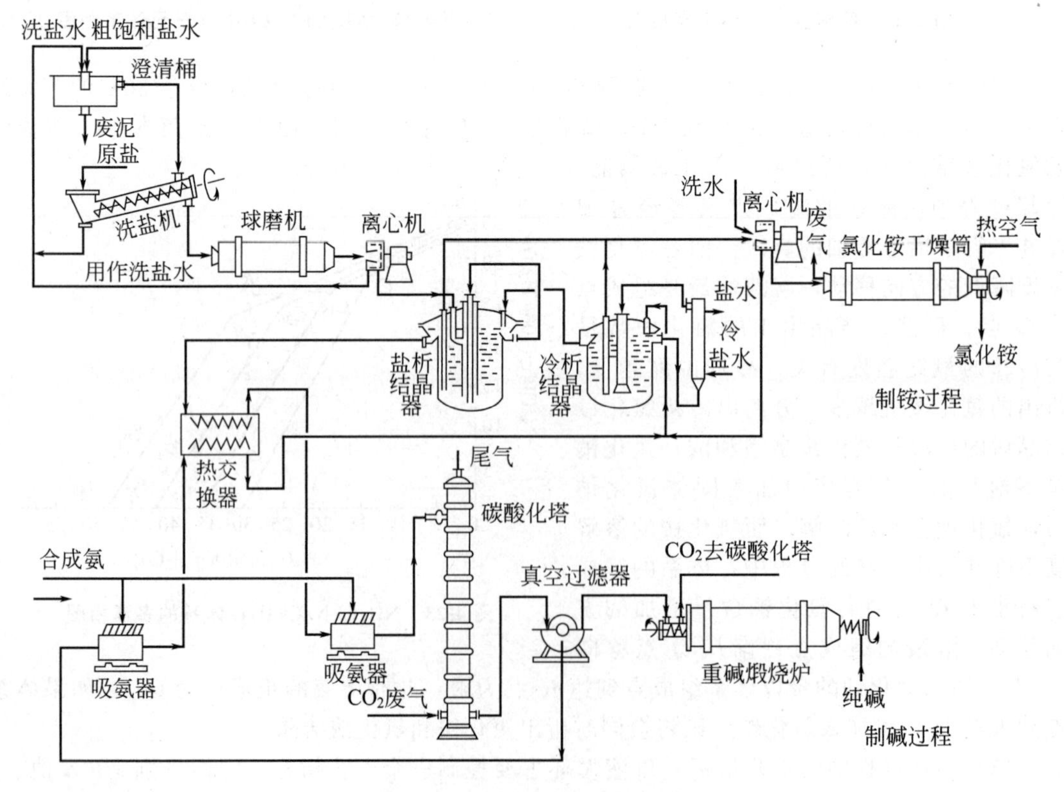

图 4-24 联合制碱法工艺流程

原盐在洗盐机中用饱和氯化钠水溶液逆流洗涤，除去其中大部分钙、镁等杂质，再经球磨机粉碎、立洗桶分级稠厚、滤盐离心机分离，制成符合规定纯度和粒度的洗盐（氯化钠含量大于98%、粒度为70%通过40目）。洗盐送至盐析结晶器；洗涤液循环使用，当其中含杂质较高时，则回收处理。

初开工时，在盐析结晶器中制备饱和盐水，经吸氨器吸氨制成氨盐水。氨盐水（正常生产中用氨母液Ⅱ）在碳酸化塔内吸收二氧化碳，析出碳酸氢钠，经滤碱机（真空过滤机）分离，所得碳酸氢钠送煅烧炉加热分解成纯碱。煅烧分解出的炉气，经炉气冷凝塔、洗涤塔降温和洗涤，二氧化碳浓度可达90%左右，经压缩机压缩后送回碳酸化塔制碱。

过滤重碱后的母液Ⅰ，吸氨后制成氨母液Ⅰ。经换热器与母液Ⅱ换热，降温后送入冷析结晶器，经外冷器进一步冷却后，在结晶器内析出部分氯化铵。冷析后的母液为半母液Ⅱ，由冷析结晶器溢流入盐析结晶器，加入洗盐再析出部分氯化铵。由冷析结晶器和盐析结晶器内取出的氯化铵悬浮液，经稠厚器、滤铵离心机，再干燥得成品氯化铵。滤液返回盐析结晶器。

盐析结晶器清液（母液Ⅱ）送入换热器与氨母液Ⅰ进行换热。经吸氨器制成氨母液Ⅱ，氨母液Ⅱ去碳酸化塔制碱。联碱生产过程中产生的淡液（含氨杂水）送入淡液蒸馏塔回收氨。

4.2.3.3　联合制碱法与氨碱法的比较

氨碱法具有原料来源丰富价廉，产品纯度高（含碳酸钠98.5%以上），适于大型化生产等优点，目前仍是世界纯碱生产的主要方法。但是，氨碱法存在着以下主要缺点：①原料利用率较低，其中钠的利用率只能达到70%～75%，氯离子则完全没有得到利用，钙也未加以利用；②能耗较高，石灰石煅烧与蒸氨过程均属高能耗过程；③含有$CaCl_2$、NaCl的蒸氨废液目前尚无法大量利用，每生产1t纯碱约有$10m^3$的废液排出，造成严重的环境污染。

联合制碱法与氨碱法相比，有下列优点：原料利用率高，由于生产纯碱的同时，还生产等量的氯化铵，故氯化钠的利用率可高达95%以上；取消了石灰石煅烧和蒸氨两个过程，从而节省了原料，缩短了制碱流程，降低了能耗，且不存在大量废液排放的问题。因此，联合制碱法生产纯碱的成本比氨碱法低。此外，对氮肥工业来说，由合成氨变成固体氯化铵，也是一种由氨加工成氮肥的简易方法。但联合制碱法也存在一些问题，其中设备腐蚀是一个主要问题。腐蚀不但影响产品质量，而且关系着设备使用寿命、钢材消耗、设备换修而影响生产及经济效益等各个方面。此外，联合制碱法设备生产强度比氨碱法低；联合制碱法同时生产等量的纯碱和氯化铵，而市场对这两个产品的需求量往往又不是同步的。

第5章

石油炼制

石油炼制是国民经济重要的支柱产业之一，是提供能源，尤其是交通运输燃料和有机化工原料的最重要的工业。全世界约40%的能源需求依赖于石油产品，其中交通运输工具使用的燃料几乎全部是石油产品，世界石油总产量的约10%用于生产有机化工原料。表5-1给出了2019年世界主要国家与地区的炼油能力。2019年，全世界的原油年加工能力已超过45.8亿吨，其中我国原油加工能力已居世界第二位，有近30家原油年处理能力超千万吨的大型炼厂，是名副其实的炼油大国。石化行业在国民经济中的地位越来越重要，面对高油价，我国还加强了对新能源和替代能源的研究，合成气制油、生物柴油等技术均取得突破性进展。

表5-1 2019年世界主要国家和地区原油加工能力 单位：万吨/年

排名	国家或地区	原油加工	常减压蒸馏	热加工	催化裂化	催化重整	加氢裂化	加氢处理
1	美国	91711	41956	15102	26774	14599	11298	74945
2	中国	53876	6429	3332	6473	3372	4843	8977
3	俄罗斯	26517	10194	2214	1827	3249	518	10502
4	印度	24283	8758	4174	4010	1281	3193	8991
5	日本	18754	5865	528	4141	2528	354	16304
6	韩国	15725	2545	105	1835	1694	1695	7240
7	沙特阿拉伯	14195	3150	1566	661	1333	1247	3736
8	德国	10798	5321	1753	1749	1730	865	9199
9	巴西	10690	4024	634	2509	92	0	1323
10	意大利	10614	3853	1284	1213	1455	1874	5677
11	加拿大	10384	3305	1026	2463	1537	1050	6331
12	伊朗	10195	2202	853	175	581	533	847
13	西班牙	7138	2071	1179	957	846	658	3898
14	新加坡	6655	1690	794	387	633	600	3595
15	中国台湾	6550	1243	281	1090	387	125	2996
16	委内瑞拉	6418	2929	797	1159	213	0	1832
17	法国	6311	2407	535	1056	634	400	4416
18	英国	6170	3301	1135	1754	1167	180	4885
19	荷兰	6041	3587	728	541	643	1041	3700
20	印度尼西亚	5573	1330	454	817	401	499	110
21	阿联酋	5535	368	0	96	215	440	1791
22	伊拉克	4900	725	0	0	378	371	1372
23	乌克兰	4399	1715	122	351	631	36	1481
24	土耳其	4319	1009	350	145	343	599	1781
25	比利时	3883	1098	259	650	404	255	3082
26	其他国家和地区	86936	29941	9492	11922	10230	4877	38964
世界合计		458570	151016	48697	74755	50576	37551	227975

5.1 原油加工方法及炼油厂类型 >>>

5.1.1 原油加工方法

石油炼制是采用物理化学方法将原油(液态石油)加工成为各种燃料油、润滑油、溶剂、石蜡、沥青、石油焦等石油产品并提供石油化工所需的基本原料，如炼厂气、石脑油、芳烃等。根据原油加工的深度，通常把石油炼制工艺过程分为如下三类加工方法。

(1) 一次加工　原油经预处理后，采用常压蒸馏、减压蒸馏的方法，将原油分成几个不同沸点范围的馏分，其产品分为轻汽油、汽油、喷气燃料、煤油、柴油、润滑油和重油（渣油）等。

(2) 二次加工　利用催化裂化、加氢裂化、热裂化、减黏裂化、延迟焦化、催化重整、加氢精制等方法将重质馏分油和渣油再加工成轻质油，提高轻油收率及油品质量，增加油品品种。

(3) 三次加工　利用石油烃烷基化、异构化及烯烃叠合将二次加工产生的各种气体进一步加工以生产高辛烷值汽油调和组分和各种化学品等。

5.1.2 炼油厂类型

无论何种类型炼油厂，其炼油工艺装置可由图5-1中几个或全部装置组成。规划一个炼油厂应考虑如下因素：

① 待处理原油的性质、组成；

② 对石油产品的要求，包括产品种类、质量和数量；

③ 资源综合利用；

④ 工艺装置对原料变更的适应性；

⑤ 技术先进、能耗低、经济合理。

根据主要产品的类型，炼油厂可分为如下四种类型。

(1) 燃料型炼油厂　燃料型炼油厂是以生产汽油、喷气燃料、柴油和燃料油，同时副产燃料气、芳烃和石油焦等。主要加工装置为常、减压蒸馏，催化重整，催化裂化，延迟焦化等。其特点是通过一次加工尽可能将石油中轻质油品抽出，得到汽油、煤油、柴油直馏产品，并利用二次加工工艺将原油中的重质油和石油气转化为轻质燃料油。由于国内燃料产品占石油产品总量的一半以上，故此类型炼油厂的数量最多。

(2) 燃料-润滑油型炼油厂　在生产各种燃料油的同时，还生产各种润滑油原料。通过各种润滑油生产工艺，如溶剂脱蜡、溶剂精制、白土精制、加氢精制或丙烷脱沥青等过程，制得润滑油组分，经调配方法制得各种润滑油。

(3) 燃料-化工型炼油厂　在生产各种燃料油的同时，通过催化裂化、延迟焦化、催化重整、芳烃抽提和分离装置生产炼油气、液化石油气和芳烃等石油化工原料。除此之外，随着对石油化工产品需求的不断增长，一类以此生产化工产品为目的的化工型炼油厂也迅速发展起来。

(4) 燃料-润滑油-化工型炼油厂　此类炼油厂既生产燃料、润滑油类石油产品，又生产石油化工原料。

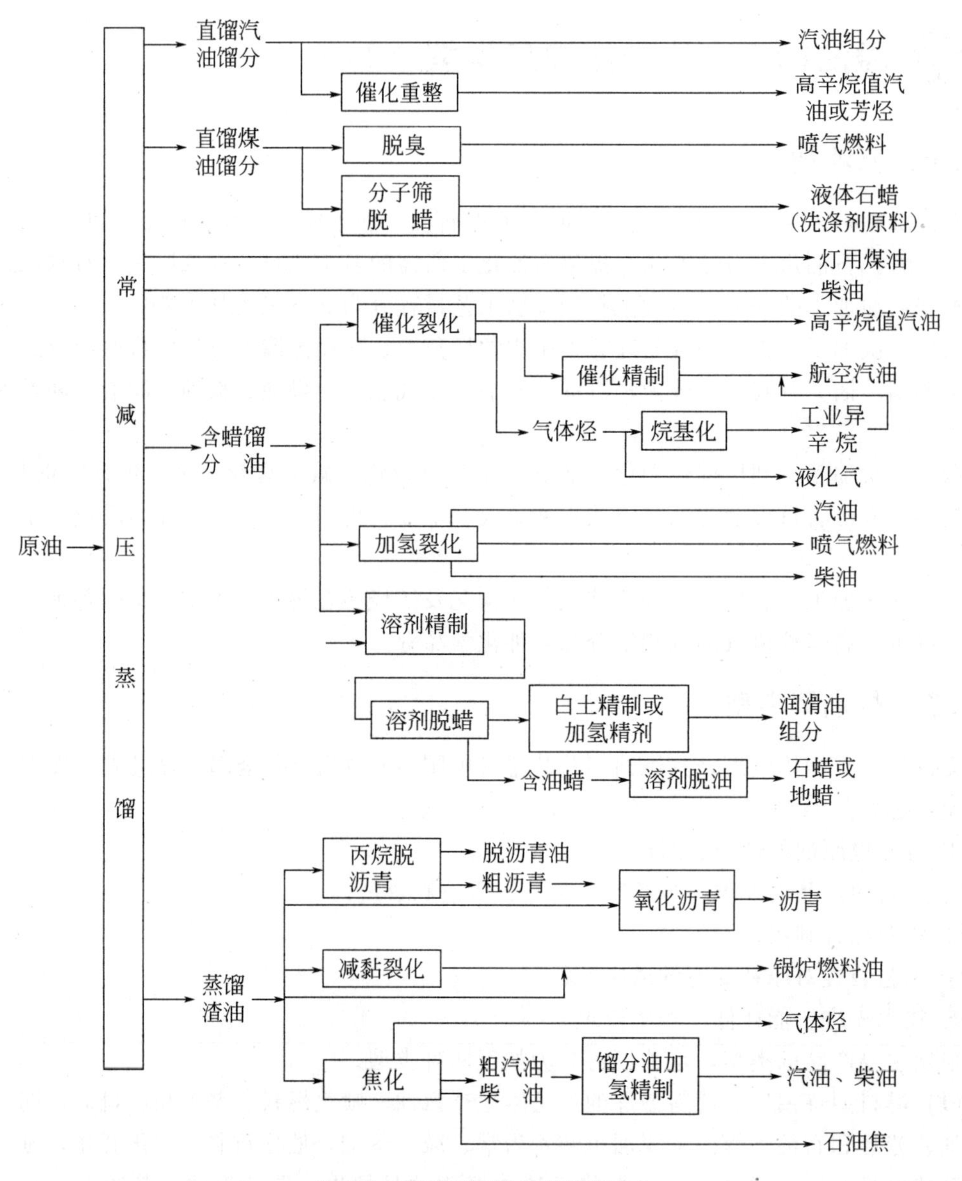

图 5-1 炼油工艺及装置的组合

5.2 常减压蒸馏 >>>

原油是一种液态烃类混合物，其中各组分的沸点和挥发度不同，则同一温度下各组分在气相中的分压也不同。组分的沸点越低，挥发度越大，在气相中的含量越高，而在液相中的含量就低。根据原油这种性质，利用常压与减压蒸馏（简称常减压蒸馏）把原油分成若干个沸点范围，适于作不同燃料的馏分。此过程在两个塔内进行：

① 常压蒸馏在大气压下进行，在此条件下仅能分离出沸点较低的馏分，拔出率为25%～30%。常压蒸馏时，利用不同抽出侧线，将原油分割为拔顶气馏分（C_4 及 C_4 以下轻质烃）、直馏汽油、喷气燃料、煤油、轻质油（沸点 250～300℃）等，剩下的大于 350℃馏分由塔底引出进入减压蒸馏塔。

② 减压蒸馏在负压操作下进行，以防止烃类的裂解或焦化。减压塔顶分离出柴油或燃料油，塔中可截取不同黏度馏分，用以制造润滑油或作裂解原料，塔底减压渣油可作为催化裂化掺炼及制沥青原料等。

5.2.1 工艺流程

图 5-2 所示为常减压蒸馏工艺流程。由图可见，原油经预热至温度 130～140℃后，加入去离子水与破乳剂，进入电脱盐罐。加去离子水可脱除原油中的氯化钠、氯化钙和氯化镁等盐分，加入破乳剂（如高分子脂肪酸钠等）可使水滴凝聚，借重力从油中沉降分离。高压电场（15～35kV）下的水滴两端由于带有不同极性而聚并沉降。经净化处理的原油经一系列换热器，与系统中各馏分换热，温度升至 180～230℃，进入初馏塔进行预分离。初馏塔的设置是为了降低蒸馏过程的能耗和减轻常压蒸馏的负荷。它将原油中部分较轻组分蒸出，塔顶油气经冷凝后在回流罐进行气液分离，一部分液体回流至塔内，其余液体作为重整料或轻汽油送出装置。

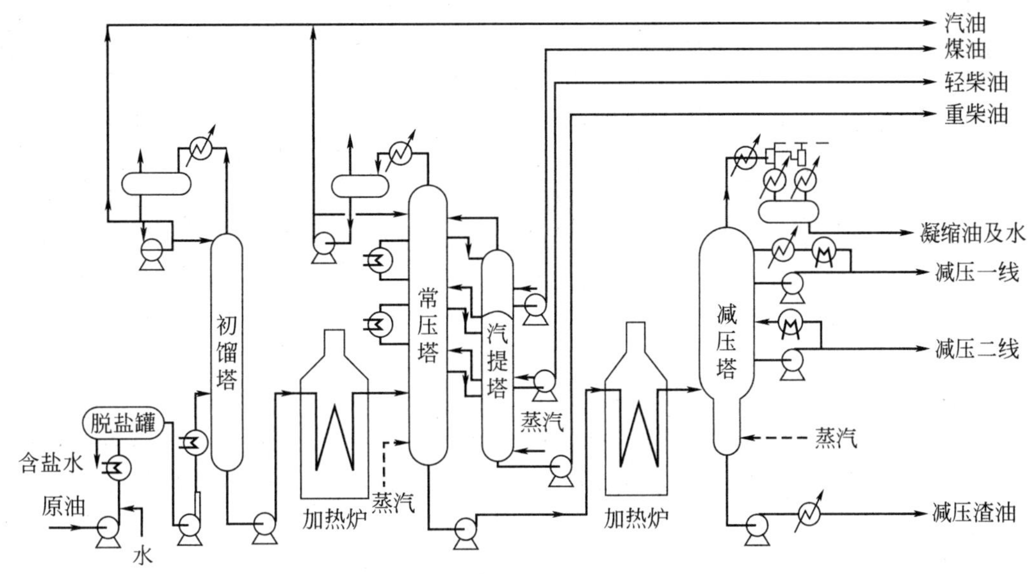

图 5-2 常减压蒸馏工艺流程

初馏塔底放出的拔顶原油，经常压加热至 350～370℃，进入常压蒸馏塔。在塔内，柴油及沸点低于柴油的馏分汽化上升，由于塔内各层塔板温度不同，故上升气体中的某些组分分别在一定塔层中冷凝。塔顶油气馏程温度范围最低，冷凝后一部分液体回流，其余和初馏塔顶油混合后进重整装置或汽油调和车间。常压塔一般有 4～5 根侧线，依次可得喷气燃料、灯用煤油、轻柴油和重柴油。为调整各侧线产品的闪点和馏程范围，这些馏分进入汽提塔，用水蒸气汽提以脱除轻组分并与原油换热，冷却后送出装置。自初馏塔顶和常压塔顶分出的气体为 C_1～C_4 轻质烷烃和少量轻油，可作为加热炉燃料或经压缩后进行气体分馏回收液化石油气。

常压塔底剩下的重油（常压渣油）经过换热，再减压加热至 380～420℃左右进入减压塔，在减压条件下使重油汽化。塔顶只出少量产品或不出产品，以维持塔内真空度，利用真空喷射器抽出不凝气体，塔内压力保持 2～8kPa。根据所要求产品的不同，减压塔一般有 3～5 根侧线，用以引出裂化、制蜡和润滑油的原料。塔底渣油可作为焦化、减黏裂化、氧化沥青或丙烷脱沥青装置的原料，也可经调和后作为炼钢厂或电厂的重质燃料油。

表 5-2 介绍了原油经常减压蒸馏后的馏分分布及其用途。

表 5-2　原油经常减压蒸馏后的馏分分布及其用途

馏出位置	馏分名称	主要用途
初馏塔、常压塔顶，减压塔顶	初馏气体	炼厂气加工原料
初馏塔顶	汽油馏分（石脑油）	催化重整原料、石油化工原料 汽油调和组分
常压塔顶	汽油馏分（石脑油）	
常压塔侧一线	煤油馏分	喷气燃料、煤油
常压塔侧二线	柴油馏分	轻柴油
常压塔侧三线	柴油馏分	轻柴油、变压器油原料
常压塔侧四线	常压重馏分	裂解原料
常压塔底	常压渣油	减压蒸馏原料、催化裂化原料、燃料油
减压塔顶	柴油馏分	轻柴油
减压塔侧一至四线	减压馏分油	润滑油原料、裂化原料
减压塔底	减压渣油	溶剂脱沥青原料、石油焦化原料、燃料油

原油中常含盐类、悬浮固体、水及水溶性微量金属，为减少对后续设备的腐蚀和堵塞，防止催化剂中毒，在进入炼油装置前，要将原油中的盐含量脱除至 3mg/L 以下，水含量 w(水)$<0.2\%$。由于原油形成的是一种比较稳定的乳化液，炼油厂广泛采用的是加破乳剂和高压电场联合作用的方法，即电脱盐脱水。近年来，随着各油田进入生产的后期，原油的品质也开始变重，三次采油技术的广泛应用，不仅使原油中含盐量和含水量大幅度增加，而且也有大量的助采剂存在于原油中，大大增加了原油脱盐脱水的难度，仅用电脱盐技术很难使处理后的原油达到标准。国内外已研究的方法有膜分离法、稀释萃取法、注碱脱盐法等，但均处于实验室研究阶段，而我国自主研发的超声强化电脱盐技术已有初步工业应用，可使原油含盐量低于 3mg/L。中石化已建成的超声处理炼厂含水污油工业装置，规模达 0.2Mt/a，污油含水率由 60%降至 10%以下，可送回常减压装置回炼，达到节能降耗的目的。

5.2.2 工艺操作条件

(1) 操作压力　常压塔的塔顶压力主要由塔顶冷凝系统压力决定，由于塔顶汽油馏分蒸气在 40℃左右即可冷凝，故在常压下操作，一般在 140～170kPa。塔内其他各层压力取决于蒸气通过塔盘时的压力降，油汽由下而上流动，故塔内压力由下而上逐渐降低。各种塔板的压力降见表 5-3。

(2) 操作温度　精馏塔各点操作压力一旦确定，即可确定各点的温度条件。

加热炉出口的最高温度应保证油料不至于发生显著的热裂解反应。对于常压加热炉，生产喷气燃料时的最高温度为 360～365℃，生产一般产品为 370℃；对于减压加热炉，生产润滑油型为 400℃，生产燃料型为 410℃。

塔汽化段温度就是进料的绝热闪蒸温度。它一般低于加热炉出口温度 5～10℃，这是由于油料进入塔后发生闪蒸，且存在热损失所致。

原油蒸馏装置的初馏塔、常压塔及减压塔的塔底温度一般比汽化段温度低 5～10℃。

塔顶温度是塔顶产品在其分压下的露点温度。侧线温度是未经汽提的侧线产品在该处油气分压下的泡点温度。此两个温度控制好坏，对产品质量具有关键性的影响。

(3) 回流比　塔内的回流量是工艺条件控制的重要因素。回流量的大小应满足以下要求：

① 取走全部剩余热量，使全塔进出热量平衡；

② 不仅使塔内各段的内回流量大于各段产品分馏需要的最小回流量，而且要使各段塔板上的汽、液负荷处于各塔板的适宜操作范围，以保证操作平稳。

表 5-4 为某厂常减压蒸馏装置加工大庆原油时的工艺操作条件。

表 5-3　各种塔板的压力降

塔板型式	压力降/Pa	
	常压操作	减压操作
泡罩	530～800	330～400
浮阀	400～660	230～270
筛板	270～530	～200
舌型	270～400	170～200
浮动喷射	270～530	200～270
网孔	130～150	
金属破沫网	130～270	

注：减压塔的塔顶压力为 2～8kPa，进料汽化段在9～15kPa。

表 5-4　常减压蒸馏装置工艺操作条件

操作条件	位置	常压塔	减压塔
压力/kPa	塔顶	159	7.7
	汽化段	180	12.2
温度/℃	塔顶	92	74
	一线	162	190
	二线	250	225
	三线	267	260
	四线	324	349
	五线	338	370
	汽化段	363	390
	炉出口	370	400
	塔底	358	380

注：初馏塔塔顶压力 163kPa，塔顶温度 95℃。

5.2.3　常减压蒸馏设备

常减压蒸馏设备正朝大型化方向发展，2006 年中石油大连石化最早建成 10Mt/a 常减压蒸馏联合装置，目前该类联合装置我国已超过 10 套，中石油大连石化产能达 20.5Mt/a，中石化镇海炼化产能达 23.5Mt/a，中石化扬子石化分公司产能为 16.0Mt/a，中石化金陵石化分公司产能为 18.0Mt/a。中石油、中石化已跻身世界 20 强石油公司之列，截止至 2019 年，中石油已连续 6 年稳居世界前三。

常减压蒸馏设备主要有蒸馏塔、加热炉，此外还有换热器、油泵和抽真空设备等。

(1) 蒸馏塔　蒸馏塔的结构及内件是根据产品要求及产品收率与蒸馏操作的工艺条件结合起来综合考虑确定的。

常压塔的内部结构一般分为塔顶冷凝换热段、分馏段、中段回流换热段和进料以下的提馏段。减压塔则多一个或两个洗涤段。常压塔塔板数见表 5-5。减压塔馏分一般作为催化裂化或加氢裂化的原料，对相邻侧线馏分分离精度要求不高，故侧线、中段回流以及全塔塔板数少于常压塔。

表 5-5　常压塔塔板数

馏分	塔板数/层
汽油～煤油	10～12
煤油～轻柴油	10～11
轻柴油～重柴油	8～10
重柴油～裂化原料	6～8
裂化原料～进料	3～4
进料～塔底	4
塔板总数	42～48

原油蒸馏塔常采用浮阀塔板(V4 型、条型、船型)，泡帽塔板(圆型、伞型)，浮动舌型塔板及网孔塔板等。减压塔除采用以上塔板外，近年来还采用环矩鞍型、阶梯环型及栅格型填料，它们在传热和传质方面都表现出良好的性能。

塔径大小与油处理量及操作条件有关。以年处理 2.5Mt 的原油蒸馏装置为例，其常压塔直径为 3.8m，高 40m，塔板 48 层。减压塔由于塔内压力低，油气体积大，故塔径较大；但在提馏段，由于物料较少，如塔径与上部相同，则物料在提馏段中停留时间过长，易导致高温下分解甚至结焦。故将减压塔设计成上粗下细的形状，使上部塔径为 6.4m，下部为

3.2m，塔高27.3m，塔板14块。

(2) 加热炉 我国绝大多数炼油厂均采用管式加热炉。这种炉子的特点是炉内安装一定数量的耐高温金属管，被加热的油连续通入炉管内，炉膛内燃料燃烧产生高温火焰和烟气，通过辐射和对流的方式将热量传给炉管内的油品。根据加热炉的外形及炉内管子的排列方式，可分成圆筒炉、卧管立式炉和立管箱式炉等，它们的结构示意见图5-3。表5-6为此三种基本炉型的技术指标对比。

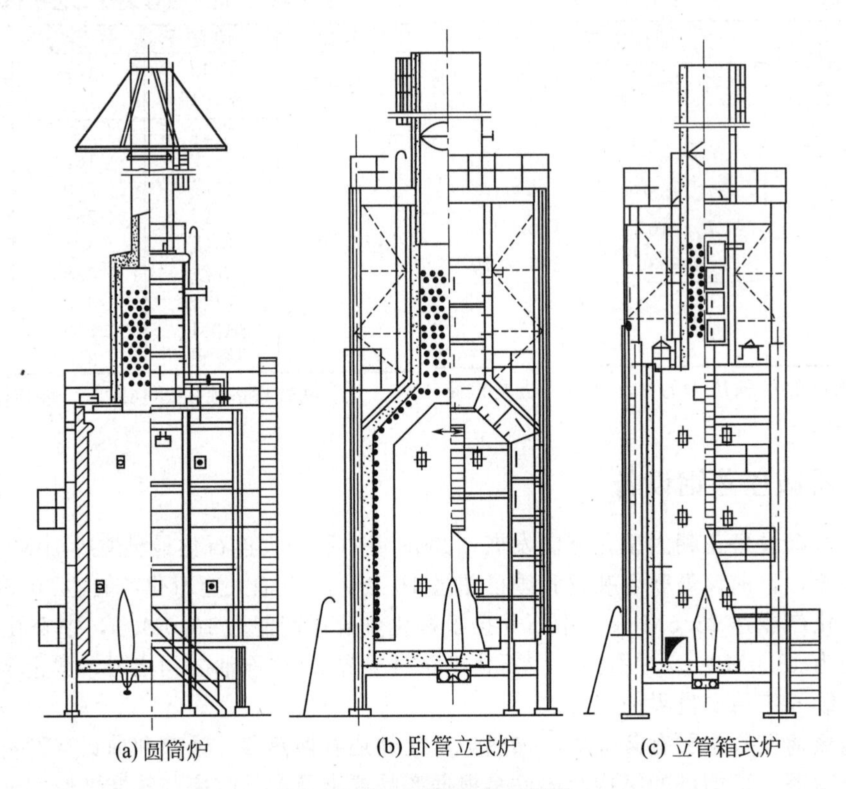

图5-3 各加热炉结构示意图

表5-6 基本炉型技术指标对比

项目	圆筒炉(中间不排管)	卧管立式炉	立管箱式炉(中间排管)
炉体占地面积/(m^2/MW)	3.5～4.5	7.5～9.5①	3～4
金属材料用量/(t/MW)	8～12	12～15	6～8
高铬镍合金钢管架用量/(kg/MW)	130～170	190～230	150～200
投资对比	100	100～150	70～90
使用热负荷范围/MW	<30	10～30	>30
辐射空炉管表面平均热流密度/(kW/m^2)	24～37	29～44	24～37

① 包括水平抽管场地面积。

5.3 催化裂化 >>>

原油蒸馏一般只能得到10%～40%的汽油、煤油及柴油等轻质油品，最后仍有40%～50%的减压渣油。通常采用裂化、催化重整、烷基化与异构化等二次加工方法处理重质油与减压渣油以增加轻质油品的收率。裂化工艺可分为热裂化、催化裂化及加氢裂化。

热裂化是在热作用下裂化重质油，生产轻质油品，直至20世纪60年代中期一直是我国炼油厂生产轻质油品的主要手段。但由于热裂化汽油和柴油的质量差，安定性不好，从20世纪70年代起在我国已停止发展，原有的多数装置亦已进行改造或停产。

催化裂化(FCC)是在热和催化剂作用下裂解重质油，产生裂解气、汽油和柴油等轻质馏分。此过程使汽油的生产在质量与产率方面均优于热裂化，目前成为炼油厂中提高原有加工深度，生产高辛烷值汽油、柴油和液化气的最重要的一种重油轻质化工艺过程。

加氢裂化采用具有裂化和加氢两种作用的双功能催化剂，加入纯净氢气后，使重质油进行催化裂化及加氢反应，具有所用原料范围广(包括柴油、减压馏分，甚至渣油及含硫、氮、蜡很高的油料)及可以灵活调整产品品种、数量等优点。但是加氢裂化必须在高温、高压下进行，设备需要较多的合金钢，操作条件苛刻、投资较高，使其应用受到限制。由于该法处理重质油的优越性，各国均加大研发力度使该技术不断成熟。

我国于1958年在兰州炼油厂建成第一套移动床催化裂化装置；1965年在抚顺石油二厂建成第一套加工能力为600kt/a的流化催化裂化装置；20世纪70年代初开发了分子筛裂化催化剂，建成并列式与同轴式提升管催化裂化装置多套，最大装置加工能力为2Mt/a，大连石化公司投产3.5Mt/a催化裂化装置。目前我国催化裂化装置年加工量已超过68Mt/a，包括15Mt/a常压渣油(AR)和11Mt/a减压渣油(VR)。渣油催化裂化(RFCC)已成为重油转化的重要装置，VR原料加工量已占FCC总进料量27%。FCC是将重油转化为轻馏分油的核心技术，但产品质量和技术受到环境保护的严峻挑战，必须开发催化裂化新技术，以提高产品质量。

5.3.1 催化裂化反应

催化裂化反应是按碳正离子机理进行的，它包括异构化、裂化、环化、烷基化、氢转移和缩合等反应。

(1) 异构化 它是通过氢原子和碳原子的变位而发生的重排反应。氢原子的变位导致烯烃的双键异构化，氢变位加上甲基变位产生骨架异构化。

烯烃双键异构化反应

$$H_2C{=}CHCH_2CH_2CH_3 \underset{-H^+}{\overset{+H^+}{\rightleftharpoons}} CH_3\underset{+}{C}HCH_2CH_2CH_3 \underset{+H^+}{\overset{-H^+}{\rightleftharpoons}} CH_3CH{=}CHCH_2CH_3 \tag{5-1}$$

烯烃骨架异构化反应

$$CH_3\overset{\overset{CH_3}{|}}{C}{=}CHCH_2CH_3 \underset{-H^+}{\overset{+H^+}{\rightleftharpoons}} CH_3\overset{\overset{CH_3}{|}}{\underset{+}{C}}CH_2CH_2CH_3 \overset{\text{H转移}}{\rightleftharpoons} CH_3\overset{\overset{CH_3}{|}}{\underset{\underset{H}{|+}}{C}}CHCH_2CH_3 \overset{\text{甲基转移}}{\rightleftharpoons}$$

$$CH_3\underset{+}{C}H\overset{\overset{CH_3}{|}}{\underset{\underset{H}{|}}{C}}CH_2CH_3 \overset{\text{H转移}}{\rightleftharpoons} CH_3CH_2\overset{\overset{CH_3}{|}}{\underset{+}{C}}CH_2CH_3 \underset{+H^+}{\overset{-H^+}{\rightleftharpoons}} CH_3CH{=}\overset{\overset{CH_3}{|}}{C}{-}CH_2CH_3 \tag{5-2}$$

烯烃和烷基芳烃有明显的异构化，而烷烃实际上不发生骨架异构化。

(2) 裂化 直链的仲碳正离子在β位断裂生成一个烯烃和一个伯碳正离子。

$$R^1CH_2\underset{+}{C}HCH_2{-}CH_2CH_2R^2 \longrightarrow R^1CH_2CH{=}CH_2 + \overset{+}{C}H_2CH_2R^2 \tag{5-3}$$

由于仲碳正离子比伯碳正离子更稳定，生成的伯碳正离子很快发生氢转移而生成仲碳正离子。

$$\overset{+}{C}H_2CH_2R^2 \longrightarrow CH_3\overset{+}{C}HR^2 \tag{5-4}$$

(3) 环化 烯烃碳正离子按下列路线转化成环状碳正离子

$$RCH{=}CH(CH_2)_3{-}\overset{+}{C}HCH_3 \rightleftharpoons H_3C{-}\overset{+}{H}C(CH(R){=}CH{-}CH_2CH_2CH_2) \rightleftharpoons H_3C{-}HC(CH(R){-}\overset{+}{C}H{-}CH_2CH_2CH_2) \tag{5-5}$$

生成的环状碳正离子能获取一个阴离子生成环烷烃，或失去质子生成环烯烃。环烯烃还可继续失去阴氢离子和质子，直至生成芳烃。

(4) 烷基化 碳正离子可与烯烃或芳烃进行烷基化反应

$$(CH_3)_3C^+ + CH_2{=}C(CH_3){-}CH_3 \longrightarrow (CH_3)_3CCH_2\overset{+}{C}(CH_3)_2 \tag{5-6}$$

$$(CH_3)_3C^+ + C_6H_6 \longrightarrow \text{(环己二烯碳正离子，含 } C(CH_3)_3\text{、H、}\overset{+}{}\text{H)} \tag{5-7}$$

(5) 氢转移 烯烃能接受一个质子酸中心形成碳正离子，此碳正离子又从“供氢”分子中获取一个阴氢离子生成烷烃，“供氢”分子则形成新的碳正离子，并可继续反应下去

$$CH_3\underset{+}{C}HCH_3 + RH \longrightarrow CH_3CH_2CH_3 + R^+ \tag{5-8}$$

(6) 缩合 缩合是新的 C—C 键生成及分子量增加的反应，叠合也是一种缩合反应。焦炭生成就是一种缩合反应。单烯烃生成焦炭的途径是经环化、脱氢生成芳烃，芳烃再和其他芳烃缩合成焦炭。

表 5-7 列出了催化裂化中一些反应的反应热及平衡常数数据。

表 5-7 催化裂化中一些反应的热力学数据

反应种类	反应式	$\lg K_g$（平衡常数）			反应热/(kJ/mol)
		454℃	510℃	527℃	
裂化	$n\text{-}C_{10}H_{22} \longrightarrow n\text{-}C_7H_{16} + C_3H_6$	2.04	2.46	—	33812
	$i\text{-}C_8H_{16} \longrightarrow 2i\text{-}C_4H_8$	1.68	2.10	2.23	35514
氢转移	$4C_6H_{12} \longrightarrow 3C_6H_{14} + C_6H_6$	12.44	11.09	—	−115713
	(环己烷) $+ 3i\text{-}C_5H_{10} \longrightarrow 3C_5H_{12} + C_6H_6$	11.22	10.35	—	−77278
异构化	$i\text{-}C_4H_8 \longrightarrow t\text{-}2\text{-}C_4H_8$	0.32	0.25	0.09	−5142
	$n\text{-}C_4H_{10} \longrightarrow i\text{-}C_4H_{10}$	−0.20	−0.23	−0.36	−3608
	$o\text{-}C_6H_4(CH_3)_2 \longrightarrow m\text{-}C_6H_4(CH_3)_2$	0.33	0.30	—	−1382
	(环己烷) $\longrightarrow$ H₃C—(环戊烷)	1.00	1.09	1.10	6609
烷基转移	$C_6H_6 + m\text{-}C_6H_4(CH_3)_2 \longrightarrow 2C_6H_5CH_3$	0.65	0.65	0.65	−233
脱烷基	$i\text{-}C_3H_7C_6H_5 \longrightarrow C_6H_6 + C_3H_6$	0.41	0.88	1.05	42835
环化	$i\text{-}C_7H_{14} \longrightarrow$ H_3C—(环己烷)	2.11	1.54	—	−40069
脱氢	$n\text{-}C_6H_{14} \longrightarrow i\text{-}C_6H_{12} + H_2$	−2.21	1.52	—	59008
叠合	$3C_2H_4 \longrightarrow i\text{-}C_6H_{12}$	—	—	−1.2	—
烯烃烷基化	$1\text{-}C_4H_8 + i\text{-}C_4H_{10} \longrightarrow i\text{-}C_8H_{18}$	—	—	−3.3	—

5.3.2 催化剂

裂化催化剂主要分如下两大类。

(1) 无定形硅酸铝催化剂(普通硅铝催化剂)　催化裂化早期催化剂为处理过的天然活性白土，其主要成分为硅酸铝。而人工合成的硅酸铝具有较高的稳定性，其主要成分为氧化硅和氧化铝。氧化铝含量为 10%～13%的为低铝催化剂，氧化铝含量为 22%～25%的为高铝催化剂。高铝催化剂活性较高。每克新鲜催化剂表面积（比表面积）达 500～700m^2。流化床反应器所用催化剂的粒径为 ϕ20～100μm。

(2) 结晶型硅铝盐催化剂(分子筛催化剂)　分子筛催化剂是 20 世纪 60 年代开发的一种新型催化剂，它比普通硅铝催化剂的活性和选择性高、稳定性好，抗毒能力强，再生性能好，是现代炼油厂广泛采用的一种催化剂。它一般含分子筛 5%～15%，其余为担体，一般为低铝硅酸铝和高铝硅酸铝。目前工业所用的分子筛主要为 X 型(硅铝比 2～3）和 Y 型(硅铝比 3～6）及 ZSM-5 沸石分子筛。目前分子筛催化剂已基本上取代了硅酸铝催化剂。国内催化裂化催化剂有分子筛低铝沸石微球裂化催化剂(CDY-1、2、3，Y-9)，分子筛高铝微球裂化催化剂(LWC-33、34，CGY-1、2、3，Y-4)，半合成分子筛微球裂化催化剂(Y-7，CRC-1，KBZ)，超稳 Y 型分子筛渣油裂化催化剂(ZCM-5、7）及 β 分子筛、ZRP 择形分子筛等。中石化石油化工科学研究院(RIPP）开发了多产气体烯烃的催化裂解 DCC 工艺专用 CRP 与 MMC 系列催化剂；采用 MOY 分子筛的 GOR 降烯烃催化剂，以调控氢转移的深度；有降硫及降烯烃功能的 DOS 双效重油裂化催化剂。这些均标志着我国在催化裂化催化剂研制与应用方面进入世界炼油先进水平。

5.3.3 工艺流程

典型的高低并列式催化裂化工艺流程如图 5-4(a）所示，它由原料油催化裂化、催化剂再生和产物分离三部分组成。

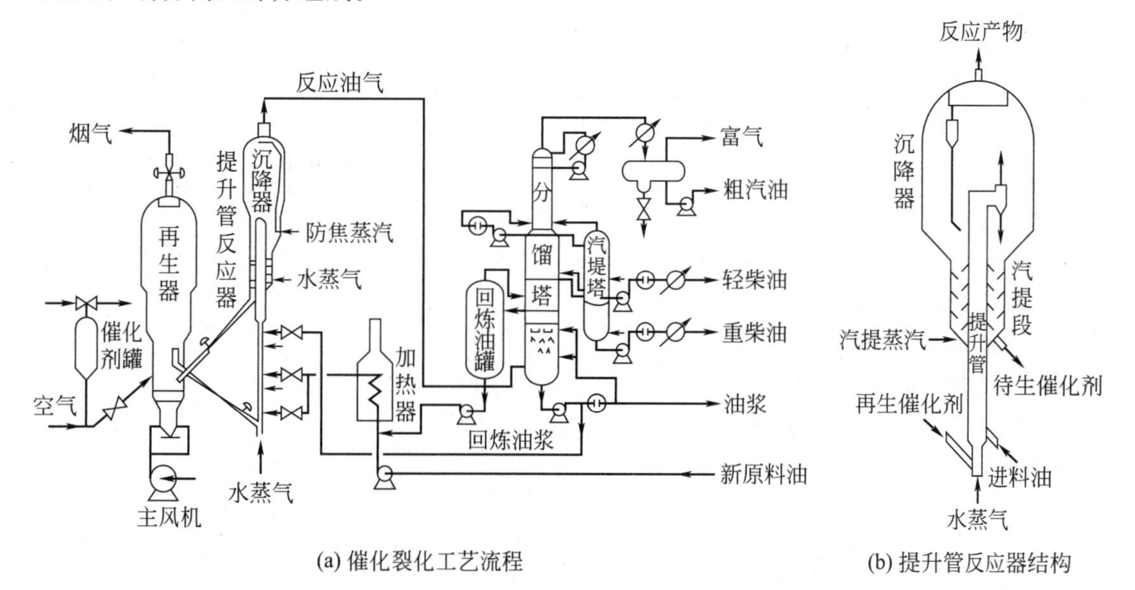

(a) 催化裂化工艺流程　(b) 提升管反应器结构

图 5-4　催化裂化工艺流程与提升管反应器结构示意图

典型的提升管反应器结构如图 5-4(b）所示，新原料油与回炼油混合，在加热炉预热至 300～400℃后进入提升管反应器下部，经喷嘴雾化后在提升管内与来自再生器的高温催化剂接触（600～750℃），迅速汽化并发生裂化反应。油气在提升管内停留仅几秒，反应温度为500℃左右，压力为0.2MPa（表压）左右。提升管上端出口处设有气-固快速分离构件，其目的是使催化剂与油气快速分离以抑制反应的继续进行。快速分离构件有多种形式，比较简单的有半圆帽形、T字形的构件，为了提高分离效率，近年来较多地采用初级旋风分离器。经过初旋的反应产物经沉降器顶的旋风分离器进一步除去催化剂后进入分馏塔。沉降器内因裂化反应积炭的催化剂逐渐落入沉降器下部的汽提段。汽提段装有多层人字形挡板，其底部通入过热水蒸气进行蒸汽汽提，回收吸附在待生催化剂上的油气组分。随后待生催化剂由待生斜管连续流入再生器。主风机向再生器内鼓入空气，使催化剂床层处于流化状态，再生温度为600～750℃，燃去催化剂表面积炭，使催化剂含碳量由1%降至0.2%，恢复催化剂活性。再生后的催化剂落入溢流管，经再生斜管流入提升管反应器底部循环使用。再生烟气经再生器顶部旋风分离器分离出夹带的催化剂，经双动滑阀排入大气。由于加工一吨油料一般消耗0.5～1.5kg催化剂，故需向系统内定期或不定期地补充新鲜催化剂。

反应器出来的裂解产物油气进入分馏塔底部，用循环油浆进一步洗去其中残留的催化剂细粉并取走过剩热量。气体上升至分馏段得不同产品。塔顶得汽油馏分及富气，随后送入吸收-稳定系统，利用吸收和精馏分成干气（$\leqslant C_2$）、液化气（C_3、C_4）和汽油。分馏塔侧线出轻柴油、重柴油及回炼油，轻、重柴油分别经汽提塔后，再换热冷却出装置，回炼油回反应系统。分馏塔内设有塔顶循环回流、中段回流及塔底油浆循环以除去塔内过剩热量。

5.3.4 工艺参数

(1) 催化剂活性　表5-8表示了不同活性催化剂对转化率和汽油产率的影响，不同特性的催化剂得到的产品分布及其性质也不同。

表5-8　催化剂活性的影响

催化剂	无定形硅铝	低活性沸石	中等活性沸石	高活性沸石
原料转化率/%	63.0	67.9	76.5	78.9
汽油产率/%	45.1	51.6	55.4	57.6
研究法辛烷值(不加铅)	93.3	92.6	92.3	92.3

注：原料为直馏馏分油，$K=11.84$，操作条件相同。K为原料油特性因素，见6.2.1节。

(2) 反应温度　催化裂化反应基本上是不可逆反应，转化率主要取决于反应速率和反应时间，而反应速率又取决于反应温度和活化能。表5-9说明了反应温度对催化裂化的影响。在生产实际中，温度是调节转化率的主要变量，可利用不同反应温度来调节汽油、柴油或裂解气的相对产量。一般反应温度在450～500℃。

表5-9　反应温度对催化裂化的影响

提升管出口温度/℃		480	501	517
转化率(质量分数)/%		62.3	70.6	77.7
组成/%	$\leqslant C_2$	0.8	1.3	3.2
	总C_3	4.4	5.7	7.2
	其中$C_3^=$	3.6	4.8	6.1
	总C_4	10.1	12.3	13.0
	其中$C_4^=$	6.0	8.0	9.1
	汽油(约221℃)	44.3	48.3	51.0
	柴油	14.7	12.3	10.5
	重油	23.0	17.1	11.8
	焦炭	2.0	1.9	1.7
	损失	0.7	1.1	1.6

注：反应压力为0.17MPa（绝压）。原料油为大庆馏分油。剂油比为5∶9。催化剂为沸石。装置为中型提升管。

(3) 反应时间　如图5-5所示，在提升管原料进口处以上的一定高度内，原料转化率，汽油、柴油和焦炭产率随高度而增加，而催化剂活性则下降。上升到一定高度后，转化率增加不多，而汽油、柴油的产率由于二次裂化而下降。所以在催化裂化过程中应控制适当的反应时间。工业上为得到高的汽油收率、较高的汽油辛烷值和较低的焦炭产率，一般采用高温和短反应时间(2～3s)；为得到较多的柴油，可采用较低温度和较长反应时间(3～4s)；对渣油催化裂化可控制在2s左右。

(4) 反应压力 表5-10为某种原料油在不同烃分压下催化裂化时对产品产率的影响。提高反应压力即提高了油气的烃分压，降低体积空速，增加反应时间，从而提高了转化率。但压力增加过多又会导致焦炭产率增加、汽油和烯烃产率下降，因此应结合原料油的生焦趋势和烟气能量回收的经济效益综合考虑。一般，同高并列式装置的反应压力为0.07～0.1MPa(表压)；高低并列式装置采用0.13～0.27MPa(表压)；对于有烟气能量回收设施的装置采用0.25～0.29MPa(表压)。

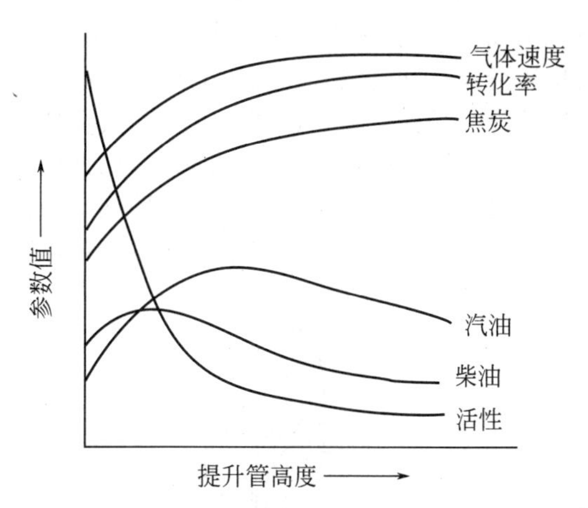

图5-5 沿提升管高度的产品分布的变化

表5-10 反应压力对催化裂化产品产率的影响

项目	烃分压		
	0.07MPa	0.18MPa	0.28MPa
转化率/%	69.3	70.4	75.7
汽油产率(质量分数)/%	53.1	52.6	51.2
焦炭产率(质量分数)/%	7.4	9.6	12.4
丁烯相对产率	1.0	0.86	0.72

(5) 剂油比 剂油比为单位时间进入反应器的催化剂量与原料油量之比。提高剂油比相当于增加反应时间，在同样温度下，催化剂含碳量少，转化率高，可增加气体与汽油收率，但焦炭产率也同时增加。一般剂油比为10左右。

5.3.5 装置型式

流化床催化裂化装置可分为两大类。

(1) 床层裂化反应装置 早期我国采用的流化催化装置型式都是流化床反应器和再生器成同高并列式。催化剂为无定形硅酸铝微球催化剂，采用U形管密相输送。

(2) 提升管裂化反应装置 20世纪70年代中期，我国开发成功全合成分子筛催化剂，以后又相继开发了半合成、大堆积密度分子筛催化剂和超稳Y型分子筛催化剂，为提升管催化裂化提供了发展条件。由于分子筛催化剂的优越性及提升管反应器具有处理能力大、操作弹性好、生产灵活性大等优点，目前它已逐步取代了床层催化裂化装置。提升管催化裂化装置除图5-4所示的高低并列式外，还有同轴式以及由同高并列式改造而成的提升管反应装置。

① 高低并列式 见图5-4，此种型式在布置上使反应器位置较高，再生器较低，两器不在一条轴线上。这样是为了增加提升管的长度以满足对反应时间的要求；同时可提高再生压力，以利于烧焦，降低再生催化剂的含碳量。我国高低并列式提升管装置有200kt/a、600kt/a、1.2Mt/a和2.0Mt/a等几种规模。

② 同轴式 同轴式催化裂化装置是将两器叠置在一条轴线上。我国的同轴式装置都是把沉降器放在上面，侧面安置提升管反应器，处理量在30～1000kt/a之间。其反应、再生

系统见图 5-6。原料油与再生催化剂向上流经提升管反应器，在提升管出口处，油气与催化剂快速分离。反应油气经旋风分离器后离开沉降器，催化剂经汽提段后进入下部再生器。这种装置操作平稳，易于调节，催化剂流量控制采用塞阀，而不用滑阀，减小了阀头磨损。

③ 由同高并列式改造成的提升管反应装置　近年来，我国多数同高并列式的床层裂化反应器已改建为提升管反应器。根据现有装置的不同情况，采用了多种提升管型式，如外提升管、内提升管、折叠式提升管或直管式提升管等。改造后典型的反应再生系统见图 5-7。

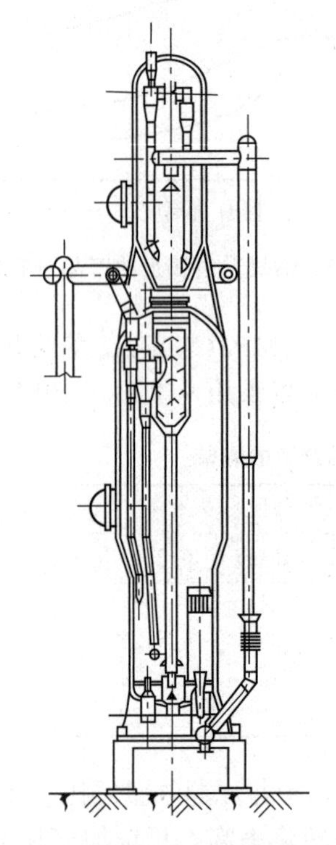

图 5-6　同轴式提升管催化裂化反应器和再生器简图

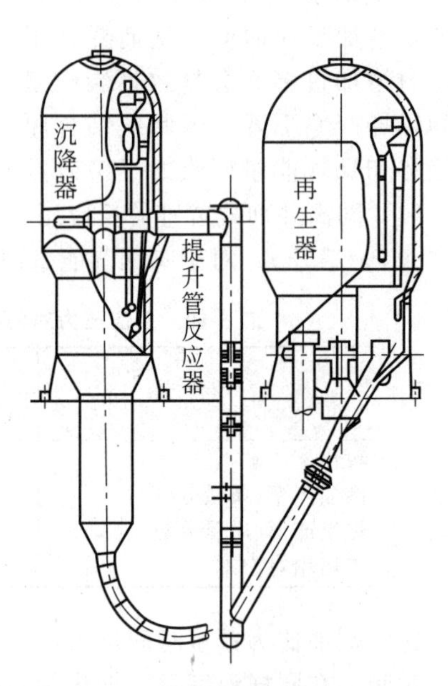

图 5-7　由同高并列式改造成的提升管反应装置示意图

随着原油结构的调整，特别是高密度、高残炭、高金属含量、高含硫原油比例的增加，重油优化加工问题日益突出，两段提升管催化裂化技术（TSRFCC）在以重油为原料生产低碳烯烃方面具有一定的优势。此外，催化裂化技术（含催化剂）近年来呈快速多态发展趋势，一些针对性很强的催化裂化新技术竞相出现，如多产异构烷烃催化裂化技术（MIP）、生产清洁汽油和增产丙烯的 MIP 催化裂化技术（MIP-CGP）、催化裂化汽油辅助反应器改质技术、灵活多效催化裂化技术（FDF-CC）、以多产低碳烯烃为目标的深度催化裂化工艺(DCC)、以最大限度生产高辛烷值汽油和气体烯烃为目标的 MGG 工艺、以多产气体异构烯烃为目标的 MIO 工艺、以常压重油为原料的多产气体和汽油的 ARGG 工艺等。这些新技术的出现为我国炼油工业提高轻质油收率、生产清洁燃料、调整炼油产品结构做出了重要贡献。

5.4 催化重整 >>>

催化重整是以 C_6～C_{11} 石脑油馏分(或轻汽油）为原料，在加热和催化剂、氢气作用下，烃分子发生重排，转变为芳烃和异构烷烃的一种工艺过程。它用来生产高辛烷值汽油和芳烃(苯、甲苯、二甲苯，简称 BTX)，同时副产氢气和液化气，氢气可作为加氢装置的原料。

1965 年我国在大庆建立了第一套铂重整装置，截止到 2016 年年底，国内的催化重整装置已超过 100 套，加工能力为 33.72Mt/a。目前正在运行的国内最大连续再生催化重整装置是在中石化大连石化分公司，其设计加工能力为 2.2Mt/a。

5.4.1　催化重整反应

催化重整反应属气-固相催化反应，主要发生以下反应。

① 环烷烃脱氢芳构化　六碳环烷烃脱掉部分氢转变为芳烃，为高吸热反应。

$$\rightleftharpoons \quad +3H_2 \tag{5-9}$$

② 脱氢环化反应　烷烃脱氢转变为环烷烃，环烷烃进一步脱氢成为芳烃，为吸热反应。

$$C_6H_{14} \rightleftharpoons \quad + H_2 \rightleftharpoons \quad +4H_2 \tag{5-10}$$

③ 异构化反应　正构烷烃转变为异构烷烃，使产物中异构烷烃量增加，也提高了重整汽油的辛烷值，为弱吸热反应。

$$n\text{-}C_7H_{16} \rightleftharpoons i\text{-}C_7H_{16} \tag{5-11}$$

④ C_5 环烷烃异构、脱氢生成芳烃。

$$CH_3 \longrightarrow \quad \rightleftharpoons \quad +3H_2 \tag{5-12}$$

⑤ 加氢裂化反应　由于重整反应有氢气存在，当大分子烃裂解成小分子烯烃时，可能加氢生成小分子饱和烃。为放热反应。

$$n\text{-}C_8H_{18} + H_2 \rightleftharpoons 2i\text{-}C_4H_{10} \tag{5-13}$$

⑥ 脱烷基反应　在一定条件下，新鲜催化剂或刚再生后的催化剂会使烃类发生脱烷基反应，放出大量的热。

$$CH_3 \quad + H_2 \rightleftharpoons \quad + CH_4 \tag{5-14}$$

此外还有烯烃氢化、加氢脱硫及积炭等反应。

表 5-11 和表 5-12 列出了在重整反应中有代表性的 C_6 烃类在 500℃时转化的热力学数据和相对反应速率。

表 5-11　C_6 烃类的几种反应热力学数据

反应	K(500℃,101325Pa)	ΔH/[kJ/(g·mol)]
环己烷 $\rightleftharpoons$ 苯 $+3H_2$	6×10^5	221
甲基环戊烷 $\rightleftharpoons$ 环己烷	0.086	−16.0
正己烷 $\rightleftharpoons$ 苯 $+4H_2$	0.78×10^5	260
正己烷 $\rightleftharpoons$ 2-甲基戊烷	1.1	−5.9
正己烷 $\rightleftharpoons$ 1-己烯 $+H_2$	0.037	130

表 5-12　催化重整反应的相对反应速率

反应	相对反应速率		反应速率的相对比较
	C_7	C_6	
六元环烷烃脱氢	100	120	最快
五元环烷烃的异构脱氢	10	13	快
烷烃及环烷烃异构化	10	13	快
烷烃加氢裂化	3	4	慢
环烷烃开环	5	3	慢
烷烃脱氢环化	1	4	最慢

5.4.2 催化剂

重整催化剂主要由铂、铼、铱、锗等金属组成及氟、氯等酸性组成构成，载体为氧化铝。铂重整催化剂具有双功能催化作用，其中铂为脱氢活性中心，促进脱氢、加氢反应；酸性组分则为酸性中心，促进加氢裂化和异构化反应；氧化铝除了为催化剂提供大的表面积，增加铂的作用，使催化剂具有较高的机械强度外，还可减轻铂对毒物的敏感性。一般铂催化剂含铂0.25%～1.0%，含氟和氯约1%左右。

20世纪70年代以后，我国工业装置上开始使用自行研制的双金属和多金属重整催化剂（如铂铼系、铂铱系、铂-Ⅳ族金属系）以改善催化剂的稳定性、活性，增加芳烃的转化率，延长操作周期，提高处理能力。

重整产物中芳烃的来源有三个，一是原料油中固有的，二是原料油中相应的环烷烃转化的，三是直链烃转化的。重整原料生成芳烃数量可用重整转化率来表示，它定义为芳烃产率和芳烃潜含量之比，即

重整芳烃转化率=[芳烃产率(质量分数,%)/芳烃潜含量(质量分数,%)]×100%

芳烃潜含量系指原料油中C_6、C_7、C_8环烷烃能全部转化为苯、甲苯、二甲苯等相应芳烃的百分含量。如重整转化率超过100%，则说明原料油除了所有的C_6～C_8环烷烃已转化为芳烃外，另有一部分直链烷烃经芳构化反应也转变为芳烃。

单铂催化剂的芳烃转化率为90%左右（质量分数），而双金属或多金属重整催化剂的芳烃转化率为120%左右（质量分数）。

目前的催化重整工艺中，单铂催化剂已基本淘汰，工业实际使用的主要是两类催化剂，即主要用于固定床重整装置的铂铼催化剂和主要用于移动床重整装置的铂锡催化剂。从使用性能来比较，铂铼催化剂有更好的稳定性，而铂锡催化剂则有更好的选择性及再生性能。

国外研发重整催化剂以美国UOP公司为代表。截至目前UOP公司已生产了四代连续重整催化剂。第一代R-16和R-20，它们的活性组分是Pt-Re和Pt-Ge，特点是低水热稳定性、低选择性；第二代R-30、R-32和R-34，较第一代的选择性有所改善；第三代R-132、R-134、R-174和R-162，解决了水热稳定性较低的问题，提高了选择性；第四代R-234、R-273和R-264，解决了历代催化剂积炭速率较高的问题，同时活性有所下降。从第二代到第四代催化剂的活性组分都是Pt-Sn。

我国研发重整催化剂以中石化石油化工科学研究院（RIPP）为代表。截至目前RIPP已研制出四代连续重整催化剂。第一代PS-Ⅱ和PS-Ⅲ，特点是活性高，选择性和磨损性较好；第二代PS-Ⅳ和PS-Ⅴ，较第一代活性和选择性有所提高，水热稳定性较好；第三代PS-Ⅵ，选择性进一步提升，积炭速率下降；第四代PS-Ⅶ，选择性更进一步提升，积炭速率大幅下降，并有更高的水热稳定性和抗磨损能力。目前我国连续重整催化剂的研制水平可与国外相媲美。

5.4.3 工艺流程

催化重整装置可分为固定床半再生式装置和连续重整装置(引进UOP技术)。连续重整的反应部分工艺流程与半再生装置基本相同，但催化剂在反应器间连续移动，同时还有一套催化剂连续再生系统，此装置对原料有较大的适应性，重整油和氢的产率较高，且收率稳定，装置运转率较高。自1997年起，我国已可利用UOP专利技术自行设计建设连续重整反应器，但国内较多炼厂仍使用固定床半再生式装置生产，故本节主要介绍此类基本的半再生装置流程。以下以生产高辛烷值汽油流程为例，它主要包括原料预处理和重整两个工序。

(1) 原料预处理　见图5-8，原料油在进入重整反应系统之前，应进行预处理以获得合适的馏分和除去有害的杂质。预处理过程主要包括预分馏、预脱砷和预加氢三部分。

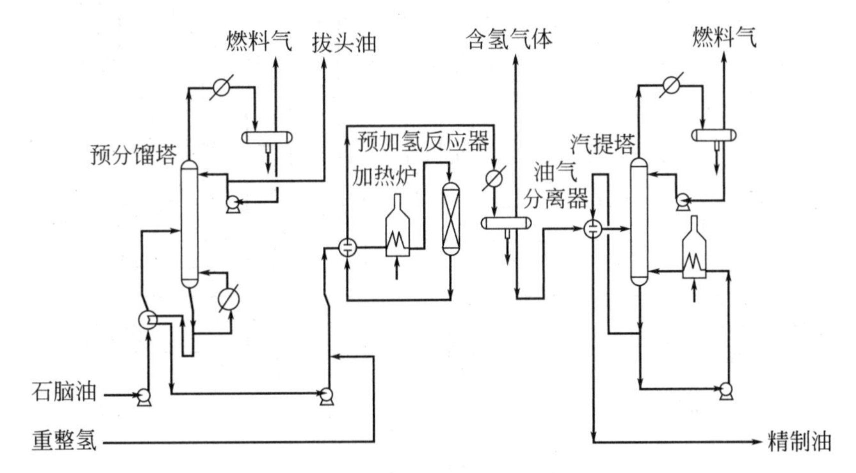

图5-8　原料油预处理工艺流程

① 预分馏　原料与预分馏塔底物料换热后进入预分馏塔，塔顶分出80℃以下的轻组分，塔底得80～180℃馏分，其中水分含量降至30ppm(10^{-6}) 以下。预分馏塔一般在0.3MPa左右的压力下操作，塔顶温度60～75℃，塔底温度140～180℃。

② 预脱砷　砷能使铂催化剂中毒，要求进重整反应器的原料油中砷含量<1ppb(10^{-9})。如原料油中砷含量较高，预加氢处理无法达到要求的话，则需增加预脱砷工序(图5-8中未绘出)。预脱砷方法可采用加氢预脱砷和硅酸铝小球吸附脱砷。加氢预脱砷是在预加氢反应器前串联一台预脱砷反应器。具体流程是将预分馏塔底出来的原料与重整部分来的富氢气体混合，加热至320～370℃进入预脱砷反应器，使原料中含砷量降到100ppb(10^{-9}) 以下，再经预加氢，使砷含量<1ppb(10^{-9})，预脱砷催化剂为钼酸镍，操作压力为2MPa，温度为320～360℃，氢油体积比为100～150。

③ 预加氢　预加氢的目的是脱除原料油中对重整催化剂有害的杂质，其中包括砷、铅、铜、氧、硫、氮和水分等，并使烯烃饱和。预加氢用钴钼镍/氧化铝催化剂，也可使用钼酸镍、钼酸钴催化剂，温度为300～370℃，压力为1.2～2MPa。体积空速为2.3h^{-1}左右。

加氢反应产物与预分馏塔底物料换热，然后冷却，进入油气分离器分出富氢，液体再与汽提塔底物料换热后进入汽提塔。汽提塔一般在0.8～0.9MPa压力下操作，塔顶温度85～90℃，塔底温度185～190℃。脱除硫化物、氮化物和水分的塔底物料（精制油）即为重整原料。

(2) 重整　固定床半再生式装置的典型工艺流程如图5-9所示。精制油与循环氢混合，然后与反应产物换热，再进加热炉加热后进入重整反应器。反应器为绝热式固定床反应器，一般设置3～4个。由于重整是吸热反应，其总温降可达100～130℃，故物料经过反应后温度降低，为了保持足够高的反应温度，每个反应器前均设有加热炉。在第一个反应器中进行速度很快的环烷烃脱氢反应，吸热大，温降也大，故在此反应器中催化剂装入量较少；最后一个反应器内进行速率较慢的烷烃脱氢环化反应及加氢裂化副反应，芳烃生成量不多，热效应较小，故催化剂装入量较大。如采用四个反应器时，催化剂装入量一般为1∶1.5∶2.5∶5。

反应器入口温度一般为500℃左右。铂重整操作条件一般为：压力2.5～3MPa，空速2～5h^{-1}，氢油比1200～1500(体积比)。铂铼重整为：压力1.8MPa，空速1.5h^{-1}，氢油比

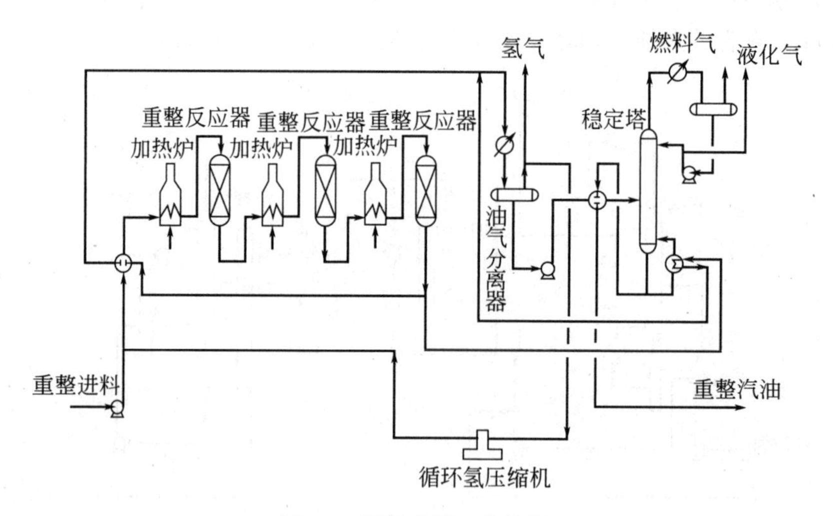

图 5-9 重整典型工艺流程

1200（体积比）。

反应产物换热后经高压分离器分出富氢气体（含氢 85%～95%），然后此重整油进入稳定塔，塔底得重整汽油，塔顶得液化石油气。富氢气体一部分与重整原料混合，返回重整反应器，另一部分送预加氢工序。

5.4.4 工艺参数

(1) 反应温度和反应压力 从表 5-11 和表 5-12 看出环烷烃脱氢是催化重整中最基本的反应，它的平衡常数最大，反应速率也最快。提高温度对吸热反应有利，降低压力对生成芳烃有利。从增加芳烃产率的角度看，高温低压有利，但考虑到催化剂的耐热稳定性及高温会加速加氢裂化使催化剂积炭加剧，故控制重整反应器入口温度在 500℃左右。而且低压也会使催化剂积炭加快，缩短了操作周期，故一般铂重整操作压力取 2～3MPa，铂铼重整为 1.8MPa，而对连续再生式重整的压力可低至 0.8MPa。

(2) 进料空速 空速对重整芳烃转化率的影响随反应深度的增加而增加。它反映了反应时间与原料性质和催化剂活性有关。铂重整装置空速 $3h^{-1}$，铂铼重整为 $1.5h^{-1}$左右。

(3) 氢油比 氢油比大，氢分压增加，可抑制生焦反应，保护催化剂，对生成油的性质影响不大，氢油比小，氢分压降低，则有利于烷烃脱氢环化和环烷烃脱氢，但积炭加快，缩短开工期。氢油比降低，能耗也降低，但床层温度下降。所以对于稳定性较高的催化剂和生焦倾向小的原料，可采用较小的氢油比，反之则需要较大的氢油比。一般氢油摩尔比为 5～8。

5.4.5 重整反应器

(1) 单体重整反应器 普通单体重整反应器有轴向和径向两种结构，见图 5-10。

① 轴向反应器 物料自上而下轴向流动，反应器内部是一个空筒，结构较简单，但催化剂床层厚，物料通过时的压降较大。

② 径向反应器 物料进入反应器后分布到四周分气管内，然后径向流过催化剂层，经中心管流出，催化剂床层较薄，压力降较小，但反应器内需设置分气管、中心管、帽罩等内部构件，结构比较复杂。

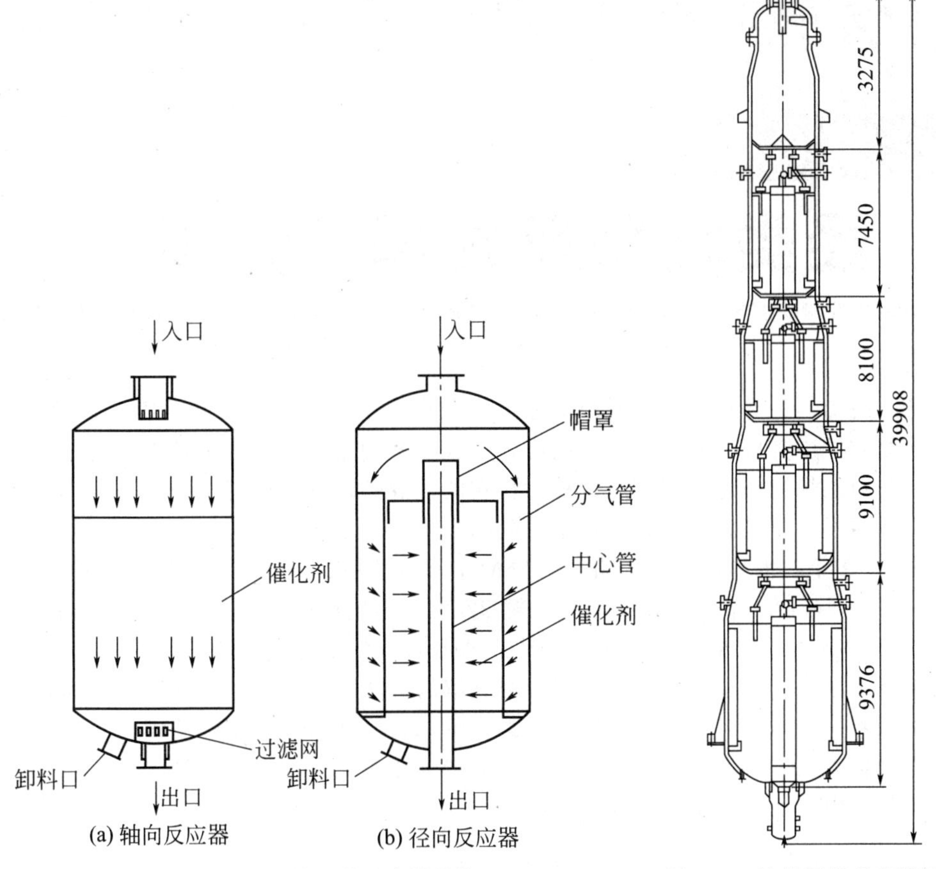

(a) 轴向反应器　(b) 径向反应器

图 5-10　单体重整反应器结构

图 5-11　连续重整反应器结构

(2) 连续重整反应器　该反应器是将 4 个不同直径和壁厚的反应器通过锥体变径段重叠连接成一台“四合一”连续重整反应器(图 5-11)。操作时，上一级反应器物料由入口进入沿内壁均布的扁筒，通过流动催化剂床层，汇入中心管从出口流出，经外部加热炉加热后进入下一级反应器。而催化剂从顶部进入靠自身重力向下流经一级、二级、三级和四级反应器，形成一个流动的催化剂床层。收集的待生催化剂进入再生塔，由上而下经过塔内再生区、氯化区和干燥区，最后进入连续重整反应器顶部的还原区。在还原区内由氢气将再生催化剂从氧化态还原为还原态，完成催化剂的再生循环过程。

该装置采用美国的 UOP 连续重整专利技术，由于其工艺先进和结构设计合理，使其与传统重整工艺分体式反应器相比具有占地面积小、反应物料均匀、催化剂利用充分、压降小以及动能消耗低等优点；但由于该设备精度要求高、制造难度大，世界上仅有个别工业发达国家可以设计制造，因而我国除少数炼厂从国外引进该设备外，国内设备制造企业以往也仅能生产传统的单体重整反应器供炼厂使用。为改变这种落后局面，由中石化北京设计院设计，兰州石油化工机器总厂已完成了该关键设备设计制造的国产化任务，已在北京燕山石化炼油厂、上海高桥石化公司炼油厂、兰州炼油厂和天津石化公司炼油厂等成功运行，使用效果良好。

2009 年国产“超低压连续重整成套技术”装置在广州石化开车成功。此套装置的四台反应器两两重叠布置，将 UOP 和法国油品研究院（IFP）连续重整工艺的优点进行整合。该项技术具有自主知识产权、先进可靠、节省大量外汇。它的建成投产打破了长期以来国外公司对连续重整技术的垄断，在我国连续重整发展史上具有重要意义。

第6章 烃类裂解及裂解气分离

乙烯、丙烯、丁烯和乙炔等低级烯烃类化合物分子中具有双键和叁键，化学性质活泼，能与许多物质发生加成、氧化和聚合反应，生成一系列重要产物，是基本有机化学工业的重要原料。其中乙烯的用途最广，产量最大，它的发展带动了其他有机产品的生产。因此，乙烯的产量标志了一个国家基本有机化学工业的水平。

截至2019年，世界乙烯年产量超186Mt，而我国乙烯生产能力为世界第二位，达到28.89Mt/a，中石油、中石化和中海油下辖22家乙烯生产企业，拥有28套乙烯生产装置，其中有单套1Mt/a的大型乙烯装置。世界已建成1.5Mt/a超大型乙烯装置。

自然界中没有烯烃存在，工业上用烃类裂解的方法获得乙烯、丙烯等低级烯烃，同时副产丁二烯和苯、甲苯、二甲苯等芳烃。烃类裂解原料已从较早采用的油田气、炼厂气、天然气等气态烃扩大到石脑油、煤油、柴油、重油和催化裂化渣油等液态烃。

烃类裂解生产乙烯的主要过程为：

原料 → 热裂解 → 裂解气预处理(热量回收、净化、气体压缩等) → 裂解气分离 → 乙烯、丙烯及联产物

乙烯装置生产规模较大，一般年生产能力为0.3Mt，目前已有年产1.315Mt乙烯的超大型装置。烃类裂解多用管式炉，其单炉年生产能力一般为0.02～0.10Mt，国内已开发出0.15Mt/a的大型裂解炉。

6.1 烃类热裂解的理论基础 >>>

6.1.1 烃类裂解反应

烃类裂解反应十分复杂，裂解过程有断氢、断链、异构化、芳构化、脱氢环化、脱烷基、歧化、叠合、聚合、脱氢交联和焦化等一系列的复杂反应。裂解产物多达数十种乃至数百种。图6-1概括地表示了烃类热裂解过程中的主要产物及其变化关系。按烃类裂解反应顺序，可分为由原料烃经热裂解生成乙烯、丙烯的一次反应以及由生成的乙烯、丙烯等低级烯烃进一步反应生成其他产物乃至焦炭的二次反应。工业生产中应促进一次反应的发生并在适当时机中止反应，抑制二次反应，以确保最大程度地获得乙烯、丙烯等目的产物。

(1) 烷烃热裂解反应　烷烃的热裂解基本反应可分为脱氢与碳链断裂两种反应。断链反应优先于脱氢反应。

脱氢反应　$$C_nH_{2n+2} \rightleftharpoons C_nH_{2n} + H_2 \tag{6-1}$$

断链反应　$$C_{m+n}H_{2(m+n)+2} \rightleftharpoons C_mH_{2m} + C_nH_{2n+2} \tag{6-2}$$

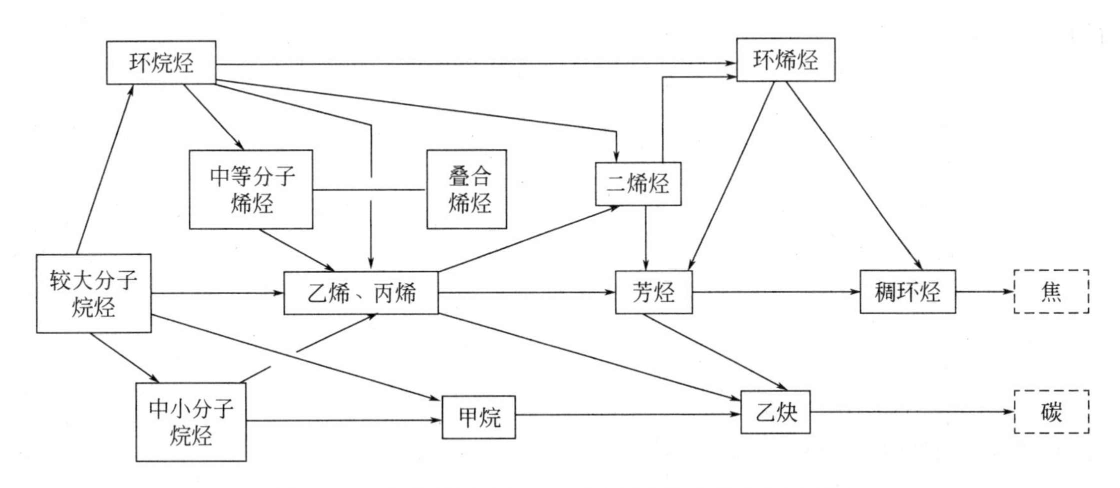

图 6-1　烃类热裂解过程中一些主要产物及其变化示意图

(2) 环烷烃热裂解反应　环烷烃热裂解可生成乙烯、丁烯、丁二烯和芳烃。脱氢成芳烃的反应优先于断键成烯烃的反应。

脱氢反应

$$\text{环己烷} \longrightarrow \text{苯} + 3H_2 \tag{6-3}$$

断链反应

$$\text{环己烷} \longrightarrow C_4H_6 + C_2H_4 + H_2 \tag{6-4}$$

(3) 芳烃热裂解反应　芳烃热稳定性较高，在一般裂解温度下，芳环基本上不开裂，只能进行芳烃脱氢缩合反应生成联苯、稠环芳烃直至结焦和烷基芳烃断侧链反应生成甲苯、二甲苯等。

脱氢反应

$$2\,\text{苯} \longrightarrow \text{联苯} + H_2 \tag{6-5}$$

$$C_6H_5\text{—}C_2H_5 \longrightarrow C_6H_5\text{—}CH{=\!=}CH_2 + H_2 \tag{6-6}$$

断链反应

$$C_6H_5\text{—}C_3H_7 \longrightarrow \text{苯} + C_3H_6 \tag{6-7}$$

$$C_6H_5\text{—}C_3H_7 \longrightarrow C_6H_5\text{—}CH_3 + C_2H_4 \tag{6-8}$$

(4) 烯烃热裂解反应　烯烃可断链或脱氢生成乙烯、丙烯或二烯烃。在热裂解过程中同时还可发生烯烃歧化反应、二烯合成反应及烯烃芳构化反应。

脱氢反应　$$C_nH_{2n} \longrightarrow C_nH_{2n-2} + H_2 \tag{6-9}$$

断链反应　$$C_{m+n}H_{2(m+n)} \longrightarrow C_mH_{2m} + C_nH_{2n} \tag{6-10}$$

(5) 烃类的结焦、生碳过程　由一次反应得到的乙烯、丙烯等产物在高温下仍会继续进行二次反应，如聚合、环化、缩合和结焦反应。小于 1200K 时，烯烃生成二烯烃和芳烃，单环芳烃脱氢缩合成多环芳烃，再经脱氢交联生成稠环芳烃，由液态焦油逐渐转变为高分子

的焦炭。如

$$2C_2H_4 \longrightarrow C_4H_6 + H_2 \tag{6-11}$$

$$C_2H_4 + C_4H_6 \longrightarrow C_6H_6 + 2H_2 \tag{6-12}$$

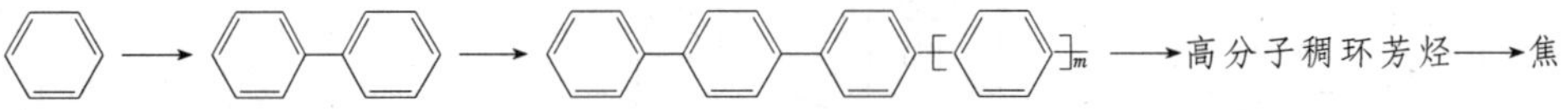

$$\longrightarrow \quad \longrightarrow \quad [\quad]_m \longrightarrow \text{高分子稠环芳烃} \longrightarrow \text{焦} \tag{6-13}$$

大于 1200K 时，低分子烷、烯烃通过耗能较低的生成乙炔的中间阶段，脱氢为稠合碳原子。如

$$C_2H_4 \xrightarrow{-H_2} CH\equiv CH \xrightarrow{-H_2} \Lambda \longrightarrow C_n \tag{6-14}$$

6.1.2 裂解过程的热力学分析

由于裂解反应都是在高温低压下进行，各气态烃可按理想气体处理。根据热力学原理，在标准态反应物系中，反应进行的可能性和反应进行的难易程度可由反应的标准自由焓变化（$\Delta G^{\ominus}$）$\leqslant 0$ 来判断。

表 6-1 列出部分正构烷烃在 1000K 下进行脱氢或断链反应的 $\Delta G^{\ominus}$ 值和 $\Delta H^{\ominus}$ 值。从表中数据可以看出，断链反应的 $\Delta G^{\ominus}$ 值具有较大的负值，接近不可逆反应，而脱氢反应的 $\Delta G^{\ominus}$ 是较小的负值或正值，是可逆反应，其转化率受化学平衡的限制。所以从热力学分析，断链反应比脱氢反应容易进行，且进行较完全。要使脱氢反应达到较高的转化率，应提高温度，以使 $\Delta G^{\ominus}$ 由正变负。从表中断链反应式(1)与式(2)的 $\Delta G^{\ominus}$ 值可知，低分子烷烃 C—C 链在分子两端断裂优先于在分子链中央断裂，一般断链较小的分子为烷烃，较大的分子为烯烃。随着烷烃碳链的增长，C—C 键在两端断裂趋势逐渐减弱，而在分子中央断裂的趋势增加，这可从表中式(3)、式(4)$\Delta G^{\ominus}$ 差值小于式(1)、式(2)$\Delta G^{\ominus}$ 差值看出。

表 6-1 正构烷烃于 1000K 裂解时一次反应的 $\Delta G^{\ominus}$ 和 $\Delta H^{\ominus}$

	反应		$\Delta G^{\ominus}$(1000K)/(kJ/mol)	$\Delta H^{\ominus}$(1000K)/(kJ/mol)
脱氢	$C_nH_{2n+2} \rightleftharpoons 2C_nH_{2n} + H_2$			
	$C_2H_6 \rightleftharpoons C_2H_4 + H_2$		8.87	144.4
	$C_3H_8 \rightleftharpoons C_3H_6 + H_2$		−9.54	129.5
	$C_4H_{10} \rightleftharpoons C_4H_8 + H_2$		−5.94	131.0
	$C_5H_{12} \rightleftharpoons C_5H_{10} + H_2$		−8.08	130.8
	$C_6H_{14} \rightleftharpoons C_6H_{12} + H_2$		−7.41	130.8
断链	$C_{m+n}H_{2(m+n)+2} \longrightarrow C_nH_{2n} + C_mH_{2m+2}$			
	$C_3H_8 \longrightarrow C_2H_4 + CH_4$		−53.89	78.3
	$C_4H_{10} \longrightarrow C_3H_6 + CH_4$	(1)	−68.99	66.5
	$C_4H_{10} \longrightarrow C_2H_4 + C_2H_6$	(2)	−42.34	88.6
	$C_5H_{12} \longrightarrow C_4H_8 + CH_4$		−69.08	65.4
	$C_5H_{12} \longrightarrow C_3H_6 + C_2H_6$		−61.13	75.2
	$C_5H_{12} \longrightarrow C_2H_4 + C_3H_8$		−42.72	90.1
	$C_6H_{14} \longrightarrow C_5H_{10} + CH_4$	(3)	−70.08	66.6
	$C_6H_{14} \longrightarrow C_4H_8 + C_2H_6$		−60.08	75.5
	$C_6H_{14} \longrightarrow C_3H_6 + C_3H_8$	(4)	−60.38	77.0
	$C_6H_{14} \longrightarrow C_2H_4 + C_4H_{10}$		−45.27	88.8

通过分子结构中键能数值的大小可说明脱氢或断链的难易。表 6-2 列出了正构烷烃、异构烷烃的键能数值。可以看出断裂 C—C 键的键能小于断裂 C—H 的键能，故断链反应

比脱氢反应易于进行；烷烃分子量越大，相对稳定性越低，越容易发生裂解反应；烷烃的脱氢能力与烷烃分子结构有关，易难顺序为：叔氢＞仲氢＞伯氢；有支链的烃较易断链或脱氢。

表 6-2 部分烷烃的碳氢键和碳碳键的键能

碳氢键	键能/(kJ/mol)	碳碳键	键能/(kJ/mol)
$H_3C—H$	426.8	$H_3C—CH_3$	346
$CH_3CH_2—H$	405.8	$CH_3CH_2—CH_3$	343.1
$CH_3CH_2CH_2—H$	397.5	$CH_3CH_2—CH_2CH_3$	338.9
$(CH_3)_2CH—H$	384.9	$CH_3CH_2CH_2—CH_3$	341.8
$CH_3CH_2CH_2CH_2—H$	393.2	$(CH_3)_3C—CH_3$	314.6
$CH_3CH_2(CH—H)CH_3$	376.6	$CH_3CH_2CH_2—CH_2CH_2CH_3$	325.1
$(CH_3)_3C—H$	364	$(CH_3)_2CH—CH(CH_3)_2$	310.9
C—H(一般)	378.7		

各种烃类裂解成烯烃的能力一般有如下规律：

正构烷烃＞异构烷烃＞环烷烃（C_6＞C_5）＞芳烃

正构烷烃、乙烯及烯烃标准生成自由焓 $\Delta G^{\ominus}$ 与碳原子数及温度的关系分别如下

$$\Delta G^{\ominus}(\text{正构烷烃}) = -53191 - 23805n + (-4.3472 + 105.62n)T \tag{6-15}$$

$$\Delta G^{\ominus}(\text{乙烯}) = 42807 + 75.28T \tag{6-16}$$

$$\Delta G^{\ominus}(\text{烯烃}) = 81556 - 2409.8m - (142.12 - 105.29m)T \tag{6-17}$$

式中，n 为烷烃碳原子数；m 为烯烃碳原子数（$m>2$）；T 为温度，K。

6.1.3 裂解过程的动力学分析

（1）反应机理　烃类热裂解过程是十分复杂的化学反应过程。目前提出了分子反应机理和自由基反应机理，认为烃类裂解体系是个分子和自由基组成的混合物系统，如1-戊烯的裂解反应可用自由基链反应机理解释。但也有研究者认为是发生了1,5氢移位反应，可按下述分子反应机理来解释。1-戊烯通过生成环状活性络合物的中间阶段而后生成乙烯和丙烯

$$H_2C\begin{cases}CH{=}CH_2\\ CH_2{-}CH_3\end{cases} \rightleftharpoons \left[\text{H}_2\text{C}\langle\,\text{C}(H){=}\!\!=\!\text{C}(H)_2\cdots H\cdots \text{C}(H)_2{=}\!\!=\!\text{C}(H)\,\rangle\right] \rightleftharpoons CH_2{=}CH{-}CH_3 + CH_2{=}CH_2 \tag{6-18}$$

一般常用自由基反应机理来解释 C_2～C_6 烃类在低转化率情况下裂解所得产物的分布。

自由基为带有未配对电子的原子或基团，它可由共价键均裂而得。下面以乙烷裂解为例说明热裂解自由基连锁反应机理，其反应历程、活化能、频率因子见表6-3。

由以上机理可导出乙烯的生成速率为

$$\frac{dc_{C_2H_4}}{dt} = \left(\frac{k_1k_3k_4}{k_5}\right)^{1/2} c_{C_2H_6} = kc_{C_2H_6} \tag{6-19}$$

反应总速率常数 k 对应的活化能为

$$E = 0.5(E_1 + E_3 + E_4 - E_5) = 0.5(359.48 + 170.54 + 29.26 - 0) = 279.82\text{kJ/mol}$$

此值与实测活化能（263.6～293.7kJ/mol）接近，说明对乙烷裂解自由基反应机理的推断是正确的。

表 6-3 乙烷裂解反应历程及其活化能和频率因子

反应阶段	反应式(i)	活化能 E_i/(kJ/mol)	频率因子 A_i
链引发	$C_2H_6 \xrightarrow{k_1} 2\dot{C}H_3$	359.48	6.3×10^{16}
链增长	$\dot{C}H_3+C_2H_6 \xrightarrow{k_2} CH_4+\dot{C}_2H_5$	45.14	2.5×10^{11}
	$\dot{C}_2H_5 \xrightarrow{k_3} C_2H_4+\dot{H}$	170.54	5.3×10^{14}
	$\dot{H}+C_2H_6 \xrightarrow{k_4} H_2+\dot{C}_2H_5$	29.26	3.8×10^{12}
链终止	$\dot{H}+\dot{C}_2H_5 \xrightarrow{k_5} C_2H_6$	0	7.0×10^{13}
	$\dot{H}+\dot{H} \longrightarrow H_2$		
	$\dot{C}_2H_5+\dot{C}_2H_5 \longrightarrow C_4H_{10}$		

丙烷及更高级的烷烃裂解的自由基反应机理更复杂，链传递反应的途径更多，一次裂解产物分布更广泛。对于混合组分裂解，各组分烃间也互有影响。

(2) 反应动力学 烃类裂解的一次反应基本上符合一级反应动力学规律，即

$$r=-\frac{dc}{dt}=kc \tag{6-20}$$

式中，r 为反应物消失速率，kmol/(m^3·s)；c 为反应物浓度，kmol/m^3；t 为反应时间，s；k 为反应速率常数，s^{-1}。

积分上式，得

$$\ln\frac{c_0}{c}=kt \tag{6-21}$$

式中，c_0 为反应物初始浓度。裂解反应是分子数增加的反应，故

$$c=\frac{c_0(1-x_i)}{a_v} \tag{6-22}$$

代入式(6-21)，得

$$-\ln\frac{1-x_i}{a_v}=kt \tag{6-23}$$

式中，x_i 为转化率；a_v 为体积增大率。体积增大率 a_v 随转化程度而变，当 a_v 已知，求得 k 后，即可由式(6-23) 求得转化率 x_i。当 $a_v=1$ 时，式(6-23) 为

$$-\ln(1-x_i)=kt \tag{6-24}$$

温度对反应速率有显著影响。在多数情况下，其定量规律可由阿伦尼乌斯公式来描述

$$k=Ae^{-E/(RT)}$$

式中，k 为反应速率常数；E 和 A 分别称为活化能和指前因子，是化学动力学中极重要的两个参数，活化能指非活化分子转变为活化分子所需吸收的能量；R 为摩尔气体常数；T 为热力学温度。

某些气态烃的频率因子 A 和活化能 E 的数值见表 6-4。C_5 以上烃类的动力学数据不多，可利用已知的正戊烷速率常数 $k_{n\text{-}C_5H_{12}}$ 由图 6-2 估算其他高碳数烃类的反应速率常数。

表 6-4 几种气态烃裂解反应的 A、E 值

化合物	lg$A$	E/(J/mol)	化合物	lg$A$	E/(J/mol)
C_2H_6	14.6737	302290	i-C_4H_{10}	12.3173	239500
C_3H_6	13.8334	281050	n-C_4H_{10}	12.2545	233680
C_3H_8	12.6160	249840	n-C_5H_{12}	12.2479	231650

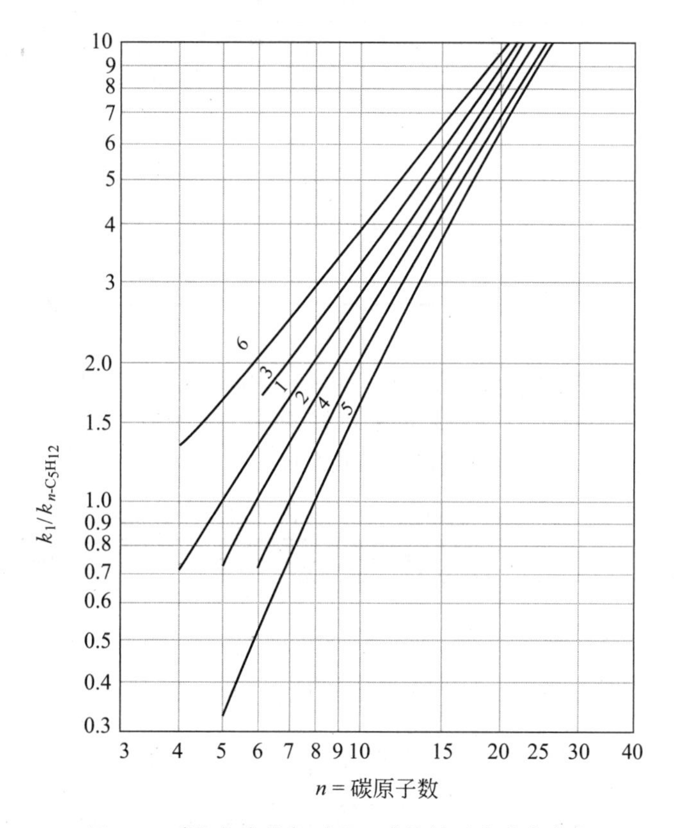

图 6-2 碳氢化合物相对于正戊烷的反应速率常数

1—正构烷烃；2—异构烷烃，一个甲基连在第二个碳原子上；3—异构烷烃，两个甲基连在两个碳原子上；4—烷基环己烷；5—烷基环戊烷；6—正构伯单烯烃

$k_1/k_{n\text{-}C_5H_{12}}$—含不同碳原子数的碳氢化合物相对于正戊烷的反应速率常数

6.2 原料性质指标及工艺参数 >>>

6.2.1 原料性质指标及其对裂解过程的影响

6.2.1.1 族组成（简称 PONA 值）

由于液态原料烃中组成复杂，很难通过各组分的裂解性质及其共裂解的关系来预测产品分布。一般采用原料烃中烷烃（P）、烯烃（O）、环烷烃（N）和芳烃（A）四种烃族的质量百分含量（PONA 值）来预估产品收率，判断是否适宜作裂解原料。

由表 6-5 可见，在管式炉裂解条件下，原料越轻，乙烯收率越高，随着烃分子量的增加，乙烯收率减小，而液态裂解产物增加。一般情况下，含烷烃量（特别是正构烷烃）较高的原料，乙烯收率也高；支链烷烃比直链烷烃产生的丙烯多而乙烯少；含环烷烃多的原料产乙烯较少，但适合生产丁二烯；含芳烃原料对制取烯烃不利且易于结焦。

由于烯烃中 C—C 键和 C ═ C 键键能不同，另外比同碳原子数烷烃的氢碳比值小，烯烃可发生断链、脱氢、芳构化、二烯合成等二次反应，焦的生成量较多。故希望裂解原料中烯烃越少越好。

表 6-5 组成不同的原料裂解产物收率

项目		裂解原料					
		乙烷	丙烷	石脑油	抽余油	轻柴油	重柴油
原料组成特征		P	P	P+N	P+N	P+N+A	P+N+A
主要产物收率/%	乙烯	84[①]	44.0	31.7	32.9	28.3	25.0
	丙烯	1.4	15.6	13.0	15.5	13.5	12.4
	丁二烯	1.4	3.4	4.7	5.3	4.8	4.8
	混合芳烃	0.4	2.8	13.7	11.0	10.9	11.2
	其他	12.8	34.2	36.8	35.8	42.5	46.6

① 包括乙烷循环裂解。

目前工业上采用的主要裂解原料有乙烷、丙烷、石脑油、柴油和闪蒸原油，我国除了充分利用油田气和炼厂气为原料外，还大量采用轻柴油。我国轻柴油较适于作裂解原料，表 6-6 为我国几个主要油田原油常压轻油馏分的族组成。

表 6-6 我国常压轻油馏分（145～350℃）的族组成

族组成/%	大庆	胜利	任丘	大港	雁翎
P 烷烃	62.6	53.2	65.4		75.7
正构	41.0	23.0	30.0	44.4	37.0
异构	21.6	30.2	35.4		38.7
N 环烷烃	24.2	28.0	23.8	34.4	18.6
一环	16.4	19.6	17.4	20.6	15.1
二环	5.6	7.0	5.4	10.4	3.0
三环以上	2.2	1.4	1.0	3.4	0.5
A 芳烃	13.2	18.8	10.8	21.2	5.7
一环	7.0	13.5	7.2	13.2	4.0
二环	5.3	5.0	3.4	7.3	1.6
三环	0.9	0.3	0.2	0.7	0.1

表 6-7 列出了生产 1t 乙烯所需的原料量及联副产物量，可以看出原料由轻到重变化时，相同原料量所得乙烯收率下降，产气量减少，所得液体燃料油增加，联副产物增加。

表 6-7 生产 1t 乙烯所需原料及联副产物量

指标	乙烷	丙烷	石脑油	轻柴油
需原料量/t	1.30	2.38	3.18	3.79
联副产品/t	0.2995	1.38	2.60	2.79
丙烯/t	0.0374	0.386	0.47	0.538
丁二烯/t	0.0176	0.075	0.119	0.148
B、T、X[①]		0.095	0.49	0.50

① B、T、X 为苯、甲苯、二甲苯。

6.2.1.2 氢含量

氢含量是指原料烃分子结构中氢的质量百分含量。它可以衡量原料的可裂解性和生成乙烯的能力。表 6-8 所列为各种烃和焦的氢含量比较，可以看出相同碳原子数时烷烃氢含量>环烷烃氢含量>芳烃氢含量，说明氢含量对裂解产物分布的影响大体一致。在烷烃中，随着分子量的加大，氢含量逐渐降低。氢含量愈高的原料，愈不易生焦，裂解深度可愈大，产气率及乙烯收率也愈高。图 6-3 为不同氢含量原料裂解时各产物的收率。P、N、A 对氢含量、裂解产物收率的一般关系有：

氢含量 P＞N＞A；液体产物收率 P＜N＜A；

乙烯收率 P＞N＞A；容易结焦倾向 P＜N＜A。

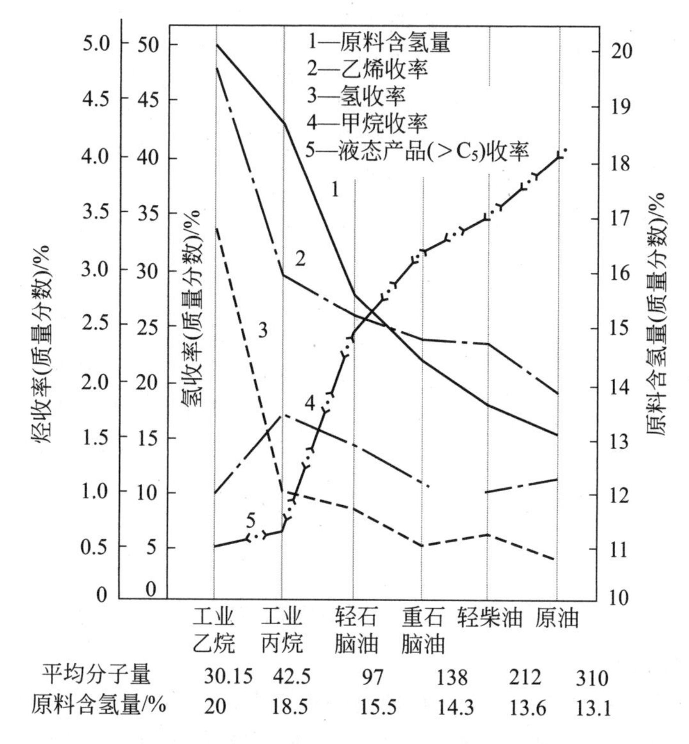

图 6-3　不同氢含量原料裂解时各产物收率

表 6-8　各种烃和焦的氢含量

物质	分子式	氢含量/%	物质	分子式	氢含量/%
甲烷	CH_4	25	苯	C_6H_6	7.7
乙烷	C_2H_6	20	甲苯	C_7H_8	8.7
丙烷	C_3H_8	18.2	烷基苯	C_nH_{2n-6}	$\frac{n-3}{7n-3}\times 100$
丁烷	C_4H_{10}	17.2			
烷烃	C_nH_{2n+2}	$\frac{n+1}{7n+1}\times 100$	萘	$C_{10}H_8$	6.25
			蒽	$C_{14}H_{10}$	5.62
环戊烷	C_5H_{10}	14.29	焦	C_aH_b	0.3～0.1
环己烷	C_6H_{12}	14.29	碳	C_n	约为 0

利用氢衡算可得不同氢含量原料裂解时的产气率。

$$H_F = Z_G H_G + (1 - Z_G) H_L \tag{6-25}$$

$$Z_G = \frac{H_F - H_L}{H_G - H_L} \tag{6-26}$$

式中，H_F、H_G、H_L 分别为原料、气态产物和液态产物的氢含量；Z_G 为产气率。

混合烃的氢含量可按下式计算

$$H_F = \sum_{i=1}^{n} G_i H_{Fi} / 100 \tag{6-27}$$

式中，H_{Fi} 为原料中组分 i 的氢含量,%；G_i 为原料中组分 i 的含量,%；n 为原料组分数。

6.2.1.3　芳烃指数

芳烃指数系美国矿务局关联指数（U. S. Bureau of Mines Correlation Index），简称

BMCI值。由于对重质原料的族组成很难做出精确的测定，而BMCI值很容易通过馏程分析、密度测量计算出来，故常用它来表征柴油等重质馏分中烃组分的结构特性。正构烷烃的BMCI值较小（正己烷为0.2），芳烃的较大（苯为100）。BMCI值越高，则该油品的芳烃含量越高，裂解时的结焦趋势越大，乙烯收率也越低。由图6-4看出乙烯最大收率随BMCI值的增大而减少。

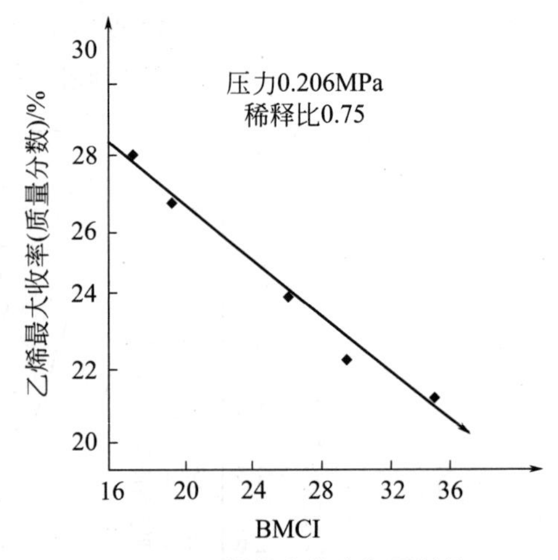

图 6-4 乙烯最大收率与原料的BMCI值的关系

BMCI值可按下式计算

$$\mathrm{BMCI}=\frac{48640}{T_v}+473.7d_{15.6}-456.8 \quad (6\text{-}28)$$

式中，$d_{15.6}$为原料的相对密度（15.6℃时）；T_v为体积平均沸点，K。

$$T_v=\frac{1}{5}(T_{10}+T_{30}+T_{50}+T_{70}+T_{90}) \quad (6\text{-}29)$$

式中，T_{10}、T_{30}……分别代表恩氏蒸馏馏出体积为10%、30%……时的温度，K。

6.2.1.4 特性因素

它是反映原油及馏分油的化学组成特性的一种因素，用K表示。烷烃的K值最高，环烷烃次之，芳烃最低，如乙烷K值为18.38、正戊烷为13.04、环戊烷为11.12、苯为9.73，所以原料烃的K值越大，乙烷的收率越高。K值可按下式计算

$$K=1.216T_{\mathrm{cu}}^{1/3}/d_{15.6} \quad (6\text{-}30)$$

式中，T_{cu}为立方平均沸点，K。

$$T_{\mathrm{cu}}=\left(\sum_{i=1}^{n}x_{iv}T_i^{1/3}\right)^3 \quad (6\text{-}31)$$

式中，x_{iv}为i组分的体积分率；T_i为i组分的沸点，K。

对于复杂的烃类混合物，很难得到其他组成分析数据，T_{cu}可按下式计算

$$T_{\mathrm{cu}}=(0.1T_{10}^{1/3}+0.2T_{30}^{1/3}+0.2T_{50}^{1/3}+0.2T_{70}^{1/3}+0.2T_{90}^{1/3}+0.1T_{100}^{1/3})^3 \quad (6\text{-}32)$$

式中，T_{10}、T_{30}……的定义与式(6-29)中的相同。

6.2.2 工艺参数

(1) 裂解温度 温度是影响烯烃收率最重要的因素，它主要通过影响裂解产物分布及一次反应与二次反应的竞争而起作用。

由于烃类热裂解反应需吸收大量的热，在不同反应温度下，各链式反应的相对量不同，致使一次反应产物的分布也不同。表6-9是根据链式反应动力学数据算出的异戊烷在不同温度下裂解的一次产物分布，可见温度升高，乙烯、丙烯的收率也增大。

温度不同，一次反应及二次反应的化学平衡常数和反应速率常数均不同。烃分解为碳和氢反应的$\Delta G^{\ominus}$具有很大的负值，在热力学上比一次反应占绝对优势。以乙烷分解生碳过程的三个反应为例，有

表 6-9　裂解温度对异戊烷一次产物分布的影响（计算值）

温度/℃	组分/%								
	H_2	CH_4	C_2H_4	C_3H_6	i-C_4H_8	1-C_4H_8	2-C_4H_8	总计	$C_2^= + C_3^=$
600	0.7	16.4	10.1	15.2	34.0	10.1	13.5	100	25.3
1000	1.0	14.5	13.6	20.3	22.5	13.6	14.5	100	33.9

$$\text{乙烷} \xrightarrow{K_{p1}} \text{乙烯} \xrightarrow{K_{p2}} \text{乙炔} \xrightarrow{K_{p3}} \text{碳}$$

表 6-10 列出了乙烷分解生碳过程在不同温度下的平衡常数，可见温度升高，乙烷脱氢和乙烯脱氢反应的平衡常数 K_{p1} 与 K_{p2} 均增大，乙炔分解为碳的反应平衡常数 K_{p3} 减小。但 K_{p3} 值仍很大，加之 K_{p2} 的增加率大于 K_{p1} 的，提高温度更有利于乙烯脱氢生成乙炔，进而有利于乙炔的生碳反应。

表 6-10　乙烷分解生碳过程各反应的平衡常数

温度/K	K_{p1}	K_{p2}	K_{p3}	$\frac{K_{p1}(T)}{K_{p1}(1100)}$	$\frac{K_{p2}(T)}{K_{p2}(1100)}$
1100	1.675	0.01495	6.556×10^7	1.0	1.0
1200	6.234	0.08053	8.662×10^6	3.72	5.39
1300	18.89	0.3350	1.570×10^6	11.28	22.4
1400	48.86	1.134	3.446×10^5	29.17	75.85
1500	111.98	3.248	1.032×10^5	66.85	217.26

从动力学方面看，改变反应温度，不但改变各个一次反应的相对速率及一次产物的分布，而且也能改变一次反应对二次反应的相对速率。升高温度后，转化率提高，但乙烯收率的提高要看一次反应与二次反应在动力学上的竞争。简化的动力学图式可表示为

乙烷 —k_1（一次反应）→ 乙烯 → { —k_2（二次反应）→ 乙炔 —k_3（分解）→ 碳 + 氢；—k_2'（脱氢缩合 二次反应）→ 芳炔 →……→ 焦 }

各 k 值为

$$k_1=10^{14}\exp[-69000/(RT)] \tag{6-33}$$

$$k_2=2.57\times10^8\exp[-40000/(RT)] \tag{6-34}$$

$$k_3=9.7\times10^{10}\exp[-62000/(RT)] \tag{6-35}$$

式中，k 的单位为 s^{-1}。

上述一次反应与两类二次反应在动力学上的竞争，主要取决于比率 k_1/k_2（或 k_1/k_2'）及其随温度变化的关系，而 k_1/k_2（或 k_1/k_2'）又取决于反应温度及它们的反应活化能。上述一次反应活化能大于二次反应活化能，提高温度有利于提高 k_1/k_2 值，即有利于提高一次反应对二次反应的相对速率。它们之间的关系示于图 6-5。所以，尽管提高温度在热力学上有利于碳的生成，但是高温时一次反应速率远远快于二次反应速率，要提高乙烯收率，应在高温下进行裂解反应。对于脱氢缩合二次

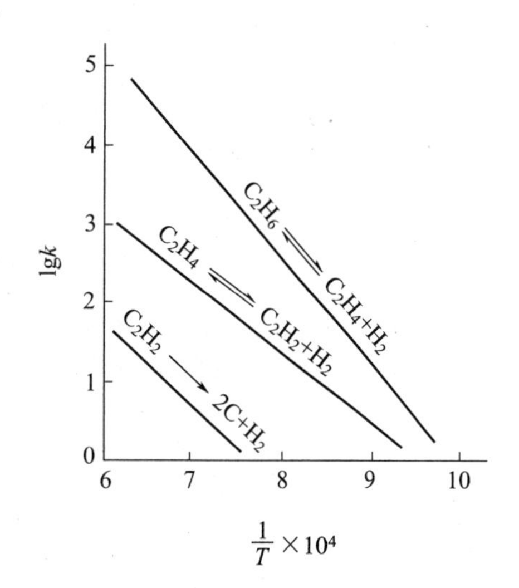

图 6-5　k 值与温度的关系

反应，其活化能也小于一次反应的活化能，所以升高温度同样有利于提高乙烯收率，减少焦的相对生成量。但温度升高，一次与二次反应的绝对速率加快，增加了焦的绝对生成量，因此在高温裂解时，应相应减少停留时间，抑制二次反应的发生。

(2) 停留时间 停留时间是指物料在反应开始到达某一转化率时在反应器内经历的反应时间。在管式裂解反应器中的反应过程是非等温、非等容（体积增大）过程，停留时间可用积分停留时间或表观停留时间来表示。

积分停留时间 t_A 是裂解产物在辐射段炉管中的平均停留时间，常用它来表征停留时间对裂解选择性的影响，且用它关联裂解选择性数据。

$$t_A = \frac{1}{x_0}\int_0^{x_0} t\,dx \tag{6-36}$$

式中，t 为停留时间；x 为转化率；x_0 为出口转化率。

表观停留时间 t_B 表示了物料在辐射段炉管中的停留时间，它近似为平均停留时间的两倍。一般工业上所指的停留时间就是表观停留时间。

$$t_B = \int_0^{V_T} \frac{dV_R}{V} \tag{6-37}$$

式中，V_R 为炉管容积；V_T 为每组炉管总容积；V 为气体体积。

根据乙烷裂解过程各反应的动力学方程式，可得乙烷、乙烯、乙炔和碳在 t 时刻的物质的量（N_i）与乙烷初始物质的量（N_0）的比值关系，如图 6-6 所示。从图中看出，随着反应时间的延长，乙烷浓度不断下降，乙烯由于二次反应的影响，其产率有一个最大值，此对应时间即为最佳停留时间；乙炔也有类似于乙烯的行为，但碳的产率一直上升，反应时间越长，生成的碳越多。由于二次反应主要在转化率较高的裂解后期发生，如能控制很短的停留时间，减少二次反应的发生，即可增加乙烯收率。某温度下的最佳停留时间可通过对动力学方程求极值的方法求得。

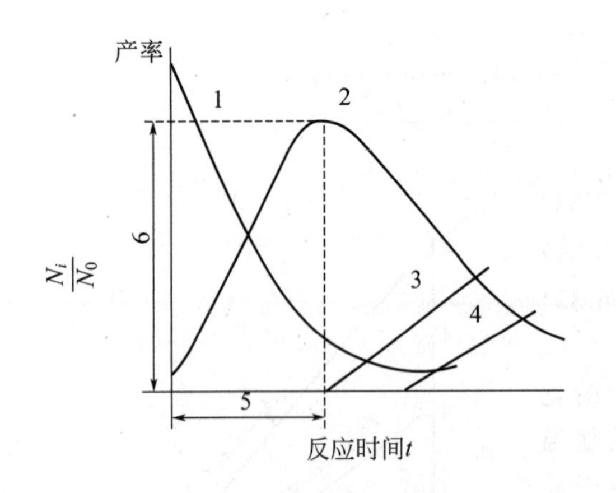

图 6-6 乙烷裂解过程中各物质生成速率与时间的关系

1—乙烷；2—乙烯；3—乙炔；4—碳；
5—达到最大乙烯产率所需的时间；
6—乙烯的最大产率

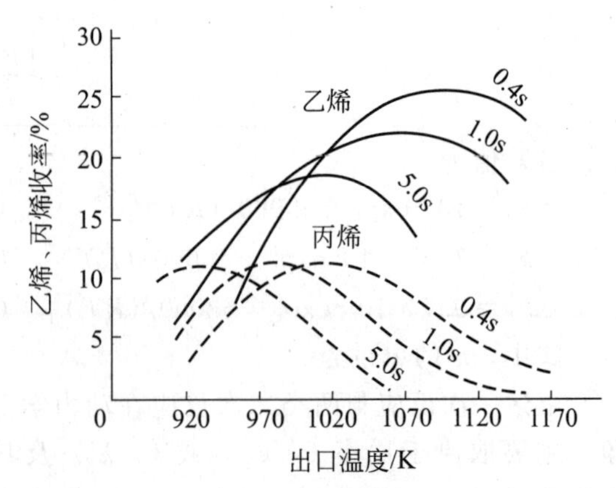

图 6-7 柴油裂解产物的温度-停留时间效应

图 6-7 说明，乙烯、丙烯收率与裂解温度和停留时间均具有相互依赖与制约的关系，在高温、短停留时间下操作可得较高的乙烯和丙烯收率。工业上采用的操作温度和停留时间，

不仅要根据原料、乙烯收率等要求，还应考虑联、副产物的回收，原料循环，裂解炉设备及操作压力等情况。一般乙烷转化率选 60%左右为宜，相应的裂解温度为 800～900℃（丙烷为 750～850℃），柴油裂解温度为 700～800℃，停留时间取 0.3～1s。

(3) 反应压力和稀释剂　裂解反应管内气相烃类的压力影响烃类裂解过程的化学平衡及各反应速率。

烃类裂解的一次反应（断链和脱氢）是分子数增多的反应，其中断链反应为不可逆反应，压力对其无影响；脱氢反应为可逆反应，降低压力对提高乙烯平衡组成有利。而二次反应主要是分子数减少的聚合、缩合和结焦反应，降低压力可抑制它们的发生。反应压力直接影响各反应物的分压，而裂解为一级反应，聚合、缩合为大于一级的反应，故降低压力相对增加了裂解反应的速率，有利于提高烯烃的收率、减轻结焦。

反应压力不应低于常压，以避免漏入的空气与烃气体形成爆炸混合物而导致爆炸。另外，减压操作还对分离工序的压缩操作不利，增加能耗。为此需在裂解原料中添加惰性稀释剂，如氮或水蒸气，以降低系统内烃分压。工业上采用水蒸气作为稀释剂，其主要优点为：性质稳定，一般与烃类不发生反应；冷凝温度较高，易于从裂解气中分离，热容较大，有利于反应区内温度分布均匀，保护炉管；它具有部分氧化性，可抑制裂解原料中所含硫对合金钢炉管的腐蚀；对炉管表面的镍、铁有氧化作用，在一定程度上抑制了炉管中镍、铁催化烃类分解生碳的反应；在高温下，水蒸气能与裂解管中沉积的焦炭发生水煤气反应，对炉管有一定的清焦作用。

水蒸气用量并非越多越好。水蒸气过量会降低设备处理能力，增加炉子热负荷和急冷剂的用量，产生大量废水。一般应考虑原料种类、裂解炉特性及炉管出口压力，以防止结焦、延长操作周期为前提。裂解原料，氢含量愈小，愈易结焦，水蒸气用量应愈大。表 6-11 列出了不同原料裂解时所用水蒸气稀释剂的大致范围。

表 6-11　不同原料在管式炉内裂解的水蒸气稀释比

裂解原料	原料氢含量/%	结焦难易程度	稀释比(水蒸气/烃)/(kg/kg)
乙烷	20	较不易	0.25～0.4
丙烷	18.5	较不易	0.3～0.5
石脑油	14.16	较易	0.5～0.8
轻柴油	约 13.6	较易	0.75～1.0
原油	约 13.0	极易	3.5～5.0

(4) 动力学裂解深度函数 KSF　动力学裂解深度函数（kinetic severity function，KSF）能将操作温度 T、停留时间 t 和原料烃的裂解反应动力学性质联系起来，反映裂解反应进行的程度。其定义式为

$$\mathrm{KSF}=\int k_i\,\mathrm{d}t \tag{6-38}$$

式中，k_i 为组分 i 生成乙烯的反应速率常数，s^{-1}；t 为停留时间。

当知道温度 T 与时间 t 的关系后，即可积分式(6-38) 求得 KSF。等温反应时，则有

$$\mathrm{KSF}=k_i t \tag{6-39}$$

当过程为一级反应时，由式(6-24) 和式(6-39)得

$$\mathrm{KSF}=\int k_i\,\mathrm{d}t=-\ln(1-x_i) \tag{6-40}$$

对于液体原料裂解，其产物组成变化复杂，通常选用正戊烷作为衡量裂解深度的组分 i_0。这是因为在任何轻质油中正戊烷总是存在的，它在裂解过程中只有减少，不会增加，其

裂解余量亦能测定，以它来衡量原料裂解深度是适合的。

混合物在一定温度下裂解时，由于各组分都在同一反应管内进行，它们经历的停留时间相同，据此可关联 a、b 两组分的转化率，即

$$\frac{\ln(1-x_{a})}{\ln(1-x_{b})}=\frac{k_{a}}{k_{b}} \tag{6-41}$$

动力学裂解深度函数对产物分布有重大影响。图 6-8 表示了石脑油裂解时裂解深度与产物分布的关系。对其他裂解原料来说，KSF 对产物分布影响的规律是大同小异的。根据 KSF 值，图 6-8 可分为三个区。

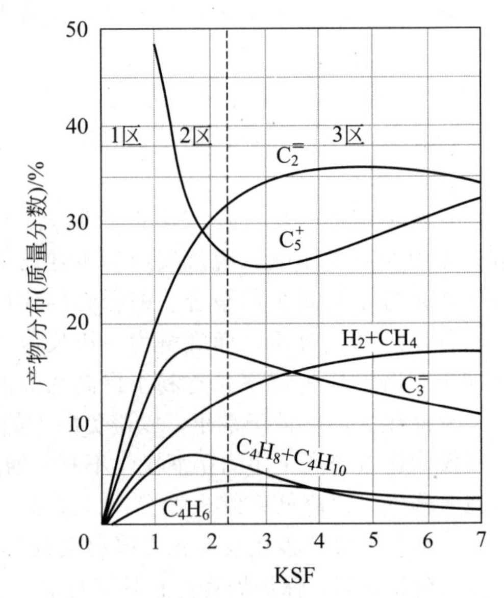

图 6-8 石脑油裂解深度与产物分布关系
（原料组成、烃分压、停留时间恒定）

浅度裂解区 KSF 小于 1，主要反应为饱和烃 C_5 以上馏分（C_5^+）的分解，其含量迅速下降，产物乙烯、丙烯、丁烯含量迅速增加，但由于为浅度裂解，产物量并不多。

中度裂解区 KSF 为 1～2.3，C_5^+ 含量继续下降，乙烯含量上升速度变缓，丙烯、丁烯在KSF＝1.7 处出现峰值，说明二次反应逐渐显著起来。

深度裂解区 KSF 大于 2.3，一次反应基本停止，混合物组分的进一步变化都是由于二次反应。C_5^+ 中原有的饱和烃已逐渐耗尽，其曲线经过最低点，随着裂解深度的增加，丙烯、丁烯脱氢缩合生成稳定的芳烃加入 C_5^+ 的产率中，使组成已变化的 C_5^+ 含量回升，丙烯、丁烯含量下降。乙烯的峰值在 KSF＝3.5～6.5 之间。

管式裂解炉的最高裂解深度不仅受炉管温度制约，也取决于炉管结焦情况。影响结焦速度的因素，除了裂解深度外，还有原料种类，管子设计参数、热强度、烃分压和管内质量流速。实际生产中，KSF 最高不超过 3.5～4。

6.3 裂解工艺过程及设备 >>>

从前面讨论可知烃类裂解反应的特点是：强吸热、短停留时间、低烃分压；反应产物是气态烃、液态烃和固态焦炭的复杂混合物。对裂解炉的要求是能在较短的时间内提供大量热量，达到裂解所需的高温。

裂解供热方式有直接供热和间接供热两种。直接供热的裂解方法如固体热载体法（蓄热炉裂解、砂子炉裂解等）、液体热载体法（熔盐炉裂解）、气体热载体法（过热水蒸气裂解法）及部分氧化裂解法（流化床部分氧化裂解法、火焰燃烧法、浸没燃烧法等）。间接供热的裂解方法有管式炉裂解法。其中蓄热炉为间歇操作，热效率较低，但设备和材料较简单。所用原料范围较广，可用轻油、重油、原油甚至渣油，适于中小型厂采用。其他直接供热法或由于其工艺、设备复杂，裂解气质量低，或由于经济成本高等问题均不如管式炉裂解法。目前，世界上 99％的乙烯生产采用管式炉裂解法。

6.3.1 工艺过程

管式炉裂解法不仅可用各种原料（气态烃或液态烃）生产烯烃，还可以副产汽油和芳

烃。它具有工艺可靠、操作方便、技术成熟、热效率高（已达93%～94%）和烯烃收率高（轻柴油裂解时，达45%左右）等优点，所以是目前生产烯烃的主要方法。图6-9所示为鲁姆斯管式炉裂解工艺流程。此工艺适用于炼厂气、乙烷、丙烷、丁烷、石脑油、煤油、轻柴油和重柴油等原料。

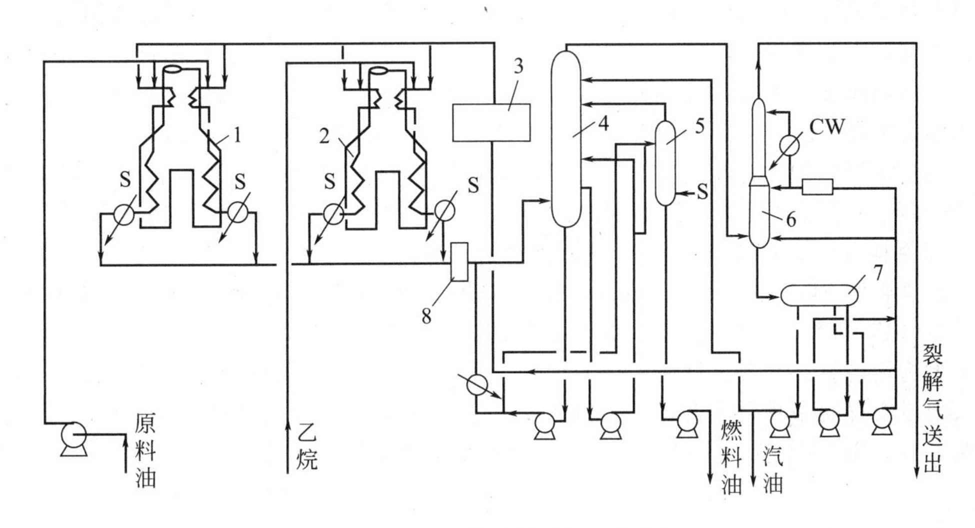

图6-9 鲁姆斯管式炉裂解工艺流程

1—石脑油裂解炉；2—乙烷裂解炉；3—蒸汽发生器；4—油洗塔；5—燃料油汽提塔；6—水冷却塔；7—油水分离器；8—急冷器；S—水蒸气；CW—冷却水

气态烃原料或液态烃原料预热后进入相应裂解炉，在对流段入口处加入由蒸汽发生器来的稀释水蒸气，根据不同原料，蒸汽稀释比（俗称水油比）在0.25～1.0之间。原料与蒸汽的混合物在管式炉对流段加热至初始裂解反应温度（乙烷659.5℃、石脑油593℃，轻柴油为538℃），进入立式排列的辐射段炉管，继续加热至800～900℃（乙烷）或700～800℃（柴油），进行裂解反应。停留时间约为0.3～0.8s左右。高温裂解气通过急冷换热器终止裂解反应，同时产生11MPa左右的高压水蒸气。为防止急冷换热器的结焦堵塞，此换热器出口温度控制在370～500℃。产生的高压蒸汽进裂解炉预热段过热，再送入水蒸气过热炉（图中未绘出）过热至450℃左右，用于驱动裂解气压缩机和制冷压缩机。

急冷后的裂解气进入油洗塔，塔底釜温控制在220℃左右，塔顶逸出温度低于100℃的裂解气再进入水冷却塔，与塔顶喷淋下来的含油污水逆流接触，被冷却至30～40℃后去分离系统。冷凝下来的裂解汽油与过程蒸汽凝液混合物自冷却塔底送入油水分离罐。上层的裂解汽油一部分返回油洗塔顶，一部分作为汽油产品送出装置。下层的含油污水一部分经急冷水换热器（急冷器）冷却后，分别作为冷却塔顶和中段回流；另一部分相当于工艺蒸汽的水量经污水处理系统的汽提塔（未画出）解吸掉硫化氢、二氧化碳和少量汽油馏分后作为稀释蒸汽发生器用水，这样使过程蒸汽不断循环使用，大大减少含油污水的排出量。以年产0.3Mt乙烯的装置为例，其污水排放量从120t/h减少到7～8t/h。油洗塔底排出燃料油大部分作为循环急冷油通入急冷器及返回油洗塔作为塔的中段回流；小部分进燃料油汽提塔。塔顶轻组分返回油洗塔，塔底排出燃料油产品。当裂解气逐步冷却时，其中含有的二氧化碳等酸性气体也逐步溶于冷凝水中，为防止酸性腐蚀，需在油洗塔顶出口的裂解气中及在进污水系统汽提塔的工艺水中加注氨或碱液等碱性缓蚀剂。

6.3.2 管式裂解炉

管式裂解炉由对流室和辐射室组成，炉体用钢构体和耐火材料砌筑。对流室内安装原料预热管及蒸汽加热管，以回收热量；辐射室内安置裂解管，在其炉侧壁、炉顶或炉底安装烧嘴。裂解炉型式按炉管布置方式可分为横管裂解炉和竖管裂解炉。早期方箱式横管裂解炉由于热强度低，裂解管受热弯曲，耐热吊件安装困难且需使用昂贵的合金钢材，维修预留地大等缺点，已被淘汰。而竖管炉热强度大，加热均匀，炉管吊架安置在炉顶耐火材料深处，可不用耐温高级合金钢，由于垂直布管，向上抽管，可不必预留空地。目前各国均大力开发垂直管双面辐射裂解炉，有代表性的如美国鲁姆斯公司的 SRT 型短停留时间炉，凯洛格公司的 MSF 型超短停留时间炉，斯通-韦勃斯特公司的 USC 型超选择性炉和日本三菱公司的 MTCF 型倒梯台炉，我国也开发了 CBL 型裂解炉等。

(1) 鲁姆斯 SRT(short residence time) 型炉 自 20 世纪 60 年代开发出 SRT-Ⅰ型炉，目前已有 SRT-Ⅵ型炉投入运行。SRT 各型裂解炉外形大致相同，裂解管及其排布各不相同。Ⅰ型为均径管；Ⅱ型、Ⅲ型、Ⅳ型为变径管；Ⅴ型炉管内截面为“梅花”螺旋形；Ⅵ型炉管入口段安置肋条状导热构件，管外焊短柱状导热构件，以增加热流量。SRT-Ⅲ型裂解炉见图 6-10，SRT-Ⅰ型、Ⅱ型、Ⅲ型、Ⅳ型炉结构和工艺参数见表 6-12。

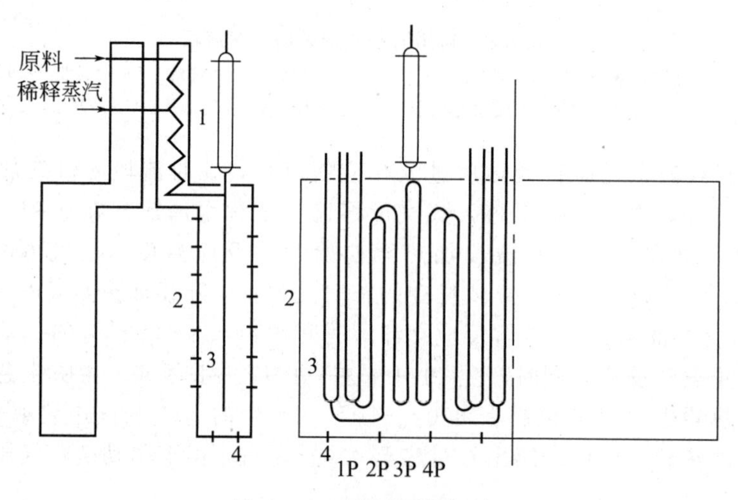

图 6-10 SRT-Ⅲ型裂解炉

1—对流室；2—辐射室；3—炉管组；4—烧嘴

1P—ϕ89 (64)；2P—ϕ114 (89)；3P,4P—ϕ178 (146)，总长 48.8m

表 6-12 SRT 型炉的结构和工艺参数

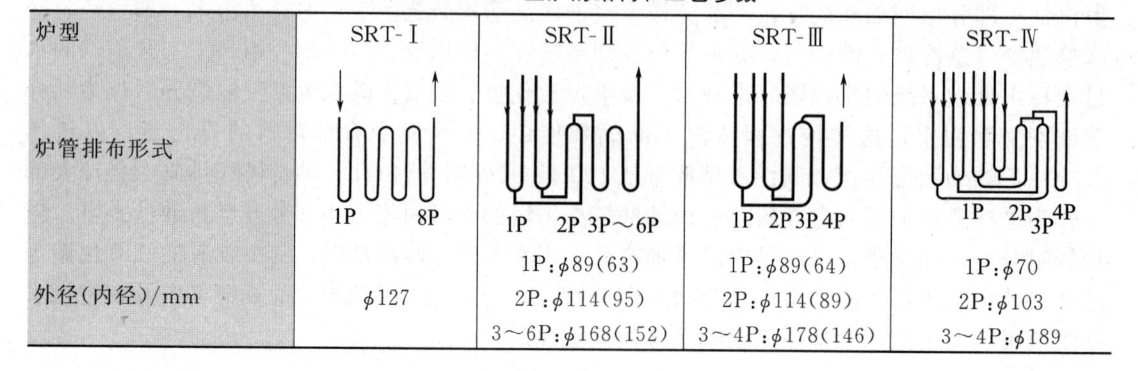

炉型	SRT-Ⅰ	SRT-Ⅱ	SRT-Ⅲ	SRT-Ⅳ
炉管排布形式	1P 8P	1P 2P 3P～6P	1P 2P 3P 4P	1P 2P 3P 4P
外径(内径)/mm	ϕ127	1P:ϕ89(63) 2P:ϕ114(95) 3～6P:ϕ168(152)	1P:ϕ89(64) 2P:ϕ114(89) 3～4P:ϕ178(146)	1P:ϕ70 2P:ϕ103 3～4P:ϕ189

续表

炉型	SRT-Ⅰ	SRT-Ⅱ	SRT-Ⅲ	SRT-Ⅳ
炉管长度/(m/组)	80～90	60.6	54.8	38.9
炉管材质	HK-40	HK-40	HK-40,HP-40	HP-40-Nb
适用原料	乙烷-石脑油	乙烷-轻柴油	乙烷-减压柴油	轻柴油
管壁温度(初级～末期)/℃	945～1040	980～1040	1015～1100	约 1115
每台炉管组数	4	4	6	
对流段换热管组数	3	3	4	
停留时间/s	0.6～0.7	0.475	0.431～0.37	0.31～0.2
乙烯收率/%	27(石脑油)	23(轻柴油)	23.25～24.5(轻柴油)	26.34～29.4(轻柴油)
炉子热效率/%	87	87～91	92～93.5	93.5～94

注：表中，P—程。炉管内物料走向，一个方向为 1 程，如 3P 指第 3 程。

SRT 型炉内裂解管单排垂直排列在辐射室中央，在辐射室底部安装长焰烧嘴，两侧壁安装无焰板式烧嘴或碗型短焰烧嘴，使裂解管受到双面辐射，热强度高，受热均匀。为了更好地实现高温、短停留时间、低烃分压的裂解原理，提高乙烯收率及热效率，SRT 型炉不断地进行了改进。SRT-Ⅰ型炉采用均径炉管，管径稍大。由于其热通量小，升温速率较慢，势必停留时间稍长（0.7s）；裂解反应为体积增大的反应，在管径不变的情况下，到反应后期势必阻力增加，为克服阻力，必须相应提高原料烃进口压力，从而使烃分压提高。停留时间长、烃分压高均有利于二次反应的进行，会降低乙烯收率。为此 SRT-Ⅱ型炉改用变径管，管径先细后粗，按 4-2-1-1-1-1 排列。小管径有利于强化传热，使原料迅速升温，缩短停留时间；管列后部管径变粗，降低 Δp 和烃分压，减少二次反应，故一般Ⅱ型炉要比Ⅰ型炉的乙烯收率提高 2%（质量分数）左右。Ⅲ型炉是在Ⅱ型炉的基础上，将管组后部减为二程，即 4-2-1-1，且后部管径有所增大，进一步减少停留时间，降低烃分压。这是因为开发了更耐高温的新管材 HP-40，从而可提高炉管表面热强度，加大热通量。另外重新布置了对流段的预热管（见图 6-11）使出口温度从 SRT-Ⅱ型炉的 118～220℃降到 130～140℃，炉子热效率可提高到 93.5%。乙烯收率提高 1%～2.5%，生产 0.3Mt/a 乙烯由 11 台裂解炉减少到 8 台。SRT-Ⅳ型炉为了达到迅速加热原料和缩短停留时间，将前二程管径改小，增加该程管数，以增加前二程的炉管比表面积；每组炉管的出口管径也有所增加，以降低烃分压，其炉管排列为 8-4-1-1 和 8-4-2-1。炉管材质也改用 HP-40-Nb(24Cr-35Ni-Nb)。同时在工艺流程中采用燃气透平，大大降低能耗。SRT-Ⅲ型、Ⅳ型均采用计算机控制，保持最佳工艺条件、操作稳定，生产能力与乙烯收率均比 SRT-Ⅱ型炉高。20 世纪 80 年代末期开发的 SRT-Ⅴ型炉的特点是在辐射段入口支管内呈“梅花”螺旋形，支管数进一步增加，为 16-2 排列，即第一程 16 根炉管、第二程为 2 根炉管，有效地增加了传热面积，故它比 SRT-Ⅳ型炉生产能力增加 10%。较新开发的 SRT-Ⅵ型炉的炉管为 8-2 排列的双程分支变径管。改进后的第一程的汇总管长缩短，并用变径的方式解决端部因传热温差形成的过热问题，还在管子入口段设置肋状或柱状的导

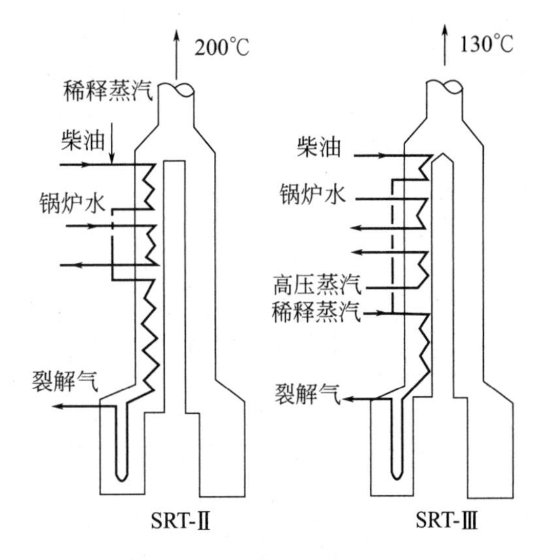

图 6-11　对流室预热管排布

热构件，增加了入口段热流量，改善了轴向温度分布。该炉型生产能力可提高10%。

SRT型炉是目前世界上大型乙烯装置中应用最多的炉型。我国燕山、扬子、齐鲁石化公司的0.3Mt/a乙烯生产装置均采用此种裂解炉。

(2) 三菱M-TCF倒梯台炉　日本三菱油化公司发展的倒梯台垂直管裂解炉结构及裂解管布管情况见图6-12。

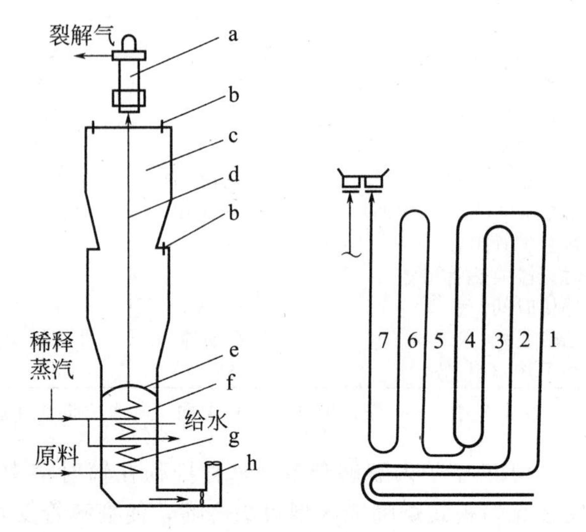

图6-12　倒梯台垂直管裂解炉结构及裂解管布管

1～4—椭圆管；5～7—圆管

a—急冷废热锅炉；b—烧嘴；c—辐射室；d—裂解管；e—隔墙；f—对流室；g—预热管；h—烟道

该炉为单排双面辐射，对流段在底部，物料自下而上，燃料自上而下喷射燃烧。急冷废热锅炉设置在炉顶。裂解炉管采用扁椭圆管加圆管，材质为HK-40。相同截面积椭圆管比圆管的单位长度传热面积大，所以在同样处理量时，椭圆管的停留时间要短；按相同管容积计，椭圆管的处理能力比圆管大30%～50%，采用向下的大型扁平长火焰油气联合烧嘴，不易结焦，克服了水平烧嘴和向上烧嘴不完全燃烧时的滴漏或结垢弊病，而且也克服了火墙附壁效应及高温气体和火焰自然向上造成的上部温度过高的缺点，使炉管加热均匀。这种烧嘴燃烧时过剩空气系数较小（1.1%～1.15%），热效率达89%～91%。M-TCF炉的停留时间为0.3～0.6s，采用石脑油裂解的乙烯收率为27%。单炉年生产能力为25kt。国内采用倒梯台式裂解炉的有上海及吉林的115kt/a乙烯装置。

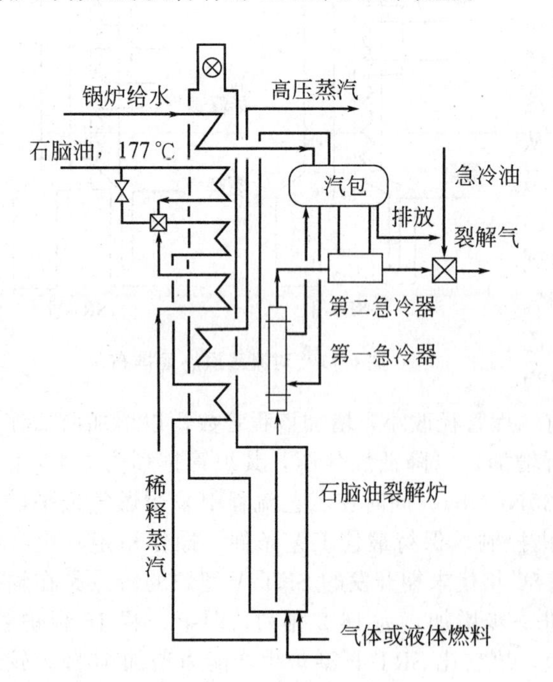

图6-13　毫秒裂解炉系统

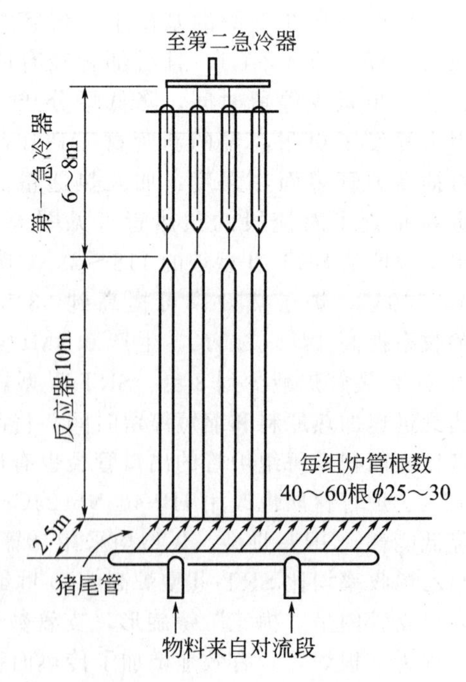

图6-14　毫秒裂解炉炉管布置

(3) 凯洛格MSF裂解炉（milli second furnace）　MSF炉又称毫秒裂解炉。图6-13绘出了毫秒裂解炉系统，图6-14表示了毫秒裂解炉炉管的布置。其裂解管由单排、单程垂直管所组成，小管径，为25～30mm，管长10m。MSF炉的热通量大，升温速度很快。裂解石脑油，停留时间为50～100ms，裂解温度为871℃（中深度裂解）和893～927℃（高深度裂解）时，乙烯收率分别高达29%和31.8%。MSF炉投资与操作费用和一般短停留时间炉差不多。国内兰化公司引进此炉，生产能力为80kt/a。

(4) 斯通-韦勃斯特USC裂解炉（ultra-selectivity cracking furnace）　S&W公司的超选择性炉（USC型炉）基本结构与SRT型炉大致相同。图6-15所示为其裂解系统，此系统采用二段急冷（USX和TLX），特点为温度高（850～900℃）、冷却迅速、停留时间短（0.2～0.3s）。它有16、24或32组管，每组4根管成W型，管长10～20m，4程3～4次变径（内径ϕ63.5～88.9mm），单排双面辐射，每两组管共用一台一级急冷器，随后裂解气汇合送入一台二级急冷器。一、二级急冷器共用一个汽包，可产生10～13.5MPa高压蒸汽。使用轻柴油裂解，乙烯与丙烯的收率分别为27.7%和13.65%。炉子热效率为92%。USC炉单炉乙烯生产能力为40kt/a，我国大庆石化总厂采用此炉。

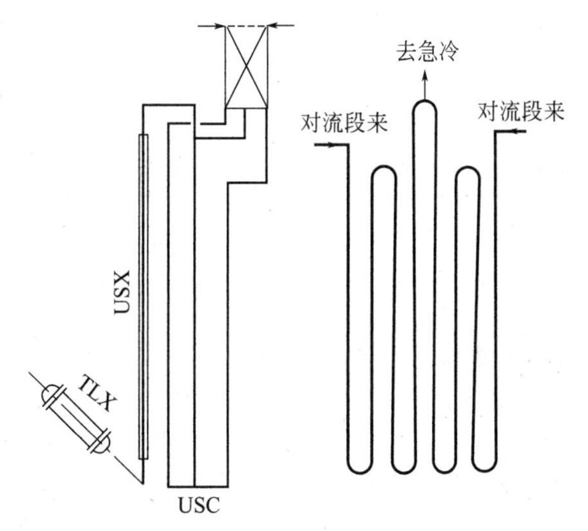

图6-15　超选择性炉裂解系统

(5) 中石化CBL裂解技术　中石化工程建设公司（SEI）与北京化工研究院及化工机械研究院（现南京工业炉研究所）在研究裂解原理和消化吸收国外裂解技术的基础上，于1984年提出了2-1型炉管构型，并于1988年11月在辽化公司化工一厂建成1台20kt/a的乙烯工业试验炉。CBL裂解技术与国外裂解技术相比，技术水平相当，且在重质油裂解方面有优势。该技术有以下特点：单辐射段结构，高选择性两程炉管，停留时间短、烃分压低；高温裂解气一级急冷锅炉；对流段一次注汽工艺，并在对流段设有超高压蒸汽过热段。自1984年开发至今，CBL裂解炉已从CBL-I型发展到CBL-IX型。CBL裂解技术已经实现了工艺技术国产化、工程设计标准化、关键设备国产化、裂解炉型系列化、裂解炉大型化、设计模块化和制造工厂化，并实现技术与设备成套出口，其生产能力从最初的20kt/a发展到300kt/a乙烯，原料可适应从乙烷到加氢裂化尾油。采用CBL技术建设的各型新建及改造（辐射炉管）裂解炉总计167台，总能力达17290kt/a乙烯。2012年，马来西亚采用CBL技术建设1台90kt/a乙烷原料裂解炉，并成功投产，实现了CBL裂解技术走出国门，使中石化成为裂解制烯烃技术的国际专利商之一。“十三五”期间（2016～2020年），结合湛江800kt乙烯建设，300kt/a的乙烷原料裂解炉正在开发；结合中韩1100kt/a乙烯改扩建，200kt/a的CBL-Ⅸ型液体原料裂解炉正在开发。这些技术的开发将为未来提升CBL技术的竞争力打下坚实的基础。

6.4 裂解气的净化与分离 >>>

裂解气的组成非常复杂，含有各种烃类及杂质，而且其组成随裂解条件和原料的不同而异。表 6-13 列出了轻柴油裂解气的一般组成。

表 6-13　轻柴油裂解气的一般组成

成分	组成(摩尔分数)/%	成分	组成(摩尔分数)/%	成分	组成(摩尔分数)/%
H_2	13.1828	C_3H_8	0.3558	二甲苯＋乙苯	0.3578
CO	0.1751	1,3-丁二烯	2.4194	苯乙烯	0.2192
CH_4	21.2489	异丁烯	2.7085	C_9～200℃馏分	0.2397
C_2H_2	0.3688	正丁烯	0.0754	CO_2	0.0578
C_2H_4	29.0363	C_5	0.5147	硫化物	0.0272
C_2H_6	7.7953	C_6～C_8 非芳烃	0.6941	H_2O	5.04
丙二烯＋丙炔	0.5419	苯	2.1398		
C_3H_6	11.4757	甲苯	0.9296		

各种有机产品的合成，对原料纯度的要求是不同的。例如，丙烯腈的合成仅需对石油裂解气进行初步分离，得含丙烯 65%以上的丙烯、丙烷馏分即可作为合成原料。而直接氧化法生产环氧乙烷时，原料乙烷浓度应大于 90%，有害杂质小于 5～10ppm(10^{-6})。许多聚合产品则对原料有更高的要求，聚乙烯、聚丙烯的生产要求乙烯、丙烯纯度达 99.0%～99.9%以上，有害杂质小于 5～10ppm(10^{-6})。裂解气净化与分离的任务是按加工需要除去裂解气中有害杂质，分离出单一乙烯产品或烃馏分，为基本有机化学工业和高分子工业提供合格的原料。裂解气分离方法主要有两种，一种是油吸收精馏分离法；另一种是深冷分离法。

① 油吸收精馏分离法　利用溶剂油对裂解气中各组分的不同吸收能力，将裂解气中除了氢和甲烷外的其他烃类全部吸收下来，再在精馏塔内进行多组分分离，分出各种烃。此分离法的实质是吸收精馏过程。油吸收精馏法流程简单、设备少、最低温度为－70℃，需耐低温材料少，但产品质量较差，收率低，能量利用率低，适用于中小型石油化工厂。

② 深冷分离法　工业上常将冷冻温度低于－100℃的，称为深度冷冻，简称深冷。深冷分离就是在－100℃左右低温下将净化后裂解气中除氢和甲烷以外的烃类全部冷凝下来，利用各种烃的相对挥发度不同，在精馏塔内进行多组分精馏，分离出各种烃。此分离过程实质是冷凝精馏过程。此法流程长、设备多，要求高压低温，最低温度达－160℃，投资费用大。但它的技术经济指标先进，操作稳定，产品纯度高，故现代大型乙烯厂均采用深冷分离。图 6-16 所示为深冷分离的各工艺过程及其相互关系。图中所示的各操作在流程中的位置及各

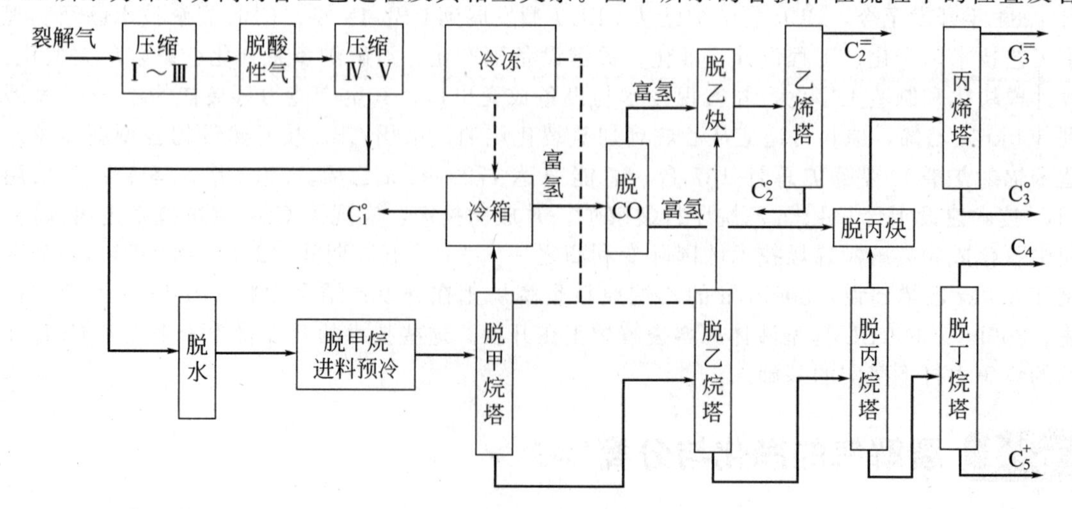

图 6-16　深冷分离流程示意图

精馏塔的顺序均可变动，这样即构成不同的深冷分离流程，但它们都由气体压缩、冷冻系统、净化系统和低温精馏分离系统三大部分组成。

6.4.1 裂解气的压缩与净化系统

如图6-16所示，裂解气经压缩机三段压缩至0.87～1.2MPa，进入碱洗塔脱除酸性气体，再进入压缩机两段压缩至3.7MPa左右，进行吸附干燥，以使气体净化，冷冻后进入低温精馏分离系统，其中的脱乙炔和丙炔在习惯上亦属气体净化。

(1) 压缩 裂解气中各组分在常压常温下均为气态，采用精馏分离时需在很低的温度下进行，消耗冷量甚大；而在较高压力下分离，虽然分离温度可以提高，但需多消耗压缩功，且因分离温度提高，而引起重组分聚合，并使烃类相对挥发度降低，增加了分离的难度。因此选择适宜的压力和温度，对裂解气的分离具有重要意义。表6-14列出了裂解气在脱甲烷塔内分离温度与分离压力间的关系，一般认为裂解气分离的经济合理操作压力为3MPa，为此裂解气进入分离系统的压力应提高到3.7MPa左右。

表6-14 脱甲烷塔中裂解气分离温度与分离压力的关系

分离温度/℃	分离压力/MPa
−96	3.0～4.0
−130	0.6～1.0
−140	0.15～0.3

为了避免压缩过程中二烯烃的聚合并降低压缩功，一般采用多段压缩。多段压缩也便于在压缩段之间进行脱硫、干燥、脱重组分等净化操作。各种压缩比（气缸出口压力与进口压力之比）较小，以控制各段出口温度在100℃以下，避免发生高温聚合。段间冷却后的裂解气温度应高于15℃，以避免低温下形成结晶水合物。大型深冷分离装置均采用离心压缩机，分为四段和五段压缩。轻烃裂解时，各段出口温度可稍高，多采用四段压缩；当裂解重质原料时，出口温度应稍低，则采用五段压缩。表6-15为某厂五段离心式裂解气压缩机的工艺参数。图6-17给出了压缩、段间脱重组分的一种流程。

表6-15 五段离心式裂解气压缩机的工艺参数

段数	吸入流量/(kg/h)	吸入温度/℃	排出温度/℃	吸入压力/MPa	排出压力/MPa	压缩比	功率/kW
Ⅰ	29945	40.5	91.1	0.12	0.24	2.00	4510
Ⅱ	30371	34.4	82.8	0.23	0.46	2.00	
Ⅲ	29755	35.6	85.6	0.45	0.87	1.93	
Ⅳ	30057	35.6	92.2	0.86	1.83	2.13	
Ⅴ	33980	34.4	92.2	1.78	3.76	2.11	

(2) 酸性组分的脱除 裂解气中的酸性组分主要是指二氧化碳、硫化氢，此外还有少量的有机硫化物，如氧硫化碳（COS）、二硫化碳（CS_2）、硫醚（RSR′）、硫醇（RSH）和噻吩（噻吩结构式，S）等。二氧化碳在深冷操作中会结成干冰，堵塞管道；硫化氢能腐蚀设备，缩短干燥用的分子筛寿命，使加氢脱炔催化剂中毒。这些酸性组分对已烯、丙烯的聚合也有不良影响。一般要求将裂解气中硫含量降至1×10^{-6}，二氧化碳含量降至5×10^{-6}以下，工业上常采用碱洗法和有机溶剂吸收法脱除酸性杂质。

碱洗法用于轻烃、石脑油和低硫柴油裂解的裂解气中的二氧化碳和硫化物的脱除。一般在常温、加压条件下进行化学吸收。采用四段压缩工艺，碱洗塔位于三、四段间时，操作压

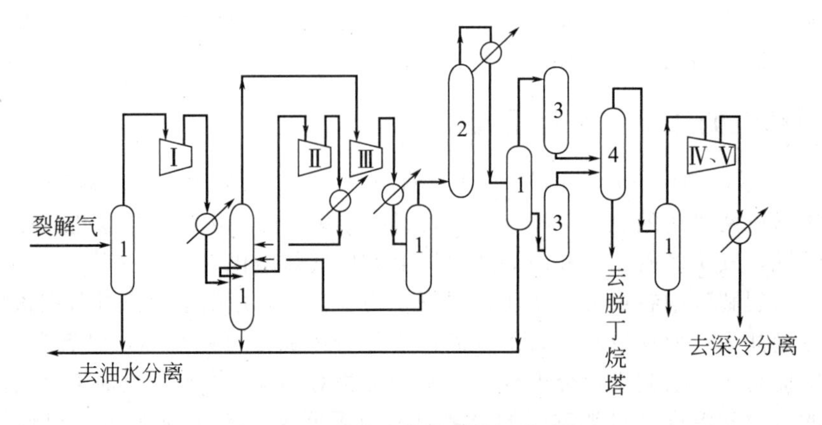

图 6-17 压缩、段间脱重组分流程

Ⅰ～Ⅴ—压缩机段数；1—分离罐；2—碱洗塔；3—干燥器；4—脱丙烷塔

力为 1.6MPa。采用五段压缩工艺，碱洗塔位于三段出口时，压力为 1.0MPa；碱洗塔位于四段出口时，压力取 1.8MPa。工业上采用二段或三段碱洗法。图 6-18 所示为三段碱洗流程，各段碱液浓度一般控制在 1%～3%、5%～7%、10%～15%，最上段用水洗涤除去夹带的碱雾。碱液用泵打循环，20%～30%的新鲜碱液用补充泵连续送入碱洗工段循环系统，塔底废碱液送往碱处理装置。

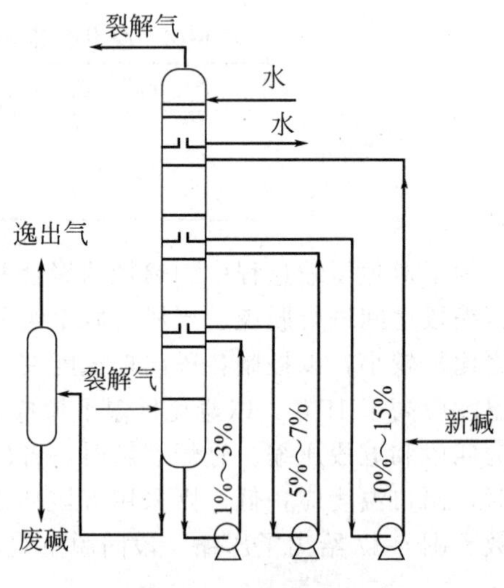

图 6-18 碱洗法流程

有机溶剂吸收法用于含硫量（质量分数）不大于 0.1%的重质烃的裂解，其裂解气中酸性组分含量较高的情况。在高压和常温下用溶剂吸收二氧化碳和硫化氢，然后在低压高温下解吸回收这些组分，同时使吸收剂得到再生，循环使用。常用的吸收剂有乙醇胺溶液（一乙醇胺或二乙醇胺）和 *N*-甲基吡咯烷酮。为使裂解气中酸性杂质含量达到工艺要求，用有机溶剂吸收后。可再串联碱洗，此法称胺-碱联合洗涤法。

(3) 干燥　洗涤后的裂解气中，一般还含 5×10^{-4}左右的水分，深冷分离要求裂解气中的水含量小于 5×10^{-6}，即裂解气露点应小于－60℃。在低温下微量水能与轻烃形成白色结晶水合物（如 $CH_4\cdot6H_2O$、$C_2H_6\cdot7H_2O$、$C_3H_8\cdot7H_2O$、$C_4H_{10}\cdot7H_2O$ 等），附着在设备及管道内，影响正常操作。一旦系统被冰和水合物冻堵，需用甲醇、乙醇或热甲烷-氢解冻。

工业上一般采用吸附法脱水，常用 3A 分子筛作吸附剂，而对氢、碳二、碳三馏分还可用活性氧化铝干燥，设备为填充床干燥器。

(4) 脱炔　裂解气中乙炔含量一般为 $(2\sim7)\times10^{-3}$，丙炔含量为 $(1\sim1.5)\times10^{-3}$，丙二烯含量为 $6\times10^{-4}\sim1\times10^{-3}$。它们的存在，不但影响产品的纯度，还会使各类催化剂中毒，当乙炔积累过多时，还会引起爆炸。故必须将炔烃含量降到 5×10^{-6}以下。工业上常用催化选择加氢法和有机溶剂吸收法脱除炔烃。

催化加氢法适用于生产规模较大，裂解气中炔烃含量不多，不需回收炔烃的情况，这样在操作和技术经济上均有利。目前大多采用钴（CO）、镍（Ni）、钯（Pd）作乙炔加氢催化剂的活性中心，用铁（Fe）和银（Ag）作助催化剂，用α-Al_2O_3作载体。表6-16给出了几种催化剂加氢脱炔的工艺条件及反应结果。

表6-16 几种催化剂的乙炔加氢工艺条件及脱炔效果

脱炔过程	催化剂	工艺条件				乙炔含量	
		$H_2:C_2H_2$（摩尔比）	温度/℃	压力(绝)/MPa	空速/h^{-1}	反应前/%	反应后
前加氢	Pd	—	43～85	1.92	2500～10000	0.11	$<1\times10^{-6}$
	Pd/13X	—	69～97	3.43～4.41	7000～9000	0.2～0.4	$<4\times10^{-6}$
	Ni-Co-Cr	—	150～200	1.77	约2500	0.45	$<1\times10^{-5}$
后加氢	Pd	3.5～4.0	50～100	2.06	约6000	1.0	$<5\times10^{-6}$
	Pd-Fe	2.0～4.0	80～145	2.45～2.65	2000～3500	0.15～0.38	$<1\times10^{-6}$
	Pd-Ag	2.0～2.5	30～210	2.35～2.55	3000～10000	0.2～0.4	$<1\times10^{-6}$

乙炔加氢反应如下

$$C_2H_2+H_2 \longrightarrow C_2H_4 \qquad \Delta H=-174.75\text{kJ/mol} \tag{6-42}$$

$$C_2H_2+2H_2 \longrightarrow C_2H_6 \qquad \Delta H=-311.67\text{kJ/mol} \tag{6-43}$$

$$nC_2H_2+mC_2H_4 \xrightarrow{+H} \text{低聚物(绿油)}+\text{反应热} \tag{6-44}$$

可见乙炔加氢反应除生成乙烯外，还能生成乙烷及低聚物，这些反应都会造成乙烯的损失。生成低聚物的反应还会影响催化剂的性能。乙炔选择加氢可在脱除乙炔的同时增产乙烯。表6-17为乙炔加氢反应的热力学数据。

表6-17 乙炔加氢反应热力学数据

反应温度/K	反应热效应 ΔH/(kJ/mol)		化学平衡常数	
	反应式(6-42)	反应式(6-43)	$K_1=\frac{c_{C_2H_4}}{c_{C_2H_2}c_{H_2}}$	$K_2=\frac{c_{C_2H_6}}{c_{C_2H_2}c_{H_2}^2}$
300	−174.636	−311.711	3.37×10^{24}	1.19×10^{42}
400	−177.386	−316.325	7.63×10^{16}	2.65×10^{28}
500	−179.660	−320.227	1.65×10^{12}	1.31×10^{20}
600	−181.334	−323.267	1.19×10^{9}	3.31×10^{14}
700	−182.733	−325.595	6.5×10^{6}	3.10×10^{10}

从化学平衡来分析，虽然乙炔加氢几乎可以完全转化，但由表6-17看出，生成乙烷的可能性远比生成乙烯的大。从动力学分析，生成乙烷的反应速率也比生成乙烯的反应速率快得多。另外，在乙炔加氢过程中，乙烯的浓度远大于乙炔的浓度，这对乙炔加氢生成乙烯是不利的。因此工业上采用气-固非均相反应，选用对乙炔吸附选择性大于乙烯的第Ⅷ族金属催化剂（Co、Ni、Pd等），进行有选择的加氢，以避免副反应。

加氢脱乙炔过程可以在裂解气未分离甲烷、氢馏分前进行（即在脱甲烷塔前），也可以在脱除甲烷、氢馏分后的C_2、C_3馏分中分别脱除乙炔、丙炔（即在脱甲烷塔后）。前者称前加氢、后者称后加氢。前加氢不需外来氢气，因为裂解气本身含较多的氢。后加氢则需要从外部加入氢气。从能量利用及流程的繁简来看，前加氢流程有利，因为氢气可自给，省去了氢气提纯净化过程，流程较简单，同时节省冷量，降低了操作费用；但由于氢是过量的，氢分压高，降低加氢选择性，增大了乙烯损失，故要求使用高活性、高选择性催化剂。后加氢需外来氢气，其分离流程复杂，同时冷量利用不合理，操作费用高；但通过严格控制氢气的加入量，可得到较理想的反应条件，且馏分的组成简单、杂质少，选择性高，乙烯的纯度和收率较高，催化剂寿命较长，装置运转的稳定性较好。目前国内外乙炔加氢大多采用后加氢工艺。

图 6-19 所示为催化加氢脱乙炔及再生流程。由于反应器进口物料 C_2 馏分中乙炔浓度较高，因此采用分段加氢（二段或三段加氢），以避免温升过高。脱乙烷塔顶产物乙烯、乙烷、乙炔等 C_2 馏分预热后加氢气混合进入一段加氢绝热反应器。由一段出来的反应后气体再配入补充氢气，调至所需温度后，再进入二段反应器，继续进行加氢反应。反应后气体经换热器降温至－6℃左右，送去绿油吸收塔，用乙烯塔侧线馏分洗去气体中的绿油，脱除绿油的脱炔 C_2 气体干燥后送至乙烯精馏系统。

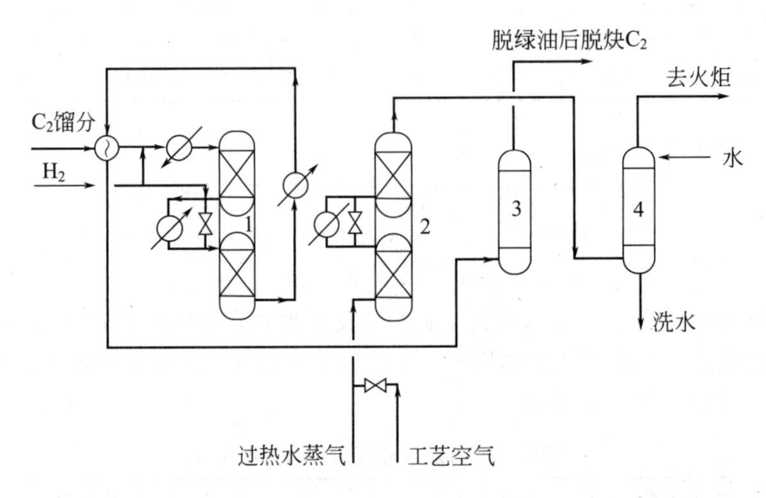

图 6-19 催化加氢脱乙炔及再生流程

1—加氢反应器；2—再生反应器；3—绿油吸收塔；4—再生气洗涤塔

溶剂吸收法是利用溶剂对乙炔的选择性吸收来脱除的，在溶剂再生时可回收纯度高达 99.99%的乙炔。一般用于中小型乙烯装置或裂解气中乙炔含量较高且具有回收价值的场合。随着裂解装置的大型化及裂解深度的提高，副产乙炔量相应增大，一套年产 300kt 乙烯装置每年可副产 5～6kt 乙炔，所以近年来又对溶剂吸收法有所重视。溶剂吸收法投资费用与催化加氢法的大致相同。所用的溶剂有二甲基甲酰胺（DMF）、*N*-甲基吡咯烷酮（NMP）和丙酮，其中 DMF 回收乙炔纯度达 99.5%以上，回收率为 97%～98%，脱炔后乙烯中炔含量仅为 1ppm（10^{-6}）左右。

裂解气中的丙炔与丙二烯也需脱除，一般可采用气相或液相催化加氢法和利用丙炔、丙二烯与丙烯相对挥发度的差异而分离的精馏法。

6.4.2 精馏分离系统

精馏法分离是深冷分离工艺的主体，任务是把碳一到碳五馏分逐个分开，对产品乙烯、丙烯进行提纯精制。为此，深冷分离工艺必须设脱甲烷、脱乙烷、脱丙烷、脱丁烷和乙烯、丙烯产品塔。由表 6-18 看出，不同碳原子数的烃沸点差较大，则其相对挥发度也大，分离较容易；而相同碳原子数的烃沸点差较小，其相对挥发度也小，分离较困难。故一般先进行不同碳原子数烃的分离，再进行同一碳原子数的烷烃和烯烃间的分离。

表 6-18 各精馏塔的操作条件和轻、重关键组分的相对挥发度

塔名	关键组分		操作条件				平均相对挥发度
	轻	重	顶温/℃	釜温/℃	进料/℃	压力/MPa	
脱甲烷塔	C_1°	$C_2^=$	−96	6	−63	3.33	5.50
脱乙烷塔	C_2°	$C_3^=$	−12	76	4	2.82	2.19
脱丙烷塔	C_3°	$i\text{-}C_4^\circ$	6.5	73	32	0.74	2.76
脱丁烷塔	C_4°	C_5°	8.3	75	34	0.18	3.13
乙烯塔	$C_2^=$	C_2°	−68	−47	−66	0.56	1.74
丙烯塔	$C_3^=$	C_3°	23	25	24	1.13	1.09

6.4.2.1 裂解气分离流程

根据裂解气分离顺序可将深冷分离流程分为如下三种不同的流程。

(1) 顺序分离流程　如图 6-20 所示，裂解气经压缩机三段压缩至 1.0MPa，送入碱洗塔脱去硫化氢、二氧化碳等酸性气体。然后经四、五段压缩达 3.7MPa，冷却至 15℃，去干燥器脱水。干燥后的裂解气在前冷箱冷却、冷凝、分出富氢和四股馏分。富氢经甲烷化作为加氢用氢气。四股馏分进入脱甲烷塔的不同塔板，轻馏分进入上层塔板，重馏分进入较下层塔板。脱甲烷塔塔顶脱去甲烷馏分，塔釜液为 C_2 以上馏分，进入脱乙烷塔。脱乙烷塔塔顶分出 C_2 馏分，塔釜液为 C_3 馏分。

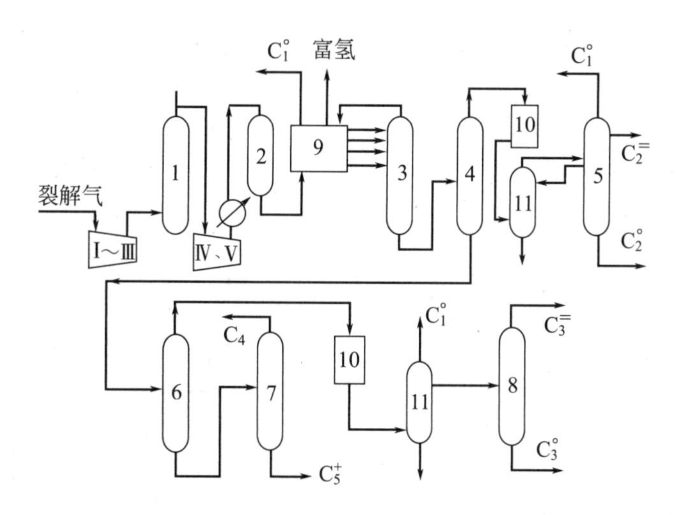

图 6-20 顺序深冷分离流程

1—碱洗塔；2—干燥器；3—脱甲烷塔；4—脱乙烷塔；5—乙烯塔；6—脱丙烷塔；7—脱丁烷塔；8—丙烯塔；9—前冷箱；10—加氢脱炔反应器；11—绿油塔

出脱乙烷塔顶的 C_2 馏分经换热升温，进行加氢脱乙炔，在绿油塔内用乙烯塔来的侧线馏分洗去绿油，经 3A 分子筛干燥后去乙烯塔。在乙烯塔上部第八块塔板引出纯度为 99.9% 的产品乙烯。乙烯塔顶为甲烷、氢；塔釜为乙烷馏分，送回裂解炉。

脱乙烷塔釜液入脱丙烷塔，塔顶分出 C_3 馏分；塔釜液为 C_4 以上馏分，含有易聚合结焦的二烯烃，故塔釜温度应小于 100℃，并需加入阻聚剂。

脱丙烷塔顶分出的 C_3 馏分经过加氢脱丙炔和丙二烯后，进绿油塔脱除绿油及加氢后引入的甲烷、氢，再进入丙烯塔，塔顶蒸出纯度为 99.9%的丙烯产品。塔釜液为丙烷馏分，送入脱丁烷塔分成 C_4 与 C_5 以上馏分，再分别进一步分离与利用。

(2) 前脱乙烷流程　如图 6-21 所示，裂解气经处理后，在 3.6MPa 压力下送入脱乙烷

塔分离，塔顶分出甲烷、氢和 C_2 馏分，经加氢后进入脱甲烷塔。脱甲烷塔顶出来的甲烷、氢在冷箱中分离，塔底的 C_2 馏分送入乙烯塔，得到产品乙烯与乙烷。脱乙烷塔釜的 C_3 馏分依次进入脱丙烷塔、脱丁烷塔和丙烯塔等，分离得丙烯产品、丙烷、C_4 馏分和 C_5 以上馏分。

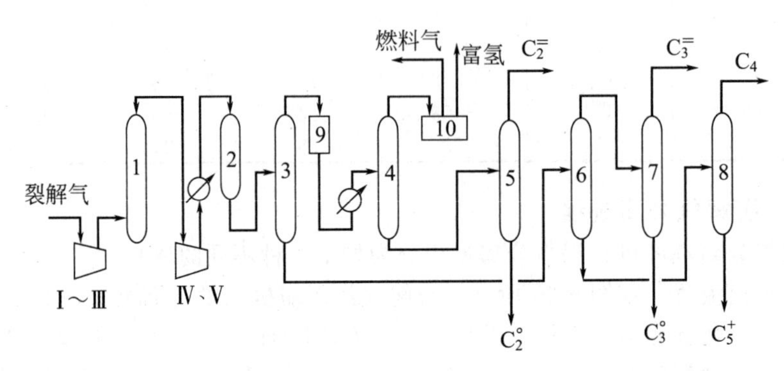

图 6-21 前脱乙烷深冷分离流程

1—碱洗塔；2—干燥器；3—脱乙烷塔；4—脱甲烷塔；5—乙烯塔；6—脱丙烷塔；7—丙烯塔；8—脱丁烷塔；9—加氢脱炔反应器；10—冷箱

(3) 前脱丙烷流程 如图 6-22 所示。裂解气经三段压缩至 0.96MPa，经碱洗、干燥后冷至－15℃，进入脱丙烷塔，塔顶馏出的甲烷、氢、C_2 和 C_3 馏分，经压缩机四段压缩至 3.66MPa，进入加氢脱炔反应器，然后送往冷箱分离出富氢，其余馏分进入脱甲烷塔，塔顶蒸出甲烷、氢，塔釜液送入脱乙烷塔分离成 C_2、C_3 馏分。C_2 馏分送入乙烯塔分出产品乙烯及乙烷；C_3 馏分送入丙烯塔分离出产品丙烯和丙烷。脱丙烷塔釜液进入脱丁烷塔分出 C_4 馏分和 C_5 以上馏分。

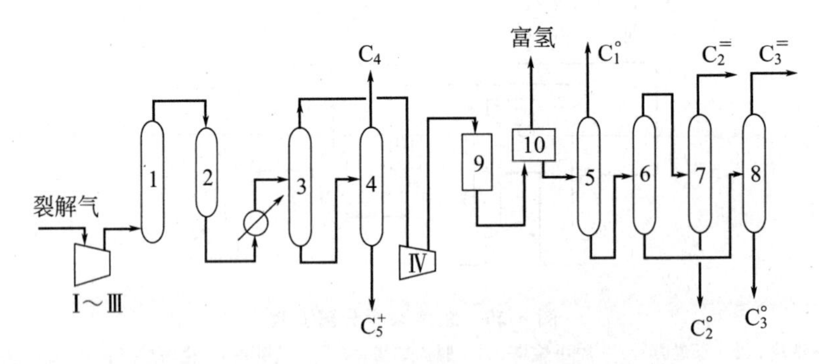

图 6-22 前脱丙烷深冷分离流程

1—碱洗塔；2—干燥器；3—脱丙烷塔；4—脱丁烷塔；5—脱甲烷塔；6—脱乙烷塔；7—乙烯塔；8—丙烯塔；9—加氢脱炔反应器；10—冷箱

比较以上三个流程可看出，顺序分离流程和前脱丙烷流程的冷箱在脱甲烷塔之前，称为前冷流程。前脱乙烷流程的冷箱在脱甲烷塔之后，称为后冷流程。前冷流程比后冷流程的乙烯收率高，能获得较高纯度的富氢气体，节约低温冷剂，脱甲烷塔的负荷较低，其缺点是脱甲烷塔操作弹性低，流程复杂，仪表自动化要求高等，故前冷流程适用于生产规模较大，自动化水平较高，原料气较稳定及需要获得纯度较高的富氢场合。

上述三种分离流程中，顺序分离流程适用于轻、重裂解气的分离；前脱乙烷流程适用于含 C_3 和 C_4 烃较多、丁二烯较少的裂解气；前脱丙烷流程适用于处理较重裂解气，尤其适

于含 C_4 馏分较多的裂解气分离。表6-19为此三种流程的比较，可见顺序流程的能耗最低。目前其应用最为广泛。

表6-19 深冷分离法各流程比较（1t乙烯）

流程	顺序分离流程	前脱乙烷流程	前脱丙烷流程
规模/(kt/a)	300	320	450
原料(相对)	轻柴油(100)	石脑油(109)	石脑油(102.5)
冷却水	100	63	126
补充锅炉软水	100	127.4	143.3
燃料	100	115.3	96.5
供入水蒸气	100	197.5	产销平衡
电	100	87.7	130.8
三机轴功率	100	110.8	99.7

注：以顺序流程为基准的相对值。

6.4.2.2 精馏塔及其操作条件

在深冷分离工艺中，从精馏分离收率、功率消耗及分离难易程度几方面来看，脱甲烷塔、乙烯塔、丙烯塔较重要且具有代表性。

(1) 脱甲烷塔　脱甲烷塔系统是裂解气分离的关键。因为脱甲烷塔操作效果对产品收率、纯度及经济性影响较大；且脱甲烷塔温度最低、工艺复杂，原料预冷及脱甲烷塔系统的冷量消耗约占分离部分总冷量的一半。所以在分离过程的设计、工艺安排、设备及材质的选择中，此过程应主要考虑，做到使塔顶尾气中乙烯含量、塔釜渣中甲烷含量均尽可能地低。通常 C_2 以上馏分中甲烷含量应小于0.1%，同时应尽量降低能耗。

影响深冷分离中乙烯收率的主要因素是脱甲烷塔的原料气组成（主要指 CH_4/H_2 值）、温度和压力。原料气中 CH_4/H_2 值愈大，甲烷在脱甲烷塔顶愈易液化，塔顶冷凝器尾气中乙烯损失就少，乙烯收率就可提高。脱甲烷塔操作压力增大、温度降低均有利于减少尾气中乙烯的损失。但压力高，使甲烷与乙烯的相对挥发度降低，而温度降低又可增大相对挥发度。根据相律，脱甲烷塔操作条件的自由度为1，即确定压力后，温度就不能任意变化。高压法与低压法脱甲烷过程在工业上均有应用。

低压法分离效果好，乙烯收率高，回流比小，但其需要耐低温钢材，多一套甲烷制冷系统，流程较复杂，目前采用不多。某厂前冷低压脱甲烷操作条件为：

压力0.608MPa，顶温−134.6℃，釜温−52.7℃，回流比0.185。

高压法不必采用甲烷制冷系统，可用液态乙烯制冷。压力高可减少精馏塔容积，减少投资。表6-20列出了前冷高压法脱甲烷塔操作条件。表中两厂的脱甲烷塔均为四股进料，其中B厂塔回流比较小且用中间再沸器，故塔板数比S厂塔的多10块。

表6-20 前冷高压法脱甲烷塔操作条件

厂别	实际塔板数			塔压/MPa	温度/℃		回流比
	精馏段	提馏段	合计		塔顶	塔釜	
B	32	40	72	3.10	−91	6	0.87
S	33	29	62	3.10	−96	7	1.08

(2) 乙烯塔　C_2 馏分经过加氢脱炔后，在乙烯塔分离成塔顶的乙烯产品，塔釜的乙烷。由于乙烯产品纯度要求达到聚合级，乙烯塔的设计、操作、水平对乙烯产品质量、收率和冷量消耗有直接的关系。

乙烯塔进料中乙烯和乙烷占99.5%以上，可视乙烯塔为二元精馏系统。根据相律，二元气液系统的自由度为2，即确定了塔顶乙烯纯度后，在温度和压力两个操作因素中，只能规定一个。工业上有高压法与低压法两种，其操作条件见表6-21。高压法精馏的分离温度较高，不需用乙烯冷却，设备可用普通碳钢，但由于压力增加，乙烯与乙烷间的相对挥发度降低，如当塔压为2.06MPa时，相对挥发度仅1.35，必须增加塔板数和回流比。经综合经济比较，即考虑冷量消耗、设备投资、操作压力及产品乙烯输出压力等因素，高压法优于低压法。如脱甲烷塔采用高压，则乙烯塔也采用高压为宜。故目前较多采用高压法。

表6-21 乙烯塔塔板数与操作条件

厂别	实际塔板数			塔压/MPa	温度/℃		回流比
	精馏段	提馏段	合计		塔顶	塔釜	
L	41	29	70	0.57	−70	−49	2.4
B	90	29	119	1.9	−32	−8	4.5
V	84	32	116	1.9	−30	−7	4.65
S	79	30	109	2.0	−29	−5	4.7

(3) 丙烯塔　丙烯精馏也可视为二元精馏。丙烯与丙烷的相对挥发度接近于1，因此它们间的分离最困难，是深冷分离中塔板数最多、回流比最大的塔，属于精密精馏塔。与乙烯塔类似，它也有高压法与低压法两种流程，其操作条件见表6-22。

表6-22 丙烯塔塔板数与操作条件

厂别	实际塔板数			塔压/MPa	温度/℃		回流比
	精馏段	提馏段	合计		塔顶	塔釜	
L	62	38	100	1.15	23	25	15
B	93	72	165	1.75	41	50	14.5

6.5 烃类催化裂解制烯烃进展

传统的乙烯和丙烯生产工艺是轻质石油烃的蒸汽裂解，目前全球90%的乙烯和70%的丙烯采用该工艺生产。由于我国原油普遍偏重，轻质油产率偏低，蒸汽裂解生产原料严重不足，因此传统的蒸汽裂解工艺在我国的发展受到原料供应的制约。开发重油生产低碳烯烃技术可将重质油转化为高附加值的低碳烯烃和芳烃料，生产市场资源不足的乙烯、丙烯、碳四及芳烃料。

6.5.1 国内重质原料生产低碳烯烃工艺技术进展

(1) 重油深度催化裂化（DCC）工艺技术与催化热裂解（CPP）工艺技术　中石化石油化工科学研究院开发了重油深度催化裂化（deep catalytic cracking，DCC）工艺技术，以多产低碳烯烃。工艺流程类似于传统的FCC，原料为减压蜡油（VGO）、掺炼脱沥青油、焦化蜡油或渣油，但在催化剂、工艺参数和反应深度等方面与FCC有较大差别。DCC-Ⅰ采用提升管加床层式反应器，反应温度为538～582℃，可在较苛刻的条件下操作，可多产丙烯。DCC-Ⅱ采用提升管反应器，反应条件较为缓和，可以多产异丁烯和异戊烯，同时兼顾丙烯和优质汽油的生产。中石化安庆分公司建成国内首套催化裂化工业生产装置，其处理能力达0.65Mt/a。该装置使用DCC专用催化剂，如CRP、CHP、CIP、MMC系列及增产丙烯催化裂化催化剂DMMC，其中MMC22的工业应用性能优于国外同类催化剂，目前处于国际先进水平。

石科院在开发DCC技术的基础上，继续对工艺参数、催化剂及装置构型进行改进，开发出催化热裂解（catalytic pyrolysis process，CPP）工艺技术。该工艺是一个催化反应和热反应共存的过程，新开发的催化剂具有碳正离子反应和自由基反应双重催化活性，原料在提升管反应器中进行催化裂解及高温热解、择形催化、烯烃共聚、歧化与芳构化等综合反应，能够实现最大限度生产乙烯和丙烯的目的。反应温度（610～640℃）、剂油比（15～21），包括最大化丙烯（CPP-Ⅰ）和最大化乙烯（CPP-Ⅱ）两种操作模式。现已在中石油大庆炼化分公司成功进行工业应用试验。

(2) 重油直接裂解制乙烯（HCC）工艺技术　中石化洛阳石化工程公司开发的重油直接裂解制乙烯（heavy oil contact cracking，HCC）专利技术是针对乙烯生产原料的重质化问题开发的，它可直接裂解热裂化重油、减压蜡油（VGO）、溶剂脱沥青油、焦化馏分油或渣油等二次加工油料。工艺采用类似于催化裂化流态化“反应-再生”工艺技术，在高反应温度（700～750℃）、短接触时间（0.2～1.05s）、大剂油比（15～25）的工艺条件下，使用活性、选择性、稳定性均良好的专用催化剂（LCM-5），将重油直接裂解制乙烯，并兼产丙烯、丁烯和轻质芳烃等，同时将生成的焦炭和部分焦油作为内部热源。现已在黑龙江齐齐哈尔化工公司成功地进行了工业应用试验。

(3) 煤基甲醇制烯烃（MTO）工艺技术　传统的烯烃制取路线是通过石脑油或天然气裂解生产，其缺点是过分依赖石油与天然气资源。我国缺油、富煤、少气，MTO是将煤作为原料合成甲醇，然后通过甲醇来制备乙烯或丙烯等烯烃的新型生产工艺，包括煤气化、合成气净化、甲醇合成及甲醇制烯烃四项核心技术。截至2008年年底，煤气化、合成气净化和甲醇合成技术均已实现商业化，有多套大规模装置在运行，而甲醇制烯烃技术也已日趋成熟。

美国Mobil公司最早开展甲醇转化为乙烯和其他低碳烯烃的工作，而取得突破性进展的是UOP和Norsk Hydro两公司合作开发的以UOP MTO-100为催化剂的UOP/Hydro MTO工艺。国内很多高校和科研院所都对MTO有较深入的研究，如中科院大连化物所、中石化研究院、中国石油大学、清华大学等，其中最有代表性的是大连化物所研发的利用合成气与二甲醚制备烯烃的DMTO工艺，以及通过结合烯烃裂解和甲醇转化这两项技术而开发出的新型DMTO-2工艺。

2006年，中国神华煤制油化工有限责任公司在包头市建设年产180万吨的煤基甲醇联合化工装置，利用的正是大连化物所的DMTO工艺，这是全球首套正式工业化生产的煤制烯烃装置，并于2010年8月正式开始投产运营，装置产出的产品技术指标达到了国际领先水平。随后宁波禾元、中煤榆林、内蒙古中天合创、神华榆林能源化工等年产60万吨煤制烯烃项目等也相继投产。2016年，内蒙古鄂尔多斯建成世界上最大的年产360万吨的甲醇制烯烃装置。据不完全统计，截至2016年，中国MTO装置产能已达到1293万吨/年。

6.5.2　国外重质原料生产低碳烯烃工艺技术进展

(1) Exxon Mobil双提升管工艺　该工艺是Exxon Mobil公司开发的专利技术，两个提升管反应器共用1个沉降器和再生器，原料油先进第一个提升管反应器进行反应，反应产物中的汽油馏分再进第二个提升管反应。所用催化剂含有USY和ZSM-5两种催化剂。该工艺技术可以显著提高丙烯收率，在适当条件下，该工艺的乙烯和丙烯收率分别达到2.7%和12.1%，分别是同比条件下普通催化裂化的2.25倍和2.88倍。

(2) Maxofintm 工艺　Exxon Mobil 与 Kellogg 公司联合开发的一种灵活 FCC 工艺被称作 Maxofintm，该工艺类似于 Exxon Mobil 公司的双提升管工艺，第一根提升管反应器裂化普通的 FCC 原料，第二根提升管进第一根提升管反应生成的裂化石脑油，两个提升管共用一个沉降器和再生器。该工艺使用的催化剂是在普通催化裂化催化剂中添加了 25%ZSM-5 催化剂。在最大量生产丙烯的条件下，第一根和第二根提升管顶部温度分别为 537℃和 593℃，剂油比分别为 8.9 和 26，乙烯和丙烯的收率分别为 4.50%和 18.37%。

(3) PetrolFCC 工艺　UOP 公司开发的 PetrolFCC 工艺也是一种双提升管共用一个再生器的结构。第一提升管在高温、高剂油比的条件下操作，采用掺有高浓度的择形沸石添加剂的高裂化活性、低氢转移活性催化剂，最大限度地将重质原料直接转化为轻烯烃或汽油和轻柴油馏分。为了提高烯烃浓度，采用低压反应区，并设有快分系统和先进的进料分布系统，控制油气在提升管内的短停留时间，以减少氢气和轻饱和烃的生成。第二提升管在比第一提升管更苛刻的条件下操作，将第一提升管裂化生成的部分石脑油馏分进一步裂化为更轻的组分，以利于低碳烯烃的生成。该工艺原料可以是馏分油，也可以是减压渣油，丙烯产率可达 22.8%，C_4 产率可达 15.6%；且汽油馏分可在芳烃装置上进一步处理生产超过 50%的对二甲苯和 15%的苯。

PetrolFCC 技术通过改变 FCC 装置的设计来提高丙烯产量，将炼油与化工过程有机结合起来，可以显著提高企业的经济效益。

(4) NEXCC 工艺　NEXCC 工艺是芬兰 Mesteoy 公司开发的生产气体烯烃的催化裂化工艺，它将两套循环流化床同轴套装起来，外面的 1 套作为再生器，套在里面的是反应器，并采用多入口旋风分离器取代常规的 FCC 旋风分离器。NEXCC 工艺在苛刻的操作条件下操作，其典型的反应温度为 600～650℃，催化剂循环量是 FCC 过程的 2～3 倍，油剂接触时间为 1～2s。NEXCC 装置的大小仅相当于相同规模 FCC 的 1/3，因此建设成本可以节省 40%～50%。据报道，在芬兰已建立了 1 套 120～160kt/a 的半工业化装置。

第 7 章 烯烃为原料的化学品

7.1 环氧乙烷和乙二醇 >>>

7.1.1 概述

环氧乙烷（简称 EO）是最简单、最重要的环氧化物，在常温下为气体，沸点 10.4℃，可与水、醇、醚及大多数有机溶剂以任意比例混合，在空气中的爆炸极限（体积分数）为 2.6%～100%，有毒。环氧乙烷易自聚，尤其当有铁、酸、碱、醛等杂质或高温下更是如此，自聚时放出大量热，甚至发生爆炸，因此存放环氧乙烷的贮槽必须清洁，并保持在 0℃以下。

环氧乙烷是乙烯工业衍生物中重要的有机化工产品。它除部分用于制造非离子表面活性剂、氨基醇、乙二醇醚外，主要用来生产乙二醇，后者是制造聚酯树脂的主要原料，也大量用作抗冻剂。

乙二醇俗称甘醇，在常温下为无色透明、略带甜味的黏稠状液体，有一定的毒性。其挥发性好，闪点高。很易吸湿，能与水、乙醇、丙酮等多种有机溶剂以任何比例混溶，可以大大降低水的冰点，但不溶于乙醚和四氯化碳。它的沸点为 197.2℃，熔点为－12.6℃。

乙二醇是合成聚酯树脂的主要原料，涤纶纤维就是由乙二醇与对苯二甲酸合成的。乙二醇可用作防冻液和溶剂，还可用于化妆品、毛皮加工、烟叶润温和纺织工业染整等。

工业上生产环氧乙烷所进行的化学反应主要是氧化反应。化学工业中的氧化反应是一大类重要化学反应，它是生产大宗化工原料和中间体的重要反应过程。

烃类氧化反应可分为完全氧化和部分氧化两大类型。完全氧化是指反应物中的碳原子与氧化合生成 CO_2，氢原子与氧结合生成水的反应过程；部分氧化，又称选择性氧化，是指烃类及其衍生物中少量氢原子（有时还有少量碳原子）与氧化剂（通常是氧）发生作用，而其他氢和碳原子不与氧化剂反应的过程。氧化反应具有如下特点：

(1) 过程易燃易爆　烃类与氧或空气容易形成爆炸混合物，因此氧化过程在设计和操作时应特别注意其安全性。氧化反应的这一特点，在氧化反应器的设计上必须引起高度重视。如氧化反应器的设计需要考虑足够的传热面积，设备上开设防爆口，装上安全阀或防爆膜，反应温度能自动控制等。

选择性氧化过程中，烃类及其衍生物的气体或蒸气与空气或氧气形成混合物，在一定的浓度范围内，由于引火源如明火、高温或静电火花等因素的作用，该混合物会自动迅速发生支链型连锁反应，导致极短时间内体系温度和压力急剧上升，火焰迅速传播，最终发生爆炸。该浓度范围称为爆炸极限，一般以体积分数表示，其最低浓度为爆炸下限，最高浓度为爆炸上限。爆炸限并不是一成不变的，它与体系的温度、压力、组成等因素有关。

表 7-1 列出了某些烃类与空气混合后的爆炸极限。

表 7-1　某些烃类与空气混合的爆炸极限

爆炸极限	含量(体积分数)/%								
	乙炔	乙烯	丙烯	甲醇	氯乙烯	苯	甲苯	邻二甲苯	丙酮
下限	2.5	2.7	2.0	6.7	4.0	1.4	1.3	1.0	2.5
上限	8.0	28.6	11.1	36.5	22.0	6.8	7.8	6.4	12.8

(2) 氧化途径复杂多样　烃类及其绝大多数衍生物均可发生氧化反应，且氧化反应多为由串联、并联或两者组合而形成的复杂网络，由于催化剂和反应条件的不同，氧化反应可经过不同的反应路径，转化为不同的反应产物。而且这些产物往往比原料的反应性更强，更不稳定，易于发生深度氧化，最终生成二氧化碳和水。这就需要考虑到氧化反应的条件和催化剂的选择。

(3) 反应不可逆　对于烃类和其他有机化合物而言，氧化反应的 $\Delta G^{\ominus} \ll 0$，因此，为热力学不可逆反应，不受化学平衡限制，理论上可达 100%的单程转化率。但对许多反应，为了保证较高的选择性，转化率须控制在一定范围内，否则会造成深度氧化而降低目的产物的产率。

(4) 反应放热量大　氧化反应是强放热反应，氧化深度越大，放出的反应热越多，完全氧化时的热效应约为部分氧化时的 8～10 倍。因此，在氧化反应过程中，反应热的及时转移非常重要，否则会造成反应温度迅速上升，促使副反应增加，反应选择性显著下降，严重时可能导致反应温度无法控制，甚至发生爆炸。

要在烃类或其他化合物分子中引入氧，需采用氧化剂，比较常见的有空气和纯氧、过氧化氢和其他过氧化物等。其中空气和纯氧使用最为普遍。

7.1.2　环氧乙烷

环氧乙烷有两种生产方法：氯醇法和乙烯直接氧化法。

7.1.2.1　氯醇法

(1) 次氯酸化反应

$$HOH + Cl_2 \rightleftharpoons HOCl + HCl$$

$$CH_2{=}CH_2 + HOCl \longrightarrow \underset{\displaystyle Cl}{\underset{|}{CH_2}}{-}\underset{\displaystyle OH}{\underset{|}{CH_2}}$$

主要副反应有

$$CH_2{=}CH_2 + Cl_2 \longrightarrow \underset{\displaystyle Cl}{\underset{|}{CH_2}}{-}\underset{\displaystyle Cl}{\underset{|}{CH_2}}$$

还有生成二氯二乙醚的副反应

$$CH_2{=}CH_2 + Cl_2 + \underset{\displaystyle Cl}{\underset{|}{CH_2}}{-}\underset{\displaystyle OH}{\underset{|}{CH_2}} \longrightarrow \underset{\displaystyle Cl}{\underset{|}{CH_2}}CH_2OCH_2\underset{\displaystyle Cl}{\underset{|}{CH_2}} + HCl$$

(2) 氯乙醇的皂化（环化）反应

$$Ca(OH)_2 + 2\underset{\displaystyle Cl}{\underset{|}{CH_2}}{-}\underset{\displaystyle OH}{\underset{|}{CH_2}} \longrightarrow 2H_2C\overset{O}{-}CH_2 + CaCl_2 + 2H_2O$$

副反应为

$$Ca(OH)_2 + 2\underset{\displaystyle Cl}{CH_2}—\underset{\displaystyle OH}{CH_2} \longrightarrow 2CH_3CHO + CaCl_2 + 2H_2O$$

氯醇法的特点是对原料乙烯纯度要求不高，可直接使用石油裂解气进行混合，次氯酸化生产环氧乙烷、环氧丙烷等有机原料，适用于中小型石油化工厂。但生产 1t 环氧乙烷约要消耗 0.9t 乙烯、2t 氯气和 2t 石灰，且易造成设备腐蚀，排出大量氯化钙废水，造成环境污染，目前已被乙烯直接氧化法所取代。

7.1.2.2　乙烯直接氧化法

乙烯直接氧化法与氯醇法相比，原子利用率高，反应的原子经济性大大增加，这样既可以节约原料资源，又可以最大限度地减少废物的排放。并且该方法具有原料单纯、工艺过程简单、产品纯度高、无腐蚀性、无大量废料排放、废热可综合利用等优点，虽乙烯耗量略高于氯醇法，成本仍低于氯醇法。

乙烯氧化程度可分为选择氧化（部分氧化）和深度氧化（完全氧化）两种情况。乙烯分子中的碳-碳双键（C═C）具有很强的不饱和性，双键易打开，有很强的反应活性，在一定的条件下可实现 C═C 键选择氧化而生成环氧乙烷。但在通常的氧化条件下，乙烯的分子骨架很容易被破坏，发生深度氧化而生成二氧化碳和水。

直接氧化法有空气氧化法和氧气氧化法两种方法。

空气氧化法的缺点是在气体循环过程中要排放氮气而造成乙烯损失。而氧气氧化法使用纯氧，降低了乙烯单耗，并且排放气体带走的乙烯量比空气法少，设备和管道比空气法少。故目前环氧乙烷的生产主要采用氧气氧化法。

(1) 乙烯的环氧化反应　在银催化剂上用空气或纯氧氧化乙烯，得到的产物为环氧乙烷，主要副产物为二氧化碳和水，另有少量的甲醛、乙醛生成。

主反应

$$CH_2{=}CH_2 + 1/2O_2 \longrightarrow H_2C\overset{O}{—}CH_2 \qquad \Delta H = -105kJ/mol$$

副反应

$$CH_2{=}CH_2 + 3O_2 \longrightarrow 2CO_2 + 2H_2O \qquad \Delta H = -1337kJ/mol$$

$$H_2C\overset{O}{—}CH_2 + 5/2\,O_2 \longrightarrow 2CO_2 + 2H_2O \qquad \Delta H = -1223kJ/mol$$

上述反应均为放热反应，主要的竞争反应是乙烯完全氧化的副反应，该反应是强放热反应，其反应热效应要比乙烯环氧化反应大十多倍。它的发生不仅使环氧乙烷的选择性降低，且对反应热效应也有较大的影响。在反应过程中选择性的控制十分重要，如选择性下降，放出热量显著增多，使温度迅速上升，促进了副反应，如移热速率不相应加快，甚至可能发生飞温现象。这不仅会使催化剂因烧结而失活，甚至还会酿成爆炸事故。乙烯环氧化反应的选择性与热效应见表 7-2。

表 7-2　乙烯环氧化反应的选择性与热效应

选择性/%	70	60	50	40
反应放出的总热量/(kJ/mol 转化乙烯)	472.2	593.9	715.2	837.2

(2) 催化剂　银是氧化催化剂中活性最好、选择性最高的组分，只有在此催化剂上乙烯能选择性地氧化为环氧乙烷，而其他金属和金属氧化物催化剂对乙烯环氧化反应的选择性很差，氧化结果主要为水和二氧化碳。工业上所用的银催化剂是由活性组分银、载体、助催化剂、抑制剂组成的。

载体的主要作用是分散活性组分银、防止银微晶的半熔和烧结、稳定其活性。由于乙烯环氧化过程存在着主、副反应的竞争，且副反应的热效应更大，所以反应的选择性和催化剂颗粒内部温度与载体表面结构、孔结构及其导热性能关系极大。载体比表面大，则活性表面大，催化活性高，但降低了选择性，有利于乙烯完全氧化反应的发生。如载体有细孔隙，则反应物在细孔隙中扩散速率慢，使产物环氧乙烷在孔隙中的浓度比主流体中高，有利于连串副反应的进行。为了控制反应速率，提高选择性，工业上均采用低比表面无孔隙或粗孔隙型惰性物质作为载体。为了使载体有较好的导热性能和较高的热稳定性，使之在使用过程中不发生孔隙结构变化，必须先将载体作高温处理，以消除细孔隙和增加其热稳定性。碳化硅、α-氧化铝和含有少量二氧化硅的α-氧化铝为常用载体，一般比表面$<1m^2/g$，孔隙率50%左右，平均孔径4.4μm左右或者更大，这些载体特征符合强放热氧化反应的需要。此外，它们的导热性和耐热性也符合要求。

助催化剂可使用碱金属盐类、碱土金属盐类和稀土元素化合物，它们的作用不尽相同。在银催化剂中加入碱土金属中的钡盐，可增加催化剂的抗熔结能力，提高催化剂的稳定性和活性，但会降低催化剂的选择性。添加适量碱金属（如铯类）盐类和稀土元素化合物则可提高选择性。而且添加两种或多种碱金属、碱土金属的效果要比添加单一碱金属的效果好。如在银催化剂中添加钾盐时，环氧乙烷选择性为76%；近十多年来添加碱金属铯盐时，环氧乙烷的选择性可由76%提高到82%。

由于银催化剂表面具有一些不正常的活性中心，它导致副反应的发生。在银催化剂中加入少量硒、碲、氯、溴等抑制剂，使其优先覆盖在不正常的活性中心上，提高了环氧乙烷的选择性，但催化剂活性却有所降低。工业生产上也有在原料气中添加此类物质（如二氯乙烷等），以提高催化剂的选择性及调节反应温度。氯化物用量一般为1～3μL/L，用量过多会使活性显著降低，但当停止通入氯化物后，催化剂活性会逐渐恢复。

催化剂的制备过去常采用黏结法，这种制备方法的缺点是活性组分分布不均匀、银粉容易剥落、强度差、不能承受高空速，寿命不长。目前催化剂的制备是采用浸渍法，即将载体浸入水溶性的有机银（如乳酸银或银-有机铵络合物）和助催化剂溶液中，然后进行干燥和热分解。用此法制得的催化剂比早期制得的催化剂，其活性组分银可获得较高的分散度，银晶粒在孔壁上分布较均匀且与载体结合较牢固，能承受高空速。催化剂的形状，一般采用中空圆柱体，银含量为10%～20%。

催化剂经多年研究、改进，工业上银催化剂的选择性已从过去的60%～70%增至82%以上，而一些小试验已得到更好的效果。如采用加入高含量钠的催化剂，环氧乙烷选择性可达86%～92%；又如在烯酮银中添加碱金属作催化剂，选择性可高达95%。北京燕山石化公司相继开发了YS-1、2、3、4、5型银催化剂，经应用对比发现YS-4银催化剂运转负荷比进口催化剂高15%以上，运转3年后YS-4银催化剂选择性比进口催化剂高4%以上。上海石油化工研究院研制的SPI系列银催化剂单管评价结果达到84%以上。近期，开发了选择性更高的SHS-90银催化剂。

表7-3所列为国内外代表性工业生产环氧乙烷用银催化剂主要性能。

表7-3 国内外代表性工业生产环氧乙烷用银催化剂主要性能

公司	催化剂型号	银含量(质量分数)	空速/h^{-1}	时空收率/[kg/(h·kg)]	寿命/年	初始选择性	两年后选择性
Shell	S859	(14.5±0.4)%	4000	0.205	2～4	81.0%	78.2%
	S880系列	14.0%	—	—	2	86.0%～89.0%	—
SD	S1105	8.0%～9.0%	4460	0.192	3～5	82.5%	78.7%～79.1%

续表

公司	催化剂型号	银含量(质量分数)	空速/h^{-1}	时空收率/[kg/(h·kg)]	寿命/年	初始选择性	两年后选择性
UCC	1285	(13.75±0.25)%	3800	0.194	5	82.0%	78.8%
	新型号	—	—	—	—	84.0%	—
燕山石化	YS-5	(14.5±0.5)%	7033	0.257	—	80.81%	—
	YS-6	—	7410	0.197	—	85.0%~86.0%(单管)	—

(3) 催化反应机理　在银催化剂上所进行的乙烯直接氧化反应，是气固相催化反应过程。因反应是在催化剂表面上进行的，所以反应组分必须扩散到银催化剂表面上才能进行。银催化剂是一个内部有着许多微孔的多孔催化剂，这样原料中反应组分不仅要向催化剂外表面扩散，还要通过微孔向内表面扩散。而在银催化剂表面生成的产物也要从内表面向外表面扩散，然后再从外表面向气流主体中扩散。

第一种是氧的解离吸附。一般情况下，按下式进行

$$O_2 + 4Ag(相邻) \longrightarrow 2O^{2-}(吸附) + 4Ag^+(相邻)$$

它必须在四个相邻的银原子簇存在下生成解离吸附氧 O^{2-}，此种吸附的活化能很低，其吸附速度较快。乙烯则与 O^{2-} 作用生成二氧化碳和水。但二氯乙烷等抑制剂存在时，氯能覆盖部分银表面，抑制氧的解离吸附，减少完全氧化反应，当 1/4 银表面被覆盖时，此类吸附可完全被抑制。但在较高温度时，可能发生吸附位的迁移，也能在不相邻的银原子上发生氧的解离吸附，但由于其活化能很高，反应不易发生。过程见下式

$$O_2 + 4Ag(不相邻) \longrightarrow 2O^{2-}(吸附) + 4Ag^+(相邻)$$

第二种情况，当催化剂表面上没有 4 个相邻的银原子簇时，可能存在生成离子化分子氧吸附态的化学吸附过程，它属于不解离吸附，活化能小于 33kJ/mol。

$$O_2 + Ag \longrightarrow Ag{-}O_2^-(吸附)$$

乙烯与吸附在银离子上的离子化分子态氧反应，能有选择性地氧化为环氧乙烷，同时产生一个吸附的原子态。乙烯又与原子态氧反应生成二氧化碳和水。

$$CH_2{=}CH_2 + Ag{-}O_2^-(吸附) \longrightarrow H_2C\underset{O}{\diagdown\!\diagup}CH_2 + Ag{-}O^-(吸附)$$

$$CH_2{=}CH_2 + 6Ag{-}O^-(吸附) \longrightarrow 2CO_2 + 2H_2O + 6Ag$$

总反应式为

$$7CH_2{=}CH_2 + 6Ag{-}O_2^-(吸附) \longrightarrow 2CO_2 + 2H_2O + 6Ag + 6H_2C\underset{O}{\diagdown\!\diagup}CH_2$$

按此机理，6/7 的乙烯生成环氧乙烷，1/7 的乙烯生成 CO_2 和 H_2O，即乙烯环氧化反应的最大选择性为 6/7 或 85.7%。

对上述机理，有的研究者根据红外线吸收光谱研究结果又提出如下不同看法，认为乙烯环氧化反应和完全氧化反应都是乙烯与原子态吸附氧的反应；气相中乙烯与原子态吸附氧生成环氧乙烷，而吸附乙烯与原子态吸附氧反应，则生成二氧化碳和水；抑制剂二氯乙烷的作用是由于氯覆盖了部分活性表面，使吸附乙烯的浓度降低，因而选择性提高，这样，环氧乙烷的选择性就可能提高。实际上，在低转化率时，此反应的选择性可大于 90%，故不能用前述反应机理来解释。不同乙烯环氧化反应机理的提出，说明了表面反应的复杂性。

一般情况下乙烯环氧化反应级数小于一级；乙烯浓度高时，则接近零级。

(4) 工艺条件

① 反应温度　温度是影响乙烯环氧化过程主、副反应的主要外界因素。由于环氧化反

应的活化能小于完全氧化反应的活化能，所以反应温度提高时，完全氧化副反应的速率增加更快，转化率增加，而选择性下降，放出的热量也愈大，如不能及时移出反应热，将导致温度失控。温度太高又会使催化剂失活。虽然降低温度可提高催化剂的选择性，但温度太低又将使反应停止。适宜的反应温度与催化剂活性有关，氧气氧化法的温度一般控制在204～270℃。表7-4列出了各研究者得出的主副反应活化能的关系，由表中可以看出，主反应活化能比完全氧化副反应活化能低，因此在反应过程中，一定要控制副反应的发生。

表7-4　银催化剂上主副反应活化能

研究者	主反应活化能/(kJ/mol)	完全氧化副反应活化能/(kJ/mol)
默里	50.0	62.7
库里连柯	63.5	82.8
波布柯夫	59.8	89.5

② 空速的影响　空速减小，转化率增高，选择性也将下降，但其影响程度不如温度的影响大。空速还影响催化剂的空时收率和单位时间的放热量。工业上主反应器空速一般取7000h^{-1}左右，此时的单程转化率在30%～35%之间，选择性可达65%～75%。对氧气氧化法而言，空速为5500～7000h^{-1}，此时的单程转化率在15%左右，选择性大于80%。表7-5列出了空速与温度和选择性的关系。

表7-5　空速与温度和选择性的关系

空速/h^{-1}	选择性/%	反应温度/℃
4000	85.0	217
5500	84.3	223
7000	84.2	230

③ 反应压力　由于主、副反应都可视作不可逆反应，操作压力对反应影响不大。但工业上考虑到加压可提高反应器的生产能力，而且对后续的吸收操作是必不可少的，因此直接氧化法均在加压下进行。但压力不能太高，否则会促使环氧乙烷聚合及催化剂表面结炭。现在，工业上广为采用的压力是1.0～3.0MPa。

④ 原料纯度　原料气中不同的杂质对乙烯环氧化反应有不同的不利影响。如乙炔与硫化物能使银催化剂永久中毒，造成活性下降，乙炔能与银形成乙炔银，受热会发生爆炸性分解；铁离子会加速环氧乙烷异构化成乙醛，使选择性下降；原料气中的氢气、C_3以上烷烃和烯烃可发生完全氧化反应，使反应热效应增大；氩虽是惰性气体，但它的存在会使氧的爆炸极限浓度降低而增加爆炸的危险。因此，原料乙烯和空气或氧的纯度应是愈高愈好。

一般要求原料乙烯中的杂质含量如表7-6所示。

表7-6　原料乙烯的杂质含量

组分	组成	组分	组成
$C_2^{\equiv}$	<5μL/L	氯化物	<1μL/L
C_3以上烃	<10μL/L	H_2	<5μL/L
硫化物	<1μL/L		

⑤ 原料配比和循环比　原料混合气是由循环气和新鲜气混合而成，它的组成影响到经济效果与安全生产。乙烯、氧的浓度影响催化剂的生产能力及反应器的热稳定性，一般认为在氮与甲烷的稀释下，氧浓度在10%以下时，不会发生爆炸，实际操作中氧含量一般不得超过8%。所用氧化剂不同，混合气组成要求也不同。以纯氧为氧化剂时，为使反应不太剧

烈，仍需采用稀释剂，一般用氮气作稀释剂，乙烯浓度为 15%～20%，氧气浓度为 8%左右。

采用氮气和甲烷作致稳剂时，反应循环气的平均比热容分别为 1600kJ/(m^3·℃)(均为标准状态) 左右和 2200kJ/(m^3·℃)左右，由于甲烷热容较大，对于放热反应，它是良好的撤热介质。对消除运行中出现的局部过热，延长催化剂寿命，提高催化剂的选择性，保持反应稳定、安全均有作用。氮气和甲烷作致稳剂时反应气体组成对比见表 7-7。

表 7-7 N_2、CH_4 致稳循环气组成对比（体积分数） 单位：%

组分	N_2 致稳		CH_4 致稳	
	反应器入口	反应器出口	反应器入口	反应器出口
C_2H_4	27.82	26.10	26.82	25.07
O_2	5.29	3.77	8.54	7.00
CO_2	0.313	0.311	0.370	0.821
H_2O	0.694	1.230	1.249	1.786
N_2	21.37	21.37	3.10	3.10
Ar	2.17	2.17	2.49	2.49
CH_4	42.35	43.57	57.51	58.05
C_2H_6	0.119	0.083	0.079	0.081
C_2H_4O	0.011	1.610	0.013	1.817

近年来已有改用甲烷为稀释剂的工艺，甲烷的存在可提高氧的爆炸极限浓度，其导热性能优于氮气，故可提高混合气中的乙烯浓度。混合气中允许有适量的二氧化碳，因为二氧化碳虽对环氧化反应有抑制作用，但可提高反应的选择性及氧的爆炸极限浓度。另外，在循环气中应尽量除去环氧乙烷，以免造成氧损失。混合气中还应加入 2～3μL/L 的二氯乙烷，以提高环氧乙烷的选择性。循环比是指循环送入主反应器的循环气占主吸收塔排除气体总量的质量分数。在生产操作中，可通过正确掌握循环比来严格控制氧含量。在工艺设计中，循环比直接影响主副反应器生产负荷的分配。提高循环比，主反应器负荷增加；反之副反应器负荷增加。生产中可根据生产能力、动力消耗及其他工艺指标来确定适宜的循环比，通常采用的循环比为 85%～90%。

(5) 工艺流程

① 氧气氧化法 氧气氧化法反应部分的工艺流程如图 7-1 所示。

乙烯的氧化是强放热反应，温度对反应选择性影响很大，最好采用传热条件较好的流化床反应器，但考虑到反应所用的银催化剂易磨损，流化质量无法保证，且金属银损耗较大，故现在工业上普遍采用列管式固定床反应器。为增加其传热面积，反应器采用数千根细长管(直径 25mm 左右，长度 6～12m)。反应器管长较长（一般气-固相催化反应器管长约为 3m)，在动力学控制区内，在空速不变的条件下，可增加管内流体线速度，从而增大反应床有效热导率和管内壁的膜给热系数。反应器管内放催化剂，管间走冷却介质（煤油或加压热水等)。新鲜原料氧气、乙烯与循环气在混合器内混合，经热交换器预热至一定温度，由反应器上部进入催化床层。在配制混合气时，由于是纯氧加入到循环气与乙烯的混合气中去，必须使氧和循环气迅速混合达到安全组成。否则当局部氧浓度过高时，混合气进入热交换器时易引起爆炸危险。

故混合器的设计十分关键，为了安全，必须使氧气从多孔喷嘴高速喷向混合气流的下游，使其速度大大超过含乙烯循环气的火焰传播速度并使它们迅速均匀混合，防止含乙烯循环气返混回分布器。为确保安全，氧化工段必须设置环氧乙烷、乙烯等泄漏快速测定系统，配有自动超温报警氧气连锁切断系统，热交换器必须采取防爆措施。

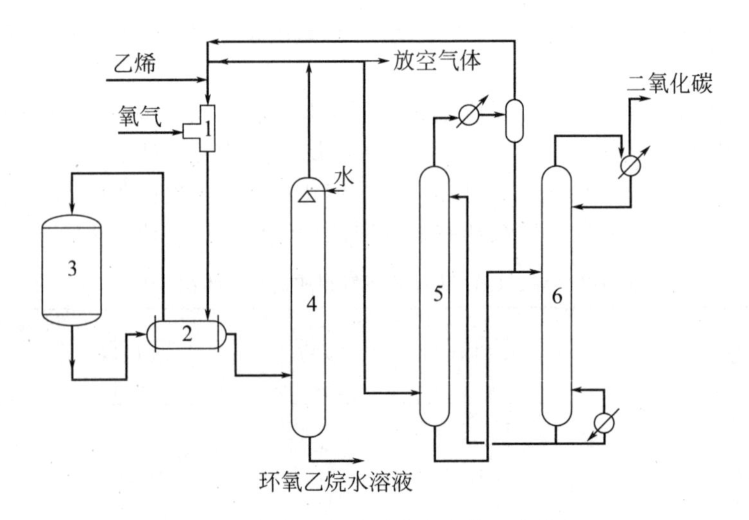

图 7-1 氧气氧化法反应部分的工艺流程

1—混合器；2—热交换器；3—反应器；4—环氧乙烷吸收塔；5—二氧化碳吸收塔；6—二氧化碳吸收液再生塔

出反应器的反应气中仅含环氧乙烷1%～2%，经换热器换热后，进入环氧乙烷吸收塔。由于环氧乙烷可以任何比例与水混合，故采用水为吸收剂。吸收塔顶排出的气体中含有的未转化的乙烯和氧、二氧化碳和惰性气体。为避免二氧化碳的积累，由吸收塔排出的气体大部分（约90%）循环使用，另一小部分送至二氧化碳吸收装置，利用热碳酸钾溶液脱除二氧化碳。

碳酸钾溶液脱除二氧化碳的原理为

$$K_2CO_3 + CO_2 + H_2O \xrightleftharpoons[\text{加热减压}]{\text{加压}} 2KHCO_3$$

待脱除二氧化碳的气体在二氧化碳吸收塔中与来自再生塔的热的贫碳酸氢钾-碳酸钾溶液接触，在系统压力下碳酸钾与二氧化碳作用转化成碳酸氢钾，使出塔气体中二氧化碳含量降至3%左右。此气体经冷却器冷却，并分离出夹带的液体后，返回循环气系统。二氧化碳吸收塔塔釜的富碳酸氢钾-碳酸钾溶液经减压后进入再生塔，塔内加热溶液，使碳酸氢钾分解为二氧化碳和碳酸钾，二氧化碳从塔顶排出，再生后的贫碳酸氢钾-碳酸钾溶液循环回二氧化碳吸收塔。

② 环氧乙烷回收和精制部分　由于自环氧乙烷吸收塔塔底排出的环氧乙烷仅含1.5%左右，还含有少量副产物甲醛、乙醛及二氧化碳，需进一步提浓精制得所需纯度的环氧乙烷。

如图7-2所示，自环氧乙烷吸收塔底排出的环氧乙烷吸收液经热交换后进入解吸塔，解吸塔顶部的分凝器将与环氧乙烷一起蒸出的大部分水和重组分杂质冷凝下来，解吸出的粗环氧乙烷再送入再吸收塔用水吸收，得到含环氧乙烷10%左右的水溶液，并分离出同时解吸出来的二氧化碳和其他不凝气体。所得环氧乙烷水溶液送入脱气塔进一步脱除二氧化碳，脱出气体中除含二氧化碳外，还有相当量的环氧乙烷，故此气体返回再吸收塔。自脱气塔排出的环氧乙烷水溶液可作为生产乙二醇的原料。当需要高纯度环氧乙烷产品时，可送入精馏塔精馏。精馏塔具有96块塔板，在87块塔板处采出纯度99.99%的产品环氧乙烷，塔顶蒸出含环氧乙烷的甲醛和精馏塔釜与解吸塔釜排出的热水经热交换后，循环回吸收塔作吸收水用。上述流程中分出一部分环氧乙烷水溶液进行水合制取乙二醇，由于这一部分环氧乙烷水溶液中含有副产物甲醛和乙醛，从而避免了这些副产物在系统中积累。由于环氧乙烷易自聚，尤其在铁、酸、碱、醛等杂质存在和高温下更易自聚，自聚时放出的热量会引起温度和压力上升，甚至引起爆炸，故环氧乙烷贮槽温度应保持在0℃以下。

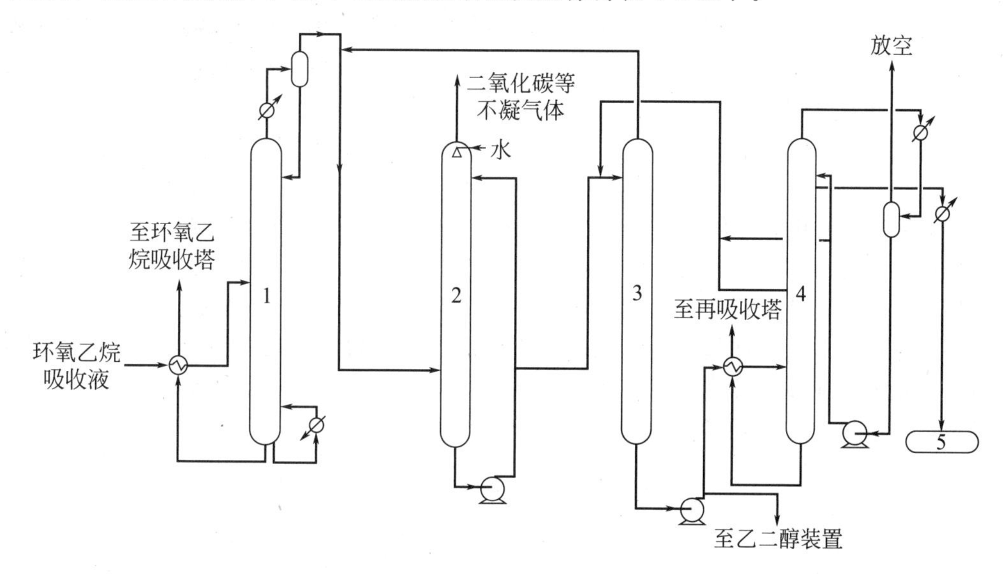

图7-2 环氧乙烷回收和精制流程

1—解吸塔；2—再吸收塔；3—脱气塔；4—精馏塔；5—环氧乙烷贮槽

(6) 氧化反应器简介 非均相催化氧化都是强放热反应，而且都伴随有完全氧化副反应的发生，放热更为剧烈。故要求采用的氧化反应器能及时移走反应热。同时，为发挥催化剂最大效能和获得高的选择性，要求反应器内反应温度分布均匀，避免局部过热。对乙烯催化氧化制环氧乙烷而言，由于单程转化率较低（约10%～30%），采用流化床反应器更为合适。

目前，世界上乙烯环氧化反应器全部采用列管式反应器。其结构与普通的换热器十分相近，管内装填催化剂，管间（壳程）流动的是处于沸点的冷却液，因冷却液的沸点是恒定的，控制其沸点与反应温度之差在10℃以下，移走的反应热转为冷却液的蒸发潜热，因为蒸发潜热很大，冷却液的流量也很大，因此能保证经反应管管壁传出的热量及时移走，从而达到控制反应温度的目的。

列管式固定床反应器的外壳为钢制圆筒，考虑到受热膨胀，常设有膨胀圈。反应管按正三角形排列，管数需视生产能力而定，可为了减少管中催化剂床层的径向温差，一般采用小管径，常用的为直径为25～30mm的无缝钢管，但采用小管径，管子数目要相应增多，使反应器的造价提升。近年来一般采用管径为38～42mm的大管径，同时相应增加管的长度，以增大气体流速，强化传热效率。反应温度通过插在反应管中的热电偶来测量。反应器的上下部都设有分布板，使气流分布均匀。

载热体在管间流动或汽化以移走反应热。对于强放热反应，合理地选择载热体和载热体的温度控制，是保持氧化反应能稳定进行的关键。载热体的温度与反应温度的温差宜小，但又必须移走反应过程中释放出的大量热量，这就要求有大的传热面和大的传热系数。反应温度不同，所用载体也不同。一般反应温度在240℃以下应采用加压热水做载热体。反应温度在250～300℃可采用挥发性低的矿物油或联苯醚混合物等有机载热体。反应温度在300℃以上则需要用熔盐作载热体。

图7-3所示为以加压热水作载热体的反应装置，主要用于乙烯氧化制环氧乙烷，乙烯乙酰氧基化制乙酸乙酯。它主要是以加压热水作载热体，利用水的汽化以移走反应热，传热效

率高，有利于催化剂床层温度控制，提高反应的选择性。加压热水的出口温升一般只有2℃左右，利用反应热直接生产高压（或中压）水蒸气。图7-3所示为经过改进后的乙烯氧化制环氧乙烷反应器的结构示意图。该反应器在上、下封头的内腔都呈喇叭状，这一结构可以减少进入反应器的含氧混合气在进口处的返混造成乙烯燃烧的现象，并使气体分布更均匀。同时也可以使反应后的物料迅速离开高温区，以避免反应物料离开催化床层后，发生尾烧现象。

图7-4所示为有机载热体带走反应热的反应装置，反应器外设置载热体冷却器，利用载热体移出的反应热副产中压水蒸气。以熔盐作载热体也可采用类似的反应装置。该图的反应装置可用于丙烯固定床氨氧化制备丙烯腈。在反应器的中心设置载热体冷却器和推进式搅拌器，搅拌器使熔盐在反应区域和冷却区域间不断进行强制循环，减小反应器上下部熔盐的温差。熔盐移走反应热后，即在冷却器中冷却并产生高压水蒸气。由于氧化反应具有爆炸危险性，在设计反应器时，必须考虑防爆装置。

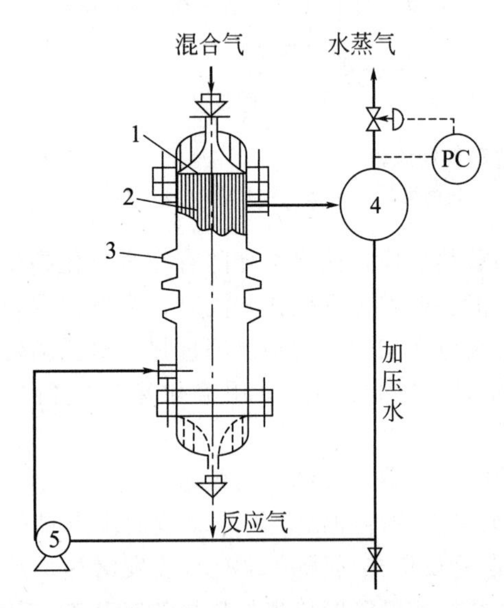

图7-3 以加压热水作载热体的反应装置示意图

1—列管上花板；2—反应列管；3—膨胀圈；4—汽水分离器；5—加压热水泵

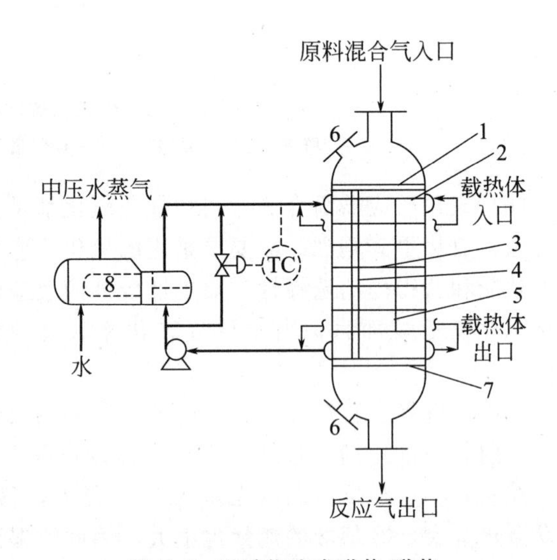

图7-4 以矿物油或联苯-联苯醚为载热体的反应装置示意图

1—列管上花板；2,3—折流板；4—反应列管；5—折流板固定棒；6—人孔；7—列管下花板；8—载热体冷却器

(7) 安全生产与控制　在基本有机化学工业中进行的催化氧化过程，无论是均相的或是非均相的，都是以空气或纯氧为催化剂，可燃的烃或其他有机物与空气或氧的气态混合物在一定的浓度范围内引燃就会发生分支连锁反应，火焰迅速传播，在很短的时间内，温度急剧升高，压力也会剧增，而引起爆炸。因此氧化反应的安全生产显得尤为重要。

列管式反应器的轴向温度分布不均匀，原料气入口，由于参与反应物料浓度高，反应速率快，释放出来的反应热量大于传给冷却剂的热量，原料气温度较快地上升。与此同时，由于冷热两侧温差增加，传热速率加快，当反应产生的热量等于散失的热量，原料气温度达到最高点，这一温度称为热点。在热点之前，放热速率大于管外的热交换速率，因此出现沿轴向床层温度逐渐升高，热点以后则恰好相反。控制热点温度是使氧化反应顺利进行的关键。如热点温度过高，由于完全氧化反应的加剧，一方面过程选择性降低；另一方面使反应失去稳定性而产生飞温。

为了降低热点温度，减小轴向温差，使沿轴向大部分床层在适宜的温度范围内操作，工业上采取的措施有：

① 原料气中带入微量抑制剂，使催化剂部分毒化；

② 在原料气入口处附近的反应管上层放一定高度的惰性载体稀释的催化剂，或放一定高度已部分老化的催化剂，这可以降低入口附近的反应速率，以降低放热速率，使其与除热速率尽可能平衡；

③ 采用分段冷却的方法，改变除热速率，使其与放热速率尽可能平衡；

④ 用沸水汽化代替导热油移热。

⑤ 采用小管径。

另外，提高催化剂的选择性，也是控制热点温度的重要措施。在氧化器中，主、副反应热相差 12.5 倍，提高反应的选择性，可大幅度减少反应放热量，反应管轴向温度分布容易均匀，热点不明显。与此同时，径向温度分布则更为均匀，可允许反应管增大管径，大幅度提高单管生产能力，反应器总管数可大幅下降，从而节省设备投资。

列管式氧化反应器也有“尾烧”现象发生，从而导致爆炸事故。为此工业上要求催化剂要达到规定强度，保证长期运转中不易粉化；采用由上向下的流向以减小气流对催化剂的冲刷，从而在相当程度上减少粉尘量；有不少工业装置在气流出口处采取冷却措施（如喷入少量冷水降温），以防止“尾烧”现象的发生。

氧化工段另一个不安全因素是混合器。为避免混合器内局部区域氧浓度过高而发生着火和爆炸，在设计和制造中，必须使含氧气体从喷嘴高速喷出，其速率大大超过含乙烯循环气体的火焰传播速率，并使从喷嘴平行喷出的多股含氧气体各自与周围的循环气体均匀混合，从而避免产生氧浓度局部过高的现象，尽量缩小非充分混合区。

一般烃类和其他可燃有机物与空气或者氧的气态混合物的极限浓度范围与实验条件（温度、压力、引燃方式等）有关，与气体混合物的组成也有关。图 7-5、图 7-6 分别为乙烯-空气-氮与乙烯-氧-氮在不同压力下的爆炸极限。

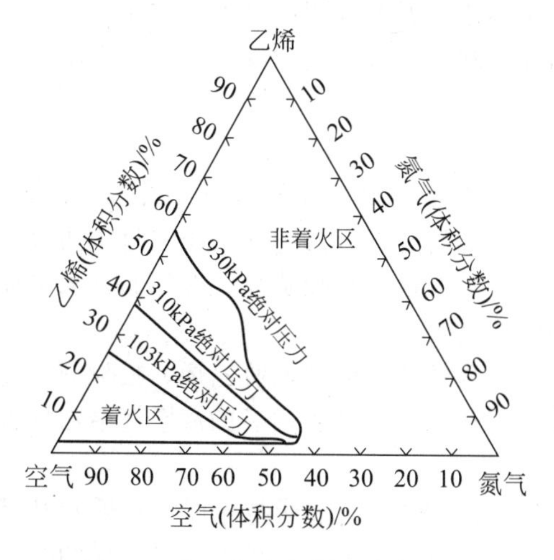

图 7-5　在 20℃ 和不同压力条件下乙烯-空气-氮混合物的爆炸极限

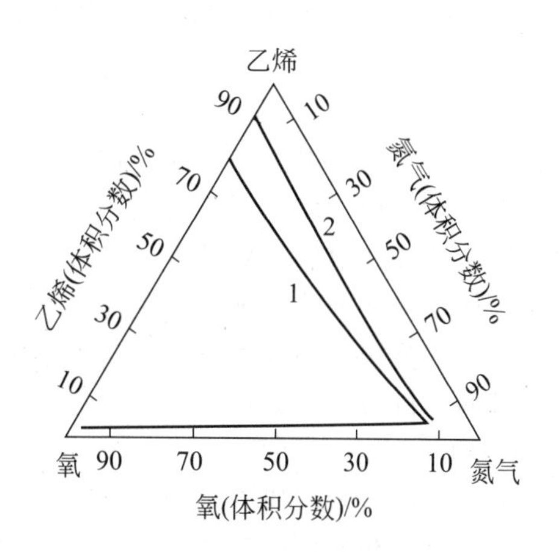

图 7-6　在室温和不同压力下乙烯-氧-氮混合物的爆炸极限

1—0.1MPa；2—1MPa

氧的爆炸极限不仅与温度、压力有关，与混合气的组成也有关。在乙烯-氧-惰性气体系统中，氧的爆炸极限与惰性气体的类别有关。如图 7-7 所示。

由图 7-7 可看出，由于惰性气体的不同，氧的极限浓度也不同。在乙烯-氧-氮混合气中氩的存在使得氧的极限浓度降低，而加入 H_2O、CO_2、C_2H_6 等惰性气体可提高氧的极限浓度，有利于安全生产。氧的极限浓度与混合气中乙烯浓度也有关。随乙烯浓度的增大，氧的极限浓度减小（图 7-8）。故为了安全生产除控制氧浓度外，乙烯浓度也要控制。其他烃类与氧的混合气也有相似的规律，只是极限浓度不同。

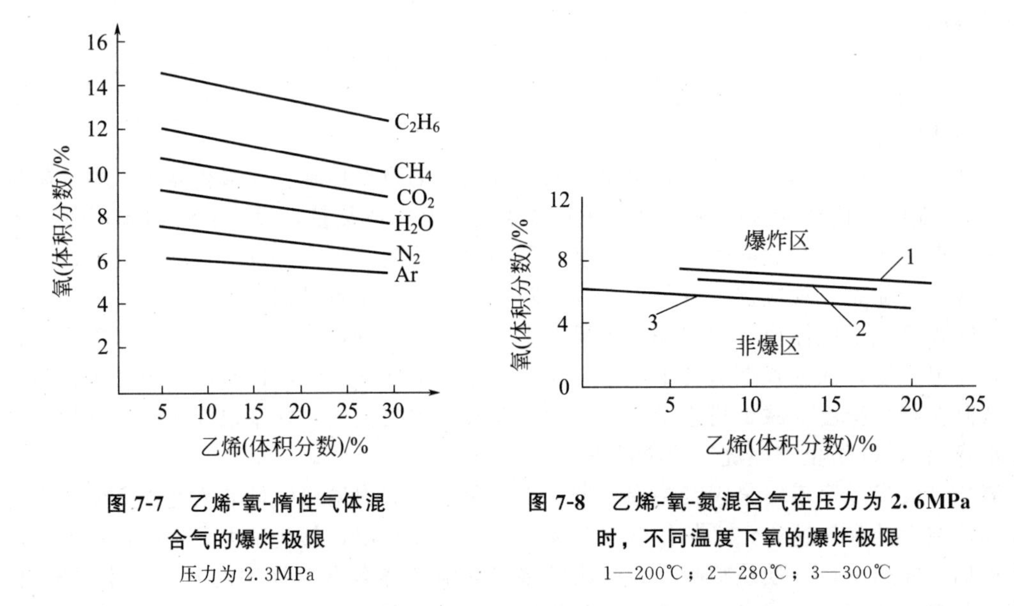

图 7-7 乙烯-氧-惰性气体混合气的爆炸极限

压力为 2.3MPa

图 7-8 乙烯-氧-氮混合气在压力为 2.6MPa 时，不同温度下氧的爆炸极限

1—200℃；2—280℃；3—300℃

(8) 工艺技术新进展　近年来，环氧乙烷生产工艺有了一些新进展。主要有以下几个方面。

① 节能技术　通常在吸收所得环氧乙烷水溶液中，环氧乙烷浓度较低，故在提浓和精制中需要耗用大量能量。近年来采用环氧乙烷精馏塔的加压工艺，可以显著提高塔顶温度。塔顶蒸气不用冷冰盐水冷却冷凝，采用普通循环冷却水即可，这样既省去了冷冻设备，消耗的电能也大为减少。

② 回收乙烯技术　传统的乙烯回收技术有深冷分离法、双金属盐络合吸收法、溶剂抽提法、膨胀机法、吸附法等，这些技术都是气液操作（吸附法除外），存在设备腐蚀、溶剂回收、来料预处理、投资大等问题，采用吸附分离法的改进方法——变压吸附法回收环氧乙烷生产工业排放气中的乙烯具有工艺过程简单、装置规模小、投资少、能耗低、无腐蚀、易自动化等优点，技术的关键是研制优良性能的吸附剂。

陶氏化学公司专利提出采用一套乙烯吸附和脱附的联合装置回收乙烯，吸附剂为高相对分子质量的有机液体，如正十二碳烷烃、正十三碳烷烃，回收乙烯后的放空气中乙烯含量仅为 0.1%～1.0%。

另外美国膜技术与研究公司（MTR）研究开发的 Vaporsep 膜技术回收乙烯专利已应用于中石化上海石化股份公司 22.5 万吨/年 EO 装置的技术改造，每年可回收乙烯 660t。

美国的 SD 公司采用半渗透膜将氩气从排放气中分出，富含乙烯的气体循环回反应器以减少乙烯的损失。具体做法是将准备排放的占吸收塔排出气体总量的 0.2%～20%的气体送至半渗透膜装置分出氩气，分出氩气后的富含乙烯的气体循环回反应器。

③ 反应气异构化的抑制　环氧乙烷在银催化剂的进一步作用下，有可能发生异构化反

应，生成环氧乙烷的同分异构体乙醛，异构化反应的发生，整体上降低了环氧乙烷的生成选择性。在乙烯直接氧化生产环氧乙烷工艺中可通过改装反应管、降低冷却区温度的方法，或者通过对反应器的优化设计，减少生成的环氧乙烷与银催化剂再度接触的时间与空间，减弱异构化反应的程度。

为了降低 EO 反应器底封头和管道内温度，从而避免在这些部位达到点火温度的危险性，减少可能由于催化剂粉末的存在而发生的 EO 异构化为乙醛的反应，日本触媒公司所报道的专利中，采用来自气-液分离槽的冷却水在预热和反应区循环的方法，防止反应气的异构化反应。

④ 环氧乙烷回收技术　美国 SD 公司采用超临界技术回收环氧乙烷。具体做法是将吸收所得的富环氧乙烷水溶液，在近临界或超临界条件下，利用 CO_2 从水中选择性萃取出其中的环氧乙烷，随后在亚临界条件下进行蒸馏回收环氧乙烷。与采用环氧乙烷水溶液解吸的常用方法相比，可节省大量能量。

DOW 化学公司采用碳酸乙烯酯代替水做吸收剂，碳酸乙烯酯与水相比，具有对环氧乙烷溶解度大、比热容小等特点。因此可减小吸收塔体积，降低解吸时的能耗。

SAM 公司利用膜式等温吸收器，在 50～60℃、0.1～3.0MPa 下，等温水吸收反应生成气中的环氧乙烷，在膜式吸收器底部形成高浓度环氧乙烷水溶液，送往闪蒸器闪蒸，在其底部得到不含惰性气体的环氧乙烷溶液，将其中残留的乙烯回收后，可直接送往乙二醇装置作为进料。

⑤ 催化剂的改进　提高银催化剂的选择性、活性、使用寿命和稳定性可有效降低环氧乙烷的生产成本，提高原料乙烯的利用效率。

中石化北京燕山石化研究院一直致力于开发 YS-8 型高选择性催化剂和 YS-8510 银催化剂。目前研制出了时空产率 180kg EO/(h·m^3cat)、初始反应温度 235℃、起始选择性达到 88.0%的 YS-8 银催化剂样品。中石油石油化工研究院在 20 世纪 90 年代初研制成功的 SPⅠ-Ⅲ型催化剂单管评价试验选择性达到 84%左右。

日本三菱油化公司在银催化剂中添加钼，最高选择性也可达 85.9%。SD 公司开发的固载银及含有碱金属、硫、氟和磷族元素（P、Bi、Sb），固载银及含有碱金属、硫、氟和锡，固载银及含有碱金属、硫、氟和镧系金属助剂的催化剂，突破了以铼和过渡金属作助剂制备环氧乙烷银催化剂的传统方法。研制的催化剂在反应温度 232～255℃时，环氧乙烷选择性可达 81.9%～84.6%。

美国 Shell 公司在催化剂中添加碱金属（如铯）使银的初始选择性提高到 86%以上。

壳牌公司高活性催化剂产品为 S-860、861、862、863，初始选择性为 81%～83.5%。这一系列催化剂已经用于包括我国 3 套装置在内的 20 余套 EO 生产装置上。

7.1.3　乙二醇

乙二醇是环氧乙烷最重要的二次产物，一般占环氧乙烷用量的 60%，乙二醇中用于生产聚酯及聚乙二醇的占 55%，其余用于汽车抗冻剂及生产其他工业产品。

乙二醇可由乙烯乙酰氧基化法、乙烯氧氯化法、合成气法或环氧乙烷水合法得到。目前主要的生产方法为环氧乙烷直接水合法，因此，下面主要讨论该方法。

(1) 反应机理　目前几乎所有乙二醇都是由本法生产的，在工业生产中，乙二醇装置往往与环氧乙烷装置相连。环氧乙烷水合反应式如下

$$\underset{\backslash O/}{H_2C—CH_2} + H_2O \longrightarrow \underset{OH\quad\ OH}{CH_2—CH_2} \qquad \Delta H = -81.33\text{kJ/mol}$$

反应机理一般认为在较高温度和压力下由弱亲核试剂水攻击环氧乙烷中的氧原子，让其活化，并使环上两个碳原子呈正电性，然后与水中的 OH^- 作用生成过渡态络合物，这一络合物经内部电子重排，环破裂并释放 OH^-，生成乙二醇。

环氧乙烷水合反应是放热反应，当反应温度为 200℃时，每生成 1mol(62g) 乙二醇放出的热量为 81.33kJ，工业生产中，此反应热用来加热反应原料，以维持一定的反应温度。

在水合反应过程中，水合反应不会仅仅停留在生成乙二醇阶段上，随着反应介质中乙二醇浓度的增加，乙二醇继续与环氧乙烷反应生成一缩、二缩和多缩乙二醇等副产物。这些副反应也是放热反应，当反应温度为 200℃时，每生成 1mol(106g) 二乙二醇放出的热量为 147.05kJ，在工业生产中，这些热量也用来加热反应物料，以维持一定的反应温度。

$$H_2C\overset{O}{—}CH_2 + \underset{OH}{CH_2}—\underset{OH}{CH_2} \longrightarrow \underset{OH}{CH_2}CH_2OCH_2\underset{OH}{CH_2}$$

$$\underset{OH}{CH_2}CH_2OCH_2\underset{OH}{CH_2} + H_2C\overset{O}{—}CH_2 \longrightarrow \underset{OH}{CH_2}CH_2OCH_2CH_2OCH_2\underset{OH}{CH_2}$$

……

此外，环氧乙烷在高温下，有可能异构化生成乙醛。如果有碱金属或碱土金属氧化物存在将催化这一反应，使反应在 200℃左右就能进行。此反应虽不如生成二乙二醇、三乙二醇或多乙二醇那样容易进行，但乙醛的生成是十分有害的，因为乙醛易被氧化生成醋酸而腐蚀设备。因此，生产中反应水一定要符合规定的质量指标。

(2) 水合条件

① 水合温度　由于该反应具有较大的活化能，因此适当地提高反应温度可以加快反应速率，如图 7-9 所示。但还要考虑到，为使水合反应保持在液相进行，提高水合温度相应的反应压力也要提高，进而提高对设备材质的要求。工业生产中，通常反应温度为 150～220℃。

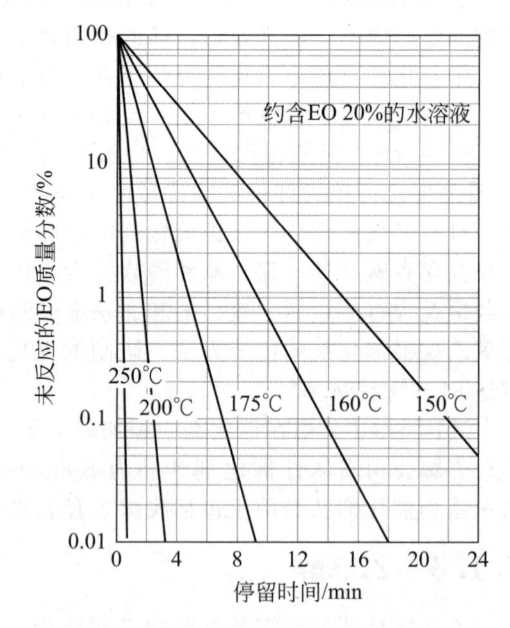

图 7-9　环氧乙烷加压水合反应转化率、停留时间与反应温度的关系

② 水合压力　在无催化剂时，由于水合反应是在较高温度下进行，为了保持液相反应，必须进行加压操作。压力的大小与水合温度有关，工业生产中，进行加压操作的情况下，当水合温度为 150～220℃时，水合压力相应为 1.0～2.5MPa。

③ 水合时间　环氧乙烷水合反应为不可逆的放热反应，在保证环氧乙烷的转化率达到 100%的情况下，在一定的水合温度和压力下，还必须保证有相应的水合时间。如果水合时间太短，反应不完全，环氧乙烷还未转化就离开反应器。一般工业生产中，当水合温度为150～220℃，水合压力为 1.0～2.5MPa 时，相应的水合时间为 20～35min。

④ 原料配比　在水合过程中，除生成乙二醇外，还不同程度地生成二乙二醇、三乙二醇及多乙二醇。工厂实践证明，不论是酸催化液相水合或是非催化加压水合，两者虽然操作条件不同，但只要水与环氧乙烷的摩尔比相同，乙二醇收率基本一致，如图 7-10 所示。

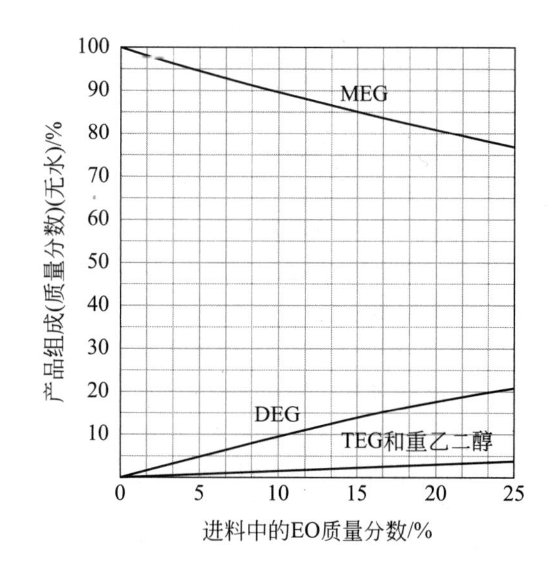

图 7-10　环氧乙烷加压水合反应产品分布与进料环氧乙烷质量分数的关系

MEG—单乙二醇；DEG—二乙二醇；TEG—三乙二醇；EO—环氧乙烷

一般工厂将水与环氧乙烷的摩尔比定在 10～20 范围内，而且没有必要用加酸的办法来抑制副反应的发生。因为副产物二甘醇、三甘醇等也是有用的化工产品，一般售价比乙二醇还高，适当地多生产二甘醇等副产物可以提高工厂的经济效益。

(3) 工艺流程　环氧乙烷的水合反应可以在 0.5%的硫酸催化剂存在下进行，但生产上常采用加压水合以避免酸的强腐蚀。图 7-11 所示为环氧乙烷加压水合制乙二醇工艺流程简图。

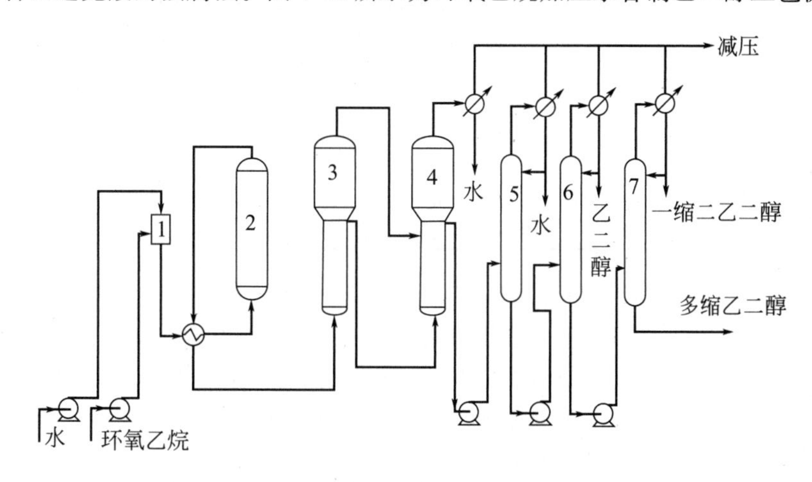

图 7-11　环氧乙烷加压水合制乙二醇工艺流程简图

1—混合器；2—水合反应器；3—一效蒸发器；4—二效蒸发器；5—脱水塔；
6—乙二醇精馏塔；7—缩乙二醇精馏塔

环氧乙烷与 15～20 倍（摩尔比）的水在混合器中混合，经预热后送入水合反应器，在 190～200℃、1.4～2.2MPa 下进行水合，反应时间约 0.5h。反应初期，需用蒸汽加热，当水合反应放出的热可维持料液恒温时，则停止供热。反应得到的乙二醇水溶液，经换热后，送往双效（或多效）蒸发器进行减压浓缩，使乙二醇溶液浓度达 70%～80%，蒸发出来的水循环回水合反应器。乙二醇浓缩液中主要含有乙二醇，一缩、二缩及多缩乙二醇等副产物及少量的水。将其送入脱水塔蒸出残留水分，此水分再送回水合反应器；塔釜液送至乙二醇精馏塔，由塔顶得到99.8%的乙二醇产品，塔釜馏分送至后一精馏塔，在塔顶得一缩二乙二醇（二甘醇），塔釜得到多缩乙二醇。

本反应乙二醇的选择性为90%，环氧乙烷转化率接近100%，一缩二乙二醇9%，二缩三乙二醇（三甘醇）等多缩乙二醇约1%，总收率为95%～96%。

（4）乙二醇合成技术进展 环氧乙烷水合制乙二醇的工业过程主要缺点是能源和水的大量消耗，因此，采用先进工艺技术、降低原料和能源消耗是环氧乙烷水合所要研究和解决的关键问题，而催化水合法以及碳酸乙烯酯法等乙二醇合成技术为主要研究方向。

环氧乙烷催化水合法可以大大降低水比，节省能耗，降低生产成本。碳酸乙烯酯法可充分利用乙烯氧化副产的CO_2资源，在现有环氧乙烷生产装置内，只需增加生产碳酸乙烯酯的反应步骤就可以生产碳酸乙烯酯和碳酸二甲酯两种应用广泛的化工产品，代表了今后乙二醇生产发展的方向，非常具有吸引力。

中石化上海石油化工研究院研究$Nb_2O_5/\alpha\text{-}Al_2O_3$催化剂用于环氧乙烷水合反应，环氧乙烷转化率保持在99.9%。中国科学院兰州化学物理研究所开发出离子液体催化剂合成乙二醇联产碳酸二甲酯技术，由环氧乙烷与二氧化碳反应合成碳酸乙烯酯，经甲醇酯交换合成乙二醇联产碳酸二甲酯，为降低成本、工业化生产乙二醇提供了技术支持。DOW化学公司发明了由三甲基苯甲铵阴离子交换树脂，使得乙二醇的选择性提高到96.6%。Nemours公司专利报道，固体酸催化剂Dowex-MSC-1-H，Dowex-M31，Dowex-HGR-W2H，Dowex-M33，催化环氧乙烷水合制乙二醇，环氧乙烷转化率大于99%，乙二醇收率大于95%。

美国Halcon-SD、联碳、日本触媒等公司于20世纪70年代后相继开发出碳酸乙烯酯水解合成乙二醇的工艺技术。工艺技术与效果如表7-8所示。

表7-8 国外碳酸乙烯酯水解合成乙二醇工艺技术与效果

公司名称	催化剂体系	水与环氧乙烷摩尔比	温度/℃	压力/MPa	DMC选择性/%	EG选择性/%
三菱化学	碱金属或碱土金属的卤化物	(1～5)∶1	50～200	0.2～3	≥99	≥97
陶氏	碳酸钾类化合物	(1.5～2.5)∶1	120～160	0.17～0.55	≥98	≥99
Halcon-SD	有机卤化季铵膦	(1～5)∶1	100～200	0.5～1.5	100	99
Nippon	钼酸钾或钨酸钾类化合物	(3～10)∶1	50～170	0～3	≥99	≥99
联碳	碳酸钾	(1.2～2.5)∶1	120～200	0.55～5.2	99	99

煤制乙二醇技术即以煤为原料经过一系列反应得到乙二醇的过程。根据中间反应过程的不同，可分为直接法和间接法。直接法合成乙二醇首先通过煤气化技术制取合成气（$CO+H_2$），再由合成气一步反应直接制得乙二醇。从原子经济性角度考虑，直接法合成乙二醇原子利用率最高，最简单有效，具有可观的工业开发价值，但直接法原料转化率低，反应条件苛刻，催化剂成本高，距离工业化应用仍有一定距离。

间接法即草酸酯法，指通常所说的煤制乙二醇工艺。该方法将煤气化、变换、净化、分离提纯后分别得到CO和H_2，CO经过催化偶联得到草酸酯，经高纯H_2加氢后精制，最终获得聚酯级乙二醇。该方法工艺流程短、成本低，在煤化工领域引起了持续而广泛的关注。

7.2 1,2-二氯乙烷和氯乙烯 >>>

7.2.1 概述

1,2-二氯乙烷为无色液体，不溶于水，沸点83.5℃，它不仅是重要的溶剂，也是以乙烯为原料制取氯乙烯的中间体。1,2-二氯乙烷是氯化物中的大吨位产品，目前世界产量约 20Mt/a。它可作为溶剂、萃取剂、燃料添加剂，又是生产乙二胺的原料，但它的主要用途是生产氯乙烯。

氯乙烯在通常状态下是无色、容易燃烧和有特殊香味的气体，在稍加压的条件下，可以很容易地转变为液体。它的熔点为－153.8℃，沸点为－13.4℃，稍溶于水。氯乙烯可用于生产偏二氯乙烯、三氯乙烷、三氯乙烯、四氯乙烯、冷冻剂等；它能与乙烯、丙烯、醋酸乙烯酯、偏二氯乙烯、丙烯腈、丙烯酸酯等单体共聚，而制得各种性能的树脂；更重要的是它是生产聚氯乙烯树脂的单体，而聚氯乙烯的用途广、产量大，所以在化学工业中，单体氯乙烯的生产占有重要地位。

工业上由氯气生产氯乙烯的反应主要是卤化反应，卤化法是烃类加工的重要途径之一。而氯化反应是卤化反应中的一种。在化合物分子中引入氯原子以生成氯衍生物或氯代脂肪烃的反应过程统称为氯化。烃类的氯化不仅可以获得许多具有各种重要用途的氯代产品，而且还可促进烧碱工业的发展。

氯化反应主要有以下四类。

(1) 加成氯化　含有不饱和键的烃与氯进行加成氯化生成二氯化物，这类反应是工业上制取氯代烃的重要方法之一。加成氯化是放热反应，反应可在有催化剂或无催化剂的条件下进行，其中，$FeCl_3$、$ZnCl_2$、PCl_3 等常用作催化剂。气相反应时，取代氯化和加成氯化同时发生，二者的比例取决于操作条件，高温有利于取代氯化；增加原料中的氯/烃比有利于加成氯化的进行。

此时氯能够加成到脂肪烃和芳香烃的不饱和双键和叁键上

$$\gt C=C\lt \xrightarrow{+Cl_2} \gt CCl-ClC\lt$$

$$H_2C=CH_2 \xrightarrow{+Cl_2+H_2O} CH_2Cl-CH_2OH+HCl$$

$$-C\equiv C- \xrightarrow{+HCl} -CH=ClC\lt$$

上列生成氯乙醇的反应，氯化剂为次氯酸（HOCl），将乙烯双键打开后，碳链的一端接上氯，另一端接上羟基（—OH），生成氯乙醇。

(2) 取代氯化　以氯取代烃分子中的一个或几个氢原子生产氯代烃，是重要的工业氯化过程。该过程可在气相或液相中进行。取代氯化反应是也放热反应，碳键结构和被取代氢原子的位置对反应热影响不大。

取代（置换）可以发生在脂肪烃的氢原子上

$$RH \xrightarrow[-HCl]{+Cl_2} RCl$$

$$CH_2=CH_2 \xrightarrow{+Cl_2} CH_2ClCH_2Cl \xrightarrow[-HCl]{} CH_2=CHCl$$

亦可发生在芳香烃的苯环和侧链的氢原子上

$$C_6H_5CH_3 \xrightarrow[-HCl]{+Cl_2} \begin{cases} C_6H_5CH_2Cl \\ ClC_6H_4CH_3 \end{cases}$$

脂肪烃和芳香烃取代氯化的共同特点是，随着反应时间的增长、反应温度的提高或通氯量的增加，氯化深度会加深，产物中除一氯产物外，还会生成多氯化物，这一倾向气相氯化比液相氯化更明显。因此，氯化的结果往往是得到多种氯化产物。对芳香烃侧链的取代反应，为提高侧链氯化物的产率，需抑制苯环上氢原子的取代氯化反应。

除烃外，其他化合物也可发生取代氯化反应。例如

$$ROH \xrightarrow{+HCl} RCl + H_2O$$

$$RCOOH \xrightarrow{+SOCl_2} RCOCl + SO_2 + HCl$$

$$CH_3CHO + 3Cl_2 \longrightarrow CCl_3CHO + 3HCl$$

(3) 氧氯化 以氯化氢为主要氯化剂，在氧的存在下进行的氯化反应称为氧氯化反应。这是介于取代氯化和加成氯化之间的一种氯化方法。对烷烃和芳香烃（包括侧链上的氢）而言，发生的主要是取代氯化，对烯烃则主要发生氯的加成氯化生成二氯代烷烃，其中最重要的是乙烯氧氯化生成1,2-二氯乙烷（简称二氯乙烷）

$$>C=C< + 2HCl + 1/2\ O_2 \xrightarrow{CuCl_2} H_2C(Cl)-CH_2(Cl) + H_2O$$

其他的氧氯化工艺还有丙烯氧氯化制1,2-二氯丙烷、甲烷氧氯化生产甲烷氯化物、丙烷氧氯化等。

(4) 氯化物裂解 氯化物裂解反应即全氯化反应过程。以烃或氯代烃为原料，在高温非催化及氯过量的条件下，碳-碳键断裂得到链较短的全氯代烃，该反应主要用于四氯化碳和四氯乙烯的生产。

属于这种方法的有以下反应。

脱氯反应

$$Cl_3C-CCl_3 \longrightarrow Cl_2C=CCl_2 + Cl_2$$

脱氯化氢反应

$$ClCH_2-CH_2Cl \longrightarrow H_2C=CHCl + HCl$$

在氯气作用下C—C键断裂（氯解）

$$Cl_3C-CCl_3 \xrightarrow{+Cl_2} 2CCl_4$$

高温裂解（热裂解）

$$Cl_3C-CCl_2-CCl_3 \xrightarrow{高温} CCl_4 + CCl_2=CCl_2$$

另外按促进氯化反应的方式不同，还有热氯化法、光氯化法、催化氯化法等。部分烃类原料氯化的产品及其主要用途见表7-9。

表7-9 部分烃类原料氯化的产品及其主要用途

烃类原料	氯化剂	氯化产物	主要用途
CH_4	Cl_2	CH_3Cl	溶剂、合成硅橡胶
	Cl_2	$CHCl_3$	溶剂、麻醉剂、氟塑料单体
	Cl_2	CCl_4	溶剂、灭火剂、干洗剂
$CH_2=CH_2$	HOCl	$HOCH_2CH_2Cl$	合成乙二醇、聚硫橡胶
	HCl	CH_3CH_2Cl	溶剂、麻醉剂、乙基化剂
	Cl_2	$ClCH_2CH_2Cl$	溶剂、萃取剂、洗涤剂、合成乙二胺
$CH\equiv CH$	HCl	$CH_2=CHCl$	合成聚氯乙烯
	Cl_2	$ClCH=CCl_2$	溶剂、洗涤剂、杀虫剂、萃取剂
$CH_3CH=CH_2$	HOCl	C_3H_6OHCl	合成环氧丙烷、丙二醇
	Cl_2	$ClCH_2CH=CH_2$	合成甘油
C_6H_6	Cl_2	C_6H_5Cl	溶剂和染料中间体
	Cl_2	$C_6H_6Cl_6$	农药

工业上采用的氯化剂有氯气、盐酸（氯化氢）、次氯酸和次氯酸盐、光气（又称碳酰氯$COCl_2$）、$SOCl_2$、$POCl_3$、金属和非金属氯化物等。其中在工业上最重要并且经常用到的氯

化剂是氯气、盐酸（氯化氢）、次氯酸和次氯酸盐。

7.2.2 1,2-二氯乙烷

1,2-二氯乙烷主要有乙烯直接氯化和乙烯氧氯化两种生产方法。

7.2.2.1 直接氯化法

(1) 乙烯直接氯化反应 乙烯的直接氯化法是采用可溶性 $FeCl_3$ 催化剂于液相进行。产物 1,2-二氯乙烷即作为液相溶剂。反应式为

$$CH_2{=}CH_2+Cl_2 \longrightarrow ClCH_2CH_2Cl \qquad \Delta H=-180kJ/mol$$

其反应机理为

$$FeCl_3+Cl_2 \longrightarrow FeCl_4^-+Cl^+$$
$$Cl^++CH_2{=}CH_2 \longrightarrow CH_2Cl{-}CH_2^+$$
$$CH_2Cl{-}CH_2^++FeCl_4^- \longrightarrow ClCH_2CH_2Cl+FeCl_3$$

一般认为：乙烯和 Cl_2 的加成机理是亲电加成。在极性溶剂或催化剂等作用下，氯分子发生极化或解离成氯正、负离子，氯正离子首先与乙烯分子中的 π 键结合，经过活化配位化合物再与氯负离子结合生成二氯乙烷。

乙烯加氯过程的主要副反应是生成 1,1,2-三氯乙烷和 1,1,2,2-四氯乙烷等多氯乙烷的反应。

反应式为

$$CH_2{=}CH_2+2Cl_2 \longrightarrow Cl_2CHCH_2Cl+HCl$$
$$ClCH_2CH_2Cl+2Cl_2 \longrightarrow Cl_2CHCHCl_2+2HCl$$

乙烯中的少量甲烷和微量丙烯亦可发生氯代和加成反应形成相应副产物。

(2) 反应动力学方程 研究者在 1978 年和 2001 年发表了以 $FeCl_3$ 为催化剂的乙烯氯化动力学的研究结果，1,2-二氯乙烷和 1,1,2-三氯乙烷的生成速率如下

$$\frac{dc_D}{dt}=3.104\times10^{17}\exp\left(-\frac{11659}{RT}\right)c_Ec_C$$

$$\frac{dc_T}{dt}=1.746\times10^{17}\exp\left(-\frac{12145}{RT}\right)c_Ec_C^2$$

和

$$\frac{dc_D}{dt}=1.149\times10^{4}\exp\left(-\frac{2157}{RT}\right)c_Ec_C$$

$$\frac{dc_T}{dt}=8.517\times10^{9}\exp\left(-\frac{7282}{RT}\right)c_Ec_C^2$$

之后又研究了无催化剂条件下乙烯氯化反应动力学，结果表明无催化剂条件下，1,2-二氯乙烷和 1,1,2-三氯乙烷的生成速率分别为

$$\frac{dc_D}{dt}=7.28\times10^{11}\exp\left(-\frac{81400}{RT}\right)c_Ec_C$$

$$\frac{dc_T}{dt}=9.18\times10^{14}\exp\left(-\frac{109100}{RT}\right)c_Ec_C^2$$

上述各式中，c_C、c_D、c_E、c_T 分别为氯气、1,2-二氯乙烷、乙烯和 1,1,2-三氯乙烷的浓度，mol/m^3；R 为气体常数，J/mol。

以上的式子表明，催化剂可以降低反应的活化能，而且对主反应活化能的降低幅度更大，因此催化剂不仅能加快反应速率，也有利于反应选择性的提高；主反应对 Cl_2 浓度为一级反应，副反应对 Cl_2 浓度为二级反应，因此提高乙烯对 Cl_2 的配比有利于抑制副反应。

(3) 工艺流程　乙烯的直接氯化工艺有低温氯化法和高温氯化法两种。

传统的氯化工艺是低温氯化法，反应温度控制在40～50℃，温度过高将使副反应增多，压力一般为常压。特点是反应选择性高，二氯乙烷的纯度高，副产品少；缺点是没有利用反应热，反应产物需用水洗涤，以除去其中的催化剂，同时在循环液中又需不断补充催化剂；洗涤水需经汽提，耗能大；有污水排放。1,2-二氯乙烷（EDC）效率并不比其他工艺的效率高，设备工艺复杂，投资大。

为克服低温氯化法的缺点，工业上提出了采用高温氯化法的生产工艺。即在1,2-二氯乙烷沸腾温度下进行，使二氯乙烷气相出料，不会带走催化剂，不需用洗涤水来脱除催化剂，故不产生污水，也不需补充催化剂。反应热靠二氯乙烷的蒸发带出反应器，每生成1mol二氯乙烷约可产生6.5mol二氯乙烷蒸气。但是高温氯化因为反应温度升高，取代反应速率加快，故副产物较多，易产生三氯乙烷。

低温氯化制二氯乙烷的工艺流程见图7-12。

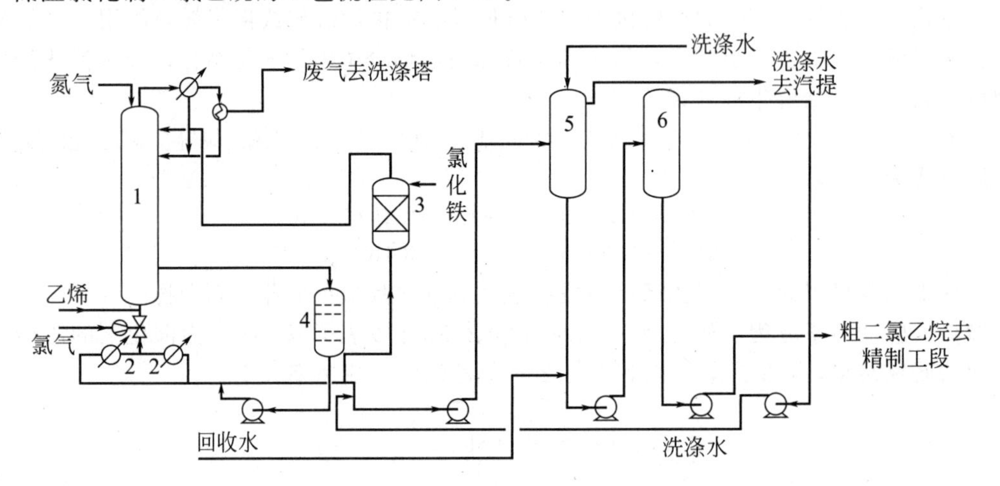

图7-12　低温氯化制二氯乙烷的工艺流程

1—氯化反应器；2—循环冷却器；3—催化剂溶解罐；4—过滤器；5,6—洗涤分层器

原料乙烯、氯气与循环的二氯乙烷经喷嘴混合后从氯化反应器底部通入，补充三氯化铁催化剂用二氯乙烷溶解后送入反应器，反应器中催化剂的浓度要求控制在2×10^{-4}左右。随着反应的进行，产物二氯乙烷不断地从反应器的支管流出，经过滤器过滤后进入粗二氯乙烷洗涤分层器。反应产物在两级串联的洗涤分层器内经过酸洗和碱洗，除去其中少量的三氯化铁催化剂和氯化氢等，得到的粗二氯乙烷送入贮罐准备去精馏。洗涤废水经回收二氯乙烷后送废水处理工序，从反应器出来的惰性气体经冷凝回收二氯乙烷后送入废气处理工序。

高温氯化法制取二氯乙烷的工艺流程见图7-13。

乙烯和氯经特殊设计的喷嘴在U形循环管上升段进入反应器，随氯化液循环上升、边溶解、边反应，至上升段2/3处，反应已基本完成，在此之前由于氯化液内由足够的静压，阻止了反应液沸腾。氯化液继续上升，随着液压的降低，液体开始沸腾，最后气液混合物进入分离器，由此分出的二氯乙烷蒸气去精馏塔，在塔顶分出含少量乙烯的轻组分，塔顶分出重组分，在塔上部获得产品二氯乙烷。重组分中含有较多的二氯乙烷，大部分循环回反应器，一部分送二氯乙烷、重组分分离系统，分出1,1,2-三氯乙烷和1,1,2,2-四氯乙烷等副产物后，二氯乙烷循环回反应器。

采用带U形循环管的反应器进行高温氯化，二氯乙烷收率高并利用了反应热能。但反应器循环速度过低时会使反应物分散不匀，使局部浓度过高，故应控制好循环速度。该工艺比传

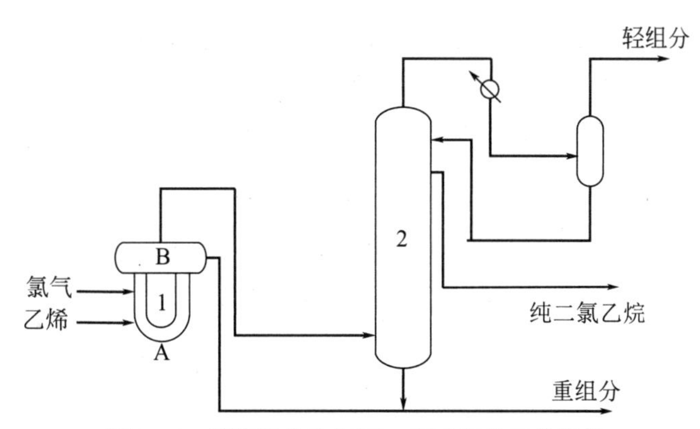

图 7-13　高温氯化法制取二氯乙烷的工艺流程

1—反应器；2—精馏塔；A—U 形循环管；B—分离器

统工艺的氯乙烯装置节约加热蒸汽 0.8t/t 氯乙烯，并节约了相应的循环冷却水用量，原料利用率接近 99%，二氯乙烷纯度可超过 99.99%，无需进一步精制可直接用于裂解生产氯乙烯。

7.2.2.2　乙烯氧氯化法

(1) 乙烯氧氯化反应　乙烯氧氯化反应就是乙烯在含铜催化剂的作用下，和氯化氢、氧反应生成二氯乙烷，其主要反应如下

$$1/2O_2 + CH_2 = CH_2 + 2HCl \longrightarrow ClCH_2CH_2Cl + H_2O \qquad \Delta H = -251kJ/mol$$

乙烯氧氯化过程的副反应主要有三种。

① 乙烯的深度氧化

$$CH_2 = CH_2 + 2O_2 \longrightarrow 2H_2O + 2CO$$

$$CH_2 = CH_2 + 3O_2 \longrightarrow 2H_2O + 2CO_2$$

② 乙烯的深度氧氯化

$$CH_2 = CH_2 + O_2 + 3HCl \longrightarrow C_2H_3Cl_3 + 2H_2O$$

$$CH_2 = CH_2 + 2O_2 + 3HCl \longrightarrow Cl_3CCHO + 3H_2O$$

③ 生成其他氯衍生物的副反应　除了生成上述 1,1,2-三氯乙烷副产物外，尚有少量的各种饱和或不饱和的一氯或多氯衍生物生成。例如三氯甲烷、四氯化碳、氯乙烯、顺式 1,2-二氯乙烯等。

(2) 反应机理　乙烯的氧氯化反应机理，国内外都作了很多研究工作，但尚未取得一致看法，有些认为是氧化还原机理，有些认为是乙烯氧化机理。

① 氧化还原机理　以 $CuCl_2$ 为催化剂时，其反应机理如下：

第 1 步是吸附的乙烯与氯化铜反应生成二氯乙烷并使氯化铜还原为氯化亚铜，该步是反应的控制步骤；

$$CH_2 = CH_2 + 2CuCl_2 \longrightarrow CH_2Cl—CH_2Cl + Cu_2Cl_2$$

第 2 步是氯化亚铜被氧化为氯化铜和氧化铜的络合物；

$$Cu_2Cl_2 + 1/2O_2 \longrightarrow CuO \cdot CuCl_2$$

第 3 步是络合物与氯化氢作用，分解为氯化铜和水。

$$CuO \cdot CuCl_2 + 2HCl \longrightarrow 2CuCl_2 + H_2O$$

提出此机理的依据是：

a. 乙烯单独通过氯化铜催化剂时有二氯乙烷和氯化亚铜生成；

b. 将空气或氧气通过被还原的氯化亚铜时可将其全部转变为氯化铜；

c. 乙烯浓度对反应速率影响最大。

因此，让乙烯转变为二氯乙烷的氯化剂不是氯，而是氯化铜，后者是通过氧化还原机理将氯不断输送给乙烯的。

② 乙烯氧化机理　美国学者 Carrubba R V 根据氧氯化反应速率随乙烯和氧的分压增大而加快，而与氯化氢的分压无关的事实提出了乙烯氧化机理。

$$HCl + a \rightleftharpoons HCl(a)$$

$$(1/2)O_2 + a \rightleftharpoons O(a)$$

$$CH_2 = CH_2 + a \rightleftharpoons CH_2 = CH_2(a)$$

$$CH_2 = CH_2(a) + O(a) \rightleftharpoons H_2C\text{—}CH_2(a) + (a)\ (\text{环氧，桥连 O})$$

$$H_2C\text{—}CH_2(a)\ (\text{环氧，桥连 O}) + 2HCl(a) \rightleftharpoons CH_2Cl\text{—}CH_2Cl + H_2O(a) + 2a$$

$$H_2O(a) \rightleftharpoons H_2O + a$$

式中，a 表示催化剂表面的吸附中心；HCl(a)、O(a)、C_2H_4(a) 表示 HCl、O 和 C_2H_4 的吸附态物种，反应的控制步骤是吸附态乙烯和吸附态氧的反应。

根据上述反应机理，在氯化铜为催化剂时由实验测得的动力学方程式为

$$r = kp_c^{0.6}p_h^{0.2}p_o^{0.5}$$

$$r = kp_cp_h^{0.3}\text{（氧的浓度达到一定值后）}$$

式中，p_c、p_h、p_o 分别表示乙烯、氯化氢和氧的分压。

由上列 2 个动力学方程式可以看出，乙烯的分压对反应速率的影响最大，通过提高乙烯的分压可有效地提高 1,2-二氯乙烷的生成速率。相比之下，氯化氢分压的变化对反应速率的影响则小得多。氧的分压超过一定值后，对反应速率没有影响；在较低值时，氧分压的变化对反应速率的影响也是比较明显的。这两个动力学方程式与前述的两种反应机理基本上是吻合的。

(3) 催化剂　乙烯氧氯化常用的催化剂是金属氯化物，其中以 $CuCl_2$ 的活性为最高。工业上普遍采用的是以 γ-Al_2O_3 为载体的 $CuCl_2$ 催化剂，根据氧化铜催化剂的组成不同，可以分为三种类型。

① 单组分催化剂。工业上普遍采用的是以 γ-Al_2O_3 为载体的 $CuCl_2$ 催化剂。其活性与活性组分 $CuCl_2$ 的含量有关。图 7-14 表示了催化剂中铜含量对其活性、选择性的影响，可以看出小于 5%铜含量时，催化剂活性随铜含量的增加而增加，但深度氧化副产物二氧化碳的生成率也增加；当铜含量达到 5%～6%时，氯化氢的转化率几乎接近 100%，催化剂活性最高，随着铜含量的增加，氯化氢转化率略有降低，而二氧化碳的生成率则维持在一定水平上。

② 故工业上所用的 $CuCl_2$ 催化剂，其铜含量为 5%左右。反应器为固定床时，催化剂可用成型的 γ-Al_2O_3 浸渍 $CuCl_2$ 制得；为流化床时，可用微球型 γ-Al_2O_3 浸渍制得，也可用混合凝胶法，经喷雾干燥成型为适用于流化床的微球型催化剂。

③ 这种单组分催化剂虽有良好的选择性，但氯化铜易挥发，反应温度愈高，氯化铜的挥发流失量愈大，催化剂的活性下降愈快，寿命愈短。

④ 双组分催化剂。为了改善 $CuCl_2/\gamma$-Al_2O_3 单组分催化剂的热稳定性和使用寿命，可在催化剂中加入第二组分氯化钾等碱金属或碱土金属氯化物。加入氯化钾后，可降低催化剂组分的蒸气压，防止它们挥发损失，提高了催化剂的热稳定性，其选择性不变，活性有所降低，随氯化钾质量的增加，其活性迅速下降，但催化剂的热稳定性却有明显提高。这很可能是氯化钾与氯化铜形成了不易挥发的复盐或低熔混合物，因而防止了氯化铜的流失。此种双组分催化剂适用于固定床，可用不同组成的 $CuCl_2$-KCl/γ-Al_2O_3 催化剂（具有不同的活性），填充不同床层以得到适宜的温度分布。图 7-15 所表示的是以不同 K/Cu 原子比制成的双组分催化剂在氧氯化反应中的催化活性，K/Cu 原子用量比越高，显示高活性所需温度也越高。当综合考虑各种反应条件时，一般认为 K/Cu 原子比小于 0.5～1.0 时效果较好。

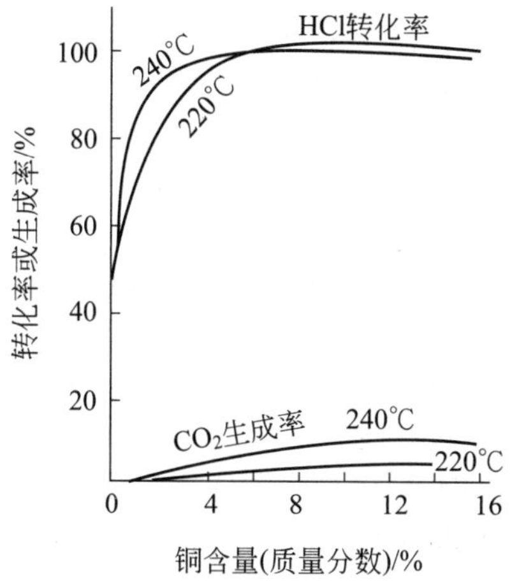

图 7-14　铜含量对催化性能的影响

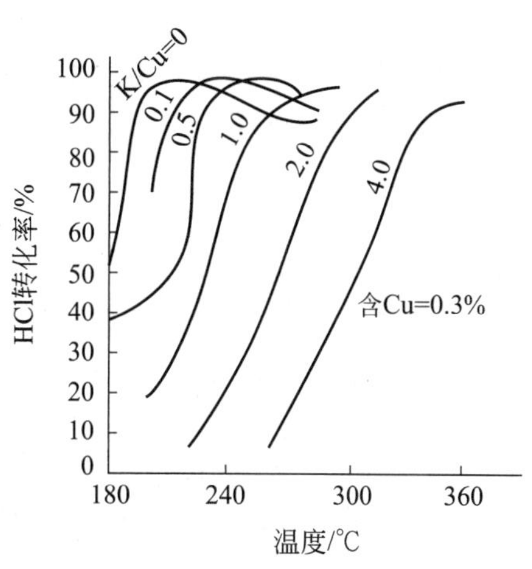

图 7-15　不同 K/Cu 原子比的 $CuCl_2$-KCl/γ-Al_2O_3 的催化活性

⑤ 多组分催化剂。为了提高双组分催化剂的活性，寻求低温高活性催化剂，氧氯化催化剂组成的研究逐渐向多组元发展，例如 $CuCl_2$/碱金属氯化物/稀土金属氯化物组成的多组分催化剂。如在双组分催化剂配方中再加入氯化铈、氯化镧等，既提高了催化活性，又提高了催化剂的寿命。

(4) 反应条件的影响

① 反应压力　乙烯氧氯化反应的压力既影响反应速率又影响反应选择性。增高压力可提高反应速率，但却使选择性下降。故压力不可过高。因此，选用常压或低压操作均可。考虑到加压可提高设备利用率及对后续的吸收和分离操作有利，工业上一般都采用在低压下操作。

② 反应温度　乙烯氧氯化反应是一个强放热反应，温度对此反应的影响较大，温度提高对乙烯完全氧化有利，使反应选择性下降。而且高温使催化剂的活性组分氯化铜挥发流失快，降低了催化剂的活性与寿命。图 7-16 和图 7-17 说明了在 Cu 含量为 12％的 $CuCl_2$/γ-Al_2O_3 催化剂上温度对 1,2-二氯乙烷的反应速率及选择性的影响，可以看出温度高于 250℃时，二氯乙烷的生成速率变缓，选择性下降，乙烯燃烧反应明显加快，所以一般在保证氯化氢接近全部转化的前提下，反应温度以低些为好。采用高活性 $CuCl_2$/γ-Al_2O_3 催化剂时，可选用较低的反应温度（220～250℃）。

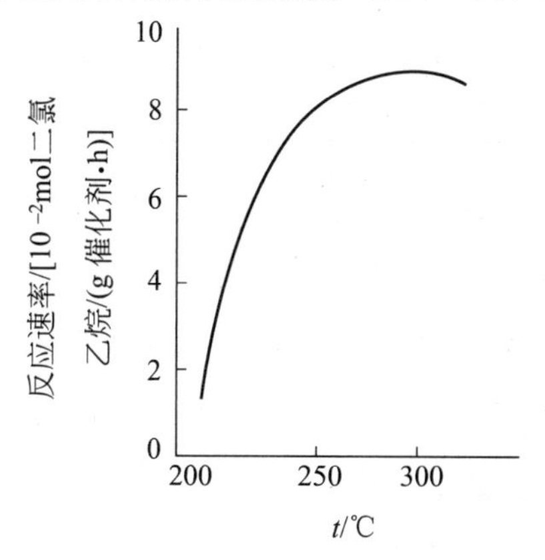

图 7-16　温度对反应速率的影响曲线

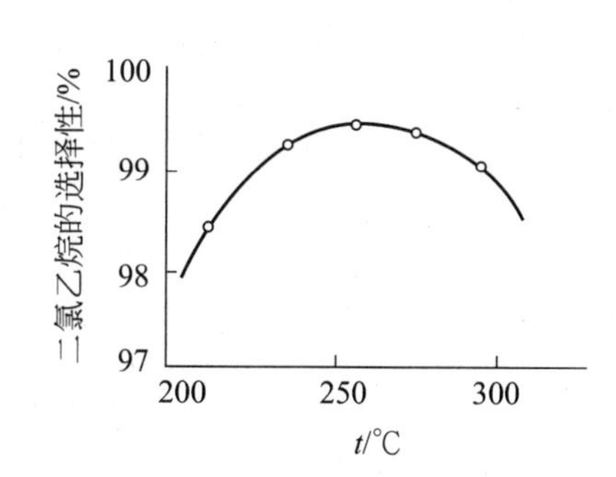

图 7-17　温度对选择性的影响曲线（以氯计）

③ 原料配比　工业生产中控制乙烯稍过量 5％，氧过量 50％左右。乙烯稍过量可使氯

化氢转化完全，但过量太多，则使烃的燃烧副反应增多，使较多的乙烯转化成一氧化碳和二氧化碳，降低了选择性。氧用量过多也会发生同样的现象。氯化氢过量时，过量的氯化氢吸附在催化剂表面，使催化剂颗粒胀大，视密度减小，如使用流化床反应器，床层会急剧升高，甚至发生节涌现象。另外，应使原料气的配比在爆炸范围之外。一般在工业生产中适宜的原料配比为：n(乙烯)：n(氯化氢)：n(氧)=1.6：2：0.63。

④ 原料气纯度　原料乙烯纯度越高，氧氯化产品中的杂质就越少，这对二氯乙烷的提纯十分有利。因此，采用高纯度的乙烯和氧气在技术经济方面是有利的。

使用浓度较稀的乙烯原料也可进行氧氯化反应，其中一氧化碳、二氧化碳和氮气等惰性气体的存在并不影响反应。而原料气中的乙炔、丙烯和 C_4 烯烃均会发生氧氯化反应，生成四氯乙烯、三氯乙烯、1,2-二氯丙烷等多氯化物，影响产品质量，故应严格控制它们在原料气中的含量。表 7-10 示出的是中国氯乙烯用原料乙烯的规格。

表 7-10　中国氯乙烯用原料乙烯的规格

组分	指标
C_2H_4	99.95%(质量分数)
CH_4,C_2H_6	500μL/L
C_2H_2	10μL/L
CS_2	100μL/L
S(按 H_2S 计)	5μL/L
H_2O	15μL/L

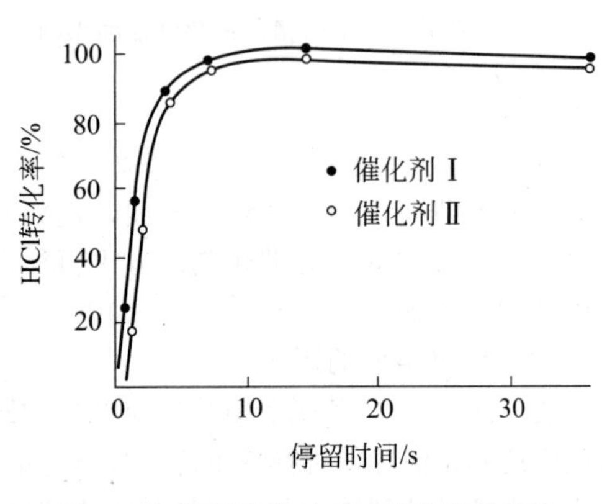

图 7-18　停留时间对 HCl 转化率的影响

⑤ 停留时间　图 7-18 所示为停留时间对氯化氢转化率的影响，由图可见，要使氯化氢接近完全转化，则需要较长的停留时间，停留时间最好控制在 10～15s，氯化氢的转化率才能接近 100%，但停留时间过长，转化率会稍微下降，这是由于连串副反应 1,2-二氯乙烷的裂解又生成氯化氢与氯乙烯，使氯化氢的转化率有所降低。故应有一个适宜停留时间，此适宜停留时间还与催化剂有关，活性高的催化剂适宜停留时间较短。

(5) 反应工艺流程　乙烯氧氯化生产二氯乙烷有空气氧氯化法和氧气氧氯化法两种生产方法。两种方法的比较见表 7-11。

表 7-11　空气法和氧气法的比较

项目	空气法	氧气法
原料来源	来源丰富，价格低廉	需建空分装置，成本高
工艺流程	流程长，需吸收、解吸装置处理空气中的 EDC	不需吸收、解吸装置
催化剂用量	单位体积催化剂的反应效率低	单位体积催化剂的反应效率高，催化剂用量为空气法的 1/10～1/5
占地面积	大	小
环境污染	尾气排放量大，污染大	尾气排放量小

以空气氧氯化制二氯乙烷的工艺如图 7-19 所示。

来自二氯乙烷裂解的氯化氢气体经加氢反应器加氢除掉炔烃后与乙烯混合进入氧氯化反应器，空气从反应器底部进入，在分布器上与乙烯、氯化氢混合后进入反应器，通过调节高

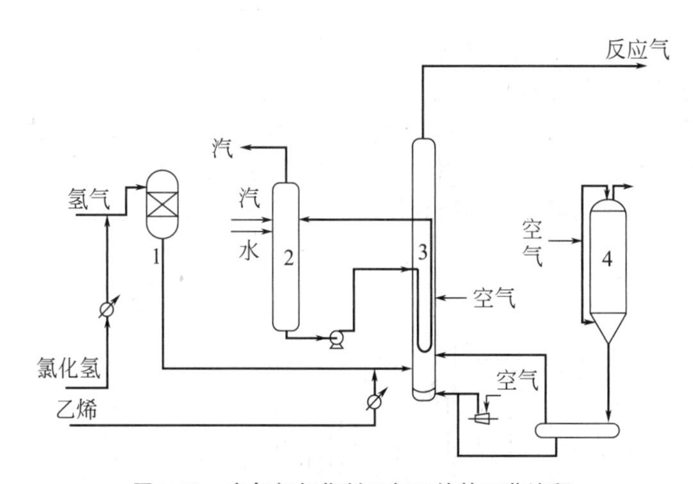

图 7-19　空气氧氯化制二氯乙烷的工艺流程

1—氢化器；2—气水分离器；3—流化床反应器；4—催化剂贮槽

压蒸汽罐的压力控制反应温度。自反应器顶部出来的反应混合气中含有二氯乙烷、水、CO、CO_2 和其他少量的氯代烃类，以及未转化的乙烯、氧、氯化氢及惰性气体。未反应的混合气体和产物经骤冷塔，用水逆流喷淋以吸收其中的氯化氢，同时洗去混合物中尚存的少量的催化剂颗粒。此时，产物二氯乙烷和其他氯的衍生物仍然存在于气相中。骤冷塔顶引出的混合气经热交换器，其中冷凝成液态的二氯乙烷经碱洗、水洗后进二氯乙烷贮罐，未凝气体进吸收塔，以煤油吸收其中尚存的二氯乙烷，尾气排出系统，吸收剂解吸后回收利用。骤冷塔塔底排出的水，其中含有盐酸及少量二氯乙烷，经碱液中和后送入汽提塔，以水蒸气汽提，回收其中的二氯乙烷，冷凝后送入分层器。

以氧气氧氯化制二氯乙烷的工艺如图 7-20 所示。

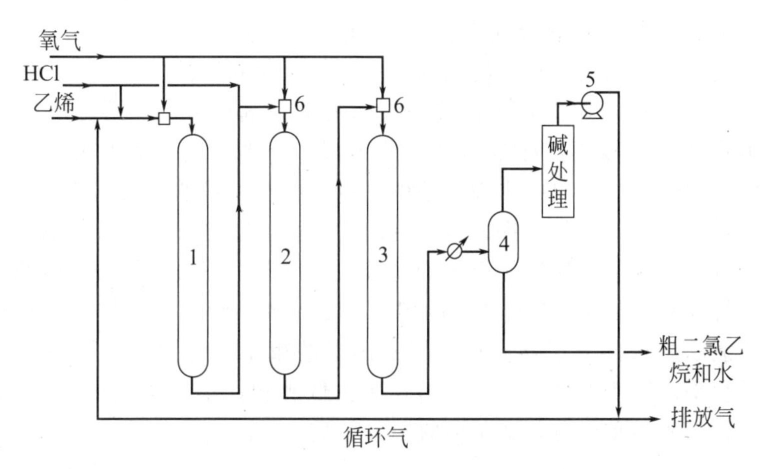

图 7-20　氧气氧氯化制二氯乙烷的工艺流程

1～3—反应器；4—气液分离器；5—循环压缩机；6—混合器

此法与前面方法的主要不同之处在氧氯化反应部分。图 7-20 所示为使用固定床反应器的氧气氧氯化反应的流程。本流程将三台反应器串联使用。乙烯通入第一反应器，氯化氢分成等量的两股分别通入第一、二反应器，氧则按一定配比（如 40∶40∶20）分成三股分别通入三台反应器。为使各物流能充分混合，各反应器前均设有混合器。新鲜原料乙烯与循环乙烯混合后进入第一反应器。最后由第三反应器引出的反应产物经冷却冷凝后，进入气液分离器，分出水和粗二氯乙烷，送至精制工段；分出的不凝气体主要为乙烯及少量未反应的氧，另还有一氧化碳、二氧化碳、氢和氮等惰性气体，经增压后作为循环乙烯返回反应器，少量排出系统（也可作氯化原料）。

此流程由于乙烯大量过量，氧分段加入，使氧浓度低于可燃浓度范围，保证了安全操作。另外，大量乙烯在系统中循环使用，改善了传热与传质，使热点温度明显降低，1,2-二氯乙烷的选择性及氯化氢的转化率均得到提高。氧气法也可采用流化床反应器。

1,2-二氯乙烷的精制过程如图 7-21 所示。

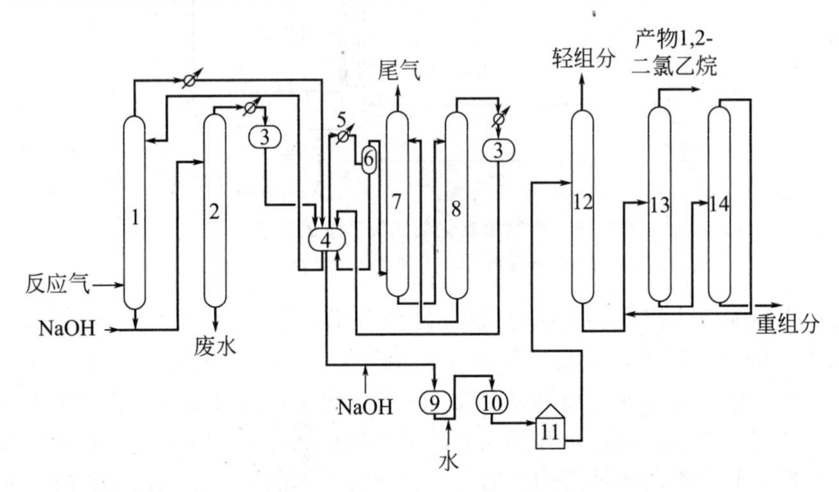

图 7-21　1,2-二氯乙烷分离和精制部分的工艺流程

1—骤冷塔；2—废水汽提塔；3—受槽；4—分层器；5—低温冷凝器；6—气液分离器；7—吸收塔；8—解吸塔；9—碱洗塔；10—水洗塔；11—粗二氯乙烷贮槽；12—轻组分塔；13—二氯乙烷塔；14—重组分塔

自反应器顶部引出的反应混合气中含有产物 1,2-二氯乙烷，副产物水、一氧化碳、二氧化碳和其他少量氯衍生物及未转化的乙烯、氧、氯化氢和惰性气体。反应混合气先在骤冷塔用水喷淋极冷至 90℃并吸收氯化氢，洗去夹带的催化剂粉末。从骤冷塔顶逸出的二氯乙烷及其他氯衍生物经冷却冷凝器冷凝后进入分层器，分去水层，即得粗 1,2-二氯乙烷，分出的水回骤冷塔。骤冷塔底排出的水吸收液中含有盐酸及少量的二氯乙烷等氯衍生物，经碱中和后送废水汽提塔，用水蒸气汽提，将汽提出的氯衍生物冷凝后送分层器。分层器顶出来的气体经低温冷凝器，二氯乙烷等氯衍生物凝液回分层器，不凝气体进入吸收塔，用溶剂吸收其中的二氯乙烷等后，将 1%左右乙烯的尾气排出系统。吸收塔底排出的吸收液进解吸塔解吸，回收的二氯乙烷送回分层器。自分层器出来的粗 1,2-二氯乙烷经碱洗、酸洗后送精馏工序。精馏过程采用三个精馏塔。第一塔顶脱去低沸物，第二塔顶出产品 1,2-二氯乙烷，第三塔为减压塔，塔底出重组分，塔顶回收二氯乙烷。

7.2.3　氯乙烯

氯乙烯的生产方法主要有两种，一种是以乙炔为原料的乙炔加成氯化法；另一种是以乙烯为原料的平衡氧氯化法。

7.2.3.1　乙炔法

(1) 反应原理　乙炔与氯化氢加成反应生成氯乙烯

$$CH\equiv CH + HCl \longrightarrow CH_2 = CHCl \qquad \Delta H = -124.8\text{kJ/mol}$$

此反应在气相或液相中均可进行，但气相法是主要的工业方法。

工业上乙炔主要是采用电石和水反应的方法来获得，另外还可以采用烃类高温裂解或部分氧化法生产。

为克服气相加成反应反应速率慢的缺点，工业上常采用 10%～20% $HgCl_2$/活性炭作催化剂，其反应机理认为是氯化氢吸附于催化剂的活性中心，然后与气相中的乙炔反应生成吸附态氯乙烯，最后氯乙烯再脱附下来。即

$$HCl + HgCl_2 \longrightarrow HgCl_2 \cdot HCl$$

$$HgCl_2 \cdot HCl + CH \equiv CH \longrightarrow HgCl_2 \cdot C_2H_3Cl$$

$$HgCl_2 \cdot C_2H_3Cl \longrightarrow HgCl_2 + C_2H_3Cl$$

一般认为反应控制步骤是氯化氢的吸附和气相乙炔的表面反应，由此机理得到的反应动力学方程为

$$-r^0_{C_2H_2} = \frac{kK_{HCl}p_{HCl}p_{C_2H_2}}{1 + K_{HCl}p_{HCl} + K_{vc}p_{vc}}$$

式中，$-r^0_{C_2H_2}$ 为乙炔的初始消失速率；K_{HCl} 为氯化氢的吸附常数；135～180℃时，$K_{HCl} = 9.21 \times 10^{-9}\exp[16370/(RT)]$；$k$ 为反应速率常数，135～180℃时，$k = 2.81 \times 10^7\exp[-15350/(RT)]$；$p_{HCl}$、$p_{C_2H_2}$ 分别为氯化氢与乙炔的分压；K_{vc}、p_{vc} 分别为氯乙烯的吸附常数与分压；$K_{vc} = 1.783 \times 10^{-6}\exp[12.90 \times 10^3/(RT)] - 2.53$。

考虑到催化剂在反应过程中会逐渐失活，故乙炔的消失速度应采用活性系数 a 校正时间和温度对其的影响，即有

$$-r_{C_2H_2} = -r^0_{C_2H_2}a$$

式中，a 为活性系数，是温度和反应时间的函数；$a = \exp(-k_d t)$，135～180℃时，$k_d = 3.56 \times 10^7\exp[-18630/(RT)]$；$t$ 为反应时间。

乙炔法反应过程主要副产物为二氯乙烷、二氯乙烯、乙醛及乙烯基乙炔等。

(2) 工艺流程　图 7-22 所示为乙炔法制氯乙烯工艺流程。乙炔可由电石水解制得，经净化、脱水后与干燥的氯化氢混合，再预热至 80℃左右进反应器反应，制得粗氯乙烯，内含 1%左右的 1,1-二氯乙烷、5%～10%氯化氢和少量未反应的乙炔。反应气经水洗、碱洗除去氯化氢等酸性气体，用固体氢氧化钠干燥，再经冷却冷凝器，送气液分离器，分出的粗氯乙烯凝液送冷凝蒸出塔以脱去其中乙炔等低沸物，塔釜液至氯乙烯塔精馏，除去 1,1-二氯乙烷等高沸点杂质，塔顶蒸出产品氯乙烯贮于低温贮槽。

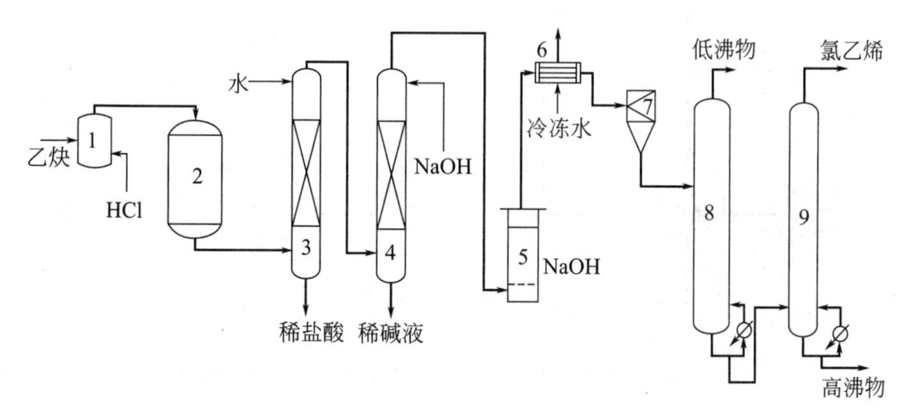

图 7-22　乙炔加氯化氢制氯乙烯工艺流程

1—混合器；2—反应器；3—水洗塔；4—碱洗塔；5—干燥器；6—冷凝器；7—气液分离器；8—冷凝蒸出塔；9—氯乙烯塔

石油乙炔法是将石油或天然气进行高温裂解得到含乙炔的裂解气，提纯裂解气得到高浓度的乙炔，与氯化氢反应合成氯乙烯，该方法已经工业化。与电石乙炔法相比，原料来源容易，有利于生产大型化，缺点是基建投资费用较高。

电石乙炔法技术成熟，流程及设备较简单，工艺条件易控制，副反应少，产品纯度高，可以小规模经营。其主要缺点是电石乙炔价格较贵，所用的汞催化剂有毒，不利于环境保护。

7.2.3.2 平衡氧氯化法

由乙烯氧氯化法的两个化学计量式可知，每生产 1mol 二氯乙烷需消耗 2mol 氯化氢，而 1mol 二氯乙烷裂解只产生 1mol 氯化氢，氯化氢的需要量和产生量不平衡，伴有净的氯化氢消耗。若将氧氯化法和乙烯直接氯化过程结合在一起，两个过程所生成的二氯乙烷一并进行裂解得到氯乙烯，则可平衡氯化氢，这种方法称为平衡氧氯化法，也是氯乙烯的主要生产方法。

(1) 反应原理　平衡氧氯化生成氯乙烯所涉及的化学反应包括乙烯直接氯化、乙烯与氯化氢的氧氯化和 1,2-二氯乙烷的裂解反应。反应过程如下

乙烯加氯

$$CH_2=CH_2+Cl_2 \longrightarrow ClCH_2CH_2Cl$$

乙烯氧氯化

$$1/2O_2+CH_2=CH_2+2HCl \longrightarrow ClCH_2CH_2Cl+H_2O$$

二氯乙烷裂解

$$ClCH_2-CH_2Cl \longrightarrow CH_2=CHCl+HCl$$

总反应式

$$2CH_2=CH_2+Cl_2+1/2O_2 \longrightarrow 2CH_2=CHCl+H_2O$$

(2) 工艺流程　平衡氧氯化法的工艺流程如图 7-23 所示。

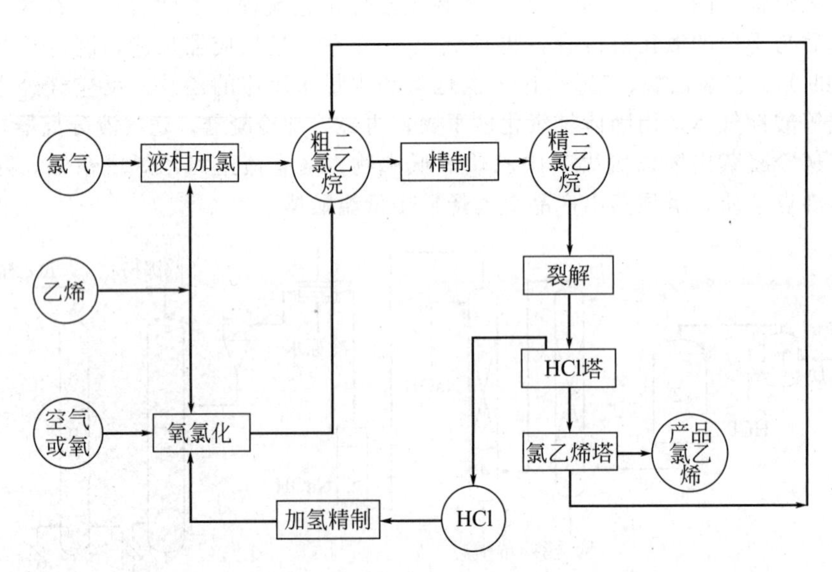

图 7-23　乙烯平衡氧氯化生产氯乙烯的工艺流程方框图

此方法生产氯乙烯的原料只需乙烯、氯气和空气（或氧气），氯气可以全部利用。它具有原料单一，价格便宜，工艺流程简单，基建费用低等优点，是一个经济合理和较先进的生产方法，特别适宜于大规模生产。该方法的关键是要控制好乙烯与氯加成和乙烯氧氯化两个

反应的反应量，使1,2-二氯乙烷裂解所生成的氯化氢恰能满足乙烯氧氯化所需，使氯化氢在整个生产过程中始终保持平衡。

前面两节已介绍了乙烯加氯与乙烯氧氯化制1,2-二氯乙烷的反应及工艺过程，本节主要讨论二氯乙烷热裂解反应及其工艺过程。

(3) 二氯乙烷热裂解反应　化合物的热裂解反应活性与键能大小有关，一般键能相差愈大，裂解反应选择性愈好。二氯乙烷分子中三种键的键能打消顺序是：C—H>C—C>C—Cl，受热后C—Cl最易断裂，C—H键最难断裂。但是三种键的键能和热裂解活化能相差不大，在C—Cl发生断裂的同时，C—C键也会发生某种程度的断裂，随之发生各种副反应。除断链反应外，还有异构化、芳构化、聚合等反应。因此裂解过程十分复杂，二氯乙烷的裂解主要反应如下

$$ClCH_2-CH_2Cl \longrightarrow H_2C=CHCl+HCl$$

这是一个可逆吸热反应，同时可发生若干连串和平行副反应。

$$CH_2=CHCl \longrightarrow CH\equiv CH+HCl$$

$$CH_2=CHCl+HCl \longrightarrow CH_3CHCl_2$$

$$ClCH_2CH_2Cl \longrightarrow H_2+2HCl+2C$$

$$nCH_2=CHCl \xrightarrow[\text{生焦}]{\text{聚合}} \left[CH_2-CHCl\right]_n$$

(4) 裂解反应机理　1,2-二氯乙烷热裂解的反应机理为自由基型连锁反应。

链引发　$ClCH_2CH_2Cl \xrightarrow{\triangle} \dot{C}l+\dot{C}H_2-CH_2Cl$

链传递　$\dot{C}l+ClCH_2CH_2Cl \longrightarrow HCl+Cl\dot{C}HCH_2Cl$

$Cl\dot{C}HCH_2Cl \longrightarrow ClCH=CH_2+\dot{C}l$

链中止　$Cl\dot{C}HCH_2Cl+2\dot{C}l \longrightarrow CHCl_2CH_2Cl$

第一步为游离基产生反应，是整个反应的控制步骤，第二、三步为链传递反应，第四步为游离基中止反应。

(5) 反应动力学　有研究者在一定的温度和压力下，研究了二氯乙烷的热裂解动力学，得到裂解反应动力学方程如下

$$r=4.8\times10^{7}\exp[-125000/(RT)]p_{EDC}\quad(250\sim550℃)$$

$$r=6.5\times10^{6}\exp(-199000/T)p_{EDC}\quad(450\sim550℃)$$

由以上的动力学方程式可以看出，裂解反应速率对二氯乙烷的分压是一致的；但是在高温时的反应活化能显著下降。

(6) 裂解反应条件的影响

① 原料纯度　原料中若含有抑制剂，则热裂解反应速率会大大减慢，还会促进生焦。原料的抑制剂有1,2-二氯丙烷及其裂解产物氯丙烯、三氯甲烷、四氯化碳等多氯化物。其中杂质1,2-二氯丙烷为较强的抑制剂，其含量达0.1%～0.2%时，二氯乙烷的转化率就会下降4%～10%，若提高温度以弥补转化率的下降，则副反应和生焦会更多，而氯丙烯的抑制作用更强，所以应严格控制原料中1,2-二氯丙烷的含量。由于铁离子会加速深度裂解副反应，故要求1,2-二氯乙烷中的铁离子含量小于100μL/L。为防止水分对炉管的腐蚀，水分应控制在5μL/L以下。因此，工业生产中对二氯乙烷的纯度要求很高，一般为99%以上。

② 反应压力　由于二氯乙烷热裂解反应是体积增大的反应，从热力学角度考虑，提高

压力对反应不利。但为保持物流畅通，维持适宜空速，避免局部过热，实际生产中采用加压操作。加压也有利于抑制分解生碳的副反应，提高氯乙烯的选择性。加压还有利于产物及副产物的冷凝回收以及提高设备生产能力。目前有低压法（约 0.6MPa）、中压法（约 1.0MPa）和高压法（>1.5MPa）三种生产工艺。

③ 反应温度　二氯乙烷热裂解是吸热反应，故提高温度对反应的平衡有利。图 7-24 所示为转化率与进料温度的关系。当温度小于 450℃时，转化率很低，当温度升高至 500℃时，反应速率大大加快，转化率明显提高。但随着温度的升高，二氯乙烷热裂解和氯乙烯的分解、聚合等副反应也加快。当温度高于 600℃时，副反应速率将显著大于生成氯乙烯的速率，故反应温度的选择应从二氯乙烷转化率和氯乙烯的选择性两方面考虑，通常控制为 500～550℃。

④ 停留时间　停留时间与反应转化率的关系见图 7-25。停留时间增加可使反应转化率提高，但同时连串反应也增加，使氯乙烯收率降低，且由于结焦生碳的增加，使炉管烧焦周期缩短。为获得较高选择性，生产上采用较短停留时间，一般取 10s 左右，1,2-二氯乙烷转化率为 50%～60%，氯乙烯的选择性为 97%左右。

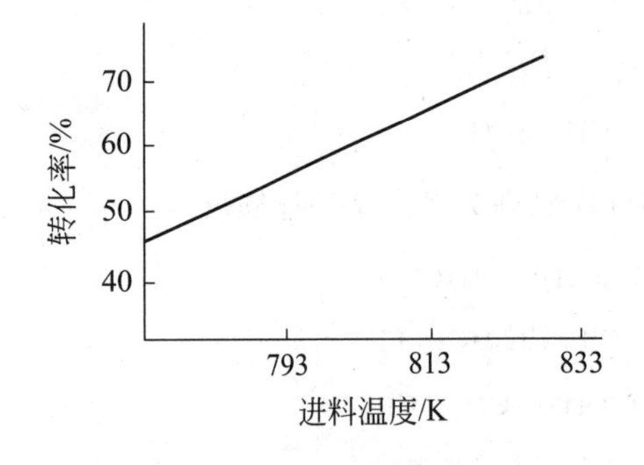

图 7-24　进料温度对二氯乙烷转化率的影响

压力 0.49MPa，预热温度 350℃

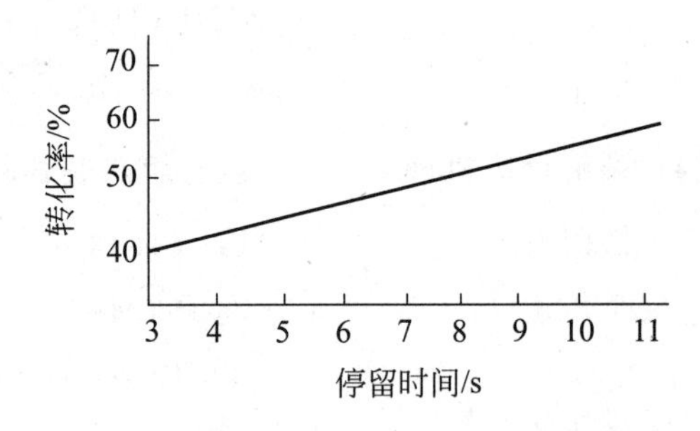

图 7-25　停留时间对二氯乙烷转化率的影响

压力 0.49MPa，裂解温度 530℃，预热温度 350℃

(7) 1,2-二氯乙烷裂解制氯乙烯工艺流程　图 7-26 所示为 1,2-二氯乙烷裂解制氯乙烯的工艺流程。二氯乙烷是在管式炉中进行裂解，在管式炉的对流段设置原料二氯乙烷的预热管，辐射段设置反应管。

精二氯乙烷经定量泵送入裂解炉对流段预热后，进二氯乙烷蒸发器加热蒸发。蒸气经气液分离器除掉液滴后，回裂解炉辐射段反应管，在 500～550℃下裂解反应得到氯乙烯和氯化氢。裂解气进骤冷塔急冷并除炭，急冷剂采用二氯乙烷而不用水，以避免盐酸腐蚀，同时又可使未反应的二氯乙烷冷凝下来。出骤冷塔裂解气继续在换热器内与氯化氢塔顶来的低温氯化氢换热冷却冷凝。然后将此气液混合物及骤冷塔多余的塔底液一并送入氯化氢塔，塔顶脱出浓度为 99.8%的氯化氢送氧氯化工段。塔底含有微量氯化氢的二氯乙烷与氯乙烯的混合液送入氯乙烯塔，塔顶馏出的氯乙烯经汽提塔进一步驱除氯化氢，再经碱洗中和即得纯度为 99.9%的氯乙烯产品；塔釜流出的二氯乙烷送至氧氯化工序的粗二氯乙烷贮槽，经精制后，返回裂解装置。

二氯乙烷裂解炉为单面辐射方箱式管式炉。由于裂解过程中存在深度裂解等副反应，使裂解炉管结炭，一般经 1～2 月运转后，需进行清焦。清焦时先用氮气吹净炉管中的物料，然后通入空气升温到 500～700℃烧焦。

平衡氧氯化法制氯乙烯的技术指标见表 7-12。

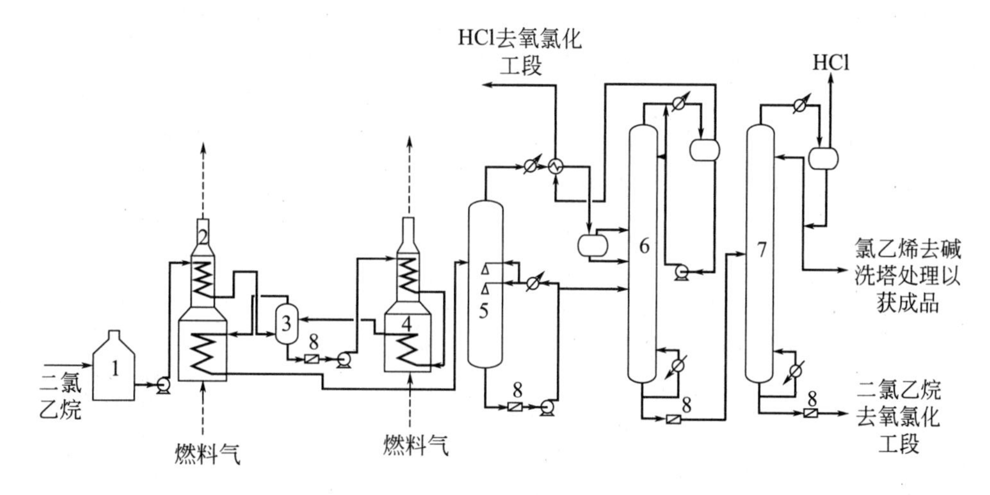

图 7-26　1,2-二氯乙烷裂解制氯乙烯的工艺流程

1—贮槽；2—裂解炉；3—气液分离器；4—二氯乙烷蒸发器；5—骤冷塔；6—氯化氢塔；7—氯乙烯塔；8—过滤器

表 7-12　平衡氧氯化法生产氯乙烯的原材料和公用工程消耗定额

原材料	消耗定额(1000kg 氯乙烯)	原材料	消耗定额(1000kg 氯乙烯)
乙烯(按 100%计)	476kg	水蒸气(0.6MPa)	620kg
氯(按 100%计)	606kg	电	130kW·h
氧(按 100%计)	154kg	冷却水	300t
公用工程		燃料(气体)	5.0×10^6kJ
水蒸气(2.8MPa)	690kg	氧氯化催化剂	0.05kg

另外，氯乙烯的生产还可采用乙炔法与乙烯法联合来进行改良，目的是用乙炔来消耗乙烯法副产的氯化氢。本法等于在工厂中并行建立两套生产氯乙烯的装置，基建投资和操作费用会明显增加，有一半烃进料是价格较贵的乙炔，致使生产总成本上升，乙炔法的引入仍会带来汞的污染问题，因此本法不甚理想。

表 7-13 示出了三种氯乙烯生产方法的原料消耗。

表 7-13　氯乙烯生产方法的原料消耗　　单位：t/t 氯乙烯

方法	乙炔	乙烯	氧气	氯化氢
乙炔法	0.416	—	—	0.584
联合法	0.208	0.224	0.568	—
氧氯化法	—	0.448	0.568	—

由表 7-13 可以看出，氧氯化法占有明显的优势。

(8) 氧氯化反应器　不论是用空气氧氯化还是用氧气氧氯化，都可采用固定床或流化床反应器，下面分别作简单介绍。

① 固定床氧氯化反应器　这种反应器结构与普通的固定床反应器基本相同，内置多根列管，管内填充颗粒状催化剂，原料气自上而下流经催化剂层进行催化反应。管间用加压热水作载体，副产一定数量的中压水蒸气。

固定床反应管存在热点，局部温度过高使反应选择性下降，活性组分流失加快，催化剂使用寿命缩短，为使床层温度分布比较均匀，热点温度降低，工业上常采用三台固定床反应器串联：氧化剂空气或氧气按一定比例分别通入三台反应器。这样每台反应器的物料中氧的浓度较低，使反应不致太剧烈，也可减少因深度氧化生成的CO和CO_2的量，而且也保证了混合气中氧的浓度在可燃范围以外，有利于安全操作。

② 流化床氧氯化反应器　乙烯氧氯化反应使用的流化床反应器，设备的主体为钢制圆柱形筒体，其高度是直径的10倍左右。流化床乙烯氧氯化反应器的构造示意图如图7-27所示。

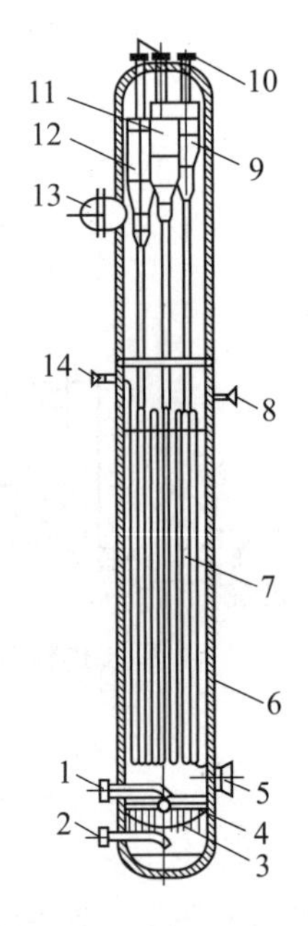

图7-27　流化床乙烯氧氯化反应器构造示意图

1—乙烯和HCl入口；2—空气入口；3—板式分布器；4—管式分布器；5—催化剂入口；6—反应器外壳；7—冷却管组；8—加压热水入口；9,11,12—旋风分离器；10—反应气出口；13—人孔；14—高压水蒸气出口

流化床内装填细颗粒的$CuCl_2/\gamma\text{-}Al_2O_3$催化剂。为补充催化剂的磨损消耗，自气体分布器上方用压缩空气向设备内补充新鲜催化剂。由于乙烯氧氯化是热效应较大的放热化学反应，为了及时将反应热移除出去，在反应器内，由气体分布器上方至总高度6/10位置处设置立式冷却管。管内通入加压热水，借助于水的汽化移除反应热。

空气（或氧气）从底部进入，经多喷嘴板式分布器均匀地将空气（或氧气）分布在整个截面上。在板式分布器的上方设有C_2H_4和HCl混合气体的进口管，此管连接有与空气分布器具有相同数量喷嘴的分布器，而且其喷嘴恰好插入空气分布器的喷嘴内。这样就能使两股进料气体在进入催化床层之前在喷嘴内混合均匀。

在流化床反应器的上部空间，安装三个互相串联的旋风分离器，用以将反应气流中夹带的细小颗粒加以回收并进行分离。

在流化床内，由于氧氯化有水产生，如果反应器的某些部位保温不好，温度过低，当达到露点温度时，水蒸气就会凝结。这可能会导致设备的严重腐蚀。因此，在操作时必须使反应器的各部位保持在水的露点温度以上，以确保设备不受腐蚀。

7.2.3.3　氯乙烯生产工艺改进

我国的氯乙烯生产技术中乙炔法工艺的改进，主要集中于改进传统生产工艺、解决汞催化剂的污染、回收利用氯乙烯尾气、降低能耗及节省资源等方面。

例如为克服乙炔法工艺中氯化汞-活性炭催化剂消耗大，氯化汞挥发腐蚀性大的问题，国内已有企业开发出了新型的汞-分子筛催化剂，结果表明，在乙炔∶氯化氢＝51∶56条件下，该新型催化剂的转化率和选择性分别为95.5%和98.2%，均优于传统催化剂88.4%和94.0%的水平。且该新型催化剂损失率仅为6.5%，远低于传统催化剂的32%损失率。

乙烯氧氯化制二氯乙烷是平衡氧氯化法生产氯乙烯的关键步骤，其核心是催化剂，因此，有关固定床和流化床氧氯化催化剂的研究从未间断。

北京化工研究院采用共沉淀-渍浸法制备出新一代乙烯氧氯化BC-2-002A催化剂。实验结果表明，HCl转化率大于等于99.50%，EDC的纯度大于等于99.50%，尾气中CO_2的体积分数小于1.00%。

德古赛（Deguss）公司开发了一种含有Cu^{2+}化合物、一种或多种碱金属化合物、原子序数为57～62的稀土金属氧化物和氧化锆四组分的催化剂，载体为$\gamma\text{-}Al_2O_3$，具有热稳定性好、低温活性高、选择性好和机械强度高的特点。

美国Geon公司将$CuCl_2$水溶液、碱金属氯化物水溶液及稀土金属氯化物水溶液与载体γ-Al_2O_3充分混合，使所有金属共沉淀在易流化的γ-Al_2O_3载体上，然后干燥制得多组分乙烯氧氯化催化剂。实验表明，氯化氢转化率、EDC选择性和热稳定性均高于通常的单组分和双组分催化剂。一般的催化剂难以兼顾乙烯转化率和氯化氢转化率及EDC选择性，这种新型催化剂可以在高乙烯转化率下同时获得高的氯化氢转化率和EDC选择性。

ICI公司通过$CuCl_2$、$MgCl_2$和KCl水溶液浸渍载体法制备出一种载于η-Al_2O_3或γ-Al_2O_3上的乙烯氧氯化催化剂。实验表明，$MgCl_2$和KCl的协同作用抑制了乙烯燃烧反应，从而提高了二氯乙烷的选择性，该催化剂既可用于流化床也可用于固定床。

氯乙烯新工艺的改进主要是乙烷直接氯化生产氯乙烯，这是一种正在开发的新方法。EVC公司已在德国建成了一套1kt/a的中试装置，该法采用廉价的乙烷作原料，在经济上有一定的可行性，但投资成本较高。乙烷直接转化生产氯乙烯的三种基本反应如下。

$$C_2H_6+HCl+O_2 \longrightarrow C_2H_3Cl+2H_2O$$

$$C_2H_6+Cl_2+1/2O_2 \longrightarrow C_2H_3Cl+HCl+H_2O$$

$$C_2H_6+2Cl_2 \longrightarrow C_2H_3Cl+3HCl$$

上述第一个反应是乙烷的氧氯化反应，与后面两个反应相比，没有氯化氢的产生，是值得关注的替代方法。第二个反应虽然产生氯化氢，但可以将生成的氯化氢循环回反应器，在氧氯化反应器中与乙烷反应。近年来，各个公司都转向前两个反应的研究。由于活化乙烷需要高温，导致反应选择性下降，并使设备腐蚀严重。因此，该工艺的技术关键是开发高活性和高选择性的催化剂。

7.3 丙烯腈 >>>

7.3.1 概述

丙烯腈，别名氰基乙烯，结构式：$CH_2=CH-CN$；无色易燃液体，剧毒，有刺激性气味，微溶于水，易溶于一般有机溶剂；遇火种、高温、氧化剂有燃烧爆炸的危险，其蒸气与空气混合能成为爆炸性混合物，爆炸极限为3.1%～17%(体积分数)；沸点为77.3℃，熔点为－82.0℃，自燃点为481℃，相对密度为0.8006。丙烯腈分子中含有双键和氰基，是一个化学性质极为活泼的化合物，易发生聚合或共聚反应，是三大合成材料的重要单体。丙烯腈聚合生成聚丙烯腈；丙烯腈可与丙烯酸甲酯、衣康酸或丙烯磺酸钠等共聚制得腈纶纤维；与丁二烯和苯乙烯共聚可制得重要的ABS塑料；与苯乙烯共聚得AS塑料；与丁二烯共聚得丁腈橡胶；丙烯腈也可用于丙烯酸、丙烯酰胺、丁二腈和己二胺等的合成。

20世纪60年代前，丙烯腈主要用如下三种方法制得。

(1) 环氧乙烷法

$$\underset{\diagdown O \diagup}{H_2C—CH_2} + HCN \xrightarrow[50\sim60℃]{Na_2CO_3} \underset{\ \ \ |\qquad\quad |}{CH_2—CH_2}\ \ \text{(OH, CN)}$$

$$\underset{OH}{CH_2}—\underset{CN}{CH_2} \xrightarrow[200\sim220℃]{Mg_2CO_3} CH_2=CH-CN+H_2O$$

该法得到的丙烯腈产品纯度较高，但是HCN毒性很大，生产成本也高。

(2) 乙炔法

$$CH{\equiv}CH + HCN \xrightarrow[80\sim90℃]{Cu_2Cl_2\text{-}NH_4Cl\text{-}HCl} CH_2{=}CN{-}CN$$

该法工艺过程简单，收率高，但副反应多、产物精制困难、毒性大，而且乙炔价格高于丙烯，难以与丙烯氨氧化法竞争。此工艺在 1960 年以前是生产丙烯腈的主要工艺。

(3) 乙醛法

$$CH_3CHO + HCN \xrightarrow[10\sim20℃]{NaOH} CH_3{-}\underset{CN}{\overset{H}{C}}{-}OH$$

$$CH_3{-}\underset{CN}{\overset{H}{C}}{-}OH \xrightarrow[600\sim700℃]{H_3PO_4} CH_2{=}CH{-}CN + H_2O$$

乙醛可以由大量廉价乙烯制得，该法比乙炔法有优势，但在 20 世纪 60 年代初期出现了丙烯氨氧化法，其生产成本更低，产品质量更优良，所以乙醛法在发展初期就夭折了。

由于这些方法成本高，毒性大，目前已被丙烯氨氧化法（即 Sohio 法）所取代，此方法已是当今世界上生产丙烯腈的主要方法。目前丙烯腈的世界年产量约 6Mt。

7.3.2 丙烯氨氧化法反应及工艺参数

7.3.2.1 主副反应及其热力学

丙烯氨氧化时，除了生成丙烯腈外，还生成少量氢氰酸、乙腈、丙烯醛、丙烯酸、丙酮等副产物及 CO、CO_2、H_2O 等深度氧化产物。表 7-14 列出了丙烯氨氧化的主副反应及其热力学数据。

表 7-14 丙烯氨氧化主副反应及其热力学数据

反应	反应式	$\Delta G^{\ominus}_{700K}$/(kJ/mol)	$\Delta H^{\ominus}_{298K}$/(kJ/mol)
主反应	$C_3H_6 + NH_3 + \frac{3}{2}O_2 \longrightarrow CH_2{=}CHCN(g) + 3H_2O(g)$	−569.67	−514.8
副反应	$C_3H_6 + 3NH_3 + 3O_2 \longrightarrow 3HCN(g) + 6H_2O(g)$	−1144.78	−942.0
	$C_3H_6 + \frac{3}{2}NH_3 + \frac{3}{2}O_2 \longrightarrow \frac{3}{2}CH_3CN(g) + 3H_2O(g)$	−595.71	−543.8
	$C_3H_6 + O_2 \longrightarrow CH_2{=}CHCHO(g) + H_2O(g)$	−338.73	−353.3
	$C_3H_6 + \frac{3}{2}O_2 \longrightarrow CH_2{=}CHCOOH(g) + H_2O(g)$	−550.12	−613.4
	$C_3H_6 + \frac{1}{2}O_2 \longrightarrow CH_3\underset{\Vert\atop O}{C}CH_3(g)$	−216.66 (298K)	−237.3
	$C_3H_6 + O_2 \longrightarrow CH_3CHO(g) + HCHO(g)$	−298.46 (298K)	−294.1
	$C_3H_6 + 3O_2 \longrightarrow 3CO + 3H_2O(g)$	−1276.52	−1077.3
	$C_3H_6 + \frac{9}{2}O_2 \longrightarrow 3CO_2 + 3H_2O(g)$	−1491.71	−1920.9

上述反应均为强放热反应，它们的 $\Delta G^{\ominus}$ 均为较大的负值，但生成氢氰酸和乙腈的副反应尤其是深度氧化副反应的 $\Delta G^{\ominus}$ 绝对值比主反应的更大，故在热力学上比主反应更有利。为了提高丙烯腈的选择性，必须选用适当的催化剂，使主反应在动力学上占优势，同时又能使主反应有较低的活化能，使反应可在较低的温度下进行，从而抑制了深度氧化副反应。由于所有的主副反应都是放热的，所以在生产过程中及时把反应热量移走十分重要，可以合理

利用这些热量，比如产生的水蒸气用作空气压缩机和制冷机的动力。

7.3.2.2　反应机理及动力学

丙烯氨氧化生成丙烯腈的反应机理，目前有两种观点：一种认为是丙烯首先经脱氢生成烯丙基，烯丙基与晶格氧作用生成了丙烯醛，然后丙烯醛与吸附态的—NH_2 结合，失去一个水分子后形成了丙烯腈，这是两步法机理；另一种观点认为丙烯脱氢生成烯丙基，烯丙基直接氨氧化生成丙烯腈，而不需要经过生成丙烯醛这一步骤，这是一步法机理。

反应历程大致如下

$$CH_3CH=CH_2 \xrightarrow[O_2、NH_3]{k_1} CH_2=CHCN+H_2O$$

$$CH_3CH=CH_2 \xrightarrow[O_2]{k_2} CH_2=CHCHO \xrightarrow[O_2、NH_3]{k_3} CH_2=CHCN$$

$$k_1=0.195s^{-1}, k_2=0.005s^{-1}, k_3=0.4s^{-1}$$

在无丙烯存在时，氨与氧反应生成氮气与水。

$$2NH_3+\frac{3}{2}O_2 \xrightarrow{k_4} N_2+3H_2O$$

丙烯醛与丙烯腈均会深度氧化成一氧化碳、二氧化碳和水。

几个主要反应的反应级数如下

$r_1=k_1p_{C_3H_6}^{1\sim0}$（反应级数与温度及反应物浓度有关）

$r_2=k_2p_{C_3H_6}^{1\sim0}$（反应级数与温度及反应物浓度有关）

$r_3=k_3p_{C_3H_4O}^{1\sim0}$

$r_4=k_4p_{NH_3}$

两步法反应历程如下（钼酸铋为催化剂，$T=460℃$）：

$k=5.22$（丙烯转化），$k_1=4.8$，$k_1'=0.16$

$k_2=0.16$，$k_3=0.1$，$k_4=25.8$

$k_5=0.9$，$k_6=0$，$k_7=1.77$

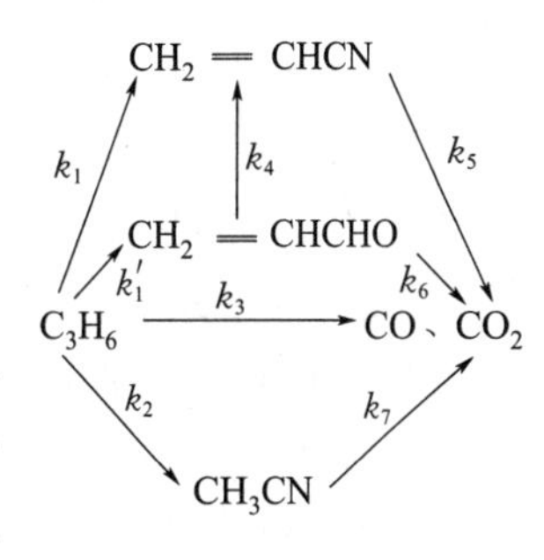

7.3.2.3　催化剂

工业上用于丙烯氨氧化反应的催化剂主要有两大类：一类为 Mo-Bi-O 系的复合酸盐类，如磷钼酸铋、磷钨酸铋等；另一类为 Sb-O 系的重金属氧化物或几种金属氧化物的混合物，例如锑、铋、钼、钒、钨、铁、铀、钴、镍、碲的氧化物或是锑-铀氧化物等。其中钼铋铁系催化剂在丙烯氨氧化过程中占主导地位，大部分丙烯腈工业装置使用的是该催化剂。下面对这类催化剂做一下讨论。

单一 MoO_3 虽对丙烯氨氧化反应有一定的催化活性，但选择性很差，单一的 Bi_2O_3 对生成丙烯腈无催化活性，只有 MoO_3 和 Bi_2O_3 组合起来，才能有较好的活性、选择性和稳定性。Bi 的作用是夺取丙烯中的氢，Mo 的作用是往丙烯中加入氧和氨。在此催化剂作用下，能同时发生下列反应，即丙烯→丙烯醛、丙烯→丙烯腈、丙烯醛→丙烯腈，但催化剂中钼与铋的原子比不同时，对这三个反应有不同的影响。用 X-衍射法测定了该类催化剂的结构组成，认为它由三种晶相构成。

α 相　　$Bi_2Mo_3O_{12}$，Bi∶Mo=2∶3

β 相　　$Bi_2Mo_2O_9$，Bi∶Mo=1

γ 相　　Bi_2MoO_6，Bi∶Mo=2

测得这三种晶相对丙烯氨氧化的活性是不同的，β 相活性最好，其次是 α 相，选择性也是相同的次序。实际上所制得的催化剂可能是三种晶相的混合型。

磷和铈为助催化剂。在 Mo-Bi-O 催化剂中加入 P_2O_5 后，虽催化活性有所下降，但可提高选择性，改善催化剂的热稳定性，延长催化剂寿命。

工业上较早采用的 P-Mo-Bi-O 系（代号 C-A）催化剂，其丙烯腈收率只有 60%左右，生成副产物乙腈较多，且由于催化剂活性不够高，需用较高的反应温度（470℃），加速了 MoO_3 的升华损失。为了改善催化剂活性和选择性，提高丙烯腈收率，减少乙腈的生成量，在 P-Mo-Bi-O 催化剂的基础上不断进行改进配方的研究。在 P-Mo-Bi-Fe-Co-O 五组分催化剂的基础上，开发成功 P-Mo-Bi-Fe-Co-Ni-K-O 七组分催化剂（C-41），大大提高了丙烯腈的收率（74%左右），选择性与活性较好，使反应温度降到 435℃左右且副产物乙腈生成量显著减少。

国产催化剂的研究从 20 世纪 60 年代开始，研究人员前后研制了 8 代丙烯腈催化剂并得以工业应用。20 世纪 80 年代开发成功的 MB-82 催化剂在国内工厂投入应用，90 年代初期开发成功了 MB-86 催化剂，它使丙烯腈收率达到 79%～80%，超过了引进催化剂，1998 年开发成功了 CAT-6 催化剂，使丙烯腈收率达到了 80%以上，后来推出的适应高压、高空速的 MB-98 催化剂也已经得到工业化应用。

丙烯氨氧化反应催化剂除了对载体的一般要求外，为了减少深度氧化，提高选择性，载体的比表面积不应太大。由于反应放热很大，则要求载体有较好的热稳定性和导热性能，特别在使用固定床反应器时，此要求更为突出。故对于固定床反应器，一般用导热性较好，低比表面积、无微孔结构的惰性物质作载体，如刚玉、碳化硅石英砂等。对于流化床反应器，则要求催化剂具有较高的强度及耐磨性能，另外对催化剂的形状、粒度也有一定的要求，一般用 40～180 筛目的粗孔微球形硅胶作载体，用等体积浸渍法制备得到。

丙烯氨氧化反应所采用的催化剂，也可用于其他烯丙基氧化反应，例如丙烯氧化制丙烯醛，正丁烯氧化脱氢制丁二烯，异丁烯氨氧化制甲基丙烯腈等。

7.3.2.4 工艺参数的影响

(1) 原料纯度与配比　一般采用的丙烯原料是由裂解气分离取得的丙烷-丙烯馏分。此馏分中除丙烯外，大部分是丙烷，它对反应没有影响。另有 C_2、C_4，也可能有硫化物存在。少量乙烯不如丙烯活泼，一般对反应不会产生影响。丁烯或更高级烯烃比丙烯更易与氧反应，造成缺氧，降低催化剂活性，生成一些与丙烯腈沸点相近的化合物（如正丁烯氧化生成甲基乙烯酮，沸点 80℃，异丁烯氨氧化生成甲基丙烯腈，沸点 90℃），给丙烯腈的提纯带来困难。另外硫化物会使催化剂中毒，应予脱除。

丙烯与空气配比：根据丙烯氨氧化反应方程，丙烯与氧的理论配比应为 1∶1.5，但考虑到副反应及深度氧化反应增加了氧的消耗量，故用氧量应稍高于理论值。由于反应所需的氧是由空气带入的，氧量过大时，随空气带入的氮也就多，造成丙烯浓度下降，降低了生产能力，也使动力消耗增加，也促进了深度氧化副反应的发生。所以应选择一适宜空气用量。由于适宜空气用量还与催化剂性能有关，故采用选择性较差的 C-A 催化剂时，丙烯∶空气＝1∶10.5(摩尔比）左右，采用性能较好的 C-41 催化剂时，丙烯∶空气＝1∶9.8(摩尔比）左右。

丙烯与氨配比：丙烯在 P-Mo-Bi-O/SiO_2 系催化剂上可氧化生成丙烯醛或氨氧化生成丙烯腈，丙烯与氨的配比即决定了这两个产物的生成比。由图 7-28 可知，氨的用量至少为理论比（1∶1）（摩尔比）时，丙烯腈∶丙烯醛值最大。但用氨量过多，不但增加氨的消耗定额，而且过量的氨需用硫酸中和，又增加了硫酸的消耗定额。另外催化剂性能也影响适合氨配比，如催化剂活性较高可在较低温度下反应，且对氨的分解无催化作用，则可采用理论用量比，否则应过量5%～10%。

丙烯与水蒸气：在工业生产中有时在原料中配入一定量的水蒸气。水蒸气的加入不会影响丙烯氨氧化反应，却可避免丙烯腈的深度氧化，提高丙烯的转化率和丙烯腈的产率。由于水蒸气的稀释作用，使反应程度易于控制，此外也可清除催化剂表面积炭，使催化剂再生。但水蒸气的加入，会使催化剂中 MoO_3 更易挥发。一般 C_3H_6 ∶ H_2O=(1～3)∶1(摩尔比)。

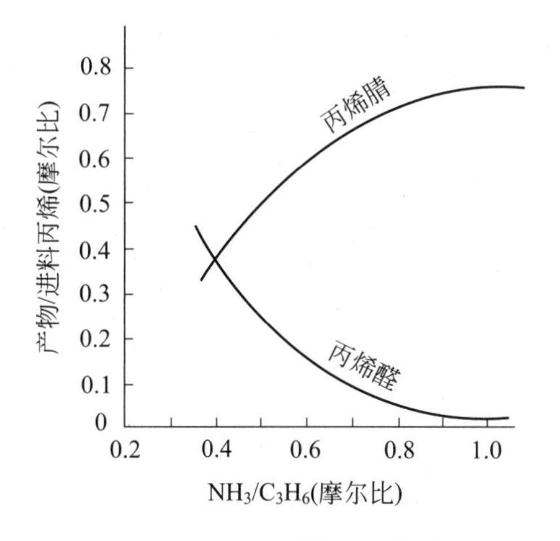

图 7-28　丙烯与氨用量比的影响

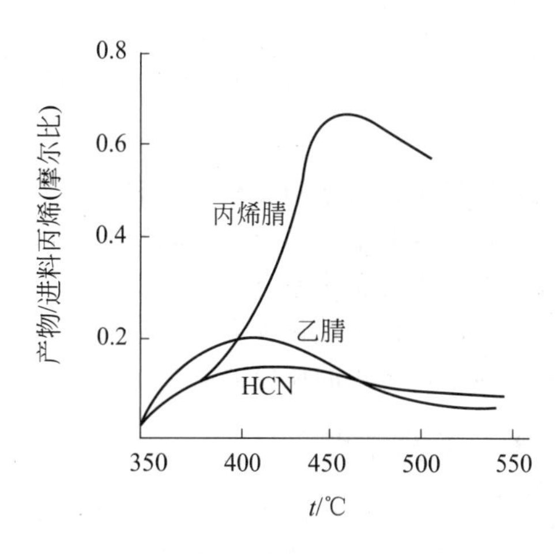

图 7-29　反应温度的影响

C_3H_6 ∶ NH_3 ∶ O_2 ∶ H_2O=1∶1∶1.8∶1

(2) 反应温度　反应温度对于反应速率与选择性均有影响。当反应温度低于350℃，几乎不生成丙烯腈，要获得高收率丙烯腈，必须控制较高的反应温度。图7-29是丙烯在P-Mo-Bi-O/SiO_2 系催化剂上反应温度对主副产物收率的影响，可以看出有一温度适宜值，小于此温度，丙烯腈收率随温度升高而增加；高于此温度时，连串副反应（主要是深度氧化反应）增强，导致丙烯腈、乙腈和氢氰酸收率均下降且催化剂寿命也将缩短。各催化剂活性不同，适宜的反应温度也不同，MB98催化剂适宜温度为440℃左右，CTA-6催化剂活性较高，适宜温度为425℃左右。实际生产中，催化剂使用前期，活性较好，温度可控制在正常适宜温度下，在催化剂使用后期，催化剂的活性有所下降，应当提高反应温度。

(3) 反应压力　在加压下反应虽可加快反应速率，提高设备生产能力；但经实验发现，随着反应压力的提高，丙烯转化率、丙烯腈单程转化率和选择性均下降，而副产物氢氰酸、乙腈、丙烯醛的单程收率却在增加，故丙烯氨氧化反应一般采用常压操作。对于固定床反应器，反应进口气体压力为0.078～0.088MPa（表压）。

(4) 接触时间　丙烯氨氧化反应在催化剂表面进行，反应过程不能瞬间完成，原料气体在催化剂表面需要停留一段时间，该时间与原料气体在催化剂床层中的停留时间有关，这个停留时间又称为接触时间，接触时间愈长，原料气体在催化剂表面的停留时间也愈长。

$$\text{接触时间(s)}=\frac{\text{反应器中催化剂层的静止高度(m)}}{\text{反应条件下气体流经反应器的线速度(m/s)}}$$

气体流经反应器的线速度又称空塔线速，简称空速。接触时间与空速有关，对于一定床层的催化剂来说，空速与接触时间成反比。

表7-15列举了接触时间对丙烯氨氧化反应的影响。

表 7-15 接触时间对丙烯氨氧化反应的影响

接触时间/s	单程收率/%					丙烯转化率/%
	丙烯腈	氢氰酸	乙腈	丙烯醛	二氧化碳	
2.4	55.1	5.25	5.00	0.61	10.00	76.7
3.5	61.6	5.05	3.88	0.83	13.30	83.8
4.4	62.1	5.91	5.56	0.93	12.6	87.8
5.1	64.5	6.00	4.38	0.69	14.6	89.8
5.5	66.1	6.19	4.23	0.87	13.7	90.9

注：实验条件为丙烯：氨：氧：水＝1：1：(2～2.2)：3；反应温度470℃；空塔线速0.8m/s；催化剂P-Mo-Bi-Ce。

可见丙烯腈的收率随接触时间的延长而增加，而副产物氢氰酸、乙腈的转化率变化不大。所以可以控制足够的接触时间，使丙烯腈达到较高的转化率。如采用活性和选择性良好的催化剂时，丙烯转化率可达99%以上，丙烯腈的选择性可达75%左右。但接触时间过长，会加深丙烯腈的深度氧化反应，易造成催化剂缺氧而使活性下降。适宜接触时间不但与催化剂有关，也与所采用的反应器有关，一般为5～10s。

7.3.3 工艺流程

丙烯氨氧化制丙烯腈工艺流程一般分为反应、回收和精制三部分。

(1) 反应部分 工艺流程图见图7-30，原料空气经过滤器除去灰尘和杂质后，经透平压缩机（空气压缩机）加压到250kPa左右，在空气预热器中与流化床反应器出口物料进行热交换，预热至300℃左右，从流化床底部经空气分布板进入流化床反应器。分别来自丙烯蒸发器和氨蒸发器的丙烯和氨，在管道内混合后，经分布管进入反应器。空气、丙烯与氨均按工艺要求配比，控制它们的流量。

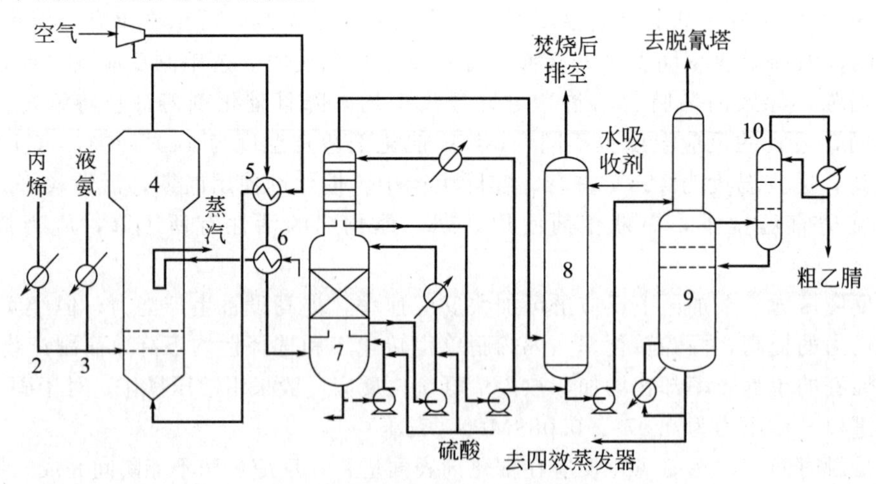

图 7-30 丙烯氨氧化制丙烯腈反应和回收部分的工艺流程

1—空气压缩机；2—丙烯蒸发器；3—氨蒸发器；4—反应器；5—热交换器（空气预热器）；6—冷却管补给水加热器；7—氨中和塔；8—水吸收塔；9—萃取精馏塔；10—乙腈解吸塔

为移走反应热，在流化床内设置U形冷却管，通入高压热水，产生2.8MPa左右高压过热蒸气，用作空气透平压缩机的动力，高压过热蒸汽经透平压缩机利用能量后，变为350kPa左右的低压水蒸气，可作为回收和精制部分的热源。反应温度除了利用U形冷却器来调节外，也可控制原料空气预热温度来达到调节目的。利用原料空气换热与冷却管补给水的换热以回收由反应物料所带走的热量。

反应气体在流化床中用旋风分离器除去催化剂后离开反应器，进入氨中和塔（急冷器）用 1.5%～2%硫酸进行洗涤和降温，以除去残留的氨，避免产生碱催化（氨的水溶液呈碱性）的二次反应，如氢氰酸的聚合、丙烯醛的聚合、氢氰酸与丙烯醛加成为氰醇、氢氰酸与丙烯腈加成生成丁二腈、氨与丙烯腈作用生成氨基丙腈、氨与二氧化碳生成碳酸氢铵等，以避免堵塞管道。由于稀硫酸具有强腐蚀性，故氨中和塔中循环液体的 pH 值保持在 5.5～6.0。pH 值太小，腐蚀性太大，pH 值太大会引起聚合和加成反应。氨中和塔排出的含氰化物和硫酸铵的有毒废液需排放处理。脱除了残留氨并冷却到 40℃左右的反应物料进入回收系统。

(2) 回收部分　工艺流程见图 7-30，此部分流程主要由三塔组成：水吸收塔（50 块塔板）、萃取精馏塔（70 块塔板）和乙腈解吸塔。由氨中和塔出来的反应物进入水吸收塔，用 5～10℃的冷水吸收物料中的产物丙烯腈、副产物乙腈、氢氰酸、丙烯醛及丙酮等，而惰性气体丙烷、氮气、未反应的丙烯、氧及副产物一氧化碳和二氧化碳等气体自塔顶排出，控制排出气体中的丙烯腈及氢氰酸含量均$<2\times10^{-6}$，尾气可经催化燃烧处理后放空或经高烟囱直接排放。

吸收塔所得吸收液含丙烯腈 4%～5%，其他有机副产物约 1%左右。由于丙烯腈和乙腈相对挥发度很接近，故采用萃取精馏法，水为萃取剂，其用量为进料中丙烯腈含量的 8～10 倍。在萃取精馏塔塔顶蒸出氢氰酸和丙烯腈与水的共沸物，乙腈残留在塔釜。副产物丙烯醛、丙酮等羰基化合物，虽沸点较低，但它们能与氢氰酸发生加成反应生成沸点较高的氰醇，故丙烯醛主要是以氰醇的形式留在塔釜，只有少量从塔顶蒸出。因为丙烯腈与水部分互溶，故蒸出的共沸物经冷却冷凝后，分为水相与油相，水相送回萃取精馏塔，油相为粗丙烯腈送至精制部分。萃取精馏塔塔釜液中含 1%左右乙腈及少量氢氰酸和氰醇，其中大部分是水，送乙腈解吸塔进行解吸分离，分出副产物粗乙腈和符合质量要求的水，此水作为吸收剂与萃取剂循环回水吸收塔和萃取精馏塔。自乙腈解吸塔底排出的少量含氰废水送污水处理装置。

(3) 精制部分　精制部分是将回收部分得到的粗丙烯腈进一步分离精制，以获得聚合级产品丙烯腈和所需纯度的副产物氢氰酸。该流程由三塔组成：脱氢氰酸塔、氢氰酸精馏塔和丙烯腈精制塔（成品塔），见图 7-31。

粗丙烯腈含丙烯腈 80%以上，氢氰酸 10%左右，水 8%左右，及微量丙烯醛、丙酮和氢醇等杂质。它们的沸点相差很大，可用精馏法精制所需产品。粗丙烯腈在脱氢氰酸塔脱去氢氰酸，随后进入丙烯腈精制塔，在塔顶蒸出丙烯腈与水的共沸物及微量丙烯醛、氢氰酸等杂质，经冷却冷凝及分层后，油层丙烯腈仍回流入塔，水层分出。成品聚合级丙烯腈自塔上部侧线出料，其纯度见表 7-16。

表 7-16　丙烯氨氧化法制得聚合级丙烯腈产品组成

组成	丙烯腈	水	乙腈	丙酮	丙烯醛	氢氰酸
含量	>99.5%	0.25%～1.45%	<300mg/L	<100mg/L	<15mg/L	<5mg/L

自脱氢氰酸塔蒸出的氢氰酸在氢氰酸精馏塔内脱除其中的不凝气体及高沸点物丙烯腈等，由侧线得到纯度 99.5%的氢氰酸等。

由于丙烯腈、氢氰酸和丙烯醛等在回收和精制部分处理时易发生自聚，使塔和塔釜发生堵塞现象，必须在物料中加入少量阻聚剂，同时应根据物料的不同聚合机理，选用不同的阻

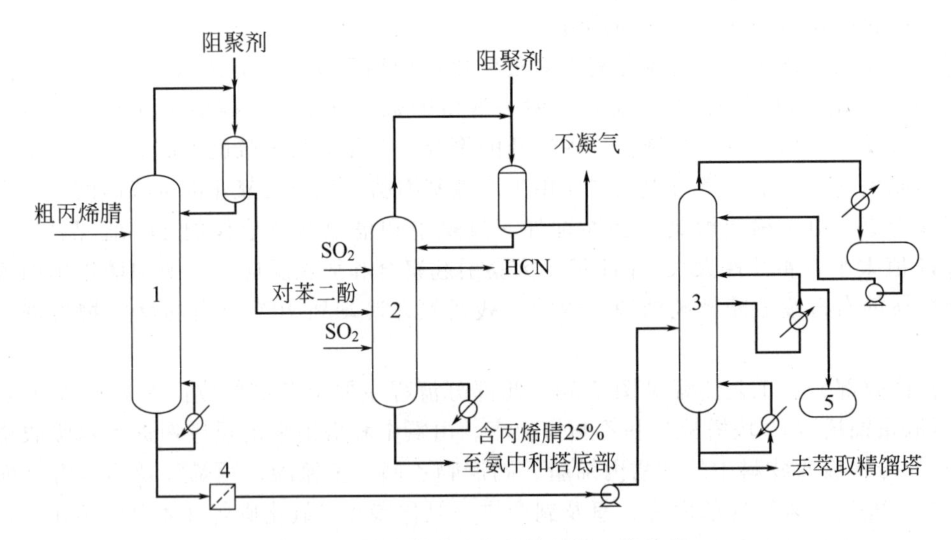

图 7-31 粗丙烯腈分离和精制的工艺流程

1—脱氢氰酸塔；2—氢氰酸精馏塔；3—丙烯腈精制塔；4—过滤器；5—成品丙烯腈中间贮槽

聚剂。丙烯腈的阻聚剂可用对苯二酚或其他酚类，少量的水对丙烯腈也有阻聚作用。氢氰酸在酸性介质中易聚合，需加酸性阻聚剂，由于它在气相和液相中都能聚合，在气相中可用气相阻聚剂二氧化硫，液相中用醋酸作为阻聚剂。

7.3.4 丙烯氨氧化反应的安全生产和废物处理

丙烯氨氧化反应属强放热反应，而且丙烯腈生产中的原料和得到的产品大部分都具有易燃、易爆、有毒和有腐蚀性的特点，操作人员在生产中要注意防毒、防火和防爆。

由于氢氰酸、丙烯腈等均有剧毒，在生产过程中，必须作好安全防护。表 7-17 列出了丙烯腈生产过程中有害气体的最大允许浓度。

表 7-17 丙烯腈生产过程中有害气体的最大允许浓度

气体名称	最大允许浓度/(mg/m^3)	气体名称	最大允许浓度/(mg/m^3)
氢氰酸	0.3	氨	30.0
丙烯腈	0.5	丙烯醛	0.5

可燃性气体与空气或氧气混合，在一定浓度范围内遇明火、静电火花或者高温会发生爆炸，可燃物浓度低于爆炸极限下限或者高于爆炸极限上限都不会引起爆炸。表 7-18 列出了丙烯腈生产各有关物质的爆炸极限。

表 7-18 丙烯腈生产各有关物质的爆炸极限

气体名称	下限(体积分数)/%	上限(体积分数)/%	自燃点/℃	气体名称	下限(体积分数)/%	上限(体积分数)/%	自燃点/℃
丙烯	2	11.1	435	丙烯腈	3	17	481
丙烷	2.3	9	446	丙烯醛	2.8	31	—
氨	17.1	26.4	780	氢氰酸	5.6	40	545

含氰废气、废水均需妥善处理后才能排放。废气可利用负载型金属催化剂转化成无毒的二氧化碳、水和氮气排出。少量含氰废水可用燃烧法处理，而水量较大、氰化物含量较低时可用曝气池活性污泥法等生化方法处理。联合生化法与物化法、化学法处理工艺是处理高浓

度丙烯腈废水发展的趋势。

7.3.5　丙烯腈生产技术改进

为了提高丙烯腈生产的收率和转化率，研究人员在催化剂的改进、新生产工艺的开发等方面进行了许多探索。

(1) 催化剂的改进　催化剂是丙烯腈生产的关键。最初的 Sohio 法使用磷钼酸铋催化剂，收率只有 62%。国内开发的催化剂使丙烯腈的收率达到 80%以上，收率提高了近 20%。同时，一些研究者致力于开发其他特点的催化剂，如适应于高压下的运行条件、提高催化剂在高压高负荷下的性能、提高催化剂的氨转化率，适应于日益严格的环保要求等。

(2) 新生产工艺的开发　由于丙烷资源丰富，且比丙烯价格低，国外一些公司开发用丙烷作原料生产丙烯腈的工艺。丙烷法工艺可分为两种：一是丙烷在催化剂作用下，同时进行丙烷的氧化脱氢和丙烯氨氧化反应；二是丙烷经氧化脱氢后生成丙烯，然后以常规的丙烯氨氧化工艺生产丙烯腈。该法今后将是取代丙烯氨氧化法的一种新工艺，目前，丙烷氨氧化在国外已有工业化装置。

(3) 其他　丙烯氨氧化是强放热反应，放出的热量应该合理利用，可以用来生产高压水蒸气，也可增设废热锅炉回收热量。另外，结构优良的反应器的开发可提高接触效率、保持催化剂的活性、抑制副反应和稳定操作等。

第8章 芳烃为原料的化学品

8.1 芳烃抽提 >>>

芳烃，尤其是苯、甲苯、二甲苯、乙苯、异丙苯、十二烷基苯和萘等是石油化工的重要原料，它们广泛地用于合成树脂、合成纤维和合成橡胶工业中的聚苯乙烯、酚醛树脂、醇酸树脂、聚氨酯、聚酰胺、聚醚、聚酯、聚对苯二甲酸乙二酸酯、丁苯橡胶和ABS树脂等产品的生产中。芳烃也是农药、医药、染料、香料、助剂、溶剂、洗涤剂、专用化学品等工业的重要原料。

石油中仅含有少量芳烃，且不易分离。20世纪50年代前，芳烃主要来自煤高温干馏副产的粗苯和煤焦油。随着炼油和石油化工工业的发展，石油芳烃在芳烃生产中的比例逐渐加大。目前芳烃世界总产量的90%以上来自石油。石油芳烃是从烃类裂解制乙烯副产裂解汽油和催化重整油中分离而得。

芳烃抽提的工艺路线按工艺原理可分为两大类：液-液抽提和抽提-蒸馏。液-液抽提又称为溶剂抽提，是利用抽提原料中各烃类组分在某种溶剂中溶解度的不同，来实现分离芳烃和非芳烃的一种工艺过程；抽提-蒸馏是向抽提原料中加入极性溶剂，以改变原料中各组分的相对挥发度，来实现精馏分离芳烃和非芳烃的一种工艺过程。

8.1.1 芳烃抽提过程

芳烃原料油（催化重整油、裂解汽油等）是芳烃与非芳烃的混合物。其中除芳烃外，还含有一定数量的烷烃、环烷烃及烯烃等，组成非常复杂。由于相同碳数的芳烃与非芳烃的沸点非常接近，有的会形成共沸物，用一般精馏方法无法将它们分开。目前世界上主要采用溶剂萃取法，亦称溶剂抽提法，分离出工业上所需的各种芳烃，主要有苯、甲苯、二甲苯、C_9 芳烃等。液-液抽提是根据溶剂对原料各组分溶解度的差异达到分离芳烃的。原料中，抽提溶剂对苯的选择性和溶解度是最大的，因此液-液抽提工艺中苯的收率比甲苯或者二甲苯的收率都要大。为满足市场对各种芳烃的需求，可利用芳烃间的转化反应，如异构化、歧化、烷基转移、烷基化及脱烷基化等反应，调节各种芳烃的产量。

液-液萃取是分离液体混合物的一种单元操作。它使用某种选定的溶剂（又称萃取剂）去处理芳烃原料油，利用原料油中各组分在该溶剂中溶解度的不同，使其中某一芳烃优先被萃取出来，以达到初步分离的目的。经多次处理，最终使溶剂中只含所期望的单一芳烃，然后根据芳烃与溶剂的沸点差，用精馏的方法分离出芳烃，得到所需的产品。以上过程称为芳烃萃取或芳烃抽取。溶解于溶剂中的物质叫溶质或抽提物（芳烃），溶有抽提物的溶液叫抽提液（芳烃＋溶剂），而抽提出芳烃后的残液叫抽余液（非芳烃＋少量溶剂）。

为了促进抽提过程更有效地进行，根据传质原理，可采取以下措施：

① 芳烃的抽提是通过两液相的界面进入溶剂中的，增加两液相接触界面对抽提过程有利。使原料液以液滴状态分散到溶剂中去，可增大两者的接触面。

② 尽可能增大原料液与抽提液间的相互流动，如采用转盘塔等抽提设备，强化传质过程。

③ 适当提高抽提温度，以增加溶剂的溶解能力，但高温会使溶剂的选择性变差，故温度的升高有一定的限制。

④ 增加溶剂的用量可降低抽提液中芳烃的浓度，有利于芳烃从原料液中向抽提液中扩散。但溶剂量增大，则使抽提设备体积增加，也增加了回收溶剂等操作费用。

⑤ 溶剂的性能对抽提速度、芳烃收率及其纯度有很大的影响，故应选用性能优良的溶剂。

8.1.2　芳烃抽提所用的溶剂

一种优良的萃取剂应：①选择性好，即对芳烃与非芳烃之间的溶解性能差别要大；也要求不同碳原子数芳烃之间的溶解性能差别要小，以回收更多的芳烃；②对芳烃有较大的溶解能力，以降低溶剂的使用量；③与原料油的密度差要大，以利于抽余液与抽提液两相分离；④表面张力大，不易乳化、起泡，易于两相分离；⑤蒸气压小，沸点高，不与芳烃形成共沸物；⑥蒸发潜热和比热容要小，以降低回收时的热量消耗；⑦凝固点与黏度要低，不易燃，便于操作、保管和运输；⑧毒性低，腐蚀性小，热稳定性和化学稳定性好；⑨价廉，来源丰富。

在实际中找不到完全符合上述条件的溶剂，但在选择溶剂时应尽量考虑以上的要求，其中最主要的是选择性和溶解能力这两项。溶解能力强，不但可以减少溶剂用量，还可以使抽提过程在较低的温度下进行，相应地降低了操作压力。工业上常用的几种芳烃抽提溶剂对芳烃的溶解能力都是较强的，有时为了进一步降低对烷烃的溶解度，提高溶剂的选择性与芳烃的回收率，可使用含水溶剂或双溶剂进行萃取。

工业上用于芳烃抽提的溶剂主要有

环丁砜（四亚甲基砜）

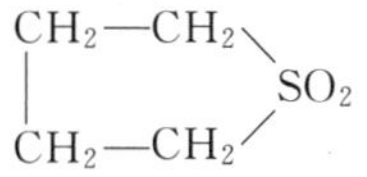

$$\begin{array}{l} CH_2—CH_2\diagdown \\ | \qquad\qquad\quad SO_2 \\ CH_2—CH_2\diagup \end{array}$$

二甘醇（二乙二醇醚）

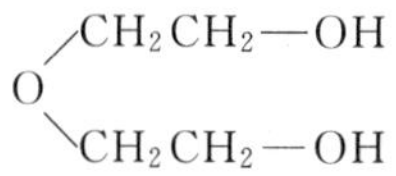

$$\begin{array}{l} \;\diagup CH_2CH_2—OH \\ O \\ \;\diagdown CH_2CH_2—OH \end{array}$$

二甲基亚砜

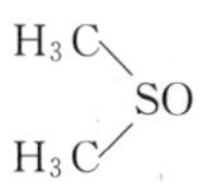

$$\begin{array}{l} H_3C\diagdown \\ \qquad\quad SO \\ H_3C\diagup \end{array}$$

N-甲基吡咯烷酮

$$\begin{array}{l} CH_2—CO\diagdown \\ | \qquad\qquad\quad N—CH_3 \\ CH_2—CH_2\diagup \end{array}$$

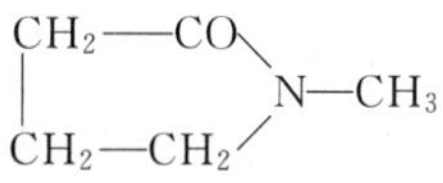

环丁砜因具有选择性好，溶解能力强，沸点高，密度大，比热容小，对碳钢腐蚀性小等优点，它的凝固点虽较高，但加入极少量水即可大幅度地降低凝固点，故操作使用上问题不大，所以环丁砜法抽提芳烃是目前世界上普遍采用的方法。而二甲基亚砜和 *N*-甲基吡咯烷酮对芳烃的溶解性能和选择性也很好，但在工业上的应用不如环丁砜广泛，主要为欧洲各国所采用。二甘醇价廉易得，但选择性和溶解能力远不如环丁砜，所以在同样分离效果下，环

丁砜的溶剂比为（3～8）：1，较二甘醇的溶剂比（10～15）：1低得多。此外二甘醇的黏度较大，在实际应用中，常需添加5%～10%的水，以降低其黏度，提高其选择性。

主要抽提工艺的操作条件和芳烃回收率见表8-1。

表8-1 主要抽提工艺的操作条件和芳烃回收率

项目	Udex	Sulfolane	IFP	SAE	SUPER-SAE-Ⅱ	Arosolvan	Morphylane	GT-BTX	SED
工艺类型	液液-抽提	液液-抽提	液液-抽提	液液-抽提	液液-抽提	抽提-蒸馏	抽提-蒸馏	抽提-蒸馏	抽提-蒸馏
溶剂类型	甘醇	环丁砜	二甲基亚砜	环丁砜	环丁砜	N-甲基吡咯烷酮	N-甲酰基吗啉	Techtiv-100th溶剂	环丁砜
溶剂比(对进料)	10～17	2～3.5	7～8	2.5～3.5	2.5～3.0	7.7		3.5～4.5	3～4.5
回流比(对进料)	1.0～1.4	0.4～0.6	0.32	0.3～0.5	0.6	0.8～1.2		0.6～0.9	0.2～0.4
芳烃回收率/%									
苯	99.9	99.9	99.9	99.9	99.9	99.9	99.9	99.93	99.8
甲苯	98.0	99.0	98.0	99.5	99.5	99.0	99.9	100	99.9
二甲苯	95	96.5	90.0	97～98	99.5	96.0	99.5	100	99.0
公用工程消耗									
冷却水/t	41～100	0.8	2.25	4	0.69	0.8	—	1.82	3
电/kW·h	12～36	6.3	9.43	10	5.8	11	11.5	5.0	8
蒸汽/t	1.4～1.9	0.8	2.25	0.53	0.7	0.8		1	0.4
溶剂消耗/t	0.55	0.13	0.14	0.1	0.16	0.18	0.03	0.005	0.05

8.1.3 环丁砜溶剂抽提

(1) 环丁砜的物理性质及其特点　环丁砜是一种杂环化合物，相对分子质量120，沸点387℃，相对密度1.26(30℃)，比热容1.34J/(g·℃)(30℃)、1.68J/(g·℃)(200℃)，黏度10.3mPa·s(30℃)。

环丁砜与其他溶剂相比具有如下特点：

① 对芳烃的选择性好，溶解能力强。见图8-1，它对C_6～C_{11}全部芳烃范围内的溶解能力高于相应烷烃及烯烃的十余倍。

② 沸点高，氧化安定性好。

③ 比热容小，操作热负荷小。

④ 密度大，可以允许有较大的处理量。

⑤ 对碳钢腐蚀性小。

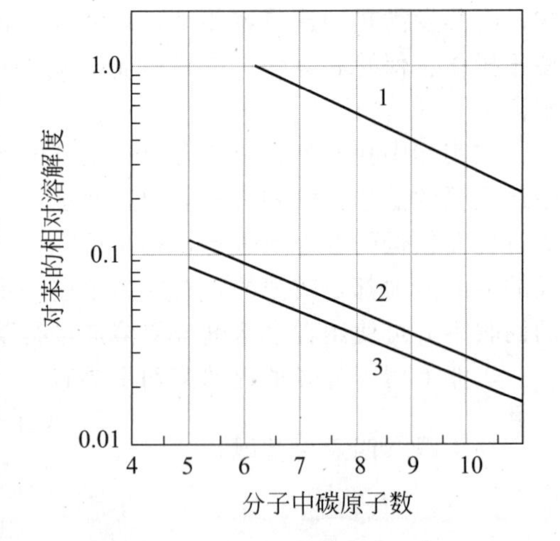

图8-1 C_6～C_{11}烃类在环丁砜中的相对溶解度

1—芳烃；2—环烷烃及烯烃；3—直链烷烃

由图8-1看出，环丁砜虽能选择性地萃取芳烃，但也能溶解一些非芳烃，其溶解度顺序为：轻质芳烃>重质芳烃>轻质烷烃>重质烷烃。为了提高所得芳烃的纯度，在实际萃取过程中，采用沸点较低的轻质烷烃将萃取液中的重质烷烃反洗下来，所以芳烃抽提过程由萃取段和洗涤段组成，通常将这一过程称为分馏萃取过程。

(2) 工艺流程　图8-2所示为环丁砜抽提工艺流程。

原料油从抽提塔中部进入，在塔内与自上而下的溶剂逆流接触，塔顶出来的抽余油经冷却后进入抽余油水洗塔，用水逆流洗涤，除去微量溶剂，洗后的抽余油送出装置。

抽提塔底溶解了大量芳烃和少量非芳烃的第一富溶剂与贫溶剂，换热后进入提馏塔顶，

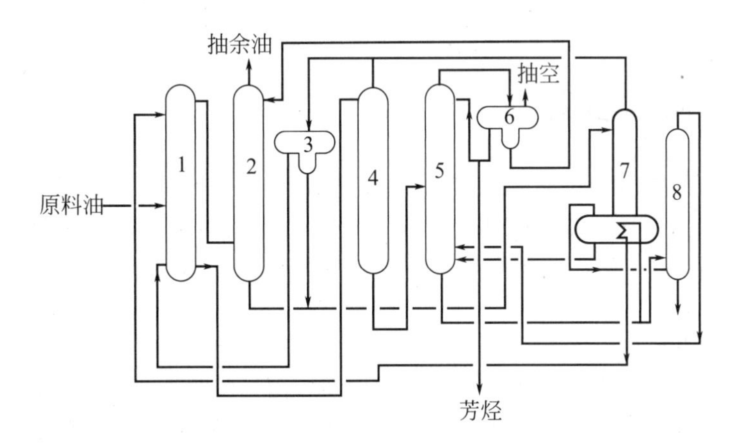

图 8-2 环丁砜抽提工艺流程

1—抽提塔；2—抽余油水洗塔；3—回流芳烃罐；4—提馏塔；5—回收塔；
6—芳烃罐；7—水汽提塔；8—溶剂再生塔

进行抽提蒸馏提馏操作，除去非芳烃，塔顶出来的含非芳烃和芳烃馏出物经冷凝冷却后入回流芳烃罐，将油水分离，油作为回流芳烃打回抽提塔底。提馏塔塔底富含芳烃的第二富溶剂送至回收塔中部进入，在塔内进行减压、汽提蒸馏将芳烃与溶剂分离。塔顶馏出物经冷凝冷却后入芳烃罐，进行油水分离，一部分作为回流，其余为芳烃产品，送至精馏装置进一步精制。芳烃罐分出水作为水洗水，被送往抽余油水洗塔。回收塔底出来的贫溶剂作为水汽提塔底热源后，再与第一富溶剂换热后循环返回抽提塔顶，完成溶剂循环。抽余油水洗塔塔底水送至水汽提塔，提馏除去水中微量非芳烃，塔顶馏出物送至回流芳烃罐，塔底水蒸气送至溶剂再生塔底，进行减压水蒸气蒸馏，塔顶馏出物送至回收塔底。溶剂再生塔塔底不定期排渣。

回收塔顶送出的芳烃进精制工序的白土塔，用白土处理，使芳烃中所含痕量烯烃发生聚合而被除去，然后进行精馏分离。精馏系统由苯塔、甲苯塔和二甲苯塔组成，芳烃在此被分为99.9%以上的苯、99%以上的甲苯、96%的二甲苯及碳九芳烃。

环丁砜法的抽提塔采用筛板塔时，塔板为80～100块，板效率为10%。此外也可采用转盘塔等。由于环丁砜含水3%时的凝固点为9℃，所以有关管线需要保温。为减少溶剂的变质，可在环丁砜溶剂中添加单乙醇胺，以控制溶剂的pH值为6。

(3) 芳烃抽提的影响因素

① 温度 温度对环丁砜溶剂的溶解能力和选择性都有很大的影响。温度提高，虽能加强溶剂的溶解能力，但对芳烃的选择性变差。故适宜温度的选取应兼顾溶解性与选择性。当原料组成发生较大变化，应相应调整温度范围，如原料油中重馏分含量增多时，因溶解度降低，就必须提高萃取温度。此外温度与溶剂的循环量也有关系。在实际操作中，应综合考虑以上各方面因素，以选定最适宜的温度。温度范围一般在80～100℃。

② 压力 抽提过程在液相中进行，需要保持一定的压力，如果塔内压力太低，液体气化，萃取效率就要下降。压力对溶剂选择性的影响不大。适宜压力的选择应综合考虑原料组成及萃取温度两方面的因素。如原料的初馏点较低时，可采用较高的压力。压力范围一般在0.2～0.6MPa。

③ 溶剂比与反洗比 溶剂与反洗液对原料液的质量（重量）比，称为溶剂比与反洗比。适宜的溶剂比可保证一定的芳烃回收率，适宜的反洗比则保证一定的芳烃质量。溶剂比的增加，虽可增加芳烃的回收率，但也增大了设备投资和操作费用，故不宜过多地增大溶剂比。反洗比增加，芳烃纯度可提高，但芳烃回收率下降。以环丁砜为溶剂的最宜溶剂比为2～5，

最宜反洗比为 0.4～0.75。

8.2 乙苯和苯乙烯 >>>

乙苯是有芳香气味的无色液体，熔点－94.9℃，沸点 136.2℃，不溶于水，可混溶于乙醇、醚等多数有机溶剂。乙苯是有机化学工业的一个重要中间体，也是制药工业的重要原料，其主要用于生产苯乙烯。苯乙烯是无色、有特殊香气的液体。熔点－30.6℃，沸点 145.2℃，不溶于水，能与乙醇、乙醚等有机溶剂混溶。苯乙烯在室温下即能缓慢聚合，因此要避免接触光照和空气，要加阻聚剂（如邻苯二酚）才能贮存。苯乙烯是合成高分子工业的重要单体，它不但能自聚为聚苯乙烯树脂，也易与丙烯腈共聚为 AS 塑料，与丁二烯共聚为丁烯橡胶，与丁二烯、丙烯腈共聚成 ABS 塑料，还能与顺丁烯二酸酐、乙二醇、邻苯二甲酸酐等共聚成聚酯树脂等。由苯乙烯共聚的塑料可加工成为各种日常生活用品和工程塑料，用途极为广泛。

8.2.1 乙苯

乙苯可由苯和乙烯烷基化合成或从石油裂解所得的裂解汽油以及铂重整所得的重整产物中所含的 C_8 馏分中分离制得，其中苯烷基化法是生产乙苯的主要方法。烷基化是指把烃基引入化合物分子中的 C、N、O 等原子上的反应。所引入的烃基可以是烷基、烯基、芳基等，其中以引入烷基最为重要。如由乙苯和乙烯经烷基化反应生成乙苯，苯和丙烯反应生成异丙苯，苯和十二烷基烯（或十二氯代烷烃）反应制十二烷基苯等。此外还有烃类经烷基化制得醚类，如甲醇和异丁烯反应生成甲基叔丁基醚；胺类如由对硝基甲苯用二氯甲醚进行氯甲基化，再加氢制得 3,4-二甲苯胺；金属烷基化如由铅和烷基卤化物制烷基铅（三乙基铅、三甲基铅）等。

工业上常用的烷基化剂有烯烃，如乙烯、丙烯；卤代烷烃，如氯乙烷、氯代十二烷；卤代芳烃，如一氯苯、苯氯甲烷；硫酸烷酯，如硫酸二甲酯；以及饱和醇，如甲醇和乙醇等。

目前世界上大约 90%的乙苯是用苯烷基化法生产的，其主反应式为

$$C_6H_6 + C_2H_4 \rightleftharpoons C_6H_5{-}C_2H_5 \qquad \Delta H = -114\text{kJ/mol}$$

从主反应式来看这是一个原子经济反应。此外还可以生成二乙苯和三乙苯等

$$C_6H_5{-}C_2H_5 + C_2H_4 \rightleftharpoons C_6H_4(C_2H_5)_2$$

$$C_6H_4(C_2H_5)_2 + C_2H_4 \rightleftharpoons C_6H_3(C_2H_5)_3$$

同时多乙苯可以和苯通过烷基转移生成乙苯。

$$C_6H_4(C_2H_5)_2 + C_6H_6 \rightleftharpoons 2\,C_6H_5{-}C_2H_5 \qquad \Delta H^0 = -1.35\text{kJ/mol}$$

$$C_6H_3(C_2H_5){-}(C_2H_5)_2 + 2\,C_6H_6 \rightleftharpoons 3\,C_6H_5{-}C_2H_5 \qquad \Delta H^0 = -1.44\text{kJ/mol}$$

8.2.1.1　乙苯的烷基化工业生产方法

(1) 液相烷基化法　20 世纪 50 年代开始使用以 $AlCl_3$ 为催化剂的工艺技术生产乙苯，开发有传统的 $AlCl_3$ 法和均相 $AlCl_3$ 法。传统的 $AlCl_3$ 法工艺简单，操作条件缓和，乙烯转化率高，乙苯纯度高，但设备腐蚀和污染严重，“三废”排放量大，热效率低，总体能耗高。均相 $AlCl_3$ 法所用催化剂为溶解于反应液中的 $AlCl_3$ 络合物，形成了均相体系，其烷基化和烷基转移反应是在两个反应器中进行，提高了乙苯转化率，节省了催化剂用量。20 世纪 80 年代末由 Lummus、Ucocal 和 Uop 三家公司联合开发出 Y 型分子筛液相法，又称为 L/U/U 工艺。Y 型分子筛具有三维大孔通道，使用寿命长，该工艺反应温度易于控制，投资费用低，而且乙苯的选择性高，产品中二甲苯等杂质含量少。下面讨论液相烷基化过程。

苯和乙烯液相法制乙苯技术通常是在低温、高压条件下，以苯和乙烯为原料，在催化剂表面发生烷基化反应，生成乙苯。该技术具有较低的苯烯比和杂质含量。

在以沸石为催化剂的苯与低碳烯烃烷基化反应中，沸石的晶内扩散阻力比较大，其催化体系主要集中在孔径较大的沸石。现有工业应用的液相法催化剂采用的分子筛有 Y 分子筛、β 分子筛和 MCM-22 分子筛。

(2) 气相烷基化法　气相烷基化是使气态的苯和乙烯在高温高压下通过 ZSM 型分子筛催化剂进行反应。在气相烷基化过程中，为防止多乙苯的生成，必须把苯与乙烯的摩尔比控制在 1∶0.2。这样可提高乙苯对乙烯的产率，但增加了循环苯量。由于 ZSM-5 型分子筛的孔径和苯分子尺寸相似，只有在分子筛骨架原子热震动使孔径增大的情况下，苯才能进入分子筛的孔道，这就要求反应在较高温度下进行。由于孔道的限制，反应生成的多乙苯难以由孔道扩散，而在孔道中进行烷基转移或脱烷基反应生成乙苯或者其他分子尺寸小的物质才能从孔内移出。从而提高烷基化中生成乙苯的量。在 H^+ 催化下进行的烷基化反应的机理为

$$H_2C{=}CH_2 + H^+ \longrightarrow H_3C{-}{}^+CH_2$$

生成的碳正离子加成到苯环上去形成 σ 络合物，然后该络合物脱去一个 H^+ 生成稳定的烷基芳烃

$$[C_6H_6(C_2H_5)]^+ \rightleftharpoons C_6H_5C_2H_5 + H^+$$

以 $BF_3/\gamma\text{-}Al_2O_3$ 为烷基化催化剂时，因 BF_3 属 L-酸，有接受烯烃双键上一对电子对的能力，从而使烯烃转化为碳正离子

$$\rangle C{=}C\langle + BF_3 \longrightarrow \rangle\overset{+}{C}{-}C(BF_3)\langle$$

碳正离子加成到苯环上形成 σ 络合物，然后该络合物脱去 H^+，H^+ 取代 BF_3，形成稳定的烷基芳烃

$$\rangle\overset{+}{C}{-}C(BF_3)\langle + C_6H_6 \longrightarrow \sigma\text{络合物} \longrightarrow C_6H_5CH_2CH_3 + BF_3$$

ZSM-5 型分子筛催化剂的典型操作条件为 370～425℃，压力 1.37～2.74MPa，质量空

速 3～5kg 乙烯/(kg 催化剂·h)。该法的优点是使用 ZSM 型催化剂无污染、无腐蚀，乙苯收率达 98%，能耗低，催化剂寿命达两年以上，价格便宜，每千克乙苯耗用的催化剂较传统的液相三氯化铝催化剂价廉 10～20 倍，装置不需特殊合金设备和管线，投资及生产成本均较低等，但操作温度高，ZSM 型催化剂表面易结焦，须频繁再生，乙苯产品中二甲苯的含量偏高。

8.2.1.2 反应条件的影响

由反应动力学可知，温度升高，可增加烷基化反应速率，从热力学角度来看，烷基化反应是放热反应，主反应式的平衡常数和温度的关系为

$$\lg K_p=\frac{5460}{T}-6.56$$

可以看出过高温度不利于平衡，会降低平衡产率。另外温度对催化剂影响极大，对传统 $AlCl_3$ 法来说，催化剂温度达到 120℃时就开始树脂化，并很快失去活性。$AlCl_3$ 均相反应或者 Y 型分子筛为催化剂的乙苯生产的烷基化反应温度一般控制在 140～270℃。具体温度应根据乙烯浓度而定，乙烯浓度高，则温度可偏于低限；反之，则温度可接近上限。对分子筛气相法而言，反应温度主要为了满足催化剂的催化活性和使用寿命的需要，一般控制为 380～420℃，过高的温度会导致副产物增加、催化剂表面结炭而失活。

对苯和乙烯的液相烷基化反应来说，压力增加可以提高乙烯的溶解速率，但不利于生成乙苯。因为本反应为分子数目减少的反应，其平衡常数 K_p 较大，足以抵消压力的影响。对传统 $AlCl_3$ 法，反应温度在 80～100℃范围内，常压下，乙烯实际上已可完全转化。故用浓乙烯反应时，通常在常压下进行。在以稀乙烯反应时，为了增加主要设备的生产能力，常在一定压力（如 0.15MPa）下进行。对均相 $AlCl_3$ 法，反应温度为 160～180℃，相应的压力为 0.7～0.9MPa。对 Y 型分子筛法，反应温度为 245～270℃，压力为 3.4～3.6MPa。分子筛气相法一般采用温度为 380～420℃，压力为 1.2～2.6MPa，以保证一定的反应速率。

反应产物的平衡组成只与反应混合物中烷基与苯核数有关，而与原料烃的烷基分配情况无关。图 8-3 说明了烷基化反应中，乙基与苯核的分子比以 1∶1 最好，从图 8-3 也看出此时的乙苯平衡组成最高，但同时多乙苯的平衡组成也随之增高。看出当乙苯与苯（或乙基与苯核）的分子比超过 0.6 之后，乙苯平衡浓度的增加显著减小，而多乙苯平衡浓度的增加显著加大，故乙烯与苯的分子比以0.55～0.65 为宜。

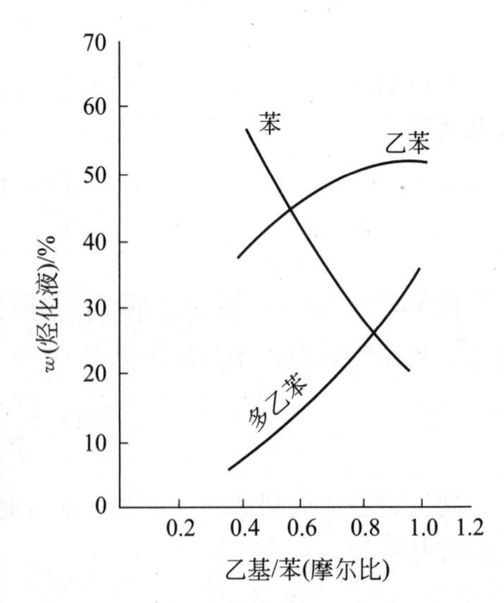

图 8-3 乙基/苯（摩尔比）与烃化液组成的平衡关系

很多杂质对烷基化反应影响较大。如水量过多，与三氯化铝作用后增加催化剂的消耗和加重设备腐蚀。另外对氧、一氧化碳、乙炔、氯化铁和其他烯烃均应严格控制，因为氧能使苯氧化并在三氯化铝作用下聚合成树脂状物质堵塞管道；一氧化碳能使催化剂中毒；乙炔和其他烯烃会与苯作用，生成的物质使络合物变得更加黏稠，导致催化剂失活，影响乙苯的质量；催化剂中氯化铁会进行水合，也可使催化剂更为黏稠，成为胶状，减小催化剂活性。一般要求原料中水含量小于 30mg/L；苯的沸点范围为 79～80.5℃，1℃内

蒸出量大于95%，无残渣；乙烯纯度应大于90%，其中丙烯、丁烯含量小于1%，硫化氢含量小于5mg/m^3，乙炔含量小于0.5%。

8.2.1.3 工艺流程

ZSM-5分子筛气相法于20世纪80年代投产，是目前应用最广泛的乙苯生产工艺，世界上采用分子筛气相烷基化工艺生产的乙苯占总产量的50%以上。

如图8-4所示，新鲜苯和回收苯换热后进入加热炉，汽化并预热至400～420℃，与原料乙烯混合后进入烷基化反应器各催化剂床层上方。操作条件为：温度370～425℃，压力1.37～2.74MPa，n(苯)∶n(乙烯)=6.5～7.0，乙烯质量空速2.1～3.0h^{-1}。多乙苯塔分离出来的多乙苯与循环苯混合并在加热炉加热汽化后，通过烷基化反应器催化剂床层，进行烷基转移反应。从烷基化反应器底部出来的烃化液与原料苯进行热交换后进入初馏塔，蒸出的轻组分及少量苯，经换热后至尾气排出系统作燃料。初馏塔塔釜物料进入苯回收塔，塔顶蒸出苯和甲苯进入苯、甲苯塔；塔釜物料进入乙苯塔。在苯、甲苯塔中分离出苯和甲苯。苯循环使用，甲苯作为副产品；在乙苯塔塔顶蒸出乙苯，送成品贮罐，塔底馏分进入多乙苯塔；多乙苯塔塔顶蒸出二乙苯，送入烷基化反应器。

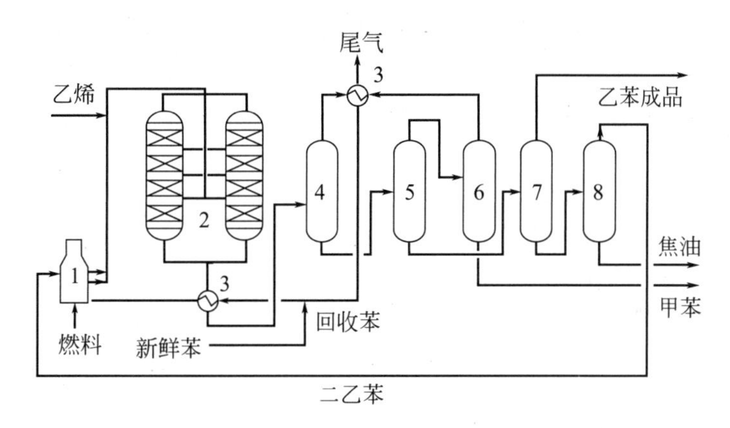

图8-4 气相烷基化生产乙苯的工艺流程

1—加热炉；2—烷基化反应器；3—换热器；4—初馏塔；5—苯回收塔；6—苯、甲苯塔；7—乙苯塔；8—多乙苯塔

该法无腐蚀、无污染，反应器可用低铬合金钢制造，装置投资费用较低，使用寿命长。尾气及蒸馏残渣可作燃料；乙苯收率高，用ZSM-5型催化剂时可达98%。能耗低，烷基化反应温度高有利于热量的回收，催化剂价廉，寿命两年以上。但该法催化剂表面易结焦、催化活性下降快，需频繁进行烧焦再生。

苯和乙烯液相烷基化的工艺流程如图8-5所示。由反应部分和精馏部分组成，其中反应部分包括烷基化反应器和烷基转移反应器。采用中石化AEB系列催化剂，该催化剂既能用于苯和乙烯液相烷基化反应，又能用于苯和多乙苯液相烷基转移反应。采用三台反应器串联，每台反应器均为二段催化剂床层。

烷基化反应温度为200～240℃，第三反应器压力为3.55MPa，苯烯摩尔比为3.66，乙烯转化率可达100%，乙苯选择性为87.9%。烷基转移反应温度为175℃，反应压力2.9MPa，苯/多乙苯质量比为11.5，多乙苯转化率为77.9%，乙苯选择性为100%。

来自外界的乙烯按一定的比例分成6份分别进入烷基化反应器各床层的底部；来自精馏工段苯塔的回收苯和新鲜苯混合后作为烷基化反应的原料，苯由下而上进入烷基化反应器，与乙烯进行液相烷基化反应。在每台反应器之间设换热器，以控制下一个反应器的床层温

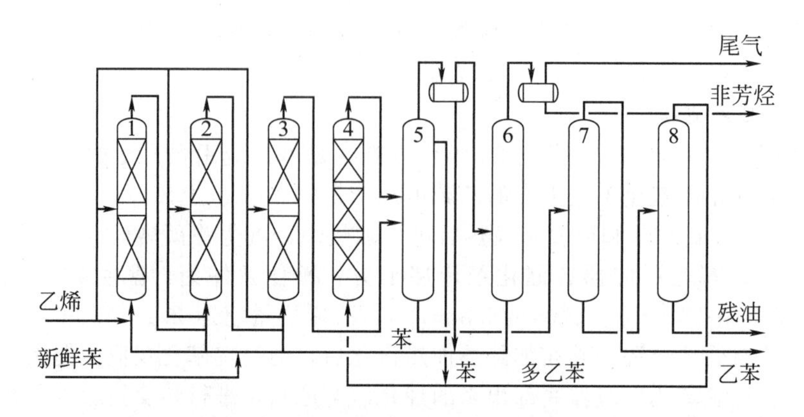

图 8-5　液相烷基化生产乙苯的工艺流程

1～3—烷基化反应器；4—烷基转移反应器；5—苯塔；6—非芳烃塔；
7—乙苯塔；8—多乙苯塔

度。烷基化反应器的出料去精馏工段。烷基转移反应器的进料是来自精馏工段的回收苯与多乙苯的混合物，该混合物自下而上进入烷基转移反应器，反应产物送入精馏工段。

精馏部分共有四个塔，其中苯塔、乙苯塔、多乙苯塔，用于分离反应产物中的苯、乙苯、多乙苯和残油，脱非芳塔用于除去原料苯中的轻烃组分、轻非芳烃和水，防止其在系统内累积。

8.2.1.4　催化精馏法工艺

1994 年 CD Tech 公司成功开发出苯和乙烯催化精馏烷基化制乙苯技术，该工艺使用 Y 型分子筛催化剂，将烷基化反应器与苯分离塔合二为一，同时进行催化反应和精馏操作（图 8-6），通过精馏乙苯等重组分在塔底采出，减少了乙烯与乙苯在催化剂上的接触，从而使产品中多烷基苯的含量大大降低了，催化精馏法目前已实现工业化。催化精馏合成乙苯工艺具有如下优点：反应温度易于控制，单烷基苯选择性高，反应热利用充分，可简化设备、节省投资，催化剂的稳定性好、寿命长、再生周期在 2 年以上。虽然空速低、催化剂用量高，仍被认为是乙苯合成技术的发展趋势，特别是用于催化裂化干气等稀乙烯制乙苯，具有更大的吸引力。

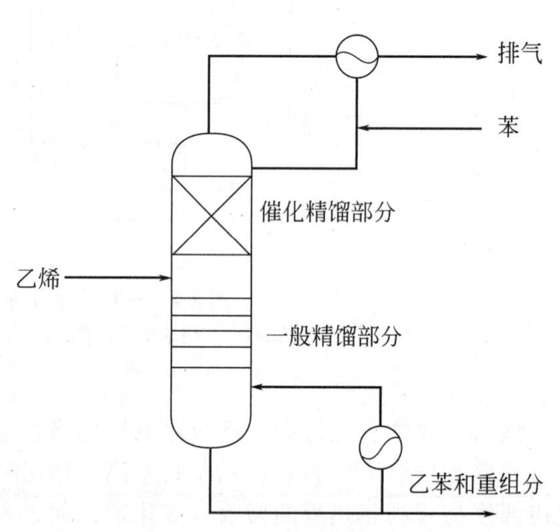

图 8-6　催化精馏反应器示意图

表 8-2 中列出了 $AlCl_3$ 液相反应法、分子筛气相催化法、Y 分子筛液相法、催化精馏法 4 种乙苯合成工艺技术的比较。

表 8-2　几种乙苯合成工艺技术的比较

方法	条件	特点
$AlCl_3$ 液相反应法	温度 160～180℃，压力 0.7～0.9MPa，n(苯)∶n(乙烯)=1～3	工艺简单，操作条件缓和，乙烯转化率高，乙苯纯度高，$AlCl_3$ 催化活性高，但腐蚀和污染严重，热效率低，选择性差，乙苯收率低

续表

方法	条件	特点
分子筛气相催化法	温度380～420℃，压力1.2～2.6MPa，n(苯)：n(乙烯)=6.5～7.0，乙烯质量空速2.1～3.0h^{-1}	无腐蚀，无污染，能耗低，热效率高。乙苯的选择性达到99%以上，乙烯的转化率接近100%。反应温度高，乙苯产品中二甲苯等杂质含量高，催化剂再生周期短
Y分子筛液相法	温度245～270℃，压力3.4～3.6MPa，n(苯)：n(乙烯)=6.5～7.0，乙烯质量空速0.2～0.3h^{-1}	反应条件缓和，无污染，能耗低，投资省，运行周期长，催化剂寿命长，乙苯的收率达99.17%，产品质量好。空速低，催化剂用量大
催化精馏法	温度150～170℃，压力3.4～3.6MPa，n(苯)：n(乙烯)=1	反应温度较低，热利用率高，设备投资少，乙苯产率达99.5%，催化剂稳定性好，再生周期2年以上。乙烯空速较低，催化剂用量高

8.2.2 苯乙烯

烃类催化脱氢反应是强吸热反应。大多数脱氢反应在低温下平衡常数都比较小，从平衡常数与温度的关系看

$$\left(\frac{\partial \ln K_p^{\ominus}}{\partial T}\right)_p=\frac{\Delta H^{\ominus}}{RT^2}$$

因为

$$\Delta H^{\ominus}>0$$

所以平衡常数随温度的升高而增大，故升温对脱氢反应有利。但是，由于烃类物质在高温下不稳定，容易发生许多副反应，甚至分解成碳和氢，所以脱氢宜在较低温度下进行。但是，低温下不仅反应速度很慢，而且平衡产率也很低。乙苯脱氢反应的平衡常数和最大产率如表8-3所示。

表8-3 乙苯脱氢反应的平衡常数与最大产率（乙苯与水蒸气摩尔比为1∶9）

温度/K	$\Delta H^{\ominus}$/(kJ/mol)	平衡常数K_p(计算值)	最大产率/%
400	7.127	5.11×10^{-10}	
500	58.855	7.12×10^{-7}	
600	46.127	9.65×10^{-6}	
700	33.260	3.30×10^{-3}	7.63
800	20.327	4.71×10^{-2}	10.4
900	7.327	3.75×10^{-1}	89
1000	−5.787	2.0	95.7
1100	−18.871	7.87	98.8

脱氢反应是分子数增加的反应，从热力学分析可知，降低总压力可使产物的平衡浓度增大。除少数脱氢反应外，大部分脱氢反应均可向系统内加入水蒸气作稀释剂，降低反应物的分压，以达到低压操作的目的。

目前苯乙烯主要是由乙苯转化而成，可通过如下五条路线进行。

8.2.2.1 苯乙酮法

较早采用苯乙酮法生产苯乙烯，其步骤主要分为氧化、还原和脱水三步，反应方程式如下

$$C_6H_5-C_2H_5+O_2\xrightarrow[115\sim145℃]{Mn(C_2H_3O_2)_2}C_6H_5-CO-CH_3+H_2O$$

$$C_6H_5-CO-CH_3+H_2\xrightarrow[150℃]{Cu\text{-}Cr\text{-}Fe}C_6H_5-CHOH-CH_3$$

$$C_6H_5-CHOH-CH_3\xrightarrow[250℃]{TiO_2}C_6H_5-CH=CH_2+H_2O$$

该法苯乙烯产率为78%～80%，略低于乙苯脱氢法的产率，其中间副产物苯乙酮的产值较高，苯乙烯的精制分离较容易。

8.2.2.2 乙苯和丙烯共氧化法

本法首先在碱性催化剂作用下，使乙苯液相氧化成过氧化氢乙苯，然后与丙烯进行环氧化反应生成环氧丙烷，乙苯过氧化物则变为α-苯乙醇，再经脱水得到苯乙烯，即

$$C_6H_5\text{—}C_2H_5 + O_2 \xrightarrow[130℃,0.3\sim0.5MPa]{碱性溶液} C_6H_5\text{—}CH(OOH)\text{—}CH_3$$

$$C_6H_5\text{—}CH(OOH)\text{—}CH_3 + CH_3CH{=}CH_2 \xrightarrow[1.7\sim5.5MPa]{Mo,80\sim130℃} C_6H_5\text{—}CHOH\text{—}CH_3 + H_2C\underset{O}{\text{——}}CH\text{—}CH_3$$

$$C_6H_5\text{—}CHOH\text{—}CH_3 \xrightarrow[250\sim280℃]{TiO_2} C_6H_5\text{—}CH{=}CH_2 + H_2O$$

本过程以乙烯计的苯乙烯产率约65%，低于乙苯脱氢法的产率。但它还能生产重要的有机化工原料环氧丙烷，综合平衡仍有工业化的价值，故目前苯乙烯生产还有采用此法的。

8.2.2.3 乙苯氧化脱氢法

乙苯氧化脱氢法是目前尚处于研究阶段生产苯乙烯的方法。它是在催化剂和过热蒸汽的存在下进行氧化脱氢反应的，即

$$C_6H_5\text{—}C_2H_5 + \frac{1}{2}O_2 \xrightarrow[390\sim410℃]{催化剂} C_6H_5\text{—}CH{=}CH_2 + H_2O$$

此方法可以从乙苯直接生成苯乙烯，还可利用氧化反应放出的热量产生蒸汽，反应温度也较催化脱氢为低。研究的催化剂种类较多，如氧化镉，氧化锗，钨、铬、铌、钾、锂等混合氧化物，钼酸铵、硫化钼及载在氧化镁上的钴、钼等。但这些催化剂大多处于研究阶段，尚不具备工业化条件，有待进一步研究开发。

8.2.2.4 乙苯脱氢法

这是生产苯乙烯的主要方法，目前世界上大约90%的苯乙烯采用该法生产。它以乙苯为原料，在催化剂的作用下脱氢生成苯乙烯和氢气。反应方程式如下

$$C_6H_5\text{—}C_2H_5 \longrightarrow C_6H_5\text{—}CH{=}CH_2 + H_2 \quad \Delta H_{298}^{\ominus}=117.6kJ/mol$$

同时还有副反应发生，如

$$C_6H_5\text{—}C_2H_5 + H_2 \longrightarrow C_6H_5\text{—}CH_3 + CH_4 \quad \Delta H_{298}^{\ominus}=-54.4kJ/mol$$

$$C_6H_5\text{—}C_2H_5 + H_2 \longrightarrow C_6H_6 + CH_3CH_3 \quad \Delta H_{298}^{\ominus}=-31.5kJ/mol$$

$$C_6H_5\text{—}C_2H_5 \longrightarrow C_6H_6 + CH_2CH_2 \quad \Delta H_{298}^{\ominus}=105kJ/mol$$

此外还有乙苯裂解成碳和氢的反应及高分子化合物的聚合反应，如聚苯乙烯、对称二苯乙烯的衍生物等。

(1) 乙苯脱氢的热力学分析

① 温度对脱氢平衡的影响　乙苯脱氢反应为吸热反应，平衡常数随温度的升高而增大，图8-7与图8-8均说明了这个问题。但乙苯裂解副反应的平衡常数也相应平行地增大，见图8-7。所以，为避免副反应，温度不应太高。但低温时不仅反应速率慢，且平衡产率也低，

必须采用适合的催化剂，加速脱氢过程。

② 压力对脱氢平衡的影响　乙苯脱氢生成苯乙烯的反应是分子数增大的反应，从热力学角度考虑出发，降低反应压力对生成苯乙烯有利。从图 8-8 也可以看出在 500～700℃间，当压力由 0.1MPa 降至 0.01MPa 时，转化率至少可增加 20%，所以本反应最好在减压下进行，但减压操作对反应设备的制造要求高，增加设备制造费。由于负压操作有利于抑制苯乙烯聚合并提高苯乙烯的单程收率，故当今苯乙烯工业生产普遍采用负压脱氢工艺，操作压力通常为 40～60kPa。

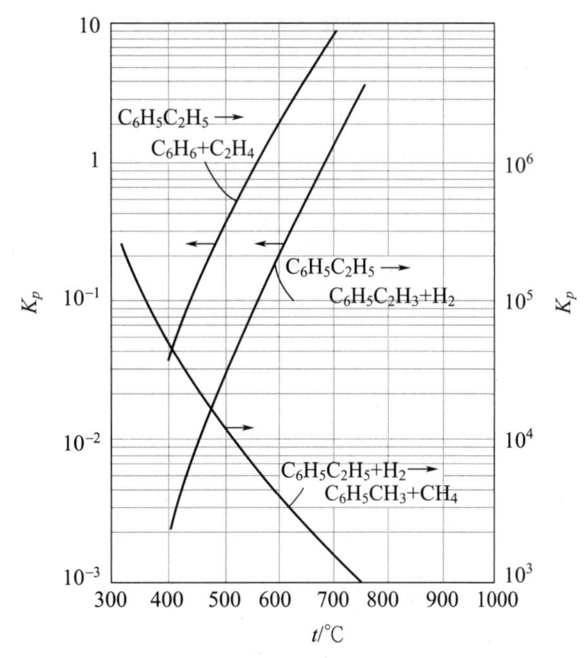

图 8-7　乙苯脱氢主副反应的平衡常数比较

③ 惰性气体的影响　工业上为避免减压操作，可采用惰性气体，它与产物易分离，热容量大，不仅能提高转化率，而且有利于消除催化剂表面沉积的焦。图 8-9 反映了乙苯脱氢反应的平衡转化率与水蒸气/乙苯用量比的关系。可以看出平衡转化率随水蒸气/乙苯摩尔比的增加而增大，但其值超过一定值时，乙苯平衡转化率的增加变缓，能耗却增加。所以应在最大苯乙烯产率和过热蒸汽费用之间权衡，以确定水蒸气和乙苯用量比。同时此用量比还与所采用的脱氢反应器形式有关，等温多管反应器脱氢要比绝热式反应器脱氢所需水蒸气量少一半左右。

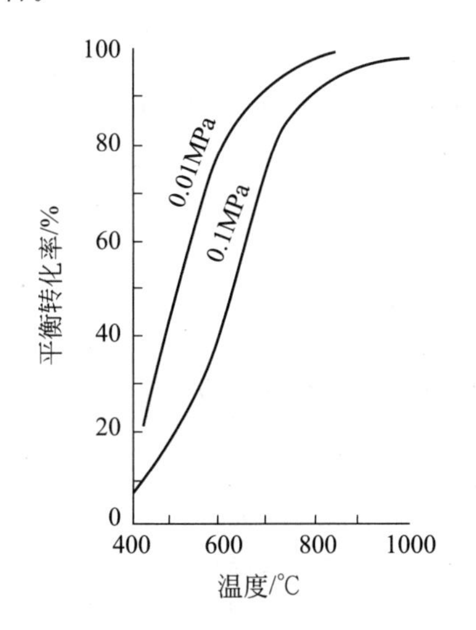

图 8-8　乙苯-苯乙烯脱氢平衡转化率

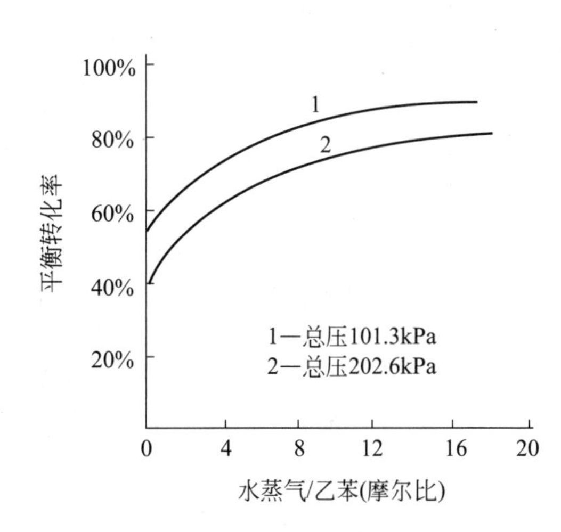

图 8-9　乙苯平衡转化率与水蒸气/乙苯用量比关系

(2) 乙苯脱氢的反应动力学　反应速率规律与反应条件及催化剂有关，催化剂不同其影响也不同。对乙苯在固体催化剂上脱氢反应的动力学研究表明，其反应控制步骤为表面化学反应，而且可按双位吸附机理描述：双位吸附机理假设脱氢反应的控制步骤是被吸附在催化剂表面活性中心的反应物与相邻的空活性中心作用，发生脱氢反应形成吸附的产物分子和吸附的氢分子，然后分别从催化剂表面脱附。对于乙苯在氧化铁系催化剂上脱氢的动力学图式为

$$C_6H_5-CH_2CH_3 \underset{k_{-1}}{\overset{k_1}{\rightleftharpoons}} C_6H_5-CH{=}CH_2 + H_2$$

副反应（乙苯 → 苯；苯乙烯 → 苯）

副反应（乙苯 → $C_6H_5-CH_3$；苯乙烯 → $C_6H_5-CH_3$）

生成苯乙烯的主反应速率方程为

$$r=r_1-r_{-1}=\frac{k_1\left(\lambda_E p_E-\dfrac{\lambda_S\lambda_H p_S p_H}{K_p}\right)}{(1+\lambda_E p_E+\lambda_S p_S)^2}$$

式中，r 为苯乙烯的净生成速率；k_1 为表面反应速率常数，607℃时，$k_1=6.32\text{mol}/(\text{kg}\cdot\text{kPa}\cdot\text{h})$；$p_E$、$p_S$、$p_H$ 分别为乙苯、苯乙烯、氢的分压；K_p 为主反应的平衡常数；λ_E、λ_S、λ_H 分别为乙苯、苯乙烯、氢的吸附系数。

因为 λ_E 远小于 λ_S，可忽略乙苯的吸附项，上式的分母项可改为 $(1+\lambda_S p_S)^2$，可以看出产物苯乙烯对脱氢起阻抑作用。

脱氢反应在等温床和绝热床中进行，研究发现，内扩散阻力不容忽略，图 8-10 和图 8-11 分别给出了反应初期催化剂颗粒度对乙苯脱氢反应速率和选择性的影响。由这两图可以看出，采用小颗粒催化剂不仅可提高脱氢反应速率，也有利于选择性的提高。所以工业脱氢催化剂的颗粒不宜太大，一般为粒度 3.18mm 和 4.76mm 的条形催化剂。在制备时应添加孔径调节剂以改进催化剂的孔结构。氧化铁系催化剂在使用一段时间后会慢慢老化，随着催化剂活性的下降，反应转为表面反应控制步骤，内扩散的影响不明显甚至会消失。

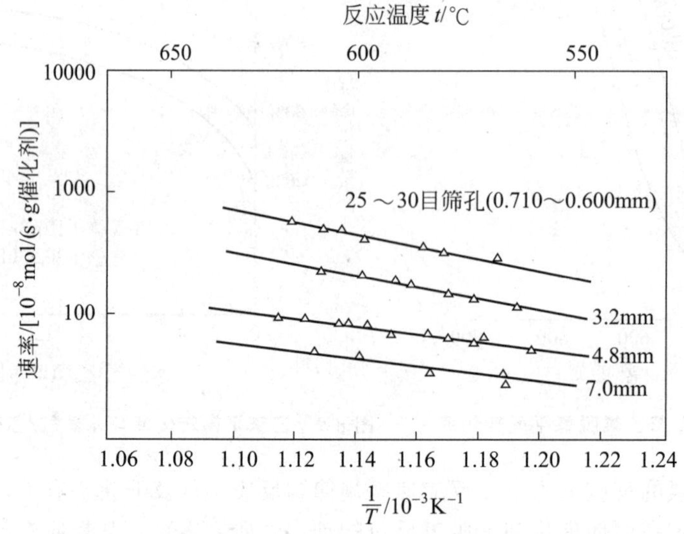

图 8-10　催化剂的颗粒度对乙苯脱氢反应速率的影响曲线

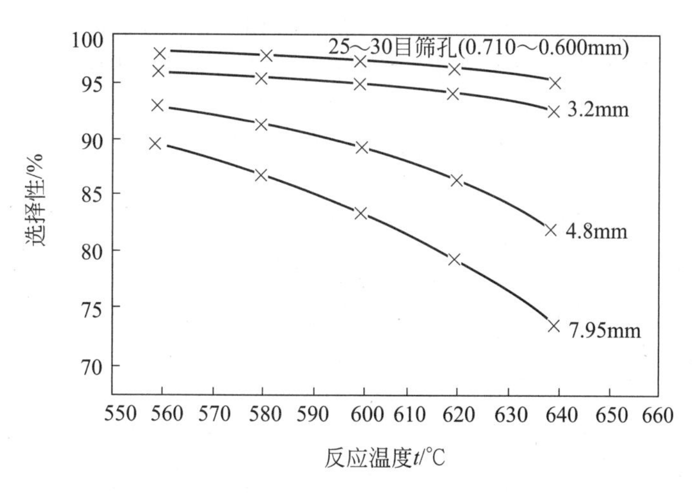

图 8-11　催化剂的颗粒度对乙苯脱氢选择性的影响曲线

(3) 乙苯液空速对乙苯脱氢的影响　乙苯脱氢反应是个复杂反应，空速低，接触时间增加，副反应加剧，选择性显著下降。故需采用较高的空速，以提高选择性，虽然转化率不是很高，未反应的原料气可以循环使用，必然造成能耗增加。因此需要综合考虑，选择最佳空速。表 8-4 为乙苯脱氢反应空速对转化率和选择性的影响情况。

表 8-4　乙苯脱氢反应空速对转化率和选择性的影响

温度/℃	乙苯液空速/h^{-1}			
	1.0		0.6	
	转化率/%	选择性/%	转化率/%	选择性/%
580	53.0	94.3	59.8	93.6
600	62.0	93.5	72.1	92.4
620	72.5	92.0	81.4	89.3
640	87.0	89.4	87.1	84.8

(4) 乙苯脱氢催化剂　乙苯脱氢反应一般在较高的温度条件下进行，故所采用的催化剂应能耐受高温；能有选择性地加快脱氢反应速率，对裂解反应、水蒸气转化、聚合等副反应无催化作用；化学稳定性较好，催化剂在水蒸气存在下长期操作，能保持足够的强度，不会被破坏；抗结焦性能好，再生方便等。所用的催化剂主要有氧化锌系和氧化铁系两种。

① 氧化锌系催化剂　此类催化剂较早地用于乙烯脱氢反应，基本组成为氧化锌、氧化铝和氧化钙。操作温度为 560～570℃，乙苯转化率达 40%，苯乙烯产率达 93%。缺点是活性较难持久，苯乙烯产率不够理想。其代表组成如

ZnO 80%-CaO 5%～7%-Al_2O_3 10%-KOH 2%～3%-Cr_2O_3 0.5%～0.7%

② 氧化铁系催化剂　目前国内外广泛采用此类催化剂，它具有较高的活性和选择性，可以自行再生，使用寿命长达 1～2 年，对热与水蒸气均较稳定。其典型组成为

Fe_2O_3 80%-K_2CrO_7 11.4%-K_2CO_3 6.2%-CuO 2.4%

脱氢反应有氢生成，氢气能使活性组分高价氧化铁还原成低价氧化铁甚至金属铁。金属态铁能催化乙苯完全分解反应。一般用大量水蒸气作稀释剂，可防止氧化铁被过度还原。

氧化钾具有助催化作用，它能中和催化剂表面酸度，减少裂解副反应的发生，同时氧化钾能够使催化剂表面的积炭在水蒸气存在下催化转化成水煤气，促进催化剂的再生。

氧化铬是高熔点的金属氧化物，它可以提高催化剂的热稳定性，还可以稳定铁的价态。

不过由于氧化铬的毒性很大，现在工业上已经广泛采用无铬的氧化铁系催化剂。

乙苯脱氢铁钾系催化剂活性较高，乙苯脱氢生成苯乙烯是受内扩散控制的气相大分子反应，需要催化剂具有较大的孔道以利于反应物和产物的顺利扩散。当催化剂的平均孔径为0.30μm时，较大的孔径有利于提高反应组分的扩散速率，使得烯基芳烃在催化剂表面和孔道内不易积炭，对反应有利。

表8-5中列出了已经工业应用的典型催化剂的组成。

表8-5 典型催化剂的组成

催化剂	组成	生产商
G-84C	Fe_2O_3-K_2O-Ce_2O_3-MoO_3-MgO-CaO	SC Group
S6-30	Fe_2O_3-K_2O-Ce_2O_3-MoO_3-MgO-CaO	BASF
Styrimax-5	Fe_2O_3-K_2O-Ce_2O_3-MoO_3-MgO-CaO	SC Group
Flexicat	Fe_2O_3-K_2O-Ce_2O_3-WO_3-MgO-CaO	Criterion

(5) 工艺流程　乙苯脱氢是一个强吸热反应，根据供热方式的不同，可将使用的反应器分为两类：一类为列管式固定床等温反应器，以烟道气为载热体，反应器置于炉内，由高温烟道气将反应所需热量经由管壁传给催化床层；另一类为绝热式反应器，所需热量由过热水蒸气直接带入反应系统。反应器的型式不同，其乙苯脱氢工艺流程也不同，主要差别是脱氢部分的水蒸气用量不同，热量的供给和回收利用不同。

① 等温反应器乙苯脱氢流程　等温反应器由耐高温的镍铬不锈钢管内衬以铜锰合金的耐热钢管束组成，管径为100～185mm，管长3m，管内装填催化剂，管外通烟道气加热，其结构见图8-12。

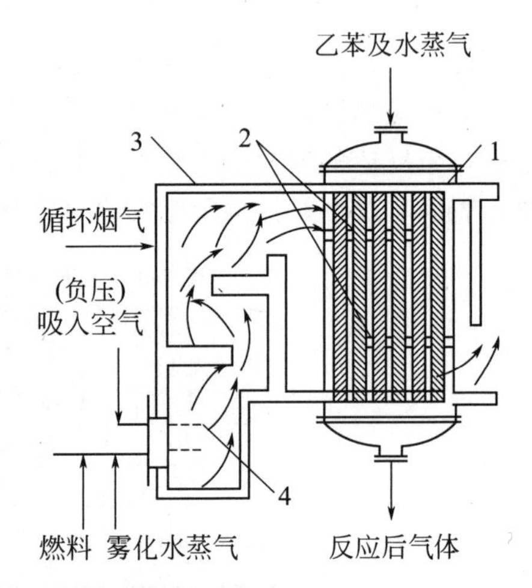

图8-12 乙苯脱氢等温反应器

1—多管等温反应器；2—圆缺挡板；3—耐火砖砌成的加热炉；4—燃烧喷嘴

图8-13所示为多管等温反应器乙苯脱氢工艺流程。水蒸气与130℃乙苯按摩尔比（6～8）∶1混合后，经第一预热器加热至300℃左右，然后进换热器与由脱氢反应器出来的近600℃的产物换热升温至470℃左右，再经第二预热器加热至540℃左右，进入脱氢反应器反应。离开反应器的脱氢产物温度为580～600℃，换热后经冷凝器冷却，凝液送至粗苯乙烯贮槽，分去水、加入阻聚剂后送精馏工序精制；不凝气体含80%～90%左右的氢气，其余为CO_2和少量C_1及C_2烃，一般可用作气体燃料或氢源。烟道气系统中，将新产生的烟道气与循环烟道气混合使用，调节脱氢反应器烟道气入口温度为750～770℃，从而保证反应温度可达585℃左右。进入第二预热器的温度为610℃，离开时的温度为550℃，离开第一预热器的烟道气温度为400℃左右，此烟道气一部分放空，另一部分循环回脱氢炉，其入炉温度约200℃。

② 绝热反应器乙苯脱氢流程　虽然采用等温反应器脱氢，水蒸气耗量约为绝热反应器的一半，但因等温反应器结构复杂，且需要大量的特殊合金钢材、反应器制造费用高，故大规模的生产装置均采用绝热反应器。

绝热反应器催化剂室多为圆筒形，用耐火砖衬里并在最里层衬以耐热合金钢板以防漏气。为加强保温，减少反应器热损失，采用两层绝热砖和中间充填保温灰构成的绝热层，反应器外表覆以铁皮。绝热反应器有一段或多段式的；按反应物在催化剂床层中的流向，可分

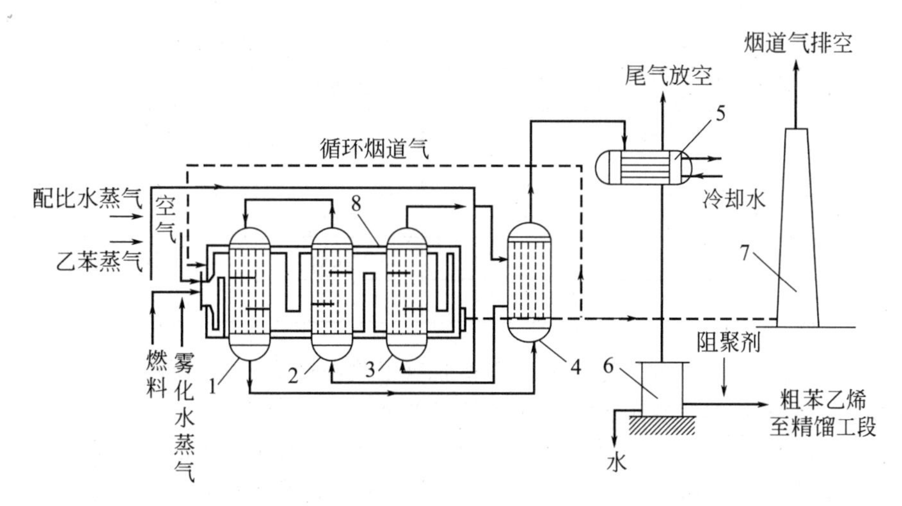

图 8-13　多管等温反应器乙苯脱氢工艺流程

1—脱氢反应器；2—第二预热器；3—第一预热器；4—热交换器；
5—冷凝器；6—粗苯乙烯贮槽；7—烟囱；8—加热炉

为轴向与径向式的。多段反应器中，过热水蒸气分段导入，它的进出口温差小于一段反应器的进出口温差，这样可以降低反应器进口温度，减少了裂解和水蒸气转化等平行副反应，提高乙苯转化率及苯乙烯的选择性。采用径向反应器可使用小颗粒催化剂，降低操作压力，因而提高了选择性及反应速率。

图 8-14 所示为绝热式乙苯脱氢工艺流程。

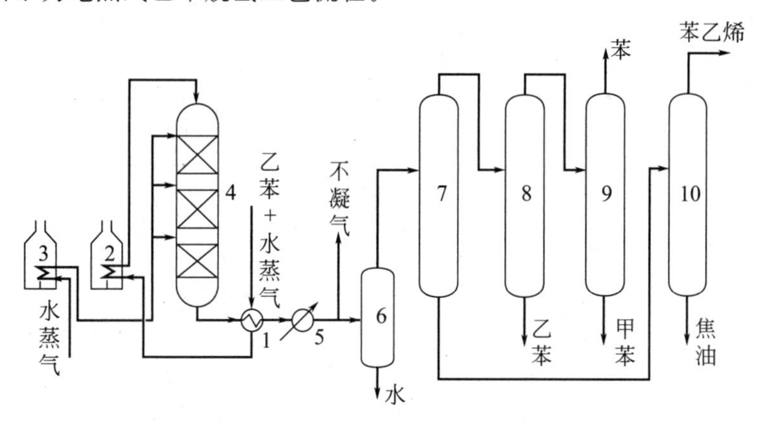

图 8-14　绝热式乙苯脱氢工艺流程

1—乙苯蒸发器；2—乙苯加热炉；3—蒸汽过热炉；4—反应器；5—冷凝器；6—油水分离器；
7—乙苯精馏塔；8—苯、甲苯精馏塔；9—苯、甲苯分离器；10—苯乙烯精馏塔

水：乙苯的摩尔比为 14。其中 90%水蒸气进入水蒸气过热炉，加热至 720℃；另外 10%水蒸气与新鲜乙苯和循环乙苯混合后，与高温脱氢产物在乙苯蒸发器换热升温至 520～550℃，再经预热后进入绝热脱氢反应器。过热蒸汽（720℃）带入热量，入口温度可达 650℃，出口温度约 560～585℃，反应压力约为 140kPa，乙苯液空速 0.4～0.6h^{-1}。催化剂床层分为三段，段与段之间加入过热蒸汽。反应产物经冷凝器冷却冷凝后，气液分离，不凝气中含有大量的 H_2 及少量的 CO、CO_2，可用作燃料。冷凝液经精馏后分离出苯、甲苯、乙苯，最后产物是苯乙烯及焦油。绝热脱氢反应器的苯乙烯收率为 88%～91%。

表 8-6 列出了不同脱氢方法的脱氢产物粗苯乙烯组成。

表 8-6 不同脱氢方法的脱氢产物粗苯乙烯组成

脱氢方法	组成/%				
	苯乙烯	乙苯	苯	甲苯	焦油
等温反应器	35～40	55～60	1.5 左右	2.5 左右	少量
一段绝热反应器	37	61.1	0.6	1.1	0.2
二段绝热反应器	60～65	30～35	5 左右	5 左右	少量
三段绝热反应器	80.9	14.66	0.88	3.15	少量

(6) 乙苯脱氢工艺的改进　近年来，乙苯脱氢工艺进行了多方面研究与改进，主要包括脱氢反应器、新型催化剂、新工艺、反应条件等领域。

① 脱氢反应器的改进　改进的反应器如图 8-15 所示。其中图 8-15(a) 所示为圆筒形辐射流动反应器，苯乙烯选择性达到 90%～91%的情况下，其乙烯的转化率达 50%～73%，已实现了工业化。图 8-15(b) 所示为与图 8-15(a) 相似的反应器。图 8-15(c) 所示为双蒸汽两段绝热反应器，乙苯转化率提高 10%，水蒸气用量有所下降。图 8-15(d) 所示为多段径向流反应器，可提高苯乙烯的单程收率。图 8-15(e) 所示为带有蒸汽再沸器的两段径向流绝热反应器。

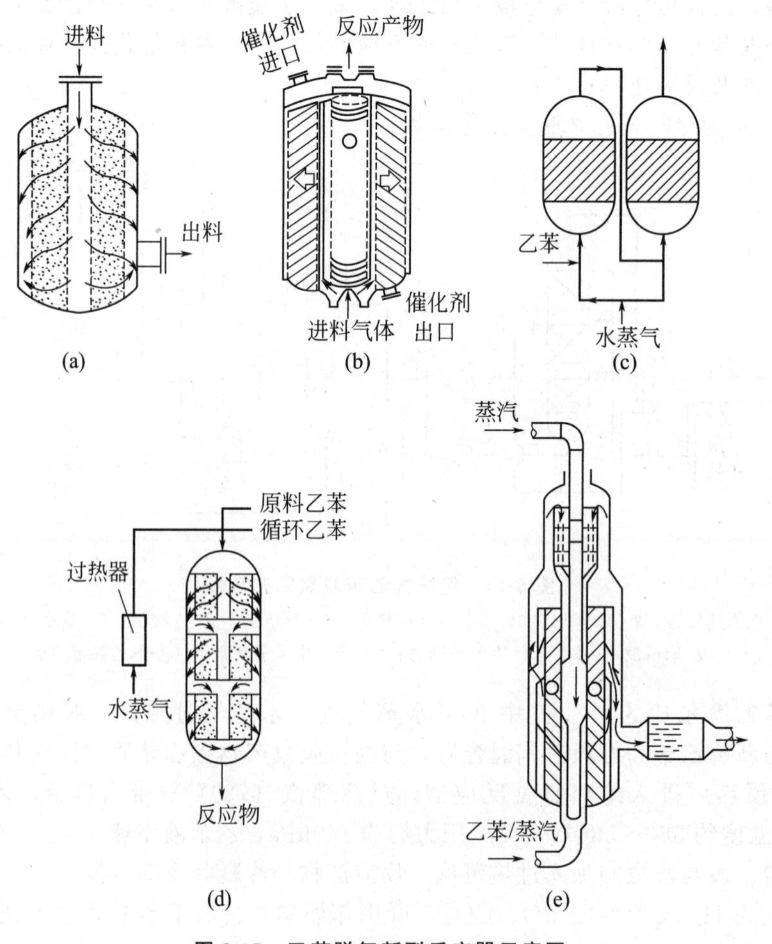

图 8-15　乙苯脱氢新型反应器示意图

② 新型催化剂研制　新型催化剂的目标是：在减少水蒸气比及降低压力条件下，提高苯乙烯的选择性，主要沿三个方面进行。第一是选择合适的助催化剂，如 Fe_2O_3-K_2CO_3-$K_2Cr_2O_7$-V_2O_5-水泥催化剂，在水蒸气比为（2～3）∶1 的条件下，乙苯的转化率为 31%～80%，苯乙烯选择性为 90%。催化剂助剂有 K、Cr、V、Ni、Pd、Al、Ca、Mg、Mo 等。我国研制成功的 GS-01、GS-02 催化剂在水蒸气与乙苯比为 2∶1，温度为 600℃及液空速为 $1h^{-1}$条件下，乙苯的转化率为 60%，苯乙烯选择性为 95%～96%。第二是改进催化剂的使用方法，对多层反应器可填充不同的活性催化剂，各段水蒸气的加入量也可周期开停，使催化剂轮流活化，消除因温度与压力引起的波动，提高苯乙烯的选择性。第三是改进催化剂颗粒的粒度和形状，小颗粒，低比表面，有利于选择性的提高。

8.2.2.5　乙苯脱氢-氢气选择性氧化生产苯乙烯

(1) 反应原理　乙苯脱氢生产苯乙烯和氢气是一个吸热、分子数增多的平衡反应。乙苯脱氢生产的氢气通过高选择性的氧化催化剂转化为水蒸气，可使反应产物中氢气的分压降低，平衡向有利于生产苯乙烯方向移动，并且氢气燃烧反应为放热反应，又可以为脱氢反应提供所需的热量。反应方程式如下

$$C_6H_5C_2H_5 \rightleftharpoons C_6H_5C_2H_3 + H_2 \qquad \Delta H^{\ominus}=117.6kJ/mol$$

$$1/2O_2 + H_2 \longrightarrow H_2O \qquad \Delta H^{\ominus}=-243.6kJ/mol$$

在此反应体系中，氧气除了与氢气发生反应外，还会与乙苯和苯乙烯等发生副反应生成二氧化碳、一氧化碳，造成芳烃损失。

(2) 催化剂　在乙苯脱氢-氢气选择性氧化反应体系中，氢氧化催化剂的性能是关键，要求催化剂具有很高的氧气转化率、选择性以及良好的水热稳定性。氧气应尽可能与氢气完全反应，且氧气在氧化段要完全转化，以免对后面反应器的脱氢催化剂产生毒害；催化剂要具有高的选择性，对芳烃呈惰性或芳烃损耗较少；由于反应在 600～650℃高温和水蒸气存在下进行，催化剂还应具有良好的水热稳定性。

典型的氢氧化催化剂为负载型催化剂，基本为负载在多孔无机载体上的Ⅷ族贵金属、ⅣA、ⅠA 和ⅡA 族元素。其中贵金属为活性组分，通常选用 Pt 和 Pd；ⅣA、ⅠA 和ⅡA 族元素为助催化剂，通常选用 Sn 和 Li；载体为 Al_2O_3。

氢氧化催化剂设计成蛋壳型粒子分布更有利于催化剂性能的提高。蛋壳型催化剂由于活性中心集中在催化剂的表面，因此在许多表面快速反应和扩散控制的反应中表现出了优异的催化性能。对于存在较大内扩散阻力的表面快反应来说，颗粒催化剂的内扩散影响较大，催化剂外部的活性中心是参与反应的主体，因此将催化剂设计成蛋壳型活性位分布，可以使得催化剂活性组分得到最大限度的利用；蛋壳型分布的催化剂有利于反应产物从催化剂表面脱附迁出，避免了目标产物的进一步反应，从而提高了目标产物的选择性；对于强放热反应来说，活性中心分布在催化剂的外表面有利于热量的转移，因此也能获得更好的催化剂稳定性和使用寿命。

(3) 工艺流程　乙苯脱氢-氢气选择性氧化工艺是在乙苯催化脱氢的基础上增加的氢气选择性氧化的新工艺。相对于传统乙苯催化脱氢工艺而言，该工艺主要具有两点优势：①产物之一的氢气被反应消耗，有利于乙苯脱氢反应向生成苯乙烯方向移动，从而提高反应转化率；②乙苯脱氢为吸热反应，氢气燃烧产生热量为下一步脱氢提供热量。

20 世纪 80 年代初，国内外开始研究开发乙苯脱氢-氢气选择性氧化技术，目前该技术的主要专利商是 UOP、BP 和三菱油化公司，UOP 公司称该技术为 SMART 工艺（UOP 和

Lummus 公司合作开发）。

UOP 公司于 1995 年在三菱油化 350kt/a 装置上首次实现了乙苯脱氢-氢气选择性氧化工艺的工业应用，1999 年在加拿大的 Nova Chemicals 公司的 370kt/a 装置上进行了第二次工业应用。UOP 公司有两种工艺分别针对新建装置或旧装置改造。

UOP 公司的 SMART 工艺是在原有的催化脱氢工艺中增加了一个氧化脱氢反应器。除了反应器部分结合氧化再热技术外，SMART 工艺其余流程基本和原有催化脱氢技术工艺类似，因此其原料规格要求、产品质量指标以及工艺操作条件和原有催化脱氢技术一致。

SMART 工艺典型脱氢反应器是一个三床层固定床径向反应器，第一个床层填充脱氢催化剂，后两个床层填充铂氧化催化剂和脱氢催化剂。在各床层之间引入空气或高浓度氧气（90%氧气和 10%氮气）与来自上一层的反应产物混合，在氧化催化剂的作用下使副产氢气部分氧化，产生的热量使反应物流升温，继续进入脱氢催化剂层进行乙苯脱氢反应。氧化反应的氢气总消耗占脱氢反应副产氢气的 53%。与完全采用稀释蒸汽作热载体的催化脱氢相比，该工艺减少了稀释蒸汽的用量，将苯乙烯单程转化率从 70%提高至 82.5%。

该工艺由原来的两段式反应器变为三段式反应器，在氧化脱氢反应器中氢气在催化剂上选择性氧化放出的热量可以替代中间换热节约能量，同时氢气消耗后反应向右移动，乙苯转化率增加，提高了生产能力。SMART 乙苯脱氢工艺的流程见图 8-16，SMART 工艺与传统工艺的技术经济指标比较见表 8-7。

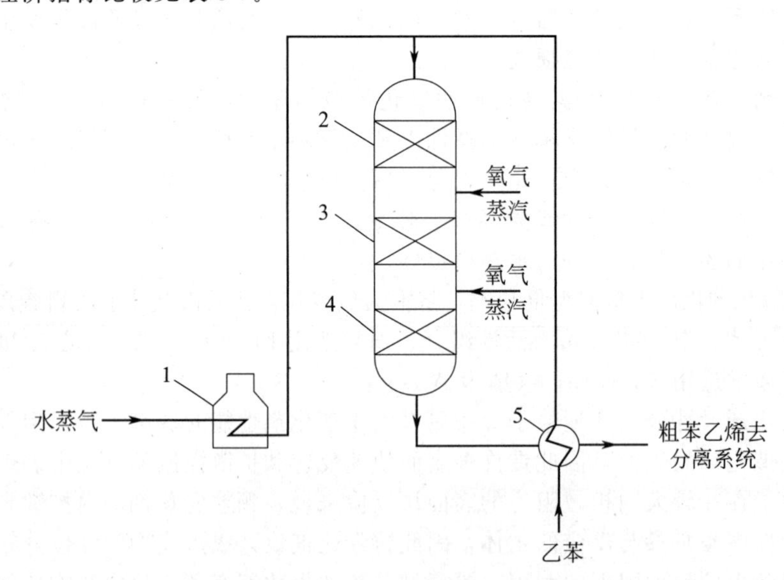

图 8-16　SMART 乙苯脱氢工艺流程

1—过热蒸汽炉；2—第一脱氢反应层；3—第一氧化反应层+第二脱氢反应层；4—第二氧化反应层+第三脱氢反应层；5—换热器

表 8-7　SMART 工艺与传统工艺的技术经济指标比较

反应条件和结果	传统工艺	SMART 工艺	反应条件和结果	传统工艺	SMART 工艺
苯乙烯选择性/%	95.6	95.6	反应器进口温度/℃	620～640	615～620
乙苯转化率/%	69.8	82.5	蒸汽消耗/(t/t)	2.3	1.3
水比	1.7	1.3	燃料油消耗/(kg/t)	114.0	69.0
反应器出口压力(绝)/kPa	58	58			

8.3 苯酚和丙酮 >>>

苯酚、丙酮是重要的有机化工产品，不仅用途广，而且需要量很大。以苯酚为原料可制成双酚A、烷基酚、环己醇、酚醛树脂、聚碳酸酯树脂、己内酰胺、尼龙66、表面活性剂、农药、医药、炸药、染料等。丙酮不仅广泛用作溶剂和萃取剂，也是甲基丙烯酸甲酯、糠醛-丙酮树脂和环氧树脂等的原料。

(1) 苯酚制法　苯酚是苯的主要衍生物之一。除由煤焦油、焦炉排出污水、石油裂解厂废水及裂解汽油碱洗液中得到外，主要利用合成方法制取，其主要生产方法如下。

① 磺化法　以苯为原料用硫酸磺化后制苯磺酸，再用亚硫酸钠中和，蒸出二氧化硫。得到的苯磺酸钠再与熔融的氢氧化钠反应得酚钠与亚硫酸钠，用二氧化硫酸化后得到苯酚。

反应式为

$$C_6H_6 + H_2SO_4 \longrightarrow C_6H_5SO_3H + H_2O$$

$$2C_6H_5SO_3H + Na_2SO_3 \longrightarrow 2C_6H_5SO_3Na + SO_2 + H_2O$$

$$C_6H_5SO_3Na + 2NaOH \longrightarrow C_6H_5ONa + Na_2SO_3 + H_2O$$

$$2C_6H_5ONa + SO_2 + H_2O \xrightarrow{H_2SO_4} 2C_6H_5OH + Na_2SO_3$$

此法工艺较老，原料原子利用率低，已逐渐淘汰。

② 氯苯水解法　以苯为原料，经氯化或氧氯化生成氯苯，然后氯苯在高温、高压下与氢氧化钠水溶液进行催化水解成酚钠，再用氯化氢中和得苯酚。

反应式为

$$C_6H_5Cl + 2NaOH \longrightarrow C_6H_5ONa + NaCl + H_2O$$

$$C_6H_5ONa + HCl \xrightarrow{H_2SO_4} C_6H_5OH + NaCl$$

③ 甲苯氧化法　甲苯在钴盐的作用下，由空气氧化生成苯甲酸，再在铜催化剂作用下氧化脱羧成苯酚。

反应式为

$$C_6H_5CH_3 + 3/2O_2 \xrightarrow[150\sim160℃]{Co^{2+}} C_6H_5COOH + H_2O$$

$$C_6H_5COOH + 1/2O_2 \xrightarrow[230\sim240℃]{CuO\sim MgO} C_6H_5OH + CO_2$$

本法不以苯为原料，对甲苯的利用有一定的价值，而且不联产丙酮。

④ 异丙苯法　这是苯酚最重要的生产方法，此法不仅生产苯酚，还联产丙酮。苯酚与丙酮产量之比为1∶0.6。

(2) 丙酮制法　丙酮的生产方法除了异丙苯法外，还有以下几种。

① 发酵法　以玉米、白薯和糖蜜等为原料，以丙酮丁醇菌为菌种，发酵得到含有丁醇、丙酮和乙醇的总溶剂，其中三者含量比为6∶3∶1，再经分离可得丁醇、丙酮和乙醇。目前发酵法主要用来生产丁醇，副产丙酮。发酵法生产的丙酮在我国占有较大的比例。

② 异丙醇脱氢法　以银、铜或过渡金属的硫化物为催化剂，异丙醇发生脱氢反应而产生丙酮，反应式如下

$$(CH_3)_2CHOH \longrightarrow CH_3COCH_3 + H_2 \quad \Delta H = 67kJ/mol$$

异丙醇脱氢法开发较早，以异丙醇计的丙酮收率约为90%，在丙酮生产中还占有一定的地位。

③ 丙烯直接氧化法　在$PbCl_2$催化剂存在下，可用空气（氧气）液相氧化丙烯，制得

丙酮。

$$CH_3CH{=}CH_2 + 1/2O_2 \xrightarrow{PbCl_2} CH_3COCH_3 \quad \Delta H = -175.8kJ/mol$$

本节主要介绍异丙苯法。异丙苯法生产苯酚和丙酮的过程由三个部分组成：

① 苯与丙烯发生烷基化反应生成异丙苯；

② 异丙苯过氧化反应生成过氧化氢异丙苯；

③ 过氧化氢异丙苯分解生成苯酚和丙酮。

8.3.1 异丙苯的合成

苯与丙烯烷基化合成异丙苯是典型的傅克反应，属碳正离子机理。在催化剂作用下，其反应机理是：苯与丙烯烷基化，首先生成异丙苯。在质子酸催化作用下，丙烯被活化成异丙基碳正离子，生成的异丙基碳正离子进攻苯环形成 σ-络合物，再经质子离去完成该烷基化反应过程。

苯的丙基化反应式如下

$$C_6H_6 + CH_3CH{=}CH_2 \longrightarrow C_6H_5{-}CH(CH_3)_2 \quad \Delta H = -113kJ/mol$$

除了上述主反应外，还可能发生一系列副反应，如：苯与丙烯发生多烷基化反应生成二异丙苯、三异丙苯等多异丙基衍生物；苯与其他烯烃的烷基化反应；丙烯自聚形成聚合物等。应使用过量苯来抑制多烷基化反应及聚合反应，同时应尽可能除去丙烯中的其他烯烃，防止生成其他烷基苯（产品质量指标规定生成的乙苯及丁苯量小于 200mg/L）。由于水分对固体磷酸催化剂的理化性质影响较大，为保证烃化反应的顺利进行，一般控制原料中水分含量为 200～250mg/L。

异丙苯生产所用的原料，约占苯消耗量的 15%，丙烯的 10%。丙基化反应可用磷酸-硅藻土为催化剂的气相法，也可采用以氯化铝络合物为催化剂的液相烃化法。后一法与液相生产乙苯的方法类似，用溶解在二异丙苯中的三氯化铝作催化剂，使苯与丙烯在 90～95℃、常压下进行烷基化反应制得异丙苯。此法产率高，约 70%～80%，生产技术成熟，但腐蚀较严重，需用大量特殊耐酸钢材，设备费用较大。因此在新建装置中，多已改用气相法生产。气相法是在 200～250℃及 3～4MPa，用 H_3PO_4 载在硅藻土或浮石载体上作催化剂进行烷基化反应。由于反应介质的腐蚀作用远小于液相法，故仅在几个特殊部位需用少量不锈钢，其他部分均可用普通碳钢制造，减少了设备投资费用。其水、电消耗量也比液相法减少了 1/3。另外此法副产物生成量少，异丙苯产率大，纯度高，生产成本低。以苯计的异丙苯产率可达理论值的 96%～97%，以丙苯计产率也达 91%～92%。

图 8-17 所示为气相烷基化法制异丙苯的工艺流程。

新鲜丙烯与由分离系统送回的循环苯混合后，加热至 200℃进第一反应器底部，在 200～250℃及 3～4MPa 下反应，出来的反应气体进入异径反应器与上部下来经闪蒸脱水的原料苯及部分循环丙烯进一步反应，使反应达到完全。异径反应器顶部排出的未反应丙烯、丙烷及其他惰性物质经冷却冷凝后，在分离器中分离，不凝气体从上部排出，用作燃料气；为防止惰性物质的积累，需放出部分冷凝液，其余循环回反应器。反应产物从异径反应器下部排出后，进入初馏塔分离，塔顶分出来反应的苯，一部分循环使用，另一部分排出系统外，以防止循环苯内杂质的积累。初馏塔釜液送至异丙苯精馏塔，塔顶分出异丙苯产品，塔釜液主要含二异丙苯、三异丙苯及丁苯等高沸物，可另作处理。

表 8-8 列出了气相磷酸法与液相三氯化铝法生产异丙苯的技术经济指标比较。

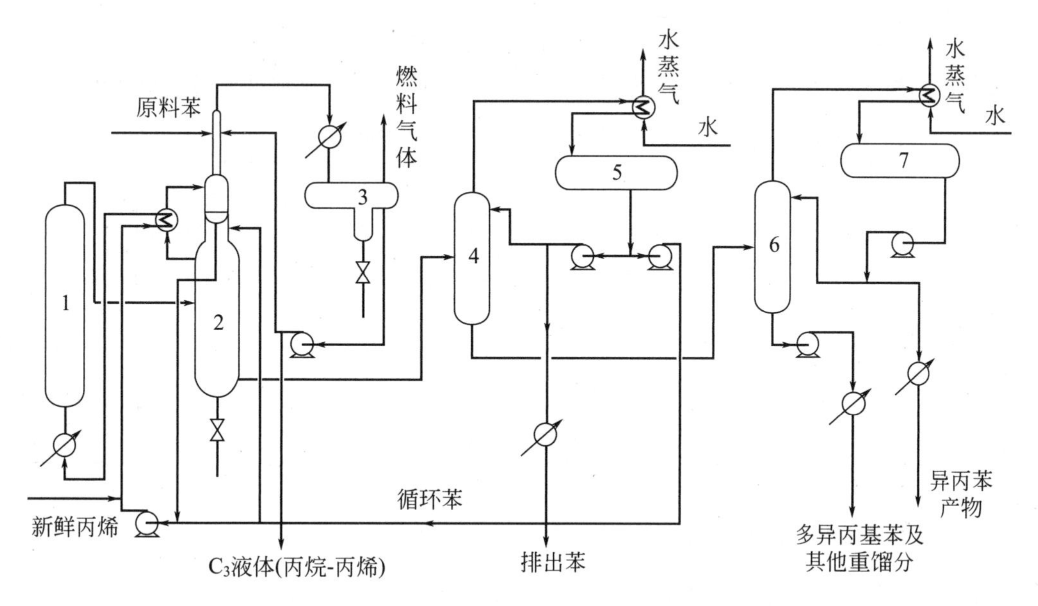

图 8-17　气相烷基化法合成异丙苯工艺流程示意图

1—第一反应器；2—第二异径反应器；3—分离器；4—初馏塔；
5—苯冷凝器；6—异丙苯精馏塔；7—异丙苯冷凝器

表 8-8　异丙苯生产的技术经济指标比较

方法	原料单耗(1t 异丙苯)			综合指标(1t 异丙苯)			设备/台
	苯	丙烯(100%)	催化剂	总收率/%	总能耗①/kJ	污水量/t	
气相法	0.667t	0.350t	固体磷酸 1kg	约 96	650	—	约 40
液相法	0.664t	0.355t	$AlCl_3$ 约 3kg,HCl 约 3kg	约 97	4430	10	约 60

① 总能耗以生产 1t 异丙苯所需燃料和水、电、汽的数量折算成热量计。

从表中数据可见，目前液相法的收率比气相法收率高 1%，这是由于用三氯化铝作催化剂，二异丙苯可进行反烃化。要提高气相法的收率则应增加反烃化装置。气相法具有流程简单，设备台数少，基本上无腐蚀，“三废”污染小和单位产品能耗低的优点，但其产品中聚合物杂质含量高于液相法的，若不除去将影响苯酚的质量。液相法的优缺点正好与气相法相反。

在苯酚-丙酮的生产过程中，丙烯和苯经过烃化反应合成异丙苯这一步，是近几年来技术发展变化最大的部分。自 20 世纪 90 年代至今，其发展主要经历了三氯化铝法、固体磷酸法、沸石分子筛法三种不同催化工艺的更替。

(1) 三氯化铝法　该工艺完成烷基转移，副反应少，催化剂消耗较低，产品纯度较高。但其催化成分氯化铝会带来很大的污染，在当今环保意识日益加强的趋势下，其使用受到一定的限制。

(2) 固体磷酸法　此工艺操作比较简便，1995 年以前在全球占据了异丙苯法生产的主要地位。但因其无烷基转移功能，且产品收率较低，对反应器腐蚀严重，很大程度上影响了产品质量。

(3) 沸石分子筛法　从 1992 年 DOW 化学公司首次采用分子筛催化剂进行烷基转移化反应以来，分子筛催化异丙苯工艺取得了长足进展，目前主要有 DOW/Kellogg、UOP、Mobil/Badger、Enichem、CD Tech 和北京燕山石化等工艺实现了工业化。各工艺的技术参数列于表8-9。分子筛催化异丙苯工艺采用了无腐蚀、污染小的沸石（包括Y型沸石、β型沸石）为催化载体，收率接近100%，产量明显提高，因此在1994年开发成功后得到迅速推广。

表8-9 分子筛催化异丙苯工业化工艺数据对比

项目	工艺名称					
	DOW/Kellogg	CD Tech	Q-Max	Mobil/Badger	Enichem	BYPC
催化剂或代号	脱铝丝光沸石(3-DDM)	USY(LCY-82)	QZ-2000	MCM-22	硼改性β沸石	改性β沸石
苯烯物质的量比		10	3.5	4	7.4	6
温度/℃		175	145	130	150	160
压力/MPa		0.7	2.6	2.1	3.0	3.0
丙烯转化率/%	100	99.6		100	100	100

8.3.2 异丙苯的氧化反应

异丙苯氧化制过氧化氢异丙苯（工业上简称CHP）是一个液相氧化过程，其主反应式如下

$$C_6H_5CH(CH_3)_2 + O_2 \longrightarrow C_6H_5C(CH_3)_2OOH \qquad \Delta H=-117kJ/mol$$

异丙苯的液相氧化与一般烃类的液相氧化相似，为自由基连锁反应历程。由于反应生成的过氧化氢异丙苯在氧化条件下能部分分解为自由基，而加速链的引发，促进反应进行，本身即为反应催化剂，所以异丙苯的氧化反应是一种自氧化反应。

氧化过程中除生成CHP的主反应外，还有很多副反应。一部分是通过自由基的链支化反应产生的；另一部分是由于CHP的稳定性较差容易生成热分解、酸分解和碱分解等产物。以上两类副产物还可能相互作用，生成新的副产物。氧化过程的主要副产物是二甲基苯甲醇、苯乙酮和α-甲基苯乙烯及少量的甲酸、苯甲酸、苯酚、丙酮、乙烯、甲烷、枯酚、双酚A、甲醇和甲醛等。

(1) 反应机理与动力学 自由基连锁反应可分为链的引发、链的增长和链的中止三部分，其反应机理说明如下

链引发 CHP的分解（R代表 $C_6H_5-\dot{C}(CH_3)_2$）

$$ROOH \xrightarrow[\triangle]{k_1} RO\cdot + \cdot OH \quad (退化支化链反应)$$

也可用金属离子（例如Co^{2+}）催化分解

$$ROOH + Co^{2+} \longrightarrow RO\cdot + Co^{3+} + OH^-$$

$$ROOH + Co^{3+} \longrightarrow ROO\cdot + Co^{2+} + H^+$$

链的增长

$$R\cdot + O_2 \xrightarrow{k_2} ROO\cdot$$

$$ROO\cdot + RH \xrightarrow{k_3} ROOH + R\cdot$$

链的终止

$$2R\cdot \xrightarrow{k_4} R-R$$

$$ROO\cdot + R\cdot \xrightarrow{k_5} ROOR$$

$$2ROO\cdot \xrightarrow{k_6} ROOR + O_2$$

主要的副反应有

$$2ROO\cdot \xrightarrow{k_7} 2RO\cdot + O_2$$

$$RO\cdot(\text{即 } C_6H_5\text{—}C(CH_3)_2O\cdot) \longrightarrow C_6H_5\text{—}\underset{\underset{O}{\|}}{C}\text{—}CH_3 + \cdot CH_3$$

$$\cdot CH_3 \longrightarrow CH_3O\cdot \longrightarrow CH_3OH \longrightarrow HCHO \longrightarrow HCOOH \longrightarrow CO_2$$

反应开始后，自由基浓度即达到动态平衡。根据反应式，ROO·生成速率为零，即

$$dc_{ROO\cdot}/dt = k_2 c_{R\cdot} c_{O_2} - k_3 c_{ROO\cdot} c_{RH} - k_5 c_{R\cdot} c_{ROO\cdot} - k_6 c^2_{ROO\cdot} = 0$$

如 $k_5^2 = k_4 k_6$，则氧的吸收速率可用下式表示

$$-dc_{O_2}/dt = r_1^{0.5}(k_3/k_6^{0.5})c_{RH}f = (2k_1)^{0.5}(k_3/k_6^{0.5})c^{0.5}_{ROOH}c_{RH}f$$

式中，$f = k_2 k_6^{0.5} c_{O_2}/[k_3 k_4^{0.5} c_{RH} + k_2 k_6^{0.5} c_{O_2} + k_4^{0.5} k_6^{0.5} r_1^{0.5}]$；$r_1$ 为链引发反应速率，$r_1 = 2k_1 c_{ROOH}$。

由于链的传播速率远大于链引发速率，故 f 式分母的第三项可忽略不计，又因氧浓度较大，所以 $f \approx 1$，即有

$$-dc_{O_2}/dt = r_1^{0.5}(k_3/k_6^{0.5})c_{RH} = (2k_1)^{0.5}(k_3/k_6^{0.5})c^{0.5}_{ROOH}c_{RH}$$

从以上动力学分析可知，氧的吸收速率（即 CHP 生成速率）为产物 CHP 浓度的 0.5 次方关系，所以高 CHP 浓度可加快反应速率。

另外自由基 ROO·在链增长反应中生成主产品 CHP，而在其余反应式中则生成副产物，所以链增长越长，生成 CHP 的选择性越好。链长 ν 用下式表示。

$$\nu = -\frac{1}{r_1} \times \frac{dc_{O_2}}{dt} = \frac{1}{(2k_1)^{0.5} c^{0.5}_{ROOH}} \times \frac{k_3 c_{RH}}{k_6^{0.5}}$$

由上式可知，反应的选择性与反应产物 CHP 浓度的 0.5 次方成反比。所以应兼顾反应速率与选择性对 CHP 浓度的要求，选择在经济上最适宜的 CHP 浓度。

(2) 反应条件的影响　除去 CHP 浓度外，影响反应的重要参数还有温度、压力、原料纯度、添加剂、pH 值和氧化深度等。

① 温度　在工业生产的气体线速度下，氧化反应属动力学控制，即增加温度时，反应速率加快。异丙苯液相氧化反应主反应的活化能为 72.94kJ/mol，其主要副反应的活化能为 92.70kJ/mol。当反应温度增加时，氧化反应速率虽加快，但反应选择性却下降。亦即高温下 CHP 的热分解速率增加，故随温度的增高，副产物也增加，使 CHP 选择性下降。图8-18也反映了反应温度、CHP 浓度和选择性的关系。为了加快反应速率可提高异丙苯的单程转化率和反应温度。为了提高选择性，应降低异丙苯的单程转化率和反应温度。在工业生产中，当选择性在 90%～95%时，反应温度控制在 100～200℃为好。有时为了提高选择性，采用更低的温度

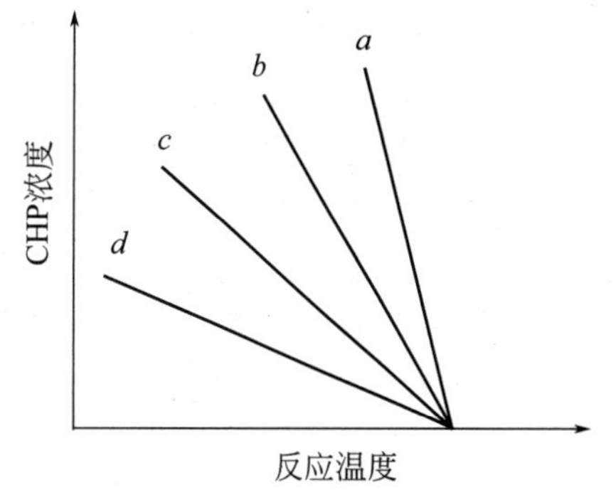

图 8-18　异丙苯氧化时反应温度、CHP 浓度和选择性的关系

图中每一直线代表某一选择性 $d>c>b>a$

（如 90～100℃），但为了达到一定的生产能力，则应增加反应器总体积及物料在反应器中的停留时间。

② 压力　实验表明氧化速率开始随氧分压的增加而加快，随着氧分压达到一定范围内，继续增大氧分压对氧化速率没有影响。为了加大溶氧速率，一般在 0.5～1MPa 压力下操作。

③ 原料浓度　异丙苯的氧化对原料要求较严格，应除去对链引发、增长和中止阶段有不利影响的杂质硫化物（如异丙基噻吩、硫醇、硫化氢等）、苯酚和不饱和烃类（如丙烯三聚体、α-甲基苯乙烯等）。烷基苯（甲苯、乙苯和丁苯等）可影响反应速率和总收率，也增加了最终产品苯酚精制的困难。金属（如铁等）和金属离子的存在，虽能增加反应速率，但也增加了副产物的生成，所以应控制原料异丙苯中的金属含量，对在反应过程中产生金属离子和黑色金属及其他金属均不能选用为氧化反应器及有关设备的材质，异丙苯原料中有机硫含量应小于 1mg/L；乙苯和丁苯的含量最好低于 200mg/L；苯酚含量小于 50mg/L；不饱和烃类含量（以溴值表示）小于 200mg/L，最好小于 50mg/L；其他有机杂质亦应控制在最低限度。

④ 添加剂　异丙苯氧化反应需加入添加剂从而缩短反应的诱导期，减少氧化过程中的副产物和提高氧化反应的收率，从而提高整个过程的经济技术指标。氧化反应的添加剂有 CHP-Na 盐、变价金属的有机酸盐（如松脂酸锰和硬脂酸钴等）、碱金属和碱土金属的盐类和氢氧化物、金属氧化物等（如氢氧化钠、碳酸钠、硬脂酸的钡盐和镉盐等）。

⑤ pH 值　异丙苯氧化受 pH 值影响很大，pH 值过高、过低均会促进 CHP 的分解。一般利用碳酸钠水溶液调节 pH 在 6～8 之间。

⑥ 氧化深度　氧化深度指的是异丙苯氧化反应的最终产物——氧化液中 CHP 的浓度。从该反应的动力学方程可知，在一定的浓度范围内，CHP 的生成速率与 CHP 浓度成正比（自催化性质），而 CHP 的选择性与浓度成反比（连串反应），亦即在较高浓度的 CHP 体系中，反应速率越快，反应的选择性越差。为保证一定的选择性和及时移出氧化反应热，氧化深度应当控制在一定的范围内。一般将氧化深度控制在25%～30%（质量分数）左右。

由氧化反应得到的氧化液为淡黄色透明液体，CHP 含量 25%～30%，并含有不多于 2.5%的杂质（如二甲基甲醇、α-甲基苯乙烯、苯乙酮等）。在送去分解以前，一般需要预先加以提浓，将稀氧化液导入膜式蒸发器（或汽提塔），在真空度为 0.1MPa 及不超过 95℃的温度下，蒸出未反应的异丙苯，将 CHP 的含量提浓到 80%左右，然后进行下一步的分离。

8.3.3　过氧化氢异丙苯的分解

CHP 分解为苯酚、丙酮，一般用酸性催化剂，如硫酸、磺酸型阳离子交换树脂和二氧化硫。当选用硫酸作催化剂时，其价廉易得，且用量小，但酸性分解液中生成的硫酸盐，容易堵塞管道设备，对设备的腐蚀作用也较严重，且反应后的分解液必须经中和除盐后才能送去分离，使流程复杂化。采用阳离子强酸型交换树脂催化剂，可使副产物有所减少，提高了苯酚、丙酮的收率，并简化了分解液与催化剂的分离过程。但为了延长树脂的使用寿命，氧化液必须水洗后进入分解反应器。二氧化硫催化性能较好，少量二氧化硫即可使分解顺利进行，但它是强刺激性气体，应用不如硫酸与树脂催化剂那样方便。

CHP 的分解过程属离子型连锁反应，为强放热过程。其主反应式如下

$$C_6H_5C(CH_3)_2OOH \xrightarrow{[H^+]} C_6H_5OH + CH_3COCH_3 \qquad \Delta H = -251\text{kJ/mol}$$

分解过程中发生很多副反应，主要副反应如下

$$C_6H_5C(CH_3)_2OOH \longrightarrow C_6H_5C(CH_3)_2OH\ (二甲基苯甲醇) + \frac{1}{2}O_2$$

$$C_6H_5C(CH_3)_2OOH \longrightarrow C_6H_5COCH_3\ (苯乙酮) + CH_3OH$$

$$C_6H_5OH + C_6H_5C(CH_3)_2OH \longrightarrow C_6H_5C(CH_3)_2C_6H_4OH\ (枯酚) + H_2O$$

$$C_6H_5C(CH_3)_2OH \longrightarrow C_6H_5C(CH_3){=}CH_2\ (\alpha\text{-}甲基苯乙烯) + H_2O$$

$$2\ C_6H_5C(CH_3){=}CH_2 \longrightarrow H_3C{-}C(CH_3)(C_6H_5){-}CH{=}C(C_6H_5){-}CH_3\ (\alpha\text{-}甲基苯乙烯二聚体)$$

$$C_6H_5C(CH_3){=}CH_2 + C_6H_5OH \longrightarrow C_6H_5C(CH_3)_2C_6H_4OH$$

$$2\ C_6H_5OH + CH_3{-}CO{-}CH_3 \longrightarrow HO{-}C_6H_4{-}C(CH_3)_2{-}C_6H_4{-}OH\ (双酚\ A) + H_2O$$

$$2\ CH_3{-}CO{-}CH_3 \longrightarrow CH_3{-}C(CH_3){=}CH{-}CO{-}CH_3\ (亚异丙基丙酮) + H_2O$$

8.3.3.1　反应机理与动力学

CHP 的分解反应机理如下

$$C_6H_5C(CH_3)_2{-}OOH + H^+ \longrightarrow C_6H_5C(CH_3)_2{-}OOH_2^+$$

$$C_6H_5C(CH_3)_2{-}OOH_2^+ \longrightarrow C_6H_5C(CH_3)_2{-}O^+ + H_2O$$

$$C_6H_5C(CH_3)(O^+CH_3) \longrightarrow C_6H_5{-}O{-}C^+(CH_3)_2$$

$$C_6H_5{-}O{-}C^+(CH_3)_2 + H_2O \longrightarrow C_6H_5OH + O{=}C(CH_3)_2 + H^+$$

CHP在酸性催化剂作用下形成质子化的过氧化氢物质后，首先失去一分子水而生成带有正电荷氧原子的离子，在失去水分子的同时，又进行苯基的转移过程，得到的中间离子再与水作用生成苯酚、丙酮并放出 H^+，重新引发CHP分子，使反应连续进行。

利用国产742强酸性阳离子交换树脂进行CHP分解反应动力学试验，认为在CHP起始浓度较低时（如1.5%），CHP分解反应基本符合一级反应的规律，其反应速率常数约为 $2.2\times10^{-3}s^{-1}$。而浓度较高时，反应比较复杂，则不符合一级反应规律。

8.3.3.2 反应条件的影响

当使用强酸性阳离子交换树脂进行CHP催化分解反应时，不同的离子交换树脂、反应温度、水分、CHP的起始浓度及原料中杂质均对反应有较大的影响。

(1) 离子交换树脂表面性质、粒度及用量的影响 由于CHP与氢离子的反应是在树脂表面进行，反应后生成的苯酚和丙酮又从树脂表面解析出来，所以树脂的表面性质对催化性能有较大的影响。研究认为大孔径的阳离子交换树脂具有较高的渗透强度和优良的动力学性质，催化性能较好。

树脂粒度基本不影响分解反应速率。从力学的角度考虑，应根据不同的反应器型式选择不同的树脂粒度，如采用流化床反应器时，粒度可小一些；而用固定床时，则应适当加大树脂粒度，以减小阻力。

CHP的分解速率随树脂用量增加而增大，另外树脂用量对反应收率也有较大影响。采用30%未提浓的CHP，在70℃下，用732树脂进行反应的试验结果表明，树脂加入量为3%时较好，4%将促进副反应增加，而反应速率几乎没有提高。若将树脂用量降低到1%～2%时，虽副反应减少，但反应速率也大大下降。用含CHP 80%的CHP提浓液和742型树脂在70℃分解时，也有类似的结果，此时适宜的树脂加入量约为1%左右。

(2) 反应温度 反应速率随温度的升高而增加，但副产物含量也相应增加，一般选70℃为适宜反应温度。

(3) 水分 树脂中的水分和CHP或所用溶剂中的水分均对树脂催化活性有较大的影响，这是因为水分会覆盖树脂表面，使油层无法接触，降低了树脂催化活性。有研究表明，当分解液中含水0.1kmol/m³时，反应速率是不含水时的1/6，所以应对树脂进行干燥，同时应严格控制原料中水分的含量。

(4) CHP的起始浓度 表8-10为CHP浓度对反应的影响，可见CHP浓度越高，反应速率和收率也越高。但考虑到反应热的移出和分解反应过程的安全，CHP浓度不能太高，一般采用CHP提浓液的浓度为80%～85%较适宜。

表8-10 CHP浓度对反应的影响

项目	CHP 30%	CHP 60%	CHP 80%
$k_{70℃}/s^{-1}$	2.28×10^{-5}	10.6×10^{-5}	19.7×10^{-5}
收率/%	92～93	94～95	约97

(5) 原料中杂质的影响 如提浓液中带入焦油状物质，将影响树脂的活性，其影响与水相似，不会引起树脂的永久性中毒。但CHP中若有钠离子或其他能与氢离子置换的金属离子时，树脂将永久失活，因为 Na^+ 能与—SO_3H 上的 H^+ 进行交换，使树脂变为中性，失去催化作用。为保证树脂寿命，工艺上要求在提浓前将氧化液水洗，除去钠离子，使CHP中 Na^+ 含量小于2mg/L。

8.3.4 异丙苯过氧化及CHP分解工艺流程

异丙苯过氧化工艺流程有多种，其区别主要在于所用反应器的不同。一般多采用鼓泡塔或泡罩塔式氧化塔作为氧化反应器。异丙苯液相氧化反应的反应速率快与反应选择性降低之间的矛盾，在一定程度上可以通过多个反应器串联来解决。工业上一般选用 2～5 台反应器串联进行。为了加快反应速率，提高选择性，从工程的角度出发，宜采用反应原料并流的方式，并流的最大优点是新鲜空气与新鲜异丙苯接触，较好地避免了酸性副产物的污染，有利于选择性的提高。常用的有多层鼓泡式反应器流程与采用 2～4 台反应器串联操作的多塔串联反应器流程。目前我国大都采用前一流程。图 8-19 所示为其工艺流程。

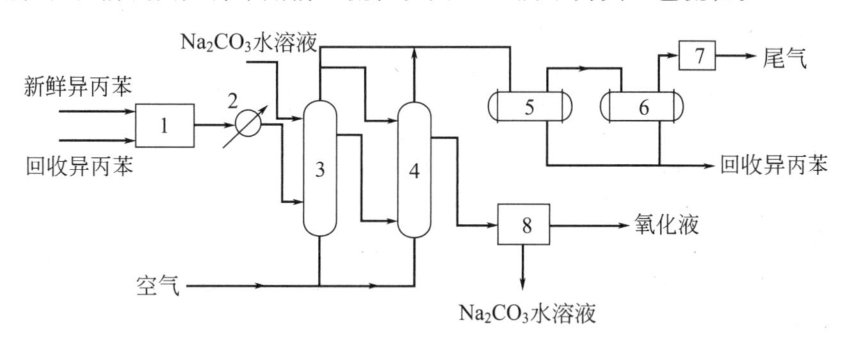

图 8-19　异丙苯过氧化工艺流程示意图

1—异丙苯贮槽；2—预热器；3,4—氧化塔；5,6—冷凝器；7—尾气处理系统；8—分层罐

多层鼓泡式反应器一般有 10 层塔板，各板间设置盘管换热器，利用冷却水带走反应热，控制氧化温度在 100～120℃，反应压力 0.4～0.5MPa，物料在反应器内停留时间约 5～6h，氧化液中 CHP 含量 25%～30%。

新鲜异丙苯与循环异丙苯以 1∶3 混合后，与塔釜热氧化液换热，再经预热器加热至 100℃左右，由氧化反应塔底引入塔内，脱除了固体杂质、酸性气体和油雾的净化空气由塔底通入，与异丙苯并流接触，进行氧化反应。氧化所需的添加剂 10%碳酸钠溶液从塔的第 3、第 6、第 10 节加入，控制氧化液 pH 值在 6～8 左右。氧化塔顶放出的尾气经冷凝后放空，一般通过控制尾气中残氧含量为 5%来决定氧化反应所需的空气量。尾气凝液含异丙苯与少量酸，经碱洗后，回收异丙苯。氧化塔底排出的氧化液经栅板混合器、沉降槽，用软水二级逆流水洗脱除钠离子和酸性物质后送入贮槽。后经升膜蒸发器、降膜蒸发器提浓，使氧化液中 CHP 达 80%左右。蒸出的异丙苯送汽液分离器，经冷凝、分离、净化后回收利用。

CHP 分解反应在三个串联的分解反应器中进行。反应器分上下两段，内装阳离子交换树脂，又装有冷却器及搅拌器，以排除反应热。CHP 分解工艺流程如图 8-20、图 8-21 所示。

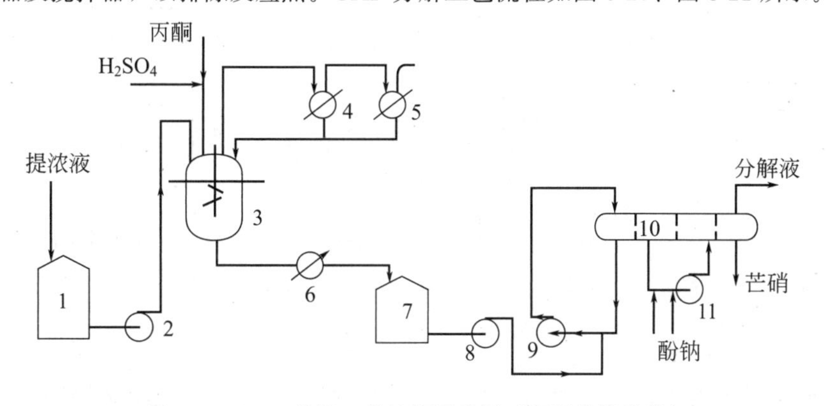

图 8-20　CHP 分解工艺流程示意图（丙酮蒸发移热）

1—浓 CHP 贮罐；2,8,9,11—离心泵；3—分解反应器；4,5—冷凝器；6—冷却器；7—分解液中间罐；10—中和罐

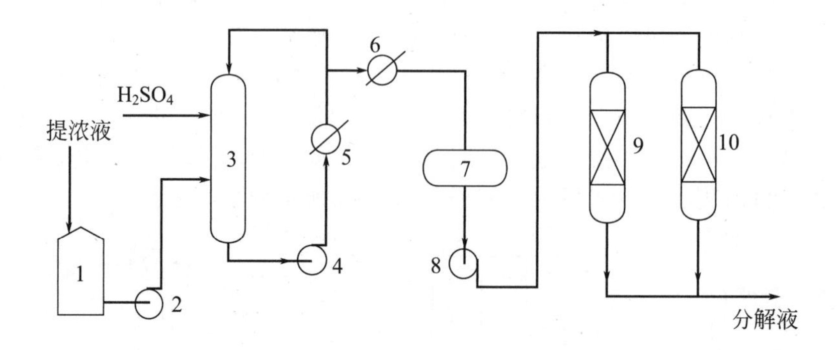

图 8-21 CHP 分解工艺流程示意图（外循环散热）

1—浓 CHP 贮罐；2,4,8—离心泵；3—分解反应器；5—外循环冷却器；
6—分解液冷却器；7—中间罐；9,10—离子交换柱

浓缩氧化液中混加分解液稀释后，顺次进入三个反应器。分解反应在常压、75℃下进行。当分解液中 CHP 浓度低于 0.2%时，终止反应，将分解液从第三反应器上部引出，进入树脂沉降槽，分出的树脂经螺旋输送机回到第一反应器，得到的分解液调整 pH 值至 7～7.5 后，送至精馏工序。

分解液含有丙酮、苯酚及高沸物、低沸物，它们之间可能形成共沸物，需用不同、多步骤的分离方法。一般分离液先经粗馏，分成丙酮馏分与苯酚馏分。丙酮精制可用萃取精馏脱醛或化学方法脱醛。苯酚的精制可用共沸精馏、萃取精馏或阳离子交换树脂精制等方法。

图 8-22 所示为分解液精馏分离流程。先从分解液中分出粗丙酮，再进一步精制得产品丙酮；然后将未反应的异丙苯和水分出，异丙苯纯化后循环使用；再分出 α-甲基苯乙烯，可加氢回收异丙苯或用作聚合物单体；最后得到主产品苯酚，残留的酚焦油是由二甲基苯甲醇与少量 CHP 或苯酚反应生成的一系列副产物组成，可作为燃料或进行热裂化回收苯酚、异丙苯、α-甲基苯乙烯，但质量较差。

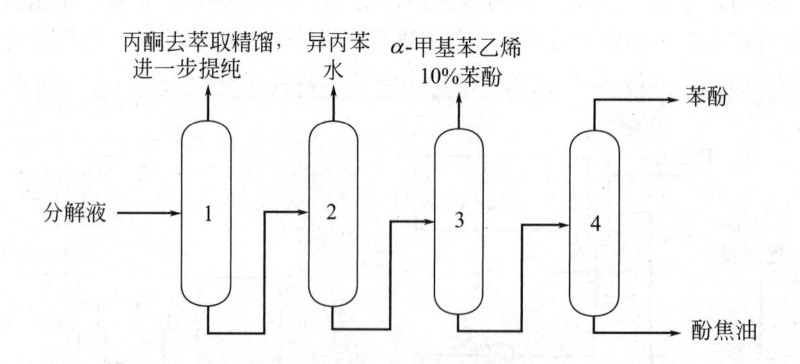

图 8-22 分解液精馏分离流程示意图

1—丙酮塔；2—异丙苯塔；3—α-甲基苯乙烯塔；4—苯酚塔

该法的产率以异丙苯计可达理论量的 92%，同时可得约 2%的苯乙酮和 7%左右的 α-甲基苯乙烯。表 8-11 列出了异丙苯法生产苯酚和丙酮的原料和公用工程消耗。

表 8-11　异丙苯法生产苯酚和丙酮的原料和公用工程消耗（以生产1t苯酚计）

项目	m(苯)/t	m(丙烯)/t	电能/kW·h	m(蒸汽)/t	m(水)/t
三井油化工艺	0.926	0.537	467	6.05	6.19
美国公司 A	0.883	0.476	336	4.05	335
美国公司 B	0.929	0.541	277.8	约 8.5	595.3

异丙苯法所用的原料、中间产品和最终产品都是有毒、易燃和易爆的物质，其中间产物过氧化氢异丙苯（CHP）是一种不稳定的有机氧化物，CHP在高温以及酸碱存在下会激烈分解，到目前为止，由CHP分解引起的事故不止一起，因此，保证CHP生产过程的安全，是整个生产过程安全的关键，一定要严格控制反应温度和CHP浓度，防止CHP与酸碱的直接接触。

8.3.5　技术进展

异丙苯法改进的重点集中于开发新型催化剂、完善分解工序和提纯工序。

UOP工艺、鲁姆斯工艺、KBR工艺技术继续对原有工艺加以改进，在降低副产物量、提高苯酚纯度方面，较前有所改进，其中UOP工艺采用加入催化剂或化学品帮助分离的技术，提高苯酚的纯度。以上三种技术均能获得纯度99.99%以上的苯酚，从而可满足生产聚碳酸酯的要求，同时，在热量利用上都有所改进。

埃克森美孚公司开发了由过氧化氢异丙苯（CHP）制取苯酚的催化精馏技术，塔器催化剂床层中采用Zr-Fe-W氧化物固体催化剂，转化率可达100%，苯酚和丙酮选择性高，而4-异丙苯基苯酚、α-甲基苯乙烯（AMS）二聚物及焦油等高沸点的联产杂质数量很少。该工艺对苯酚的选择性为89.5%，稍低于采用硫酸为催化剂的传统工艺。反应器催化剂床层操作条件为：50～90℃、34kPa、液时空速$4h^{-1}$。联产物α-甲基苯乙烯和苯乙酮的选择性分别为9.7%和0.8%。该催化精馏工艺有效地将反应热用于丙酮精馏过程，将反应过程和精馏过程结合在一起，降低了能耗和投资。由于采用固体酸催化剂代替通用的硫酸催化剂，可避免产物的中和过程。

传统异丙苯液相氧化反应的反应器存在入口氧浓度偏低的问题，随着反应沿塔高方向进行，氧气被大量消耗，装置供氧总量严重不足。通过改进或改变反应器形式或进一步研发与该氧化工艺相适应的反应器，也是优化异丙苯氧化过程的有效途径。异丙苯新型氧化反应器方面的研究主要是根据鼓泡塔内异丙苯液相氧化过程存在气体搅拌动能小，水相与油相间较大的密度差异的问题，提出将气升式环流反应器用于该过程。研究表明，当反应时间相同时，在环流反应器内的CHP浓度和异丙苯氧化速率均高于鼓泡反应器。其显示出的优势是因为在环流反应器内液体的循环流速较高，所产生的扰动作用使得反应器内的Na_2CO_3水溶液分布更为均匀，能够及时去除抑制反应的酸性物质；另一方面，环流反应器能够很好地解决供氧不足的问题，增大溶氧，进而促进氧化反应的进行。目前的气升式环流反应器在一定的工艺条件下与传统的机械搅拌釜和鼓泡塔相比具有相当的优势，显示其良好的工业应用前景。

目前苯酚合成工艺在继续完善异丙苯法的同时，正在向无废、少废、不联产丙酮技术的方向发展。由苯和丙烯出发经异丙苯生产苯酚的路线要联产大量丙酮，丙酮市场需求不理想，同时苯酚需精制而耗用能源。因此，由苯为原料直接氧化制取苯酚的工艺已成开发热点，具有工业开发和应用前景。孟山都环境化学公司和俄罗斯Boreskov催化剂研究院合作开发了由苯直接制苯酚而不产生丙酮联产物的一步法工艺，采用以沸石为载体的催化剂，产率可达99%（异丙苯法产率是93%），该法具有工艺简单、收率高、对环境污染小等特点。

第9章

绿色化学化工概论

9.1 绿色化学化工和基本概念 >>>

人类在向大自然不断索取满足自身需要的同时，也造成了严重的环境污染。当代全球环境十大问题：大气污染，臭氧层破坏，全球变暖，海洋污染，淡水资源紧张和污染，生物多样性减少，环境公害，有毒化学品和危险废物，土地退化和沙漠化，森林锐减。这些问题有的直接与化学化工相关，有的间接相关。

“绿色”化工的含意是在化工生产中要实现生态“绿色”化，采用化工产品为相关行业服务时，也要追求使相关行业的生产实现生态“绿色”化，也就是要模拟动植物、微生物生态系统的功能，建立起相当于“生态者、消费者和还原者”的化工生态链，以低消耗（物耗和水、电、汽、冷等能耗及工耗）、无污染（至少低污染）、资源再生、废物综合利用、分离降解等方式实现生产无毒化工产品的化工的“生态”循环和“环境友好”及清洁和安全生产的“绿色”结果。

世界各国均把可持续发展作为国家宏观经济发展战略的一种选择，将可持续发展的原则纳入国家政策和具体行动之中。可持续发展作为人类社会发展的新模式已跨越概念和理论探讨的范畴，成为人类采取全球共同行动所努力追求的实际目标。

化学工业的可持续发展之路在于：在建立与资源能源集约化相适应的化工技术体系的基础上，通过制定合理的产业政策和技术路线，发展清洁生产和资源综合利用，以达到节约资源、能源、保护环境，提高产业综合效益的目的。

绿色化学与化工是21世纪化学工业可持续发展的科学基础，其目的是将现有化工生产的技术路线从“先污染，后治理”改变为“从源头上根治污染”。我国“十一五”中长期科技规划就已提出建设资源节约型、环境友好型社会。资源节约型、环境友好型社会具有丰富的内涵，包括有利于环境的生产和消费方式，无污染或低污染的技术和产品，少污染与低损耗的产业结构，符合生态条件的生产力布局，倡导人人关爱环境的社会风尚和文化氛围。按照我国的发展目标，中国化学科学与工程的发展也必须走绿色化道路，实现由分子水平去研究、设计、创造新的有用物质，直至完成其工业制造与转化过程的全程目标，最终实现资源的生态化利用，建立生态工业园区，实现循环经济，促进并保证经济发展与资源和环境相协调。

9.1.1 绿色化学化工的定义及特点

化学可以粗略地看作是研究从一种物质向另一种物质转化的科学。传统的化学虽然可以得到人类需要的新物质，但在许多场合中却未能有效地利用资源，产生大量排放物造成严重的环境污染。

绿色化学早期又称为环境无害化学、环境友好化学、洁净化学。从环境友好的观点出发，绿色化学与化工是利用现代科学技术的原理和方法，减少或消灭对人类健康、社区安全、生态环境有害的原料、催化剂、溶剂、助剂、产物、副产物等的使用和产生，突出从源头上根除污染，研究环境友好的新原料、新反应、新过程、新产品，实现化学工业与生态协调发展的宗旨。其特点是：在获得新物质的转化过程中，充分利用每一个原子，实现“零排放”，也就是说，“绿色化学与化工”是一种无污染的新型化工。

目前又称绿色化学为可持续发展化学或绿色可持续发展化学，以强调绿色化学化工与可持续发展的关系。从可持续发展科学的观点出发，绿色化学化工不仅要考虑是否产生对人类健康和生态环境有害的污染物，还要考虑到原料资源是否有效利用，是否可以再生，是否可以促进经济、社会的可持续发展等，简单地讲是否符合可持续发展科学的原理和规律。目前这种观点已为大多数人所接受，是绿色化学化工的真正内涵。

经验告诉我们，环境的污染可能较快地形成，但要消除其危害则需较长时间，况且有的危害是潜在的，要在几年甚至几十年后才能显现出来。因此，实现化工生产与生态环境协调发展的绿色化学化工是化学工业今后的发展方向。

绿色化学的主要特点是原子经济性，即在获取新物质的转化过程中充分利用每个原子，实现“零排放”，因此可以充分利用资源，又不产生污染。传统化学向绿色化学的转变可以看作是化学从粗放型向集约型的转变。绿色化学可以变废为宝，可使经济效益大幅度提高，它是环境友好技术或清洁技术的基础，但它更着重化学的基础研究。

绿色化学与传统化学的不同之处在于前者更多地考虑社会的可持续发展，促进人和自然的协调。绿色化学化工是人类用环境危机的巨大代价换来的新认识、新思维和新科学。在这种意义上说，绿色化学化工是对化学工业乃至整个现代工业的革命，是化学工作者面临的机遇和挑战。

绿色化学与环境化学的不同之处在于前者研究环境友好的化学反应技术，而环境化学则是研究影响环境的化学问题。

绿色化学与环境治理的不同之处在于前者是从源头防止污染的生成，而环境治理则是对已被污染的环境进行治理，即“末端治理”。实践证明，这种“末端治理”的经营模式，往往治标不治本，既浪费资源与能源，又耗费了大量治理费用，而且综合效益差，甚至造成第二次污染。

9.1.2 绿色化工过程

简单地说，绿色化工过程是指“零排放”的化工过程，即不排放“三废”以及其他环境污染物，同时还要求原料、产品与环境友好，具有可行的经济性。

长期以来，人们习惯于用产物的选择性（S）或产率（Y）作为评价化学反应过程的标准，然而这种评价指标是建立在单纯追求最大经济效益的基础上的，它不考虑对环境的影响，无法评判废物排放的数量和性质，往往有些产率很高的工艺过程对生态环境带来的破坏相当严重。很显然，把产率（Y）作为唯一的评价指标已不能适应绿色化学工业发展的需要。

（1）原子经济性 原子经济性（atom economy，AE；或原子利用率，atom utilization，AU）可表示为

$$原子经济性(AE)=\frac{目标产物的相对分子质量}{反应物质的相对分子质量总和}\times 100\% \tag{9-1}$$

原子经济性是衡量所有反应物转变为最终产物的量度。如果所有的反应物都被完全结合到产物中，则合成反应是100%的原子经济性。理想的原子经济性反应不应使用保护基团，不形成副产物，因此，加成反应和分子重排反应等是绿色反应，而消去反应和取代反应等原子经济性较差。

原子经济性是绿色化学的重要原理之一，是化学家和化学工程师们用以指导其工作的主要尺度之一，通过对化学工艺过程的计量分析，合理设计有机合成反应过程，提高反应的原子经济性，可以节省资源和能源，提高化工生产过程的效率。

但是，用原子经济性来考察化学反应过于简单，它没有考察产物的产率和选择性、过量反应物、试剂和催化剂的使用、溶剂的损失以及能量的消耗等，单纯用原子经济性作为化学反应过程“绿色性”的评价指标还不够全面，应和其他评价指标结合才能做出科学的判断。

(2) 环境因子 环境因子（environmental factor，用 $E_{因子}$ 表示）是荷兰有机化学教授R. A. Sheldon在1992年提出的一个量度标准，定义为每产出1kg目标产物所产生的废弃物的质量（kg），即将反应过程中的废弃物总量除以产物量。

$$E_{因子}=\frac{废弃物总量(kg)}{目标产物量(kg)} \tag{9-2}$$

其中废弃物是指目标产物以外的所有副产物。由式(9-2)可见，$E_{因子}$越大，意味着废弃物越多，对环境的负面影响就越大，因此，$E_{因子}$为零是最理想的。Sheldon计算了不同化工行业的$E_{因子}$，见表9-1。

表9-1 不同化工行业的 $E_{因子}$ 比较

化工行业	产量规模/(t/a)	$E_{因子}$/(kg副产物/kg产物)
石油炼制	$10^6\sim10^8$	约0.1
大宗化工产品	$10^4\sim10^6$	$<1\sim5$
精细化工	$10^2\sim10^4$	$5\sim50$
医药化工	$10\sim10^3$	$25\sim100$

由表9-1可知，从石油炼制到医药化工，$E_{因子}$逐步增大，其主要原因是精细化工和医药化工中大量采用化学计量式反应，反应步骤多，原（辅）材料消耗较大。

由于化学反应和过程操作复杂多样，$E_{因子}$必须从实际生产过程获得的数据求出，因为$E_{因子}$不仅与反应有关，也与其他单元操作有关。

9.1.3 绿色化学原则

2000年，Paul T. Anastas概括了绿色化学的12条原则，得到了国际化学界的公认。绿色化学的十二条原则是：

① 防止废物产生，而不是待废物产生后再处理；

② 合理地设计化学反应和过程，尽可能提高反应的原子经济性；

③ 尽可能少使用、不生成对人类健康和环境有毒有害的物质；

④ 设计高功效、低毒害的化学品；

⑤ 尽可能不使用溶剂和助剂，必须使用时则采用安全的溶剂和助剂；

⑥ 采用低能耗的合成路线；

⑦ 采用可再生的物质为原材料；

⑧ 尽可能避免不必要的衍生反应（如屏蔽基，保护/脱保护）；

⑨ 采用性能优良的催化剂；

⑩ 设计可降解为无害物质的化学品；

⑪ 开发在线分析监测和控制有毒有害物质的方法；

⑫ 采用性能安全的化学物质以尽可能减少化学事故的发生。

以上 12 条原则从化学反应角度出发，涵盖了产品设计、原料和路线选择、反应条件等方面，既反映了绿色化学领域所开展的多方面研究工作内容，同时也为绿色化学未来的发展指明了方向。

一个理想的化工过程，应该是用简单、安全、环境友好和资源有效的操作，快速、定量地把廉价易得的原料转化为目的产物。绿色化学工艺的任务就是在原料、过程和产品的各个环节渗透绿色化学的思想，运用绿色化学原则研究、指导和组织化工生产，以创立技术上先进、经济上合理、生产上安全、环境上友好的化工生产工艺。这实际上也指出了实现绿色化工的原则和主要途径（参见图 9-1）。

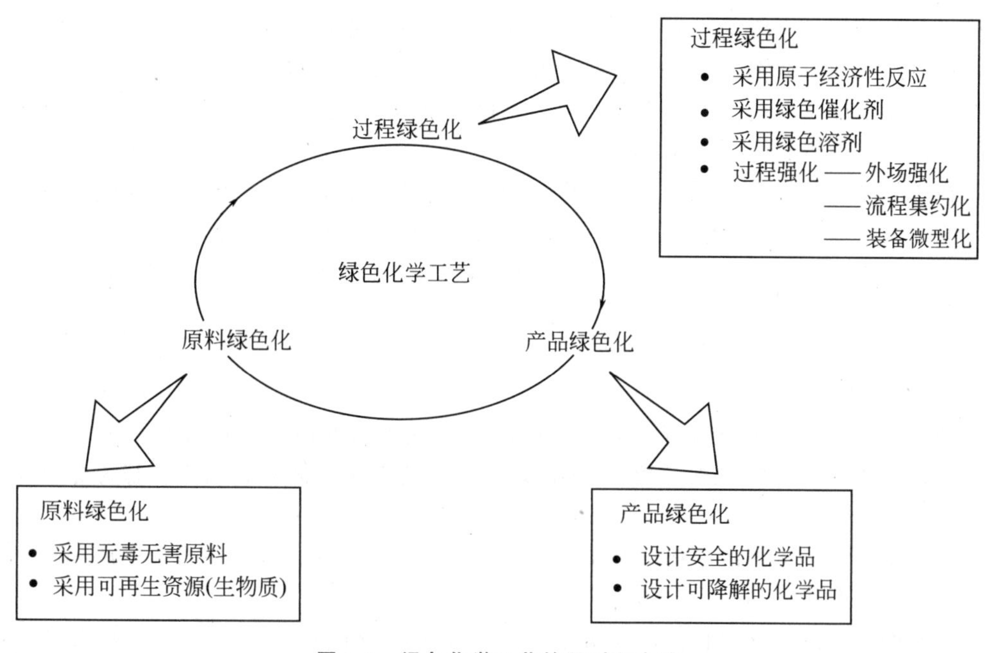

图 9-1　绿色化学工艺的原则和方法

9.2 绿色化学工艺的途径及实例 >>>

9.2.1　绿色化学工艺的途径

如何实现绿色化学的目标，是当前化学、化工界研究的热点问题之一。绿色化工技术的研究与开发主要围绕“原子经济”反应，提高化学反应的选择性，无毒无害原料、催化剂和溶剂，可再生资源为原料和环境友好产品开展的，如图 9-2 所示。

(1) 开发原子经济反应　近年来，开发新的原子经济反应已成为绿色化学研究的热点之一。在已有的原子经济反应如烯烃氢甲酰化反应中，虽然反应已经是理想的，但是原用的油

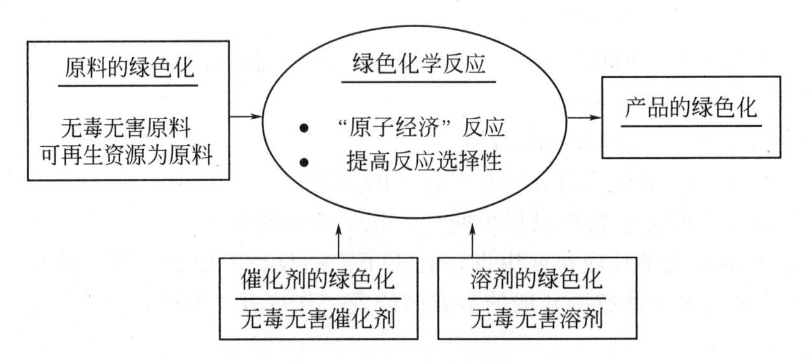

图 9-2　绿色化学工艺的途径

溶性均相铑催化剂与产品分离比较复杂，或者原用的钴催化剂运作过程中仍有废催化剂产生，因此对这类原子经济反应的催化剂仍有改进的余地。

所以近年来开发水溶性均相络合物催化剂已成为一个重要的研究领域。由于水溶性均相配合物催化剂与油相产品分离比较容易，再加以水为溶剂，避免了使用挥发性有机溶剂。

(2) 提高烃类氧化反应的选择性　烃类选择性氧化为强放热反应，目的产物大多是热力学上不稳定的中间化合物，在反应条件下很容易被进一步深度氧化为二氧化碳和水，其选择性是在各类催化反应中最低的。所以，控制氧化反应深度，提高目的产物的选择性始终是烃类选择氧化研究中最具挑战性的难题。

早在 20 世纪 40 年代，Lewis 等就提出了烃类晶格氧选择氧化的概念，即用可还原的金属氧化物的晶格氧作为烃类氧化的氧化剂，按还原-氧化（Redox）的模式，采用循环流化床提升管反应器，在提升管反应器中烃分子与催化剂的晶格氧反应生成氧化产物，失去晶格氧的催化剂被输送到再生器中用空气氧化到初始高价态，然后送入提升管反应器中再进行反应。

根据上述还原-氧化模式，Dupont 公司已成功开发丁烷晶格氧氧化制顺酐的提升管再生工艺，建成第一套工业示范装置。氧化反应的选择性大幅度提高，顺酐收率由原有工艺的 50%（摩尔分数）提高到 72%（摩尔分数），未反应的丁烷可循环利用，被誉为绿色化学反应过程。

(3) 采用无毒、无害的原料　为了人类健康和社区安全，需要用无毒无害的原料代替它们来生产所需的化工产品。

在代替剧毒的光气作原料生产有机化工原料方面，Komiya 研究开发了在固态熔融的状态下，采用双酚 A 和碳酸二苯酯聚合生产聚碳酸酯的新技术，它取代了常规的光气合成路线，并同时实现了两个绿色化学目标。一是不使用有毒有害的原料；二是由于反应在熔融状态下进行，不使用作为溶剂的可疑的致癌物——甲基氯化物。

(4) 采用无毒、无害的催化剂　为了保护环境，多年来国外正从分子筛、杂多酸、超强酸等新催化材料中大力开发固体酸烷基化催化剂。其中采用新型分子筛催化剂的乙苯液相烃化技术引人注目，这种催化剂选择性高，乙苯质量收率超过 99.6%，而且催化剂寿命长。

(5) 采用无毒、无害的溶剂　当前广泛使用的溶剂是挥发性有机化合物（VOC），其在使用过程中有的会引起地面臭氧的形成，有的会引起水源污染，因此，需要限制这类溶剂的使用。采用无毒无害的溶剂代替挥发性有机化合物作溶剂已成为绿色化学的重要研究方向。

在无毒无害溶剂的研究中，最活跃的研究项目是开发超临界流体（SCF），特别是超临界二氧化碳作溶剂。超临界二氧化碳的最大优点是无毒、不可燃、廉价等。除采用超临界溶剂外，还有研究水或近临界水作为溶剂以及有机溶剂/水相界面反应。

(6) 采用生物技术从可再生资源合成化学品 生物技术在发展绿色技术和利用资源方面均十分重要。首先在有机化合物原料和来源上，采用生物量（生物原料）代替当前广泛使用的石油是一个长远的发展方向。生物技术中的化学反应，大都以自然界中的酶或者通过DNA重组及基因工程等生物技术在微生物上产出工业酶为催化剂。酶反应大多条件温和，设备简单，选择性好，副反应少，产品性质优良，又不产生新的污染。

(7) 有机电化学合成方法 有机电合成化学是一门正在迅速成长中的新兴学科，它以电子代替传统化学合成中大量使用的氧化剂和还原剂，通过电极反应界面的设计，可以实现结合光-电-催化于一体的原子经济反应，既节约资源，又对环境友好，产品成本和过程投资也减少了。

9.2.2 绿色化工过程实例

9.2.2.1 环己酮肟的绿色生产工艺

ε-己内酰胺（简称己内酰胺，CPL）是一种重要的有机化工原料，主要用作生产聚酰胺6工程塑料和聚酰胺6纤维的原料。聚酰胺6工程塑料主要用作汽车、船舶、电子电器、工业机械和日用消费品的构件和组件等，聚酰胺6纤维可制成纺织品、工业丝和地毯用丝等，此外，己内酰胺还可用于生产抗血小板药物6-氨基己酸，生产月桂氮䓬酮等，用途十分广泛。近年来，己内酰胺的需求一直呈增长趋势，尤其是亚洲地区。90%以上的己内酰胺是经环己酮肟化生成环己酮肟，再经贝克曼重排转化来生产的。

(1) 环己酮肟传统生产方法 1943年，德国I. G. Fanben公司（BASF公司的前身）最早实现了以苯酚为原料的己内酰胺工业化生产，该工艺称为拉西法（Raschig），又名环己酮-羟胺（HSO）工艺。该工艺分为两步，第一步是羟胺硫酸盐制备，先将氨经空气催化氧化生成的NO、NO_2用碳酸铵溶液吸收，生成的亚硝酸铵用二氧化硫还原得羟胺二磺酸盐，再水解得到羟胺硫酸盐溶液。第二步是环己酮的肟化，环己酮与羟胺硫酸盐反应，同时加入氨水中和游离出来的硫酸，得到环己酮肟，见反应式(9-3)。

$$2\,\text{C}_6\text{H}_{10}\text{O}\ (\text{环己酮}) + (NH_2OH)_2 \cdot H_2SO_4 + 2NH_3 \longrightarrow 2\,\text{C}_6\text{H}_{10}\text{=NOH}\ (\text{环己酮肟}) + (NH_4)_2SO_4 + 2H_2O \tag{9-3}$$

该工艺投资小，操作简单，催化剂价廉易得，安全性好。但主要缺点是：原料液$NH_3 \cdot H_2O$和H_2SO_4消耗量大，在羟胺制备、环己酮肟化反应和贝克曼重排反应过程中均副产大量经济价值较低的$(NH_4)_2SO_4$；能耗（水、电、蒸汽）高，环境污染大，设备腐蚀严重，“三废”排放量大。特别是$(NH_4)_2SO_4$副产高限制了HSO工艺的发展。

德国BASF公司和波兰Polimex公司开发了BASF/Polimex-NO还原工艺，对硫酸羟胺制备进行了工艺改进：先在水蒸气存在下用氧气使氨氧化得NO，然后在钯催化剂作用下使NO还原，见式(9-4)。还原过程的副产物是氨和N_2O。环己酮肟生产采用二段逆流肟化流程，进料环己酮萃取肟化硫铵中的有机物后再进入肟化反应系统。

$$2NO + 3H_2 + H_2SO_4 \longrightarrow (NH_3OH)_2SO_4 \tag{9-4}$$

该工艺可以避免羟胺制备过程中生成$(NH_4)_2SO_4$，因而此项技术被迅速推广，BASF公司也成为目前世界上最大的己内酰胺生产商。但主要缺点为：投资大、工艺路线长、工艺控制过程复杂、生产成本高，而且随后的肟化和重排反应中仍会产生$(NH_4)_2SO_4$。

(2) 环己酮肟绿色生产方法的原理 意大利EniChem公司首先研发的环己酮液相氨氧化工艺，在连续式搅拌釜中环己酮、氨和H_2O_2在低压下由TS-1分子筛催化反应直接制备环己酮肟，并采用膜分离技术实现催化剂与产物的分离，取消了传统的羟胺制备工艺，缩短了工艺流程，操作难度低，投资小，能耗少。在“三废”处理方面，采用较好的处理方法，经处理后的排放物对环境不构成污染。

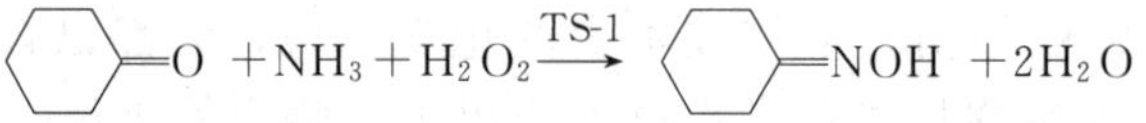

$$C_6H_{10}{=}O + NH_3 + H_2O_2 \xrightarrow{TS\text{-}1} C_6H_{10}{=}NOH + 2H_2O \tag{9-5}$$

主要副反应有

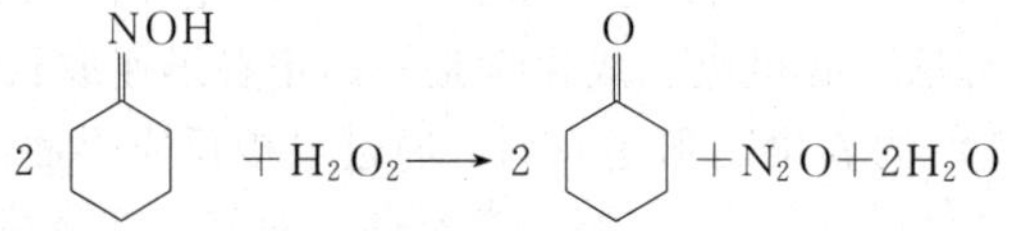

$$2\,C_6H_{10}{=}NOH + H_2O_2 \longrightarrow 2\,C_6H_{10}{=}O + N_2O + 2H_2O \tag{9-6}$$

$$2\,C_6H_{10}{=}O + 2NH_3 + 5H_2O_2 \longrightarrow O{=}C_6H_8{=}N{-}N{=}C_6H_8{=}O + 10H_2O \tag{9-7}$$

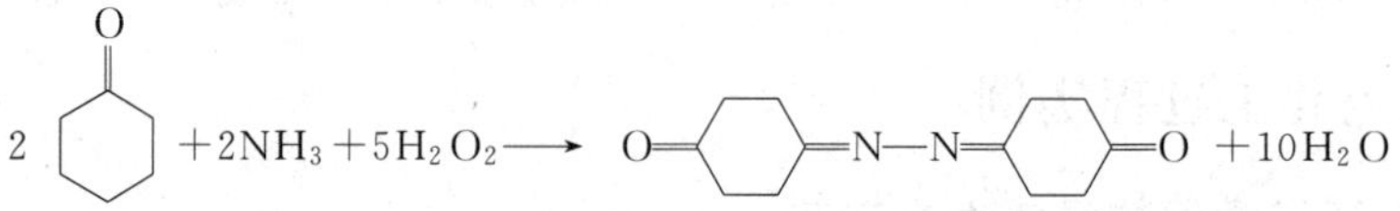

$$2NH_2OH + 2H_2O_2 \longrightarrow N_2O + 5H_2O \tag{9-8}$$

$$3H_2O_2 + 2NH_3 \longrightarrow N_2 + 6H_2O \tag{9-9}$$

$$2H_2O_2 \longrightarrow 2H_2O + O_2 \tag{9-10}$$

关于 TS-1 催化的环己酮肟化反应的反应机理有两种认识，参见图 9-3。

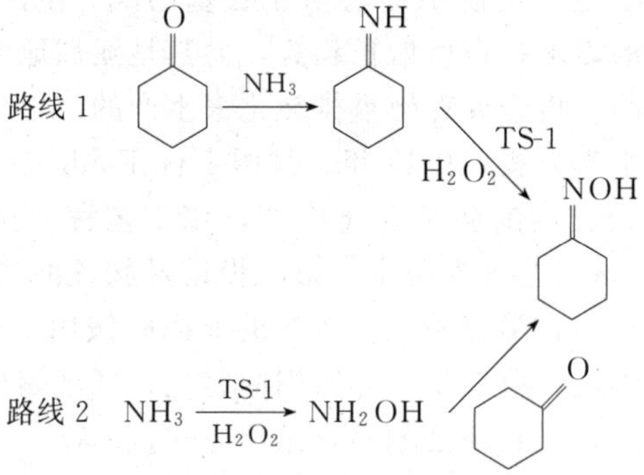

路线 1：环己酮 $\xrightarrow{NH_3}$ 环己酮亚胺（NH） $\xrightarrow[H_2O_2]{TS\text{-}1}$ 环己酮肟（NOH）

路线 2：$NH_3 \xrightarrow[H_2O_2]{TS\text{-}1} NH_2OH$，$NH_2OH$ + 环己酮 → 环己酮肟（NOH）

图 9-3 环己酮肟化反应的反应机理

(3) 环己酮肟化反应条件

① 溶剂　环己酮肟化反应体系中，加入合适的溶剂可以使有机和水两相混溶成均相，有利于反应的进行。有文献报道称，肟化反应的理想溶剂是醇，如叔丁醇或异丙醇。

② 反应温度　选择反应温度须从环己酮转化率、环己酮肟选择性和过氧化氢利用率三方面综合考虑。从表 9-2 中可以看出，在温度为 70～90℃范围内，环己酮肟的选择性很高，超过 99%。超过 80℃时，过氧化氢的分解速率比较显著，致使环己酮的转化率和环己酮肟的选择性都略有下降。

表 9-2 温度对环己酮肟化反应的影响

反应温度/℃	50	60	70	80	90
环己酮转化率/%	82.3	93.1	99.3	98.6	98.0
环己酮肟选择性/%	99.7	99.3	99.8	99.9	99.2

注：溶剂为叔丁醇。

③ 反应压力　环己酮肟化反应可在常压下进行，加压可增加氨在液相中的溶解度，使液相中氨/环己酮摩尔比增加，对增加环己酮转化率和环己酮肟选择性有利。因此，常用的反应压力为 0.18～0.3MPa。

④ 原料配比　无论是间歇反应还是连续反应，氨水都是过量的。一是氨水易挥发，温度较高时氨水的利用率有所下降；二是氨水过量有助于羟胺的生成。多数情况下，氨/环己酮摩尔比为2∶1。

过氧化氢不稳定，遇热易分解，特别是碱性物质可明显加速过氧化氢的分解反应。过氧化氢分解不仅降低了其有效利用率，还会导致发生环己酮肟深度氧化和一些非催化氧化副反应，降低肟的选择性。因此，过高的过氧化氢/环己酮摩尔比对肟化反应不利。为了使环己酮完全转化，省去酮与肟的分离步骤，一般过氧化氢稍过量，过氧化氢/环己酮摩尔比为(1.1～1.2)∶1。

(4) 环己酮肟化的工艺流程　环己酮肟化工艺流程见图9-4。工艺中采用两级串联的连续釜式反应器。原料环己酮、过氧化氢和氨与叔丁醇的溶液首先加入第一级反应器，在反应器的上方设有放空口，以排除少量副产物的N_2、O_2、N_2O气体，控制环己酮在第一级反应器中的转化率为95%，反应混合物经过滤滤掉其中夹带的少量催化剂粉末后进入第二级反应器，向第二级反应器中补加过氧化氢，目的是使环己酮转化完全，两级反应器中过氧化氢和酮的总摩尔比为1∶1。

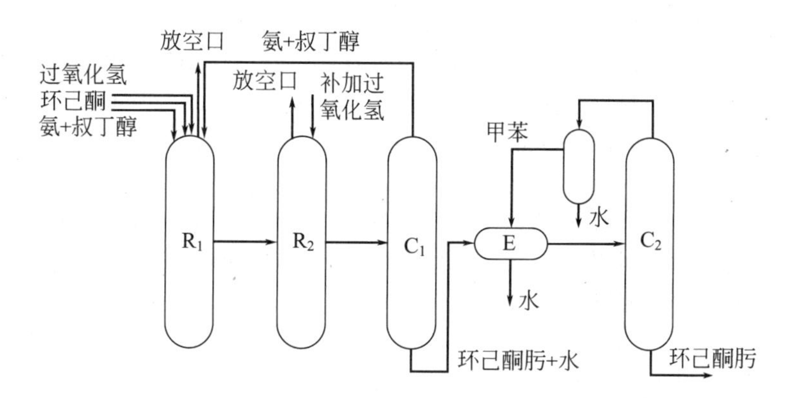

图9-4　环己酮肟化工艺流程示意图

R—反应器；C—精馏塔；E—萃取器及相分离器

反应后的混合物经过滤器分离出固体催化剂，与第一级反应器分出的催化剂合并后循环或送再生装置，液体催化剂中主要含有叔丁醇、水、氨和环己酮肟，进入精馏塔，塔顶蒸出氨与叔丁醇和水的共沸物（含12%叔丁醇），循环返回第一级反应器，塔釜为肟和水，进萃取器，以甲苯为溶剂萃取肟。萃取相进精馏塔，塔顶馏出物为甲苯和水的非均相共沸物，在相分离器中分出甲苯相循环返回萃取器，水相与萃取相合并去后处理工段，塔釜得到精制肟送贝克曼重排工段。

9.2.2.2　苯与乙烯烷基化制备乙苯

乙苯是重要的有机化工原料，主要被用来生产苯乙烯，同时也是医药的重要原料。苯乙烯可以制取透明度高的聚苯乙烯、改性的耐冲击的聚苯乙烯橡胶、ABS二聚物、SAN二聚物、丁苯橡胶和不饱和树脂等。目前在工业生产中，除极少数(≤4%）的乙苯来源于重整轻油C_8芳烃馏分抽提外，其余90%以上是在适当催化剂存在下由苯与乙烯烷基化反应来制取。

苯与乙烯烷基化的主反应式为

$$C_6H_6 + H_2C{=}CH_2 \longrightarrow C_6H_5{-}C_2H_5 \tag{9-11}$$

从反应式看出这是一个原子经济反应。除主反应外，还有多烷基、异构化、烷基转移及缩合和烯烃聚合等副反应。

(1) 乙苯传统生产方法　乙苯合成的烷基化方法经过了长时间的发展，20 世纪 80 年代以前最典型的是 $AlCl_3$ 法。该法采用的是 Friedel-Crafts 工艺，用 $AlCl_3$ 络合物为催化剂。反应的副产物主要为二乙苯和多乙苯，有传统的无水 $AlCl_3$ 法和高温均相无水 $AlCl_3$ 法之分。

传统的无水 $AlCl_3$ 法，是陶氏（DOW）化学公司于 1935 年开发的最早的乙苯生产工艺，在工业生产中占有重要地位。该法使用 $AlCl_3$-HCl 络合物为催化剂，$AlCl_3$ 溶解于苯、乙苯和多乙苯的混合物中，生成络合物。该络合物在烷基化反应器中与液态苯形成两相反应体系，同时通入乙烯气体，在温度 130℃ 以下，常压至 0.15MPa 下发生烷基化反应，生成乙苯和多乙苯，同时，多乙苯和乙苯发生烷基转移反应。

该工艺乙烯的转化率接近 100%，乙苯的收率较高，循环苯和乙苯的量较小；苯与乙烯的烷基化反应和多乙苯的烷基转移反应可在同一台反应器中完成。

但是，其反应介质的腐蚀性强，设备造价与维修费用高以及反应产物有机相经过水洗、碱洗后产生大量含有氢氧化铝淤浆的废水，加上废催化剂，造成了严重的环境污染。由于其他烯烃能同样进行烷基化反应而消耗苯，并给分离造成困难；硫化物和乙炔能使催化剂失活，水使 $AlCl_3$ 发生水解而生成不溶物 $Al(OH)_3$，易造成管道堵塞。另外，$AlCl_3$ 用量大，物耗、能耗很高，副产焦油量也比较大。

由于传统的无水 $AlCl_3$ 法存在污染腐蚀严重及反应器内两个液相等问题，1974 年 Monsanto/Lummus 公司联合开发了高温液相烷基化生产新工艺即高温均相无水 $AlCl_3$ 法，反应温度为 160～180℃，压力为 0.6～0.8MPa，乙烯与苯的摩尔比为 0.8，进料乙烯浓度范围可为 15%～100%。

该流程与传统工艺基本无差别，不同的是高温均相无水 $AlCl_3$ 法采用的是内外圆筒的烷基化反应器。乙烯、干燥的苯、三氯化铝络合物先在内筒反应，在此内筒里乙烯几乎全部反应完，然后物料投入外筒使多乙苯发生烷基转移反应。

该工艺的特点为，烷基化和烷基转移反应在两个反应器中进行，乙苯收率高，副产焦油少，$AlCl_3$ 催化剂用量大为减少（仅为传统法的 1/3），从而减少了废催化剂的处理量。但这种方法也只是使设备腐蚀及环境污染问题有所缓解，并未从根本上得到解决。

(2) 以固体酸为催化剂的生产工艺

① 以固体酸为催化剂的气相生产工艺　最早采用的固体酸催化剂为 BF_3/γ-Al_2O_3，它对原料中的水分含量要求严格。其腐蚀性小于三氯化铝液相法，无酸性物排出，重质副产物生成量少，即使采用 10%乙烯，苯和乙烯的转化率也可达到 97%～99%，但是反应条件苛刻，该法仍未避免使用卤素。

20 世纪 70 年代末 Mobil 公司又成功开发了以 ZSM-5 分子筛为催化剂的气相烷基化法，该法对苯和乙烯的烷基化反应及二乙苯和苯的烷基转移反应均具有较强的活性和良好的选择性。烷基化反应在高温、中压的气相条件下进行，反应温度 370～430℃，反应压力 1.42～2.84MPa，乙烯质量空速 3～5h^{-1}。

该工艺的特点为无污染、无腐蚀、反应器可用低铬合金钢制造；尾气及蒸馏残渣可作燃料；乙苯收率高；能耗低，烷基化反应温度高，有利于热量的回收；催化剂价廉，寿命两年以上，每 1kg 乙苯耗用的催化剂价格是传统 $AlCl_3$ 法的 1/20～1/10。

但是，乙烯是以气相存在于反应体系中，在有催化剂条件下容易齐聚生产大分子烯烃及长链烷基苯等。这些副反应一方面使乙苯收率降低；另一方面也加速了催化剂的失活，缩短了催化剂的再生周期。

② 以固体酸为催化剂的液相烷基化循环反应工艺　20 世纪 90 年代初 Unocal/Lummus/UOP 三家公司联合推出了固体酸催化剂上苯与乙烯液相法制乙苯的新技术，以 USY 沸石为

催化剂，Al_2O_3 为黏合剂。烷基化反应器分两段床层，苯与乙烯以液相进行烷基化反应，各床层处于绝热状态。在 232～316℃和 2.79～6.99MPa 下进行反应，苯的质量空速 2～10h^{-1}，苯/乙烯摩尔比 4～10。反应体系保持液相，苯的单程转化率为 16.2%（质量分数），乙烯全部反应，乙苯收率 99%以上。

该工艺特点是：催化剂再生周期长；反应条件温和；无设备腐蚀和“三废”处理问题；乙苯产品中二甲苯的含量低；过程设备材料全部使用碳钢，因而装置总投资仅为相同处理能力三氯化铝法的 70%；乙苯产品质量与三氯化铝法相同，但纯度优于气相法；催化剂不怕水，因而原料苯不需干燥；在整个运转周期中，产品乙苯的收率和质量都不下降。

在此基础上，中石化石油化工科学研究院和北京燕山石化集团联合开发出了一种将苯和乙烯液相烷基化部分反应液直接循环到反应器的循环反应新工艺，具有工艺流程简单，能耗低的特点。固体酸为催化剂的液相法工艺流程如图 9-5 所示。

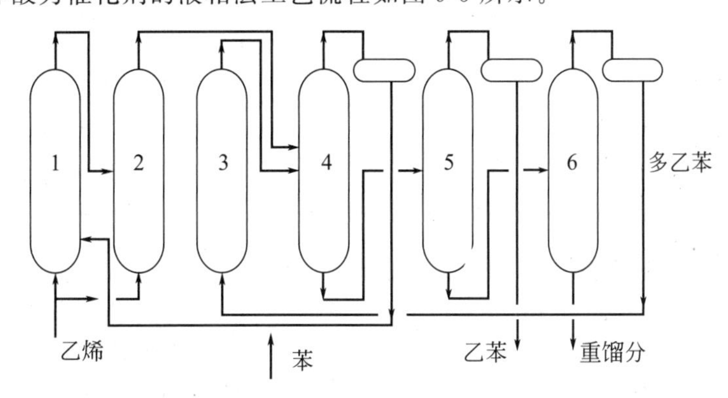

图 9-5　在固体酸催化剂上苯-乙烯液相烷基化生产乙苯新工艺流程

1，2—烷基化反应器；3—烷基交换反应器；4—苯塔；5—乙苯塔；6—多乙苯塔

来自苯塔顶部的循环苯与新鲜苯混合后，一部分进入第一个烷基化反应器的底部，与乙烯自下而上并流反应，乙烯分为两部分分别进入两个串联烷基化反应器底部，以便保证每个反应器入口有较高的苯/乙烯分子比；另一部分苯则与从多乙苯塔顶蒸出的多乙苯馏分混合，进入烷基交换反应器的底部，自下而上进行烷基交换反应。两种反应器出口的反应产物均送入苯塔，塔顶切出未反应的苯；塔底液体则进入乙苯塔，并从乙苯塔顶蒸出乙苯产品。反应产物中的多乙苯从乙苯塔底送入多乙苯塔，塔顶蒸出的多乙苯送入烷基交换反应器，塔底重质馏分排出系统。该重质馏分含 70%的二苯乙烷，后者可通过脱烷基反应回收产生的苯。

以沸石为催化剂合成乙苯，具有无腐蚀、无污染、流程简单、能量利用率高等巨大优越性，是今后乙苯合成的发展方向。气相法和液相法各有自己的特点，二者不能互相取代。以 $AlCl_3$ 为催化剂的生产方法和以固体酸为催化剂的生产方法的主要区别见表 9-3。

表 9-3　以 $AlCl_3$ 和固体酸为催化剂的生产方法对比

项目	以 $AlCl_3$ 为催化剂的生产方法		以固体酸为催化剂的生产方法	
	无水 $AlCl_3$ 法	均相 $AlCl_3$ 法	气相法	液相法
原料要求	苯：脱除硫化物水 乙烯：C_2H_4＞90%（体积分数） C_3H_6，C_4H_8 ＜ 1.0%（体积分数） H_2S＜5mg/m^3 C_2H_2＜0.5%（体积分数）	苯：脱除硫化物和水 乙烯：H_2S、O_2、CO_2、H_2O 需净化至质量分数 5×10^{-6}	苯：水含量0.02%～0.05%（质量分数） 纯乙烯/稀乙烯	苯：水含量无要求 纯乙烯

续表

项目		以 $AlCl_3$ 为催化剂的生产方法		以固体酸为催化剂的生产方法	
		无水 $AlCl_3$ 法	均相 $AlCl_3$ 法	气相法	液相法
n(苯)/n(乙烯)		2.9～3.3	1.3	5.7	6
催化剂		$AlCl_3$-HCl	$AlCl_3$-HCl	ZSM-5 寿命一般3年 运转周期2月	Y型沸石 寿命一般4年 运转周期1年
反应温度/℃		95～130	140～200	370～430	255～270
反应压力/MPa		0.1～0.15	0.7～0.9	1.2～1.6	3.7～4.4
烷基转移反应器		无需	需要	无需	需要
乙苯收率/%		97.5	99	98	>99
设备腐蚀情况		严重	比较严重	无	无
环境污染		严重	比较严重	无	无
能耗	电能/10^7J	9.4	3.2	3.2	0.14
	燃料/10^4J	6.47	2.09	1.46	3.77

9.2.2.3 环氧丙烷的绿色生产工艺

环氧丙烷又名氧化丙烯（propylene oxide，简称 PO），是除聚丙烯和丙烯腈以外的第三大丙烯衍生物，目前全世界年产量在700万吨以上。环氧丙烷的用途十分广泛，其中75%用于生产聚醚多元醇。聚醚多元醇与异氰酸酯反应生成聚氨酯，聚氨酯是生产保温材料、弹性体、黏结剂和涂料等的重要原料。大约20%的环氧丙烷用于生产丙二醇，作为不饱和聚酯树脂建筑材料、工业用防冻液、润滑油添加剂、化妆品和保湿剂等的原料。陶氏化学、莱昂戴尔（Lyondell，也译为利安德）和壳牌等大型企业居于环氧丙烷生产的垄断地位。

如今世界生产环氧丙烷的主要工业化方法为氯醇法和共氧化法（也称间接氧化法），其中共氧化法又分为乙苯共氧化法和异丁烷共氧化法。近年来，节能环保的环氧丙烷生产新工艺的开发极为迅速，异丙苯氧化法和过氧化氢直接氧化法（简称 HPPO）已开发成功并先后实现工业化生产，以氧气作为氧化剂的直接氧化法也在开发中。

(1) 环氧丙烷传统生产方法 氯醇法生产历史悠久，工业化已有60多年，以美国陶氏化学公司的氯醇法为代表。氯醇法的主要工艺过程由丙烯氯醇化、石灰乳皂化、产品精制、石灰乳制备和废液预处理五个工序组成。氯醇法的生产工艺为：丙烯、氯气和水按一定比例进入氯醇化反应器中，在常压或略高于常压及35～90℃条件下进行反应，反应生成质量分数约为4%的氯丙醇水溶液，氯丙醇水溶液与过量的石灰乳混合后进入皂化反应器，氯丙醇被皂化成环氧丙烷，然后迅速汽提得到90%～95%的粗环氧丙烷，皂化废液中约含质量分数为4%的 $CaCl_2$，残余 $Ca(OH)_2$ 和杂质从皂化塔底排出，废液中的热量经回收利用后送废液预处理工序，粗环氧丙烷进入产品精制单元，经精馏提纯后得到纯度99%以上的环氧丙烷成品。反应方程式如下。

主反应

$$Cl_2 + H_2O \longrightarrow HOCl + HCl$$

$$2CH_3CH{=}CH_2 + 2HOCl + Ca(OH)_2 \longrightarrow 2CH_3\underset{\diagdown O \diagup}{CH{-}CH_2} + CaCl_2 + 2H_2O$$

主要副反应

$$CH_3CH=CH_2 + HOCl \longrightarrow \underset{\substack{|\\Cl}}{CH_3CH}-\underset{\substack{|\\OH}}{CH_2}$$

$$2\underset{\substack{|\\Cl}}{CH_3CH}-\underset{\substack{|\\OH}}{CH_2} + Ca(OH)_2 \longrightarrow 2CH_3\underbrace{CH-CH_2}_{O} + CaCl_2 + 2H_2O$$

氯醇法的特点是生产工艺成熟，操作负荷弹性大，选择性好；对原料丙烯的纯度要求不高，从而可提高生产的安全性；建设投资少，产品成本较低，其产品具有较强的成本竞争力。目前世界环氧丙烷约40%的产能为氯醇法。但该工艺在石灰制乳、氯醇化和皂化污水处理过程中产生了大量的废渣和废水，生产过程中设备腐蚀较严重。每生产1t环氧丙烷产生40～50t含氯化物的皂化废水和2.1t的$CaCl_2$废渣，该废水具有温度高、pH值高、氯离子含量高、COD含量高和悬浮物含量高的“五高”特点，必须经妥善处理后才能达标排放。

此外，由美国奥克兰公司开发的共氧化法，自1969年工业化以来，在世界范围发展迅速，环氧丙烷产能已占世界总产能的55%左右，现为美国莱昂戴尔公司所有。共氧化法克服了氯醇法的腐蚀大和污水多等缺点，具有产品成本低（联产品能够分摊成本）和环境污染较小等优点。但是，其工艺流程长，原料品种多，丙烯纯度要求高，工艺操作在较高的压力下进行，设备材质多采用合金钢，设备造价高，建设投资大。同时，环氧丙烷在共氧化法生产中，只是一个产量较少的联产品，每吨环氧丙烷要联产2.2～2.5t苯乙烯或2.3t叔丁醇，原料来源和产品销售相互制约因素较大，必须加以妥善解决，只有环氧丙烷和联产品市场需求匹配时才能显现出该工艺的优势。此外，共氧化法产生的污水含COD也比较高，处理费用约占总投资的10%。

国内环氧丙烷生产80%采用氯醇法工艺的中小型生产装置。自2006年以来，随着中海壳牌250kt/a环氧丙烷装置投产以及莱昂戴尔与中石化镇海炼化合资建成环氧丙烷/苯乙烯共氧化联产装置（环氧丙烷产能为285kt/a，苯乙烯产能为620kt/a），环氧丙烷生产格局发生一定变化。

(2) 环氧丙烷绿色生产方法的原理　过氧化氢直接氧化法是由过氧化氢催化环氧化丙烯合成环氧丙烷的新工艺，生产过程中只生成环氧丙烷和水，工艺流程简单，产品收率高，没有其他联产品，基本无污染，属于环境友好的清洁生产系统。

如今过氧化氢直接氧化法工艺分别由赢创工业集团（原德固萨，Degussa）与伍德（Uhde）公司、陶氏（DOW）化学和巴斯夫（BASF）公司联合开发和工业化推广。2006年BASF公司、DOW化学在比利时开始建设HPPO法的300kt/a环氧丙烷生产装置，2008年下半年建成投产。DOW化学与暹罗水泥公司在泰国马塔堡采用该技术建设390kt/a环氧丙烷生产装置。2008年，Uhde公司与韩国SKC公司在韩国建设的100kt/a新型HPPO工艺的环氧丙烷生产装置成功投产。长岭炼化100kt/a过氧化氢法制环氧丙烷工业示范装置于2014年12月成功产出聚合级环氧丙烷，纯度达99.96%。该工艺反应方程式如下。

主反应

$$CH_3CH=CH_2 + H_2O_2 \longrightarrow CH_3\underbrace{CH-CH_2}_{O} + H_2O$$

主要副反应

$$CH_3\underbrace{CH-CH_2}_{O} + H_2O \longrightarrow \underset{\substack{|\\OH}}{CH_3CH}-\underset{\substack{|\\OH}}{CH_2}$$

$$2H_2O_2 \longrightarrow O_2 + 2H_2O$$

(3) 过氧化氢直接氧化法工艺流程 以长岭炼油厂100kt/a环氧丙烷的装置为例，反应采用专用的钛-硅沸石催化剂（TS-1），以达到高的转化率和选择性。如图9-6所示，新鲜丙烯、循环丙烯、质量分数为20%～40%的双氧水与循环溶剂充分混合后，在钛-硅沸石催化下进行环氧化反应。反应温度为40～60℃，反应压力为1～2MPa，反应溶剂可以是甲醇或者甲醇和丙酮的混合物。反应产物在丙烯塔中实现未反应丙烯的分离，塔顶采用分凝器，温度控制在35～50℃。环氧丙烷塔在65～80℃的塔釜温度下进行萃取精馏得到质量浓度为99.99%的环氧丙烷，萃取剂来自溶剂塔釜液。溶剂塔塔顶馏分为循环溶剂，塔顶压力0.3～0.5MPa，塔顶温度在95～100℃。脱水塔塔顶得到具有共沸组分的水与丙二醇单甲醚混合物。丙二醇单甲醚塔以苯为共沸剂进行共沸精馏，塔顶馏分经过清洗得到的苯，与新鲜苯混合后进料，塔底为质量浓度大于99.95%的丙二醇单甲醚。

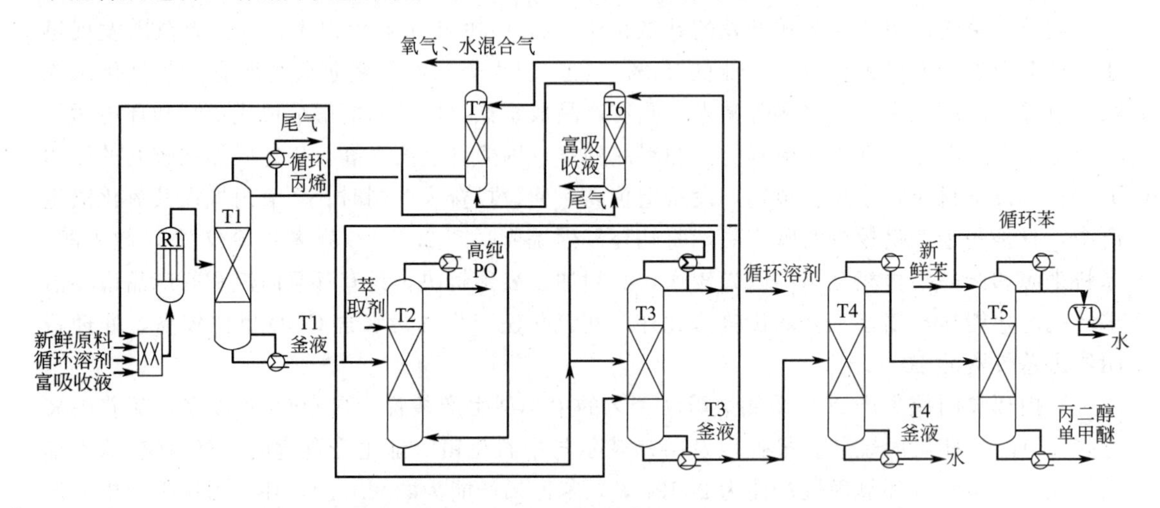

图9-6 反应及丙烯回收单元、环氧丙烷提纯单元、溶剂回收/尾气处理单元以及丙二醇单甲醚提纯单元流程示意图

R1—反应器；T1—丙烯塔；T2—环氧丙烷塔；T3—溶剂塔；T4—脱水塔；T5—丙二醇单甲醚塔；T6—吸收塔；T7—水洗塔；V1—清洗器

表9-4对比了氯醇法、共氧化法和过氧化氢直接氧化法技术的优缺点。表9-5按规模为200kt/a环氧丙烷的生产装置综合考虑，对比了三种工艺的技术经济指标，其中共氧化法具体指环氧丙烷/苯乙烯联产法。

表9-4 氯醇法、共氧化法和过氧化氢直接氧化法技术优缺点对比

生产工艺	优点	缺点
氯醇法	工艺成熟，流程简单；操作弹性大；选择性好；对原料丙烯的纯度要求低；安全性高；投资少，有成本竞争力	石灰料和水消耗量大；生成大量废水、废渣，污染环境；消耗大量氯气；设备腐蚀较严重
共氧化法	产品成本低（联产品分摊成本）；废水量小，环境污染小；生产中无设备腐蚀	工艺流程长；原料品种多，丙烯纯度要求高，受原料来源制约因素较大；操作压力高，设备多采用合金钢，投资大；受联产品销售制约因素较大；污水中COD含量较高
过氧化氢直接氧化法	工艺流程简单；产品收率高；无污染，属环境友好工艺	需要解决双氧水的供应问题

表 9-5　氯醇法、共氧化法和过氧化氢直接氧化法生产工艺技术经济指标对比

项目		氯醇法	共氧化法	过氧化氢直接氧化法
原料消耗/(kg/kg PO)	丙烯	0.78	0.80	0.78
	氯气	1.30～1.40		
	生石灰	1.0		
	氢气		0.0099	
	乙苯		2.897	
	NaOH		0.0315	
	辛烷		0.001	
	过氧化氢			0.72(100%)
	丙烯纯度要求	不严格	较严格	无特殊要求
公用工程消耗①(每生产 1t 环氧丙烷)	电/kW·h	100～110	365～385	比传统工艺能耗可降低 35%～40%
	冷却水/m^3	200	530	
	蒸汽(4.1MPa)/t	6	13	
装置投资相对比例(不含污水处理)		1	2.5	1.5
产品成本相对比例		1	1.05	0.85

① 含联产品消耗。

9.2.2.4　烧碱的绿色生产工艺

氯碱工业是国家的基础原材料工业，其产品烧碱、氯气和氢气等的下游产品超过 900 种，广泛应用于轻工、化工、纺织、农业、建材、电力、电子、国防和冶金等领域，是经济发展与人民生活不可缺少的重要化工原料。就烧碱产量而言，相比于其他国家，我国烧碱生产总量目前居于世界首位。然而在生产工艺水平方面，国内的烧碱制备技术尚处于相对落后的地位。因此，在保证产量满足生产需求的前提之下，国内必须加大该领域的研发投入，不断发掘新的生产技术，提高生产工艺水平，从而确保烧碱生产效率的不断提高。

氯碱工业的主体是电解食盐水，生产方法可分为水银法、隔膜法和离子膜法。隔膜法和离子膜法的主要区别在于电解槽中的阴极室和阳极室之间的膜不同，不同膜导致了电解槽中的各种离子通过膜的能力不同。

(1) 烧碱传统生产方法　水银法电解是以水银作为阴极的一种制氯和碱的方法。水银法电解槽是由两个相连的设备——电解室和解汞室组合而成。在电解室里，阴极是流动的水银，阳极是石墨阳极或金属阳极，电解室是电解的重要设备。在电解室里，饱和氯化钠水溶液经过电解生成氯气和钠汞齐

$$2NaCl + 2nHg \longrightarrow Cl_2\uparrow + 2Na(Hg)_n$$

钠汞齐是金属钠溶解在汞里的一种合金，其流出电解室进入解汞室与水发生分解反应生成烧碱和氢气

$$2Na(Hg)_n + 2H_2O \longrightarrow 2NaOH + H_2\uparrow + 2nHg$$

钠汞齐放出钠后变为汞，称为解汞。解汞后汞再回到电解室，这样不断循环使用。电解与解汞流程如图 9-7 所示。在电解室里，阳极水平放置。流动水银阴极覆盖在槽底钢板上，槽底与导电铜板相联。槽底略带坡度（一般为 10/1000）便于水银流动。当电解时水银不断变成钠汞齐，最后流出电解室，转到解汞室去。解汞室是钢制的槽子，也是有坡度的（亦为 10/1000）。槽子底部排列着许多栅状的石墨板，其作用是加速钠汞齐的分解反应。钠汞齐与逆向流入的清水迅速反应成烧碱和氢气。钠汞齐分解后基本上全部变成水银，流出解汞室，再由水银泵送到电解室循环使用。目前的解汞室大部分改为解汞塔，里面的石墨解汞板改为石墨解汞粒，提高了解汞效率。

水银法的优点是能制得纯度高、含盐低的烧碱，适合化纤工业的需要。水银法能直接生

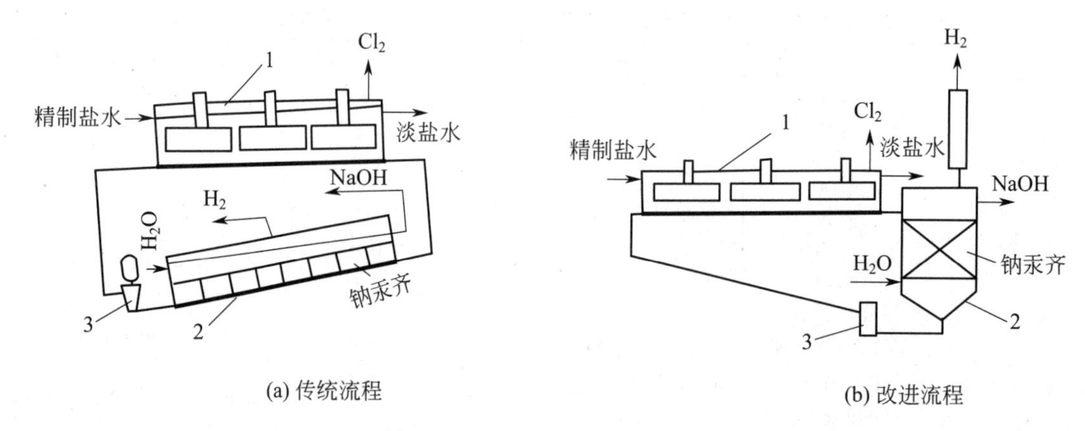

图 9-7 水银法电解流程示意图

1—电解室；2—解汞室（塔）；3—水银泵

产 50%的烧碱，不需要蒸发和精制，因此在 20 世纪 60 年代水银法烧碱获得迅速发展。70 年代初，由于日本发生了水俣病，汞的污染问题引起世界各国的关注。有的企业将水银法转换为隔膜法；有的企业加强管理，采取汞回收措施，减少汞的流失和污染，某些国家甚至使汞耗降低到 3g/t 碱以下。目前水银法在电槽型式结构上已相当完善，研究的重点已放在防止或减少电解槽中汞膏的生成、减少汞的流失和回收、提高槽容量、延长金属阳极寿命以及开发高效的解汞用催化剂。

除了水银法，隔膜法也是生产烧碱的传统方法。在我国，隔膜法多采用国产隔膜电解槽，隔膜主要材料为石棉绒，按配比投放到吸膜池中，通过搅拌使石棉绒处于悬浮态且无结块，吸膜过程中确保膜均匀平整无搭桥。成膜后进行外观检查，确保隔膜厚薄均匀、表面平整及无铁丝外露，对阴极箱抽干，再送入烘干室烘干。在我国，一般由企业自制而成，膜的成本低，工艺操作相对简单，但具有致癌性，存在石棉绒和铅的污染。尤其需要指出的是，隔膜法工艺电解出来烧碱需要蒸发。隔膜法电解液中 NaOH 质量分数约 10%，其中含有大量的盐，需配套蒸发工序，用于提高电解液的浓度和纯度，该工序的蒸汽消耗量较大。因此，从环保、产品质量、能耗和投资等方面来看，隔膜法都不及离子膜法先进。

(2) 烧碱绿色生产方法的原理 离子膜法电解制碱工艺是 20 世纪 70 年代中期出现的具有重要意义的技术，是当今制碱技术的发展方向，在国内外发展极为迅速。

由 Donnan 膜理论可知，具有固定离子和对离子的特殊的膜有通过和排斥外界溶液中某一离子的能力。例如在离子膜烧碱生产中电解食盐水所使用的阳离子交换膜的膜体中有活性基团，它是由带负电荷的固定离子和带正电荷的对离子形成静电键，如 $R\text{-}SO_3^-\text{-}Na^+$，由于膜含有亲水性基团从而使膜在水溶液中溶胀，造成膜体结构变松，形成许多微细弯曲的通道，使活性基团上的 Na^+ 可以与水溶液中的 Na^+ 进行交换，而膜中的活性基团中的固定离子 $R\text{-}SO_3^-$ 具有排斥 Cl^- 和 OH^- 的能力。利用离子交换膜的这种特殊的选择性，经过对食盐水的电解就可以获得高纯度的氢氧化钠溶液。电解槽中主要电化学反应如下。

阳极反应 $$2Cl^- - 2e^- \longrightarrow Cl_2\uparrow$$

阴极反应 $$2H_2O + 2e^- \longrightarrow H_2\uparrow + 2OH^-$$

合并成一个化学反应方程式为

$$2NaCl + 2H_2O \longrightarrow 2NaOH + Cl_2\uparrow + H_2\uparrow$$

离子膜法工艺电解出来的烧碱中 NaOH 浓度可以达到质量分数 32%，其质量指标高，可直接当作成品销售，质量优于隔膜法所制备的烧碱。

(3) 离子膜法烧碱生产工艺 离子膜法烧碱生产工艺主要包括配水、化盐、盐水精制、电解和淡盐水脱氯等五个工序，其工艺流程见图9-8。各个工序分别叙述如下。

① 配水工序 为了避免盐水中的硫酸根积累超标，从电解工序返回一次盐水精制工序的脱氯淡盐水需要脱除一部分硫酸根。电解脱氯后的淡盐水自电解工序经外管网分为两部分送到一次盐水工序精制。一部分由自动控制装置调节后直接进入化盐水贮槽；另一部分加入氯化钡与硫酸根反应形成硫酸钡，经澄清桶除去硫酸钡沉淀后清液也进入化盐水贮槽；其他工序的回收水、盐泥压滤排出的滤液以及调节用的生产水都送入化盐水贮槽，按比例调配成合格的化盐水用于化盐。

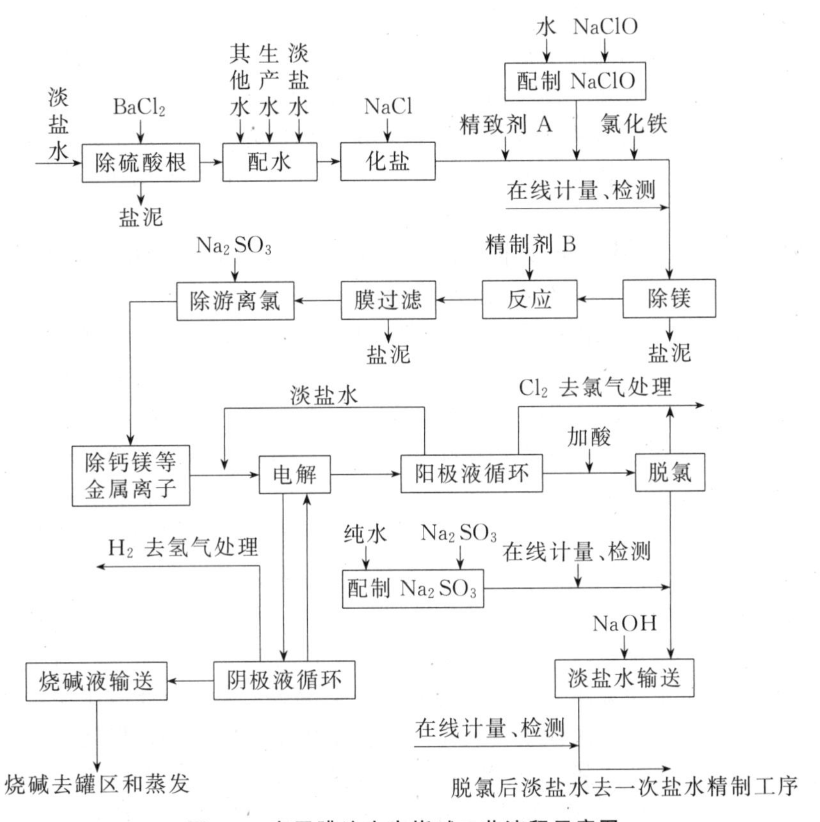

图9-8 离子膜法生产烧碱工艺流程示意图

② 化盐及一次盐水精制工序 化盐水经调节温度后从化盐池下部通入，与经过计量的原盐逆流接触进行化盐，在化盐池上出口得到饱和粗盐水。流经折流槽时加入氢氧化钠和次氯酸钠溶液，然后流入粗盐水槽中进行精制反应，镁离子与氢氧根生成氢氧化镁，菌藻类、腐殖酸等有机物则被次氯酸钠分解为小分子。粗盐水用加压泵送入气水混合器中，与空气混合后经加压溶气罐、文丘里混合器，再进入预处理器。氯化铁溶液也被加入文丘里混合器中与盐水混合后一起进入预处理器，悬浮于盐水中的氢氧化镁絮凝物、分解为小分子的有机物和部分非溶性机械杂质通过氯化铁的吸附与共沉淀作用被同时除去。清盐水进入反应槽，同时加入过量的碳酸钠溶液，盐水中的钙离子与碳酸根形成碳酸钙沉淀，然后进行膜过滤分离，合格的滤过盐水经缓冲槽进入精盐水贮槽，最后在精盐水中再加入亚硫酸钠溶液除去其中残存的游离氯等氧化性物质，得到合格的一次盐水。该盐水由泵送去二次盐水精制及电解工序。将膜过滤器、反应槽、预处理器和澄清桶等截留的盐泥渣浆排入盐泥槽，用泥浆泵打入板框压滤机，压滤后的滤液回收去化盐工序，滤饼作为废渣送出界区外供综合利用。

③ 二次盐水精制工序　离子膜电解槽要求入槽盐水的 Ca^{2+} 和 Mg^{2+} 含量低于 0.02mg/L，普通的化学精制法只能降到 10mg/L 左右，所以必须用螯合树脂进行二次精制。用过滤盐水泵将一次盐水经调节温度后送入螯合树脂塔，通过离子交换使盐水中含有的 Ca^{2+} 和 Mg^{2+} 等多价阳离子含量达到规定值，合格的二次精制盐水送入电解工序。螯合树脂塔运行一定时间后需用烧碱和盐酸进行再生。再生排出的废盐水经树脂捕集器进入废盐水贮槽，用泵送回一次盐水精制工序再利用；再生得到的酸性和碱性废水进入再生废水贮槽，用泵送入中和调节池进行处理回收。

④ 电解工序　盐水二次精制后，添加部分淡盐水，经阳极液进料总管以及软管送入各单元槽的阳极室中阳极液电解产生淡盐水和氯气，经阳极分离器后氯气从淡盐水中被分离出来送氯气处理工序，淡盐水流到淡盐水循环槽由泵送去脱氯塔。阴极液用烧碱液循环泵在各单元槽的阴极室以及阴极液槽之间部分循环。为保持电解液温度在 85～90℃，部分阴极液送入冷却器中进行冷却。成品碱经过调节阀、流量累积仪并冷却降温后送入液碱贮槽。电解产生的氢气经分离后送氢气处理工序，氢气的压力由氢气主管线上的压力计和氯气压力进行串级式控制。

⑤ 淡盐水脱氯工序　从离子膜电解槽中出来的淡盐水需返回化盐系统用于化盐，由于淡盐水中含有大量的游离氯，为减轻其对盐水生产系统设备和管道的腐蚀、避免造成氯的浪费，必须脱除淡盐水中的游离氯。通过脱氯塔脱氯后，淡盐水中仍含有约 10～10mg/L 的游离氯，需加入还原性物质亚硫酸钠除去淡盐水中剩余的游离氯，其原理为：$ClO^- + SO_3^{2-} \longrightarrow SO_4^{2-} + Cl^-$。从电解槽出来的淡盐水首先加入高纯盐酸调节 pH 值，然后送入脱氯塔由脱氯真空泵将淡盐水中的游离氯抽出，氯气经冷却、分离后，回收至湿氯气总管。经过真空脱氯的淡盐水再加入氢氧化钠调节 pH 值，并加入亚硫酸钠溶液除去淡盐水中残留的游离氯，彻底脱氯后的淡盐水由泵送回一次盐水工序用于配水、化盐。准确、合理控制返回淡盐水中游离氯含量既可除去粗盐水中有机物和菌藻类等杂质，又可保证一次盐水完全符合二次盐水螯合树脂塔要求。优化一次盐水、二次盐水及电解工序的相关设施和控制参数要求，有利于离子膜烧碱产品质量达到国标优等品标准，保证氯气和氢气指标满足氯氢处理的要求以及整个离子膜烧碱生产系统的安全稳定运行，实现节能减排。

尽管离子膜法烧碱装置一次性投资较高，对盐水质量要求苛刻，但随着装置制造成本的不断降低和世界各大供应商之间竞争的加剧，目前离子膜法烧碱装置的投资已接近或低于金属阳极隔膜电解装置的投资，低电耗、高电流密度、高碱浓度和零极距离子膜电解槽的开发和应用，将进一步发挥离子膜法烧碱工艺的优势。

表 9-6 是几种不同烧碱生产方法的比较。目前离子膜工艺明显优越于现有的隔膜法等工艺，符合清洁生产技术要求，是我国氯碱行业的发展方向。

表 9-6　几种不同烧碱生产方法的比较

生产方法	投资/%	相对能耗	运行费用/%	NaOH（质量分数）/%	50%（质量分数）NaOH 中 ρ(NaCl)/(mg/L)	50%（质量分数）NaOH 中 ρ(Hg)/(mg/L)	Cl_2 纯度（体积分数）/%	Cl_2 中含氧（体积分数）/%	Cl_2 中含氢（体积分数）/%	H_2 纯度（体积分数）/%
隔膜法	100	100	100	10～12	15000	无	95.0～96.0	1.5～2.0	0.4～0.5	98.5
水银法	85～100	85～95	100～105	50	45	0.045	98.5～99.0	0.3	0.3	99.9
离子膜法	75～85	75～80	85～95	32～35	45	无	98.5～99.0	0.8～1.5	0.1	99.9

参考文献

[1] 姚虎卿，刘晓勤，吕效平．化工工艺学．南京：河海大学出版社，1994.

[2] 黄仲九，房鼎业．化学工艺学．北京：高等教育出版社，2008.

[3] 米镇涛．化学工艺学．2 版．北京：化学工业出版社，2010.

[4] 戴猷元．化工概论．3 版．北京：化学工业出版社，2021.

[5] 李健秀，王文涛，文福姬．化工概论．北京：化学工业出版社，2005.

[6] 廖传华，顾国亮，袁连山．工业化学过程与计算．北京：化学工业出版社，2005.

[7] 张晓东．计算机辅助化工厂设计．北京：化学工业出版社，2005.

[8] 黄璐，王保国．化工设计．北京：化学工业出版社，2001.

[9] 尹先清．化工设计．北京：石油工业出版社，2006.

[10] 梁志武，陈声宗．化工设计．4 版．北京：化学工业出版社，2015.

[11] 郭树才．煤化工工艺学．3 版．北京：化学工业出版社，2012.

[12] 曹湘洪．实现我国煤化工、煤制油产业健康发展的若干思考．化工进展，2011，30（1）：80-87.

[13] 高聚忠．煤气化技术的应用与发展．洁净煤技术，2013，19（1）：65-71.

[14] 陈五平．无机化工工艺学：（上）合成氨、尿素、硝酸、硝酸铵．北京：化学工业出版社，2001.

[15] 陈五平．无机化工工艺学：（中）硫酸、磷肥、钾肥．北京：化学工业出版社，2001.

[16] 陈五平．无机化工工艺学：（下）纯碱、烧碱．北京：化学工业出版社，2001.

[17] 于尊宏，朱炳晨，沈才大等．大型合成氨厂工艺过程分析．北京：化学工业出版社，1993.

[18] 谢克昌，房鼎业．甲醇工艺学．北京：化学工业出版社，2010.

[19] 《化工百科全书》编委会．化工百科全书（第 6 卷）. 北京：化学工业出版社，1994.

[20] 《化工百科全书》编委会．化工百科全书（第 8 卷）. 北京：化学工业出版社，1998.

[21] 《化工百科全书》编委会．化工百科全书（第 10 卷）. 北京：化学工业出版社，1996.

[22] 《化工百科全书》编委会．化工百科全书（第 12 卷）. 北京：化学工业出版社，1996.

[23] 《化工百科全书》编委会．化工百科全书（第 15 卷）. 北京：化学工业出版社，1997.

[24] 徐春明，杨朝合．石油炼制工程．北京：石油工业出版社，2009.

[25] 侯祥麟．中国炼油技术．北京：中国石化出版社，2011.

[26] 邹仁鋆．石油化工裂解原理与技术．北京：化学工业出版社，1982.

[27] 张福琴等．我国炼化业务现状及近期发展展望．石油科技论坛，2008，（4）：13-19.

[28] 美国《油气杂志》．2013 年世界主要国家或地区炼油能力．当代石油化工，2014，（2）：46-48.

[29] Kechnie M，Malcolm T，Thompson，et al. Method for desalting crude oil. US4684457.

[30] Majumdar S，Guha A K，Sirkar K K. Fuel oil desalting by hydrogel hollow fiber membrane. Journal of Membrane Science，2002，(202)：253-256.

[31] MeKechnie，Malcolm T，Thompson，et al. Method for desalting crude oil. US4684457.

[32] Swartz，Charles J，Anderson，et al. Desalting process. US4722781.

[33] Briceno，Maria I，Chirinos，et al. Method of desalting crude oil. US4895641.

[34] Y E Guoxiang，Zong Song，Lü Xiaoping，et al. Pretreatment of the crude oil by Ultrasonic-Electric united desalting and dewatering Process. Chinese Journal of Chemical Engineering，2008，16（4）：564-569.

[35] 高建民，朱建华．我国重油和渣油加工技术展望．炼油与化工，2008，19（2）：1.

[36] 赵健明．简述炼油技术的现状及发展．中国科技财富，2008，(10)：99.

[37] 田辉平．催化裂化催化剂及助剂的现状和发展．炼油技术与工程，2008，36（11）：6-11.
[38] 李春义等．两段提升管催化裂解多产丙烯技术展望．石化技术与应用，2008，26（5）：436-441.
[39] 邵文．中国石油催化重整装置的现状分析．炼油技术与工程，2006，36（7）：4-7.
[40] 王以科．PS-Ⅵ重整催化剂在镇海炼化公司的工业应用．石化技术与应用，2008，26（4）：329-335.
[41] 张红光．600kt/a连续重整反应器试制简介．化工机械，2005，32（1）：39-41.
[42] 李玉芳，伍小明．国内外乙烯工业现状及发展趋势．中国石油和化工经济分析，2007，19：56-61.
[43] 何细藕．烃类蒸汽裂解制乙烯技术发展回顾．乙烯工业，2008，20（2）：59-64.
[44] 李连福，袁旭．重油生产低碳烯烃技术进展及应用建议．乙烯工业，2007，19（4）：8-14.
[45] 魏文德．有机化工原料大全．北京：化学工业出版社，1999.
[46] 韩冬冰等．化工工艺学．北京：中国石化出版社，2011.
[47] 吴志泉，涂晋林．工业化学．上海：华东理工大学出版社，2003.
[48] 洪仲苓．化工有机原料深加工．北京：化学工业出版社，1998.
[49] 陈滨．乙烯工学．北京：化学工业出版社，1997.
[50] 汉考克E G. 苯及其工业衍生物．穆光明等译．北京：化学工业出版社，1982.
[51] 张旭之，陶志华，王松汉等．丙烯衍生物工学．北京：化学工业出版社，1995.
[52] 区灿琪，吕德伟．石油化工氧化反应工程与工艺．北京：中国石化出版社，1992.
[53] 赵仁殿，金彰礼，陶志华等．芳烃工学．北京：化学工业出版社，2001.
[54] 张旭之，王松汉，戚以政．乙烯衍生物工学．北京：化学工业出版社，1995.
[55] 《化工百科全书》编委会．化工百科全书（第1卷）. 北京：化学工业出版社，1998.
[56] 《化工百科全书》编委会．化工百科全书（第3卷）. 北京：化学工业出版社，1998.
[57] 《化工百科全书》编委会．化工百科全书（第7卷）. 北京：化学工业出版社，1994.
[58] 《化工百科全书》编委会．化工百科全书（第11卷）. 北京：化学工业出版社，1998.
[59] 《化工百科全书》编委会．化工百科全书（第18卷）. 北京：化学工业出版社，1998.
[60] 戴厚良．芳烃技术．北京：中国石化出版社，2014.
[61] 李群生，于颖．聚氯乙烯工业生产新技术及其应用．聚氯乙烯，2012，40（10）：1-6.
[62] 成卫国，孙剑，张军平等．环氧乙烷法合成乙二醇的技术创新．化工进展，2014，33（7）：1740-1747.
[63] 张占柱等．乙烯和苯合成乙苯的催化蒸馏技术．石油化工，1999，28（5）：283-285.
[64] 刘剑锋，缪长喜．苯乙烯生产新技术研究进展．化学世界，2013，（7）：442-447.
[65] 王延吉，赵新强．绿色催化过程与工艺．2版．北京：化学工业出版社，2015.
[66] David T Allen，David R Shonnard. 绿色工程．李韦华等译．北京：化学工业出版社，2006.
[67] 闵恩泽，李成岳．绿色石化技术的科学与过程基础．北京：中国石化出版社，2002.
[68] 唐林生，冯柏成．绿色精细化工概论．北京：化学工业出版社，2008.
[69] 孙洁华，毛伟．己内酰胺生产工艺及技术特点．化学工程师，2009，160（1）：38-44.
[70] 胡长诚．国内外过氧化氢制备与应用研发新进展．化学推进剂与高分子材料，2011，9（1）：1-9.
[71] 游贤德．过氧化氢法制取环氧丙烷．化学推进剂与高分子材料，2002，（5）：18-21.
[72] 董宏光，姜大宇，肖武等．双氧水环氧化丙烯生产环氧丙烷的节能减排工艺．CN101693703.
[73] 陈晓辉，王保国，陈宪等．环氧丙烷生产工艺现状及清洁生产研究进展．化工环保，2000，20（4）：20-25.
[74] 朱留琴．环氧丙烷的生产技术及市场分析．精细石油化工进展，2012，13（10）：39-43.
[75] 刘岭梅，沈文玲．国内烧碱生产技术简介．氯碱工业，2001，（5）：1-5.
[76] 陈秀清．氯碱生产工艺研究探讨．广州化工，2011，39（3）：157-159.
[77] 李守祥，王树勇．烧碱企业离子膜工艺的优势分析．节能，2010，（5）：11-12.
[78] 沈立平．我国氯碱生产技术进展．氯碱工业，2007，（9）：1-4.
[79] 张云，杨倩鹏．煤气化技术发展现状及趋势．洁净煤技术，2019，25（S2）：7-13.
[80] 郑攀文，彭晓芳．低温甲醇洗工艺及其在煤化工中的应用．煤炭加工与综合利用，2020，（4）：53-56，59.

[81] 孙宏伟，张国俊．化学工程——从基础研究到工业应用．北京：化学工业出版社，2016.
[82] 张学青．2019年世界主要国家和地区原油加工能力统计．国际石油经济，2020，(5)：104-105.
[83] 张阳．催化重整研究进展．当代化工，2016，(45)：863-864.
[84] 杨敏．连续催化重整工艺技术进展．化工管理，2015，(7)：199-201.
[85] 曹杰，迟东训．中国乙烯工业发展现状与趋势．炼化广角，2019，(12)：53-59.
[86] 何细藕．中国石化CBL裂解技术开发及其标准化设计．乙烯工业，2018，(30)：49-52.
[87] 许银花．煤制烯烃的研究进展．化工管理，2017，(18)：85.
[88] 赵艳华．我国煤制烯烃的研究进展．辽宁化工，2018，(47)：551-553.